Kubernetes
生产化实践之路

孟凡杰 苏菲 谢文利 李建强 著

电子工业出版社

Publishing House of Electronics Industry

北京·BEIJING

内 容 简 介

Kubernetes 是由谷歌主导的基于容器技术的集群管理系统，其设计理念多数衍生自谷歌内部的集群管理系统的设计和运维经验。本书从设计层面剖析了 Kubernetes 的设计原理，并阐述了其设计背后的生产系统问题。Kubernetes 作为开放式平台，具有对不同类型的应用（有状态应用或无状态应用，在线服务或离线任务）进行统一管控的能力。本书从互联网公司的视角出发，分享了如何构建高可用的多租户集群，如何确保集群的稳定性和高性能。此外，本书阐述了数据面优化的重要性，并介绍了各个关键点，以确保使用物理机或虚拟机的应用在迁移至容器平台后能够获得最佳性能。

本书的适读对象包括 Kubernetes 架构师、运维人员、测试工程师、技术经理，以及寻求应用落地方案的软件架构师和开发人员。另外，本书苛求于生产系统最佳实践，对于已有 Kubernetes 基础的读者，阅读本书会有事半功倍的效果。

图书在版编目（CIP）数据

Kubernetes 生产化实践之路 / 孟凡杰等著. —北京：电子工业出版社，2020.12
ISBN 978-7-121-39917-6

Ⅰ．①K… Ⅱ．①孟… Ⅲ．①Linux 操作系统—程序设计 Ⅳ．①TP316.85

中国版本图书馆 CIP 数据核字（2020）第 217751 号

责任编辑：董 英
印　　刷：北京天宇星印刷厂
装　　订：北京天宇星印刷厂
出版发行：电子工业出版社
　　　　　北京市海淀区万寿路 173 信箱　　　　邮编：100036
开　　本：787×980　 1/16　　　印张：34.5　　　字数：717.6 千字
版　　次：2020 年 12 月第 1 版
印　　次：2023 年 9 月第 4 次印刷
定　　价：138.00 元

凡所购买电子工业出版社图书有缺损问题，请向购买书店调换。若书店售缺，请与本社发行部联系，联系及邮购电话：（010）88254888，88258888。
质量投诉请发邮件至 zlts@phei.com.cn，盗版侵权举报请发邮件至 dbqq@phei.com.cn。
本书咨询联系方式：010-51260888-819，faq@phei.com.cn。

推　荐　序

2020 年国庆节前，老孟跟我说："帮我们的书写个序吧！"我开玩笑说："你们怎么不找一个更有名气的人来写呢？"老孟说："已经找了，但是还是想找你写一个序，因为你更了解我们的日常工作。"

我自己平时很喜欢做总结，也常写专栏文章，深知写一两篇文章容易，要坚持写很多篇，并且汇集成书是很需要毅力的。老孟他们平时的工作强度很大，回家还要照顾孩子，能写成这样的"大部头"实属不易。

老孟、小强、文利还有苏菲，在这本书中，把自己这么多年在生产环境摸爬滚打的经验都毫无保留地倾囊分享了。要驾驭 eBay 这样规模的生产环境，必须了解技术背后的原理，而不能仅仅停留在操作层面，因此，这本书更多的是帮大家梳理系统设计背后的思考和细节。

想要学习云计算，就要学习很多基础知识，我们部门的新人刚加入的时候都觉得不适应密集型的信息轰炸，我觉得以后我们部门有新人加入时，我会建议他们先读一遍这本书。大家如果经历一两次生产环境的问题，再回来看这本书，估计体会更深。

我真切感到，书里面的知识无论从覆盖面还是深度都超越我们公司内部的文档，看来鼓励大家写书才是推进我们内部文档质量提高的出路啊！

我看这本书的时候仿佛在看回忆录。我记得我们在把 eBay 的 Feature 测试环境从 OpenStack 换成 Kubernetes 的时候，还顺便换掉了原先的负载均衡系统，上线后出了事故，被"捅"到了 CTO 那里，老孟他们通过持续努力，好不容易从"坑里"爬出来。之后我给老孟团队发了一个奖状，我把奖状交给老孟的时候跟他说，这个奖状外人看上去是个奖状，但是我们自己都知道它是一个提醒，提醒我们从开源系统到生产环境高可用之间还有很长的路要走。老孟一直把这个奖状摆在他桌子的显眼位置。

看到书中介绍 Contour 和 Istio 的章节，我们部门内部在关于技术选型时选用 Contour 还是 Istio 的激烈争吵历历在目，我们基础架构部全球副总裁为了这个事情，还让老孟写一个详细的分析报告，并且跟副总裁逐一分析技术细节。书中说 CGroup 弄得不好，会造成对系统性能的影响，还有内存水位线的介绍、RSS/RPS/RFS 的介绍等，其实我们都是吃过苦头的，内部总结会是在公司 3 楼的会议室 "Fencing 和 Training Room" 开的，整个会议室坐满了人，一起学习了两个多小时，开完会天都黑了，还是周末，但是我觉得这时间花得值。

Resource Quota 的章节，专门解释了资源横向切分和纵向切分的思考。这次国庆节长假前最后一天，小强还在跟我讨论这个问题，eBay 因为历史原因数据中心资源被割裂成很多孤岛，我跟小强说，他的工作就像一条鲶鱼，迫使整个公司重新审视过去十多年的资源管理方式，eBay 并不做内部部门间的单独财务结算。在这种情况下，我觉得如果真的要在保证资源利用率的前提下，缩短我们交付云计算资源的时间任重而道远。

在看第 2 章的时候，我就会想起，周末我去公司，看到文利还在那里思考怎么解决 Cassini（eBay 内部的搜索引擎集群）在 Kubernetes 上为什么会出现性能问题，一查就是两个月，最后还是被他 "死磕" 着搞定了。

看到介绍 Containerd 的章节我就会想起苏菲，我们公司所有 Kubernetes 集群替换成 Containerd runtime 就是她做的，把 NPD 从 Daemonset 换成系统服务也是吃了亏后改的……还有很多很多不能在这里一一列举了，书中轻描淡写的一两句话，背后其实有我们很多的思考、教训和尝试。

我们这 5 年多来也是起起伏伏，公司做 Kubernetes 有一点是一直坚持的，就是要往深里做，把系统为什么这么设计搞清楚。一路的教训让我们非常重视系统上线前的压测和失效分析，而这些无不让我们对系统底层有了更深的认识。

待本书正式发售的时候，我得自己花钱买一本，也摆在我办公桌的显眼位置，因为这记录了我们的成长。我还很期待我们可以再写一本生产环境的 "踩坑实录"。

eBay 基础架构工程部研发总监　　许健

2020 年 10 月 7 日

前 言

在这个合适的位置，交待一下我与这本书的渊源。一个偶然的机会，编辑老师问我，是否有意愿写一本关于 Kubernetes 生产化经验的书。没有太多犹豫，我回复道："好的。"这回复是我发自内心的本能直觉。

从 Kubernetes 项目开源至今已五载有余，我和我的小伙伴们，有幸从第一个版本开始，就参与基于容器平台和 Kubernetes 技术栈的架构、开发、规模化生产落地、运维等一系列工作。在此期间，我们积累了一些值得分享的经验，也踩了不少关于新技术栈的"坑"。

相比于虚拟化技术，容器技术更轻量、优雅，也更符合微服务时代应用的构建与部署需求。基于容器技术的 Kubernetes 并不是一个孤立的云平台，它有成为云计算规范的野心。与此同时，它已俨然成为云计算的事实标准。

- Kubernetes 可以被看作一个云计算控制平面的框架，而云计算三要素——计算、网络和存储，均以插件形式与 Kubernetes 集成。这样做的好处是，使用者可以选择自己的插件实现来落地。因此，当计算技术、网络技术或存储技术更新换代时，Kubernetes 能够很容易地集成。于是在容器技术"能打"的今天，Kubernetes 将对其提供全面支持；明天容器技术被其他技术取代，Kubernetes 作为管理平台，只需要替换一个运行时插件即可，因此其地位不可撼动。

- 在容器技术基础之上，Kubernetes 还做了更精妙的模型抽象。以规范后的模型作为统一的 API，Kubernetes 打破了集群管理者和应用开发者的边界。它用统一的语言将不同角色进行关联，通过特定的语义来实现平台层和应用层的协商。

- Kubernetes 的扩展性非常强。基于自定义模型，围绕着 Kubernetes 形成了丰富的生态圈，并且扩展的项目非常活跃。这些项目通常有大厂背书，同时以构建业界标准为方向，其中包括小到辅助应用构建的 Helm，大到服务网格解决方案 Istio，再到立项之初就尝试走标准化之路的开放应用模型（Open Application Model），都是按照相同的模式成长起来的。

写这本书的一个最重要的初衷，其实很纯粹，就是满足一种倾诉欲——当看到这些精妙的设计，分享欲会喷薄而出。因此，本书不会罗列大量代码、示例、配置，或者教读者如何执行 Kubernetes 命令，而是尝试去介绍这些精巧设计背后的细节，比如它的设计考量、设计选择，以及选择这样的设计所付出的代价。

除此之外，由于新技术的生产化落地并非一帆风顺，必然会遇到这样或那样的问题。因此，我们希望从生产化落地的角度，分享生产系统中面临的挑战和可实施的最佳方案，还包括如何规避风险、优化系统以获得最优性能。

经历了五年的摸爬滚打，Kubernetes 在 eBay 历史上成为了唯一一个统管大数据、搜索后台和云业务的支撑平台。截至目前，Kubernetes 已经管理了上百个集群和数万台物理机，其最终目标是管理所有共计十多万台计算节点，其历程不可谓不艰辛。本书更多是从互联网公司的角度探讨 Kubernetes 生产化过程中，面对超大规模集群和海量应用，需要解决哪些问题。所谓生产化最佳实践经验，无非是一个又一个坑踩过来以后的心路历程。

本书共分 12 章，每个章节自成体系，尝试从不同侧面阐述生产化过程中带来的挑战。

第 1 章：介绍 Kubernetes 架构基础，了解 Kubernetes 架构基础是学习本书的根本。本章介绍容器技术的优势、Kubernetes 对象设计的原则、Kubernetes 控制平面组件的协同工作原理，并对控制面板组件作简要介绍。

第 2 章：通过以点带面的方式，聚焦单个节点，展开介绍容器技术的技术细节，以及与节点相关的调优方案，包括 Kubernetes 如何利用 Namespace 和 CGroups 技术、如何选择和构建存储方案，以及如何对 CPU、内存、磁盘和网络进行调优，以使集群获得最优性能。

第 3 章：介绍如何构建高可用的 Kubernetes 集群，旨在提供生产化集群管理的思路。保证高可用是核心要义，其中包括如何构建高可用的 Kubernetes 平台、如何确保平台支撑的应用高可用，以及如何管理高可用的 Kubernetes 平台。

第 4 章：介绍如何构建生产化镜像仓库及镜像的安全保证。无论选择哪种镜像仓库，需要解决的本质问题都离不开 Metadata 的管理、镜像的块文件管理，以及镜像的分发。因此，本章介绍了镜像仓库的实现，以及基于容器镜像扫描和准入的安全保证方案。

第 5 章：Kubernetes 作为开放式平台，需要多租户的支持，而其本身并未提供租户的概念，因而本章尝试从不同层面描述多租户集群需要解决的问题，以及 Kubernetes 提供的备选方案，包括认证集成、授权管理、隔离和配额管理等。

第 6 章：介绍网络接入方案，包括不同层级的网络协议、负载均衡原理，以及 Kubernetes 的网络接入支持。

第 7 章：介绍 API 网关和服务网格，API 网关是集群的流量入口。本章分析了 Ingress 的设计缺陷、社区相应的替代方案、轻量级的入站流量管理扩展项目 Contour，以及尝试将入站流量和服务网格统一管理的 Istio，同时剖析了时下热门的数据面组件 Envoy 的架构与实现。

第 8 章：社区的集群联邦历经多次迭代，本章重点阐述 V2 版本的设计与实现原理，以及如何基于集群联邦技术，构建跨数据中心的高可用应用。

第 9 章：边缘计算是随着物联网而出现的一种计算模式，基于 Kubernetes 架构的边缘计算项目 KubeEdge 已在孵化中。本章分享边缘数据中心的构建案例，并展开分析 KubeEdge 的架构和其尝试解决的问题，以及在边缘网络中面临的挑战和设计考量。

第 10 章：从虚拟机技术到容器化技术是一个巨大的转变，因此，应用本身需要适应并积极拥抱这些变化，才能避免应用落地时可能面临的陷阱。本章记录了应用落地时面临的问题及应对方案，如"为什么我的应用容器化以后不工作了？性能下降了？资源开销大了？"问题的答案都将在本章揭晓。

第 11 章：在分布式系统中，监控指标是一个衡量系统功能是否达到运维标准的重要因素。本章介绍基于 Kubernetes 的监控要素，包括指标收集、日志管理、系统运维流程上遵循的最佳实践，以及基于监控系统指标数据的集群自动恢复的方法。

第 12 章：容器技术和 Kubernetes 及相应的工具链打通了 DevOps 的所有环节。工具链的发展是非常迅速的，比如持续集成工具从最初的 Jenkins，演进到 Prow，再到 Tekton，只用了数年时间。然而本章未从工具链的角度展开，更多着力于从流程和职能划分的角度分析 DevOps 该如何做。

    Kubernetes 是一个超大的话题，限于篇幅，本书内容进行了一定的取舍；Kubernetes 依然是一个快速迭代之中的技术，本书分享的内容具有一定的时效性。另外，因为写书时间紧，作者眼界和水平有限，如有错漏，敬请广大读者指正。

孟凡杰

2020 年 10 月 20 日

读者服务

微信扫码回复：39917

· 获取各种共享文档、线上直播、技术分享等免费资源

· 加入本书读者交流群，与作者互动

· 获取博文视点学院在线课程、电子书 20 元代金券

目　录

1

架 构 基 础

从 20 世纪 90 年代的由贝尔实验室主导的 Chroot Jail，到 2000 年的 FreeBSD Jails，再到 2008 出现的 Linux Container（LXC），容器技术经历了几代技术革新，其核心目标从未改变：如何将应用进程限制在独立的运行环境中，以满足封装和隔离的需求。量变引发质变是永恒的真理，2013 年，行业颠覆者 Docker 的出现，彻底改变了容器技术乃至云计算行业的格局。Docker 引入了容器镜像的概念，将应用、应用的全部依赖、甚至操作系统打包存储和分发，彻底解决了软件交付的方式，简化了应用部署的复杂性。

谷歌借势推出了开源项目 Kubernetes，它开源之初依托于 Docker 技术，着力于集群管理、容器编排与服务发现。Kubernetes 将基础架构层面的计算、网络、存储，以及运行在技术架构之上的应用和服务都进行了抽象，通过统一的模型来管控云计算中涉及的所有要素，并将它们由点变线，理出一组独立的、可组合的控制流程。这些流程从对象创建开始持续将其推向所需状态，此过程无须应用程序开发者介入，从而减少了应用程序开发者在计算、网络和存储等基础平台上的工作量，使他们能够更加专注于自身服务的工作流和操作。

谷歌自 Kubernetes 诞生之日起即开始容器云的标准化工作，其目标不仅仅是维护一个开源项目，而是联合众多厂家，形成强大的联盟，定制云计算标准以求行业统一。巧妙的业务抽象和强大的扩展性，使其在短短数年时间，已然成为云计算行业的事实标准。

Kubernetes 是基础平台，运行在其之上的应用需要做适度的改造和适配，才能充分利用其提供的故障转移、负载均衡、自动扩缩容等功能，云原生（Cloud-Native）就是运行在 Kubernetes 平台之上的应用需要追求的目标。云原生是将应用程序构建为微服务，并将其运行在完全动态地利用云计算模型优势的容器编排平台上的方法。云原生主要关注的是如何创建和部署应用程序，而不是运行在哪里。不是只要将应用程序运行在容器编排的云平台（如 Kubernetes、Mesos 等）上，它就是云原生程序，也并不意味着此应用程序将拥有云原生平台提供的各种优势。真正的云原生应用程序，无须重新配置就能够在现代化的动态环境（如公共云、私有云和混合云）中自由构建和可伸缩地运行，也只有这样才能真正受益于云原生平台。作为容器化应用程序的开发者，只有充分了解和利用云原生平台，才能设计、架构出真正的云原生应用程序。设计云原生应用程序可以从以下几个方面考虑：

- 松耦合的微服务：将单个应用程序开发为一组微服务，每个微服务都在各自的进程中运行，并使用轻量级协议（例如 HTTP）进行通信。这些服务是围绕业务功能构建的，但又可以全自动地独立部署某个微服务。

- 无状态且可规模化部署：将其状态存储在数据库或其他外部实体中，无论是集群内还是跨集群的实例都可以访问并同时处理请求。它们不依赖于基础架构，从而允许应用程序以高度分布式的方式运行，并且仍保持其状态，而与基础架构的弹性无关。

- 故障的容忍性和弹性：应用程序跨多个物理数据中心部署，各个服务可以在各个云供应商之间自由启动、关闭和迁移。当硬件发生故障或者部分网络中断，以至单个服务的部分实例不能继续提供服务时，也不会影响整体服务的质量。

对企业而言，应用程序迁移成云原生架构，是需要经过长期过渡和增量改进的。长远来看，这是降低和规避运维风险的标准策略。

1.1 云计算的变革

应用程序的部署经历了三个时代：物理机时代、虚拟化时代和容器化时代，相应的应用部署如图 1-1 所示。

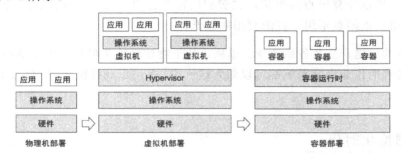

图 1-1 应用部署的时代变迁

1.1.1 物理机时代

早期的软件架构多是单体架构，一个系统的所有功能跑在单一进程中，这需要有算力强大的机器作为支撑，这个时代追求的是更快更强的物理机（Bare Metal，BM），小型机和大型机是时代的主流。应用程序通常直接拷贝、部署至物理机，并在物理机上运行。这种架构和运营模式有诸多不足：

- 程序运行依赖包需要在主机上预先安装，应用程序在测试环境测试完毕，部署到生产环境时，经常会遇到因为缺少依赖而引起的生产系统故障和回滚。

- 当多个应用程序共生在同一主机时，不同应用程序共享相同的运行时环境，这使得应用程序可能互相影响。比如，无法同时启动两个标准的 Tomcat 实例，因为不同的应用程序不能共用同一端口，这使得在某些场景下，即使计算节点还有足够的计算资源，依然无法通过部署多个实例来提供服务，系统资源利用率较低；不同应用程序无法依赖于同一类库的不同版本，这会给应用部署带来额外的限制和挑战。

- 不同的应用程序以进程的形式共生在同一计算节点上，彼此没有隔离，没有资源控制，因此很可能出现一个应用程序耗光所有资源，导致其他应用程序无法正常运行的情况。

- 在此架构和部署的模式下，哪种应用部署在哪些节点上，往往是固定不变的，这使得自动化运维变得困难重重，通常的做法是人工维护关系表，这极大地制约了单个运维人员能维护的系统规模，使得系统整体维护成本极高。

- 资源管理以计算节点为单位，关键应用需要备用节点，因此需要额外采购设备，但备用节点闲置不用，资源利用率极低。

随着技术的更迭，当业务系统变大以后，基于物理机的集群技术也不断涌现，基本上传统的针对进程的作业调度系统都可以归为这一类，多用于高性能运算（High Performance Computing）。

1.1.2　虚拟化时代

随着摩尔定律的失效，硬件的更迭速度已经无法满足软件发展的趋势。于是将单体架构打散，应用将所有功能整合在同一进程，转变为将一个业务流转换成多个独立生命周期的子系统，不同子系统之间通过网络调用彼此通信，形成一个系统生态，应用架构从单体系统转变为分布式系统。应用部署也从集中部署变为了分布式部署，应用程序从纵向扩展转为横向扩展。在此架构模式的驱动下，单个应用通常只负责某个功能模块，不再需要大量的资源支撑。单台物理机可以同时支撑几个甚至几十个应用同时运行，这对计算资源的隔离有更高的要求，虚拟化应运而生。虚拟机（Virtual Machine，VM）的本质是在一个物理机上模拟出多个完整的操作系统，每个操作系统实例都管理自己独立的文件系统和设备驱动，分配了特定 CPU、Memory、磁盘等计算资源。

有了虚拟化技术，一台物理节点可以切分成多个粒度更小的逻辑节点。随之而来的是管理成本的提升，由于架构的变更，管理员需要管理的应用实例是以前的数十倍甚至上百倍，由于虚拟化使得需要管理的主机数量是原来的数倍，管理复杂度的提升显而易见。在物理机时代，一个管理员负责管理几台服务器的模式显然已经无法满足需求，云计算就是为解决海量应用在大规模服务器集群中的管理而产生的技术，可以说云计算是虚拟化的伴生技术。

所谓云计算，是将成千上万的计算节点组成一个集群，统一管控，对计算、存储和网络等计算机系统资源进行抽象，使得云用户无须关心基础架构，只需定义自己需要的计算资源，云平台可以自动选择最合适的计算资源，并分配给用户以满足业务需求。

基于虚拟化的云平台有诸多项目，最经典的开源产品是 OpenStack，其社区活跃度和部署规模在开源产品中出类拔萃，成为虚拟化云计算平台的实施标准。可以说，OpenStack引领了云计算的第一个辉煌时代。然而，虚拟化云平台管理的核心毕竟是虚拟机，是一个操作系统，在操作系统上部署应用的环节并未省略，因此云计算又依据其管理范围划分了新的层次，如图 1-2 所示。

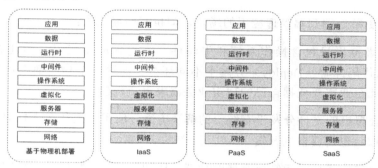

图 1-2　云计算分类

接下来，我们讲一下图 1-2 中的 IaaS、PaaS、SaaS。

1. 基础架构即服务（Infrastructure as a Service，即 IaaS）

顾名思义，基础架构即服务只负责到基础架构层面，它是对计算、网络和存储资源的抽象，并提供这些基础资源的访问和监控服务。IaaS 的用户在对云平台发出请求后，云平台只负责为用户提供基础资源，例如一个虚拟机，如何使用该虚拟机依然由用户自己负责。因此，IaaS 用户在创建一个虚拟机后需要部署某个应用时，应用部署的自动化依然需要自己负责。

2. 平台即服务（Platform as a Service，即 PaaS）

平台即服务是在 IaaS 的基础上，除提供基本的基础架构服务外，云平台会依据应用部署的目标环境分配存储，构建应用接入网络。应用接入网络解决应用如何访问的问题，通常包含负载均衡配置、域名服务配置等。

另外，针对每个实例，除了安装操作系统，还提供了一些辅助应用部署和运行的软件。通常 PaaS 平台会为特定应用类型如 Tomcat、Node.js 等提供中间件，应用启动配置脚本和应用分发代理。通常需要文件服务器保存不同版本的应用程序包以供程序分发，当用户编译好的新版本推送至文件服务器后，程序分发代理可以拉取新版本，并调用配置脚本将新版本拷贝至目标目录启动应用。

PaaS 解决问题的目标是面向应用的，一旦通过 PaaS 创建应用实例，则网络拓扑已经搭建完毕，中间件和文件分发系统已经构建在操作系统中，用户只需部署代码即可访问应用。

PaaS 平台更贴近端到端管理应用的场景，但也有明显缺陷：

（1）通常虚拟机只包含操作系统和中间件，不包含应用代码，因此虚拟机的构建（Provision）和代码部署（Deploy）分属于不同环节。而这两个功能都不是基础云平台的自带功能，因此企业需要依据自己的现实业务需求重新构建。

（2）基于虚拟机的文件分发没有统一的解决方案，应用包上传至文件服务器，再由程序分发代理拉取，也需要自主开发。

（3）需要单独构建日常运维所需要的功能，比如监控、故障转移、扩容缩容等，另外虚拟机的构建和代码的部署分离使得整个过程变得臃肿而缓慢。

（4）PaaS 尝试在一个庞大的基础云平台基础上再构建一个庞大的应用管理系统，二者之间有明显边界，这使得 PaaS 的维护成本很高。

3. 软件即服务（Software as a Service，即 SaaS）

又称云应用服务。该模式下，软件已经部署完毕。云用户是软件用户，无须管理软件本身。比如 Salesforce 等公有软件提供商就采用此模式，它们提供的是一个标准产品。而该模式的弊端也显而易见——云服务商提供的软件一般只做通用功能，而公司需求的软件有无数的定制化要求，选择 SaaS 意味着放弃个性化要求，只使用软件供应商提供的标准服务。

1.1.3　容器化时代

虚拟机依然采用操作系统实例，虚拟机的使用目的是将计算能力远超应用需求的服务器切分成独立的个体，有效地屏蔽同一节点上多个应用的相互影响，并提高利用率。它不能为应用解决环境依赖的问题，不能解决程序分发的问题。事实上它把应用部署变得更复杂了。虚拟机本质上只是提供了一个通用的操作系统，不同的应用在部署之前，需要用户自行安装软件包并进行参数配置。在此之上的应用部署需要巨大的开发和维护成本。

那么有没有什么技术能够解决这些问题呢？答案就是容器技术。容器技术依赖于现存的成熟技术，为应用打造了完全隔离的运行环境，基于预分配的资源保证服务质量，基于分层的文件系统和镜像仓库完成增量分发。容器技术的火爆是因为一家初创公司 Docker 产品的走红，在容器技术的初期，Docker 就是容器的实施标准，大部分企业的容器化之路都离不开 Docker。

第 2 章将对容器技术做详细的阐述，这里只比较其相较于虚拟机技术的显著优势：

（1）容器的运行基于进程而非虚拟机，无须模拟操作系统。其特点是启动速度快、占用资源少，这有利于计算资源全部向应用倾斜，降低硬件成本。

（2）容器基于 Linux Namespace 技术隔离进程，Namespace 技术可以使用户进程拥有独立的网络配置、文件系统、用户空间、进程空间，等等。虽然容器只是一个应用进程，但因为较好的隔离性，其行为甚至可以模拟虚拟机。

（3）容器基于 Linux Control Group 技术，对用户进程进行资源限定，可以为每一个容器实例分配 CPU、Memory、磁盘 I/O 等资源上限，能够隔离同一主机上多个用户进程彼此之间的干扰。

（4）与虚拟机类似，容器也有容器镜像，而容器镜像的打包相比虚拟机而言要优雅很多。比如 Docker 支持 Dockerfile，允许用户像源代码一样管理容器镜像源文件，包括指定基础操作系统镜像、安装中间件、拷贝应用代码、启动应用等，容器镜像是面向应用而不是操作系统的。

（5）容器支持分层的文件结构，当构建容器镜像时，Docker 会将 Dockerfile 中定义的每一行命令定义成一个文件层级，一个 Docker 镜像就是多个文件层的集合。容器运行时，会按照镜像层级由下到上按层加载，是镜像打包时的逆操作，由此实现一次打包、到处运行的目的。

（6）每个文件层都有基于其内容计算出来的 Digest，在文件分发时，如果某个文件层未发生变化，则无须重新拉取，由此解决增量文件部署的问题。无论基础镜像有多大，只要基础镜像不更新，则更新镜像版本时，都只拉取变更的部分，不会过多消耗带宽。

（7）容器镜像可上传至镜像仓库，在任何其他计算节点上，都可以从镜像仓库拉取和运行镜像，镜像可以通过不同的 Tag 进行版本管理。

由此可见，容器相比于虚拟化技术，更好地解决了应用程序运行沙箱和程序分发等问题。

在容器技术的推动下，云计算技术也发生了根本性的变革。而谈到容器云，就会想到本书的主角——Kubernetes，一个由谷歌主导的开源容器云项目。谷歌有一个传统，当谷歌内部的某项技术面临迭代时，通常会发论文把技术公开，并开始下一代产品的研发和部署。在更早期的大数据时代，谷歌发表了大数据类的论文 MapReduce 和 BigTable。该论文在业界引起极大反响，开源社区 Apache 主导了 MapReduce 和 HDFS 的开源项目，并引领了大数据时代的风潮。

谷歌有一个非常著名的作业调度系统叫 Borg，其本质是基于进程（基于 Chroot Jail 做进程隔离，基于 CGroup 做资源管控）的作业调度系统，我们平时熟知的 Google Search、Gmail、Google Doc 等服务均运行在这个平台上。另外，谷歌内部的 MapReduce 等批处理业务也一样运行在该平台上。Borg 是一个基于 20 多年前的技术的分布式系统，谷歌也有意愿对 Borg 进行技术迭代，基于新技术重新打造一套平台。

彼时容器技术风生水起，Docker 作为初创公司提出了容器技术，引起业界的广泛关注。诸多公司开始投入容器开发和尝试对应用进行容器化改造，其中也包括谷歌。容器技术与 Borg 所依赖的基于进程隔离的技术类似，而且基于相对较新的 Namespace 技术。于是基于容器技术的云计算平台——Kubernetes 项目诞生了，引领了云计算技术的方向。

Kubernetes 在容器化时代扮演什么样的角色呢？

1. 集群管理

Kubernetes 与其他云平台一样，是以计算节点为核心的，成规模的计算节点组成一个彼此网络互通的集群。有了计算节点组成的集群，有了算力，才会有依托于平台的应用。Kubernetes 作为云平台，首先要监控和管理这些节点的健康状况及可用资源。

2. 作业调度和作业管理

（1）支持多种存储方式：允许容器挂载多样的存储类型，例如本地存储、公有云提供的网络存储，等等。

（2）自动可控的升级和回退：当新的容器镜像发布时，能够以某种策略用新的容器镜像创建新的容器，同时删除已存在的旧的容器，最终让容器达到预期的状态。

（3）高利用率的调度机制：根据容器申请的 CPU 和 Memory，在集群中找到一个最合适的节点来运行容器，避免单个节点负载过高或过低，从而充分利用集群节点的资源。

（4）有效的自愈机制：如果容器退出或者服务不健康，那么能够删除并且重建容器，并把它从服务端点中移除，直到新的容器做好服务的准备。

（5）密码和配置管理：提供存储和管理敏感信息，例如密码、口令和密钥等，也能提供存储和管理应用的配置信息。随时可以更新这些密码和配置信息而不用重新编译容器镜像。

3. 服务发现和服务治理

容器能够利用 DNS 和集群 IP 地址向集群内外提供服务。在分发流量的时候能够达到负载均衡，避免出现某个容器的流量过高的情况。

如果只从功能层面上看，你会发现，这些都是云计算中平台需要解决的常规问题，那么 Kubernetes 的核心竞争力究竟在哪里？

1. 声明式系统

声明式系统（Declaritive System）与命令式系统（Imperative System）相对应。

命令式系统通常基于同步交互，比如操作系统命令行或者同步的 API 调用，用户执行一条命令或调用一个接口，阻塞并等待响应返回，再依次执行后续命令或调用。命令式系统的问题是请求不会被保存，命令执行结束以后，执行的命令会被丢弃。因此针对任何一个系统，只能看到现状，而无法追溯历史。命令式系统通常基于同步调用，需要较多的人为干预。随着命令式系统支持的场景变得复杂，命令需要的参数会越来越多，最终难以维护和使用。

声明式系统通常对业务进行抽象，所有请求都可以通过源码形式保存起来。不同版本的业务对象可以在代码仓库中保存，因此系统的任意状态均可通过代码仓库中对应的对象版本进行溯源。请求对象发送给声明式系统后，该对象会被保存，而系统会保证其实际状态最终与期望状态保持一致。声明式系统追求的是最终一致性，由系统保证一直尝试，并使实际状态一致，因此整个系统都基于异步调用。Kubernetes 的最核心优势是，将其解决问题领域中的所有对象做了非常好的抽象，比如将计算节点抽象成 Node，将运行应用的实体抽象成 Pod，将可供访问的应用服务抽象成 Service 等。

而这些对象的抽象是面向不同用户场景的，比如有面向平台层的 Node，有面向应用层的 Deployment，有面向安全的 NetworkPolicy，有面向流量管理的 Service，等等。Kubernetes 抹除了传统云计算中不同类型的云平台的边界，从云平台基础架构到服务接入，再到应用运维，都被整合到这个大一统的平台上来了。

2. 控制器模式

控制器模式是 Kubernetes 系统运作的关键，Kubernetes 中每种抽象出来的对象，都有其对应的控制器组件。每个控制器监听其所关注的对象的变更，然后按照对象中最新的期望状态进行系统配置，配置完成后，更新该对象的实际状态。这些控制器通力合作，负责让整个集群及集群上运行的应用与用户的期望一致。

3. 插件化框架

Kubernetes 追求的目标是成为业界通用的解决方案，无论构建私有云还是公有云，无论基于虚拟机还是物理机，无论底层网络、存储方案、操作系统如何选择，无论企业的生态系统现状如何，Kubernetes 都可以完美地运行。Kubernetes 提供了插件化框架，比如 Pod 的启动需要创建容器实例、挂载存储、配置网络，而不同用户的不同场景的底层存储，其网络环境可能也不同。因此 Kubernetes 提供了容器运行接口、容器存储接口、容器网络接口，使得不同企业可按需定制方案。比如企业有统一的认证系统，Kubernetes 则避免重复造轮子，它提供了多种认证接口，比如可以通过 Webhook 方便地与企业认证平台进行整合。Kubernetes 不是一个孤岛，从诞生开始起，其定位就是与企业现有的平台进行整合，构建生态系统。

4. 标准化推动

除了定义云计算管理的核心对象，Kubernetes 还提供了基于自定义资源的对象扩展能力。定义扩展的资源对象，Kubernetes 社区在尝试解决更多业界问题，比如微软在主导的开放应用模型（Open Application Model）中尝试解决的问题是应用定义标准化，比如谷歌主导的 Istio 的服务网格（ServiceMesh）尝试解决的问题是流量管理标准化，比如谷歌主导的 Knative 尝试解决的问题是无服务器架构。而这些方案大多数是在解决通用的问题，都在朝着向社区开放、构建业界标准的方向努力。这些项目与 Kubernetes 核心项目一起形成一个完整的生态，来解决容器云平台的全部命题。大厂背书和活跃的社区推动，使得这些技术方案在未来极可能成为整个业界的标准。可以说掌握了这些技术，就掌握了云计算的未来。

1.2　Kubernetes 模型设计

Kubernetes 创建初期，其本身在业界地位并不占优，前有长期占有主流市场的 Mesos 和基于 Mesos 的 DCOS 围追堵截，后有 Docker Swarm 依托自己的容器事实标准异军突起，反倒是 Kubernetes 只有谷歌的品牌。Kubernetes 为什么能最后胜出，成为容器云的实施标准呢？最根本原因就是其对管理范畴的所有对象进行了抽象，通过模型标准化将容器云平台各个维度的问题解决得非常完美。

1.2.1　对象的通用设计原则

了解 Kubernetes 的第一步，就是了解 Kubernetes 如何抽象和定义这个世界。Kubernetes 在设计对象时遵循如下原则：

（1）Kubernetes 将业务模型化，这些对象的操作都以 API 的形式发布出来，因此其所有 API 设计都是声明式的。

（2）控制器的行为应该是可重入和幂等的，通过幂等的控制器使得系统一致朝用户期望状态努力，且结果稳定。

（3）所有对象应该是互补和可组合的，而不是简单的封装。通过组合关系构建的系统，通常能保持很好的高内聚、松耦合特性。

（4）API 操作复杂度应该与对象数量成线性或接近线性比例，这制约了系统的规模上限，如果操作复杂度和对象成指数比例，那么随着对象的增加，操作的复杂度会迅速上升到用户无法接受的程度。

（5）API 对象状态不能依赖于网络连接状态。众所周知，在分布式环境下，网络连接断开是经常发生的事情，如果希望 API 对象的状态能应对网络的不稳定，那么 API 对象的状态就不能依赖于网络连接状态。

（6）尽量避免让操作机制依赖于全局状态，因为在分布式系统中要保证全局状态的同步是非常困难的。

1.2.2 模型设计

1.2.2.1 TypeMeta

TypeMeta 是 Kubernetes 对象的最基本定义，它通过引入 GKV（Group，Kind，Version）模型定义了一个对象的类型。下面分别介绍一下 Group、Kind、Version。

（1）Group

Kubernetes 定义了非常多的对象，如何将这些对象进行归类是一门学问，将对象依据其功能范围归入不同的分组，比如把支撑最基本功能的对象归入 core 组，把与应用部署有关的对象归入 apps 组，会使这些对象的可维护性和可理解性更高。

（2）Kind

定义一个对象的基本类型，比如 Node、Pod、Deployment 等。

（3）Version

社区每个季度会推出一个 Kubernetes 版本，随着 Kubernetes 版本的演进，对象从创建之初到能够完全生产化就绪的版本是不断变化的。与软件版本类似，通常社区提出一个模型定义以后，随着该对象不断成熟，其版本可能会从 v1alpha1 到 v1alpha2，或者到 v1beta1，最终变成生产就绪版本 v1。

Kubernetes 通过 Version 属性来控制版本。当不同版本的对象定义发生变更时，有可能会涉及数据迁移，Kubernetes API Server 允许通过 Conversion 方法转换不同版本的对象属性。这是一种自动数据迁移的机制，当集群版本升级以后，已经创建的老版本对象会被自动转换为新版本。

这里所说的版本是对外版本（External Version），即用户通过 API 能看到的版本。事实上资源定义都有对内版本（Internal Version），在 Kubernetes API Server 处先将对外版本转换成对内版本，再进行持久化。

1.2.2.2 Metadata

TypeMeta 定义了"我是什么"，Metadata 定义了"我是谁"。为方便管理，Kubernetes

将不同用户或不同业务的对象用不同的 Namespace 进行隔离。Metadata 中有两个最重要的属性——Namespace 和 Name，分别定义了对象的 Namespace 归属及名字，这两个属性唯一定义了某个对象实例。

我们知道，所有对象都会以 API 的形式发布供用户访问，Typemeta、Namespace 和 Name 唯一确定了该对象所在的 API 访问路径，该路径也会被自动生成并保存在对象 Metadata 属性的 selfLink 中，如下所示：

```
selfLink: /api/v1/namespaces/default/pods/nginx-6ccb6b48dd-zvfrj
```

此外，Metadata 中还有 Label、Annotation、Finalizer 和 ResourceVersion 四个字段，可用作资源对象的配置管理。

1. Label

在传统的面向对象设计系统中，对象组合的方法通常是内嵌或引用，即将对象 A 内嵌到对象 B 中，或者将对象 A 的 ID 内嵌到对象 B 中。这种设计的弊端是各对象之间的关系是固化的，一个对象可能对多个其他对象发生关联，如果该对象发生变更，系统需要遍历所有其关联对象并做修改。

Kubernetes 采用了更巧妙的方式管理对象和对象的松耦合关系，其依赖的就是 Label 和 Selector。Label，顾名思义就是给对象打标签，一个对象可以有任意对儿标签，其存在形式是键值对儿。不像名字和 UID，标签不需要独一无二，多个对象可以有同一个标签，每个对象可以有多组标签。

Label 定义了这些对象的可识别属性，Kubernetes API 支持以 Label 作为过滤条件查询对象。因此 Label 通常用最简单的形式定义：

```
metadata:
  labels:
    app: web
    tier: front
```

其他对象只需要定义 Label Selector 就可以按条件查询出其需要关联的对象。Label 的查询可以基于等式，如 app=web 或 app!=db，或基于集合，如 app in (web, db) 或 app notin (web, db)，可以只查询 Label 键，如 app。Label 对多个条件查询只支持"与"操作，如 app=web, tier=front。

2. Annotation

Annotation 与 Label 一样用键值对儿来定义，但其功能与 Label 不一样，所以在用法上也有不同的原则，API 也不支持只用 Annotation 做条件过滤。虽然 Kubernetes 把对象做了很好的抽象，在实际运用中特别是在生产化落地过程中，总是需要保存一些在对象内置属性中无法保存的信息，Annotation 就是用于满足这类需求的，事实上 Annotation 是对象的属性扩展。社区在开发新功能（需要对象发生变更）之前，往往会先把需要变更的属性放在 Annotation 中，当功能经历完实验阶段再将其移至正式属性中。

Annotation 作为属性扩展，更多是面向系统管理员和开发人员的，因此 Annotation 需要像其他属性一样做合理归类。与 Java 开发中的包名设计类似，通常需要将系统以不同的功能规划为不同的 Annotation Namespace，其键应以如下形式存在：<namespace>/key: value，比如一个最常用的场景，为 Pod 标记 Annotation 以告知 Prometheus 为其抓取系统指标，具体代码如下：

```
annotations:
    prometheus.io/path: /mymetrics
    prometheus.io/port: "7355"
    prometheus.io/scrape: "true"
```

3. Finalizer

如果只看社区实现，那么该属性毫无存在感，因为在社区代码中，很少有对 Finalizer 的操作。但在企业化落地过程中，它是一个十分重要、值得重点强调的属性。因为 Kubernetes 不是一个独立存在的系统，它最终会跟企业资源和系统整合，这意味着 Kubernetes 会操作这些集群的外部资源或系统。试想一个场景：用户创建了一个 Kubernetes 对象，假设对应的控制器需要从外部系统获取资源，当用户删除该对象时，控制器接收删除事件后，会尝试释放该资源。可是如果此时外部系统无法连通，并且同时控制器发生了重启，会有何后果？答案是该对象永远泄露了。

Finalizer 本质上是一个资源锁，Kubernetes 在接收某对象的删除请求时，会检查 Finalizer 是否为空，如果为空则只对其做逻辑删除，即只会更新对象中的 metadata.deletionTimestamp 字段。具有 Finalizer 的对象，不会立刻删除，需等到 Finalizer 列表中所有字段被删除后，也就是只有该对象相关的所有外部资源已被删除，这个对象才会被最终删除。

因此，如果控制器需要操作集群的外部资源，则一定要在操作外部资源之前为对象添加 Finalizer，确保资源不会因对象被删除而泄露。同时控制器需要监听对象的更新时间，当对象的 deletionTimestamp 不为空时，处理对象删除逻辑，回收外部资源，并清空自己之前添加的 Finalizer。

4. ResourceVersion

通常在多线程操作相同资源时，为保证实物的一致性，需要在对象进行访问时加锁，以确保在一个线程访问该对象时，其他线程无法修改该对象。排他锁的存在可以确保某一对象在同一时刻只有一个线程在修改，但其排他的特性会让其他线程等待锁，使得系统的整体效率显著降低。

ResourceVersion 可 以 被 看 作 一 种 乐 观 锁， 每 个 对 象 在 任 意 时 刻 都 有 其 ResourceVersion，当 Kubernetes 对象被客户端读取以后，ResourceVersion 信息也被一并读取。客户端更改对象并回写 API Server 时，ResourceVersion 会增加，同时 API Server 需要确保回写的版本比服务器端的当前版本高，在回写成功后服务器端的版本会更新为新的 ResourceVersion。 因 此， 当 两 个 线 程 同 时 访 问 某 对 象 时， 假 设 它 们 获 取 的 对 象 ResourceVersion 为 1。紧接着第一个线程修改了对象，资源版本会变为 2，回写至 API Server 以后，该对象服务器端的 ResourceVersion 会被更新为 2。此时如果第二个线程对该对象在 1 的版本基础上做了更改，回写 API Server 时，所带的新的版本信息也为 2，那么 API Server 校验会发现第二个线程新写入的对象 ResourceVersion 与服务器端的 ResourceVersion 相冲突， 即写入失败，需要第二个线程读取最新版本，以便重新更新。

此机制确保了分布式系统中的任意多线程能够无锁并发访问对象，极大地提升了系统的整体效率。

1.2.2.3 Spec 和 Status

Spec 和 Status 才是对象的核心，Spec 是用户的期望状态，由创建对象的用户端来定义。Status 是对象的实际状态，由对应的控制器收集实际状态并更新。与 TypeMeta 和 Metadata 等通用属性不同，Spec 和 Status 是每个对象独有的，后续的章节会通过介绍一些核心对象来帮助读者深入理解这两个概念。

为方便对 Kubernetes 对象的理解，图 1-3 展示了按照业务目的归类的常用 Kubernetes 对象及其分组。Kubernetes 对象设计完全遵循互补的原则。鼓励 API 对象尽量实现面向对象设计时的要求，即"高内聚，松耦合"，对业务相关的概念有一个合适的分解，提高分解出来的对象的可重用性。高层 API 对象设计一定是从业务出发的，低层 API 对象能够被高层 API 对象所使用，从而实现减少冗余、提高重用性的目的。

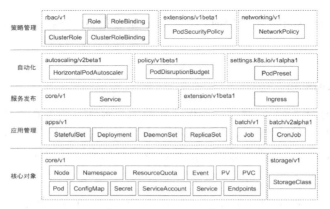

图 1-3　常用 Kubernetes 对象及其分组

1.2.3　核心对象概览

　　Kubernetes 的对象设计避免了简单封装和内部隐藏机制。简单封装是指，A 对象封装了 B 对象的定义，实际没有提供新的功能，反而增加了对所封装 API 的依赖性。内部隐藏的机制也非常不利于系统维护的设计方式。如图 1-4 所示，StatefulSet、ReplicaSet 和 DaemonSet，是三种 Pod 的集合，Kubernetes 用不同的 API 对象来定义它们，而不是将它们封装在同一个资源对象中，内部再通过特殊的隐藏算法来区分这个资源对象是有状态的、无状态的，还是节点服务。Pod 是 Kubernetes 应用程序的基本执行单元，即它是 Kubernetes 对象模型中创建或部署的最小和最简单的单元。多数核心对象都是为 Pod 对象服务的，但是它们都是从 Pod 对象中剥离出来的，有自己的 API 定义。Secret、ConfigMap 和 PVC 是不同的资源对象定义，都可以作为存储卷在 Pod 中使用。而在 Pod 中使用时，只需要指定该对象的名称即可，无须将其具体信息在 Pod 资源对象中进行扩展。

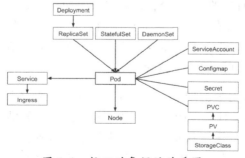

图 1-4　核心对象间的关系图

接下来，我们介绍一下 Kubernetes 中与 Pod 相关的核心对象。

1. Namespace

Namespace 是 Kubernetes 进行归类的对象，当一个集群有多个用户或一个用户有多个应用需要管理时，需要将所有被管理的对象进行隔离。Kubernetes 引入了 Namespace 对象，类似文件目录，不同对象被划分到不同的 Namespace 后，可以通过权限控制来限制用户以何种权限访问哪些 Namespace 的哪些对象，进而构建一个多租户、彼此隔离的通用集群。

2. Pod

容器云平台需要解决的最核心的问题是应用运行，Kubernetes 将容器化应用运行的实体抽象为 Pod，Pod 类似豆荚，它是一个或者多个容器镜像的组合。当应用启动以后，每一个容器镜像对应一组进程，而同一个 Pod 的所有容器中的进程默认公用同一网络 Namespace，并且共用同一网络标识。Pod 具有基本的自恢复能力，当某个副本出现问题时，它会按照预定策略被重启。

当然，应用运行通常需要配置文件，这些配置文件又有可以明文读写的配置，也包含需要加密和严格权限控制的密码证书等配置，Kubernetes 为这些配置分别定义了 Configmap 和 Secret。Configmap 和 Secret 与 PersistVolumeClaim 类似，都可以作为卷加载给运行的 Pod，Pod 中运行的进程可以像访问本地文件一样访问它们。Configmap 和 Secret 没有本质区别，Secret 只是将内容进行 base64 编码，我们知道 base64 编码是一种对称加密算法，可以轻松解密，事实上没有太多安全性可言。但 Kubneretes 支持 Secret 在持久化时的加密存储，这样保存在硬盘的 Secret 数据是无法解密的。其次，Kubernetes 可以通过权限严格控制能够访问 Secret 的用户，以保证密码和证书信息的安全。

Pod 除了包含用户希望运行的容器镜像和配置文件，还允许用户定义其运行所需的资源，用户创建 Pod 以后，Kubernetes 会为其选择一个最佳节点运行。计算节点被抽象成 Node 对象，节点数量和每个节点的资源汇总起来就是整个集群能提供的算力。每个计算节点负责汇报自己的心跳信息，并上报节点的资源总量和可用资源。

3. ServiceAccount

Pod 中运行的进程有时需要与 Kubernetes API 通信，在启用了安全配置的集群后，Pod 一定要以某种身份与 Kubernetes 通信，这个身份就是系统账户（ServiceAccount）。

Kubernetes 会默认为每个 Namespace 创建一个 default ServiceAccount，并且为每个 ServiceAccount 生成一个 JWT Token，这个 Token 保存在 Secret 中。用户可以在其 Pod 定义中指定 ServiceAccount（默认为 default），其对应的 Token 会被挂载在 Pod 中，Pod 中的进程可以通过该 Token 与 Kubernetes 进行通信。

4. ReplicaSet

Pod 只是单个应用实例的抽象，要构建高可用应用，通常需要构建多个同样的副本，提供同一个服务。Kubernetes 为此抽象出副本集 ReplicaSet，其允许用户定义 Pod 的副本数，每一个 Pod 都会被当作一个无状态的成员进行管理，Kubernetes 保证总是有用户期望的数量的 Pod 正常运行。当某个副本宕机以后，控制器将会创建一个新的副本。当因业务负载发生变更而需要调整扩缩容时，可以方便地调整副本数量。

5. Deployment

对于无状态在线应用，Kubernetes 提供了更高级的版本变更控制。版本变更是一个日常频繁发生的关键操作，如何在不中断业务的前提下更新版本，一直是业界努力解决的问题。Deployment 就是一个用来描述发布过程的对象，其实现机制是，当某个应用有新版本发布时，Deployment 会同时操作两个版本的 ReplicaSet。其内置多种滚动升级策略，会按照既定策略降低老版本的 Pod 数量，同时创建新版本的 Pod，并且总是保证正在运行的 Pod 总数与用户期望的副本数一致，并依次将该 Deployment 中的所有副本都更新至新版本。图 1-5 展示了 Deployment 的滚动升级策略。

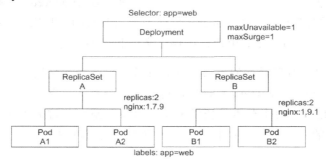

图 1-5　Deployment 的滚动升级策略

由于 Deployment 会维护 ReplicaSet，ReplicaSet 会创建 Pod，所以通过 Deployment 维护无状态的应用是第一选择，它可以满足诸多需求，缩短应用上线的时间，在不造成停机的情况下创建弹性部署，能够使用户更快或更频繁地发布应用和功能。使用 Deployment（而不使用单个 Pod）部署应用程序的优势如下：

（1）能够创建并保证目标数量的 Pod 在运行状态，且使应用的服务能力在遇到 Pod 宕机时也不会降级。

（2）可按既定策略滚动升级，同时支持升级暂停、恢复和回滚。选择滚动升级策略非常灵活，正确的策略对于交付弹性应用程序和基础架构都是至关重要的。

（3）可以便利地扩容和缩容，以应对负载的频繁变化。

6. Service 和 Ingress

即使在传统平台中，为支持应用的高可用，也需要在应用实例之上构建负载均衡。Service 和 Ingress 就是描述负载均衡配置的对象，它允许用户定义发布服务的协议和端口，并定义 Selector 选择后端服务的 Pod。Selector 本身是一个 Label 过滤器，它会选择所有 Label 与该 Selector 匹配的 Pod 作为目标。Kubernetes 会为 Service 和其选择出来的 Pod 创建一个关联对象，Endpoint 里面记录了所有 Pod 的 IP 地址及就绪状态，这些信息会被相应组件作为期望状态进行负载均衡配置。Ingress 在服务的基础上定义 API 网关的对象。通过 Ingress，用户可以定义七层转发规则、网关证书等高级路由功能。负载均衡和请求路由是容器云平台至关重要的功能，Service 和 Ingress 会分别在第 5 章和第 6 章中进行详述。

7. PersistentVolume 和 PersistentVolumeClaim

PersistentVolume（PV）是集群中的一块存储卷，可以由管理员手动设置，或当用户创建 PersistentVolumeClaim（PVC）时根据 StorageClass 动态设置。PV 和 PVC 与 Pod 生命周期无关。也就是说，当 Pod 中的容器重新启动、Pod 重新调度或者删除时，PV 和 PVC 不会受到影响，Pod 存储于 PV 里的数据得以保留。对于不同的使用场景，用户通常需要不同属性（例如性能、访问模式等）的 PV。因此，集群一般需要提供各种类型的 PV，由 StorageClass 来区分。一般集群环境都设置了默认的 StorageClass。如果在 PersistentVolumeClaim 中未指定 StorageClass，则使用集群的默认 StorageClass。

8. CustomResourceDefinition

CustomResourceDefinition 是指自定义资源定义，简称 CRD，是 Kubernetes 1.7 中引入的一项强大功能，它允许用户将自己的自定义对象添加到 Kubernetes 集群中。当创建新 CRD 的定义时，API Server 将为指定的每个版本创建一个新的 RESTful 资源路径。当集群中成功地创建了 CRD，就可以像 Kubernetes 原生的资源一样使用它，利用 Kubernetes 的所有功能，例如其 CLI、安全性、API 服务、RBAC 等。CRD 的定义是在集群范围内的，CRD 的资源对象的作用域可以是命名空间（Namespaced）或者集群范围（Cluster-wide）。与现有的内置对象一样，删除 Namespace 也会删除该 Namespace 中所有自定义的对象，但不会删除 CRD 的定义。Kubernetes 还提供一系列 Codegen 工具（deepcopy-gen、client-gen、lister-gen、informer-gen 等），能够自动生成该 CRD 资源的 Golang 版本的 Clientset、Lister 及 Informer，这为该资源编写控制器提供了很大便利。

CRD 就像数据库的开放式表结构，允许用户自定义 Schema。有了这种开放式设计，用户可以基于 CRD 定义一切需要的模型，满足不同业务的需求。社区鼓励基于 CRD 的业务抽象，众多主流的扩展应用都是基于 CRD 构建的，比如 Istio、Knative。甚至基于 CRD 推出了 Operator Mode 和 Operator SDK，可以以极低的开发成本定义新对象，并构建新对象的控制器。

1.2.4 控制器模式

声明式系统的工作原理是什么？当用户定义对象的期望状态时，Kubernetes 通过何种机制确保实际状态与期望状态最终保持一致？在定义了如此多的对象后，这些对象又是如何联动起来，完成一个个业务流的呢？秘密就是控制器模式，Kubernetes 定义了一系列的控制器，事实上几乎所有的 Kubernetes 对象都被一个或数个控制器所监听，当对象发生变化时，控制器会捕获对象变化并完成配置操作。

Kubernetes 的功能组件会在后面章节中展开，但本节深入理解控制器模式有助于理解 Kubernetes 的运作机制。API Server 是 Kubernetes 的大脑，保存了所有对象及其状态。开源项目 client-go 对控制器的编写提供了完备的自动化支持，任何 Kubernetes 对象都可以由 client-go 创建供控制器使用的 Informer() 和 Lister() 接口。如图 1-6 所示，控制器的工作流程就是围绕着 Informer() 和 Lister() 的。

Informer() 用于接收资源对象的变化的 Event，针对 Add、Update 和 Delete 的事件，可以注册相应的 EventHandler。在 EventHandler 内，根据传入的 object 调用 controller.KeyFunc 计算出字符串 key，并把它加入控制器的队列中。

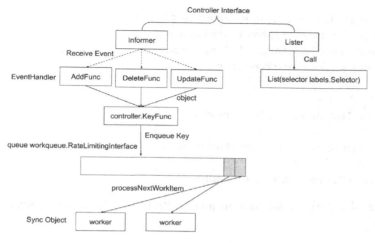

图 1-6　控制器的工作流程

Lister()是给控制器提供主动查询资源对象的接口，我们根据 labels.Selector 来指定筛选条件。

控制器模式是一个标准的生产者-消费者模式。一方面，控制器在启动后，Informer 会监听其所关注的对象变化。一旦对象发生了创建、更新和删除等事件，这些事件会由核心组件 API Server 推送给控制器。控制器会将对象保存在本地缓存中，并将对象的主键推送至消息队列，此为生产者。

另一方面，控制器会启动多个工作子线程（Worker），从队列中依次获取对象主键，并从缓存中读取完整状态，按照期望状态完成配置更改，并将最终状态回写至 API Server，此为消费者。

Kubernetes 就是基于此模式保证了整个系统的最终一致性。

Kubernetes 运行一组控制器，以使资源的当前状态与所需状态保持匹配。对于基于事件的体系结构，控制器利用事件去触发相应的自定义代码，这部分都是由 SharedInformer 完成的。例如，创建 Deployment 的控制器的核心代码如下：

```
kubeInformerFactory := kubeinformers.NewSharedInformerFactory(kubeClient,
resyncPeriod)
    deploymentInformer := kubeInformerFactory.Apps().V1().Deployments()
    deploymentInformer.Informer().AddEventHandler(cache.ResourceEventHandler
Funcs{
    AddFunc: controller.handleObject,
```

```
UpdateFunc: func(old, new interface{}) {
    newDepl := new.(*appsv1.Deployment)
    oldDepl := old.(*appsv1.Deployment)
    if newDepl.ResourceVersion == oldDepl.ResourceVersion {
        return
    }
    controller.handleObject(new)
},
DeleteFunc: controller.handleObject,
})
kubeInformerFactory.Start(stopCh)
```

具体地，如图 1-7 所示，SharedInformer 有 Reflector、Informer、Indexer 和 Thread Safe Store 四个组件。

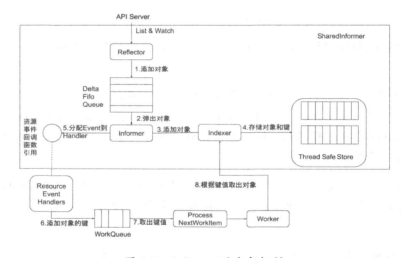

图 1-7　Informer 的内部机制

Reflector 用于监听特定的 Kubernetes API 资源对象，可以是 Kubernetes 内建的或者是自定义的资源。其具体实现是通过 ListAndWatch 的方法进行的。首先，Reflector 将资源版本号设置为 0，使用 List 操作获得指定资源对象，这可能会导致本地的缓存相对于 etcd 里面的内容存在延迟。然后，Reflector 通过 Watch 操作监听到 API Server 处资源对象的版本号变化，并将最新的数据放入 Delta FIFO 队列中，使得本地的缓存数据与 etcd 的数据保持一致。如果 resyncPeriod 不为零，那么 Reflector 会以 resyncPeriod 为周期定期执行 Delta FIFO 的 Resync 函数，这样就可以使 Informer 定期处理所有的对象。

Informer 的内部机制是从 Delta FIFO 队列中弹出对象，一方面将对象存入本地存储以供检索，另一方面触发事件以调用资源事件回调函数。控制器后续的典型模式是获取资源对象的 key，并将该 key 排入工作队列以进一步处理。Indexer 提供对象的索引功能。

Indexer 可以根据多个索引函数维护索引。Indexer 使用线程安全的数据存储来存储对象及其键。在 Store 中定义了一个名为 MetaNamespaceKeyFunc 的默认函数，该函数生成对象的键的格式是<namespace>/<name>的组合。

1.2.5　控制器的协同工作原理

单个 Kubernetes 资源对象的变更，会触发多个控制器对该资源对象的变更进行响应，继而还能引发其相关的其他对象发生变更，从而触发其他对象控制器的配置逻辑，这一模式使得整个系统成为声明式系统。图 1-8 简要描述了用户创建一个 Deployment 对象时各个控制器是如何协同工作的。

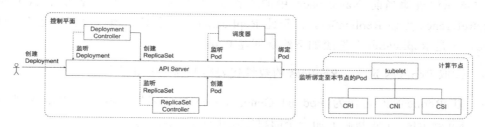

图 1-8　协同工作流程示例

除 API Server 和 etcd 外，所有 Kubernetes 组件，不论其名称是 Scheduler、Controller Manager、或是 kubelet，其本质都是一致的，都可以被称为控制器，因为这些组件中都有一个控制循环。它们监听 API Server 中的对象变更，在自己关注的对象发生变更后完成既定的控制逻辑，再将控制逻辑执行完成后的结果更新回 API Server，并持久化到 etcd 中。

API Server 作为集群的 API 网关，接收所有来自用户的请求。用户创建 Deployment 之后，该请求被发送至 API Server，经过认证、鉴权和准入三个环节，该 Deployment 对象被保存至 etcd。

Controller Manager 中的 Deployment Controller 监听 API Server 中所有 Deployment 的变更事件，此时其捕获了 Deployment 的创建事件，并开始执行控制逻辑。Deployment Controller 读取 Deployment 对象的 Selector 定义，通过该属性过滤当前 Namespace 中的所

有 ReplicaSet 对象，并判断是否有 ReplicaSet 对象的 OwnerReference 属性为此 Deployment。由于此 Deployment 刚刚创建，所以没有满足此查询条件的 ReplicaSet，于是 Deployment Controller 会读取 Deployment 中定义的 podTemplate，将其做哈希计算，得到值为 [pod-template-hash]，并依照如下约定创建新的 ReplicaSet：

- 新的 ReplicaSet 的命名格式为[deployment-name]-[pod-template-hash]。

- 为 ReplicaSet 添加 label，此 Label 为 pod-template-hash: [pod-template-hash]。

- 将 Deployment 的值赋给 ReplicaSet 的 OwnerReference。

Deployment Controller 将新的 ReplicaSet 创建请求发送至 API Server，API Server 经过认证授权和准入步骤，将该对象保存至 etcd。

ReplicaSet Controller 监听 API Server 中所有 ReplicaSet 对象的变更，新对象的创建令其唤醒并开始执行控制逻辑。ReplicaSet Controller 读取 ReplicaSet 对象的 Selector 定义，并通过该属性过滤当前 Namespace 中的所有的 Pod 对象，并判断是否有 Pod 对象的 OwnerReference 为该 ReplicaSet。由于此 ReplicaSet 刚刚创建，所以没有满足此查询条件的 Pod，于是 ReplicaSet 会按照如下约定创建 Pod：

- 读取 Replicas 定义，Replicas 的数量代表需要创建 Pod 的数量。

- 以 ReplicaSet 名作为 Pod 的 GenerateName，该属性会被当作 Pod 名的前缀，Kubernetes 在此基础上加一个随机字符串作为 Pod 名。

- 该 ReplicaSet 可以作为 Pod 的 OwnerReference 来使用。

ReplicaSet Controller 将新建 Pod 的请求发送至 API Server，API Server 将 Pod 悉数保存。此时调度器被唤醒，其监听 API Server 中所有 nodeName 为空的 Pod，即未经过调度的 Pod。经过一系列的调度算法，不满足 Pod 需求的节点被过滤，满足 Pod 需求的节点按照空闲资源、端口占用情况、实际资源利用率等信息被排序，评分最高的节点名被更新至 nodeName 属性中，该属性经 API Server 保存至 etcd。

当运行在 Pod 上的被调度节点的 kubelet 监听到有归属于自己节点的新 Pod 时，开始加载 Pod 清单，下载 Pod 所需的配置信息，调用容器运行时接口启动容器，调用容器网络接口加载网络，调用容器存储接口挂载存储，并完成 Pod 的启动。

Kubernetes 就是依靠这样的联动机制，通过分散的业务控制逻辑满足用户的需求。从用户的角度来看，只是发送了一个 Deployment 创建请求，但事实上，为满足该需求，可能会涉及数个甚至更多 Kubernetes 组件。此架构模式的优势是每个组件各司其职，巧妙而灵活，代码易维护，缺点是运维复杂度相对较高，在整个业务流中有任何组件出现故障都会使 Kubernetes 不可用。

1.3　Kubernetes 核心架构

与传统的高性能计算及虚拟化云平台类似，Kubernetes 也遵循主从结构。通常将固定规模的计算节点组成一个集群，在集群中挑选数台计算节点作为管理节点（Master），其余的计算节点作为工作节点（Minion）。针对较大规模的集群，建议将独占节点作为管理节点，而针对较小规模的集群，可以将管理节点和工作节点混用。

如图 1-9 所示，管理节点和非管理节点的区别是，管理节点上运行的是控制平面组件，而工作节点运行的是用户业务。Kubernetes 还拥有各种功能插件，例如监控模块、日志模块、DNS 服务、Ingress 等，这些组件通常以用户态应用的形式存在。

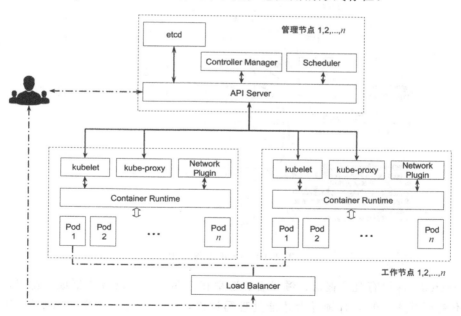

图 1-9　Kubernetes 系统架构

1.3.1 核心控制平面组件

控制平面组件是由集群管理员部署和维护的，用来支撑平台运行的组件，Kubernetes 的主要控制平面组件包括 API Server、etcd、Scheduler 和 Controller Manager。通常将控制平面组件安装在多个主节点上，彼此协同工作，保证平台的高可用性。是否需要进行高可用配置，以及创建多少个高可用副本，是依据具体生产化需求而定的，具体细节会在第 3 章构建高可用集群中详述，本章将介绍单节点上控制平面组件的细节。

1.3.1.1 etcd

etcd 是高可用的键值对的分布式安全存储系统，用于持久化存储集群中所有的资源对象，例如集群中的 Node、Service、Pod 的状态和元数据，以及配置数据等。为了持久性和高可用性，生产环境中的 etcd 集群成员需分别在多个节点上运行，并定期对其进行备份。如图 1-10 所示，在多个 etcd 成员组成的 etcd 集群中，etcd 成员间使用 Raft 共识算法复制请求并达成协议。

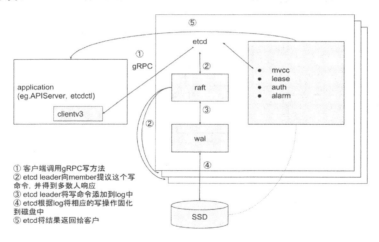

图 1-10　etcd 工作原理

对于 etcd，这里有几个概念：领导者、选举和任期。任何 etcd 集群成员都可以处理读请求，不需要共识。但只有领导者才能处理写请求，包括更改、新增、删除等。如图 1-10 所示，当来自客户端 API Server 的写请求被提交到 etcd 成员处时，如果它不是领导者，那么它会将此请求转移给领导者。领导者会将请求复制到集群的其他成员中进行仲裁，当超过半数成员同意更改时，领导者才将更改后的新值提交到日志 wal 中，并通知集群成员进行相应的写操作，将日志中的新值写入磁盘中。

每个集群在任何给定时间都只能有一个领导者。如果领导者不再响应，那么其余成员在预定的选举计时器超时后会开始新的选举，将自己标记为候选者，并请求其他节点投票来开始新的选举。每个节点为请求其投票的第一个候选者投票。

如果候选人从集群中的大多数节点获得投票，那么它将成为新的领导者。每个节点维护的选举计时器的超时时间不同，因此第一个候选人通常会成为新的领导者。但是，如果存在多个候选人并获得相同数目的选票，则现有的选举任期将在没有领导人的情况下结束，而新任期将以新的随机选举计时器开始。因此，我们建议在部署 etcd 集群时采用奇数个成员为佳。根据 Raft 的工作机制，每个写请求需要集群中的每个成员做仲裁，因此我们建议 etcd 集群成员数量不要超过 7 个，推荐是 5 个，个数越多仲裁时间会越多，写的吞吐量会越低。如果集群中的某个成员处理请求特别慢，就会让整个 etcd 集群不稳定，且性能受到限制。因此，我们要实时监测每个 etcd 成员的性能，及时修复或者移除性能差的成员。

1.3.1.2　API Server

API Server，也就是常说的 kube-API Server。它承担 API 的网关职责，是用户请求及其他系统组件与集群交互的唯一入口。所有资源的创建、更新和删除都需要通过调用 API Server 的 API 接口来完成。对内，API Server 是各个模块之间数据交互的通信枢纽，提供了 etcd 的封装接口 API，这些 API 能够让其他组件监听到集群中资源对象的增、删、改的变化；对外，它充当着网关的作用，拥有完整的集群安全机制，完成客户端的身份验证（Authentication）和授权（Authorization），并对资源进行准入控制（Admission Control）。

用户可以通过 kubectl 命令行或 RESTful 来调用 HTTP 客户端（例如 curl、wget 和浏览器）并与 API Server 通信。通常，API Server 的 HTTPS 安全端口默认为 6443（可以通过--secure-port 参数指定），HTTP 非安全端口（可以通过--insecure-port 参数指定，默认值为 8080）在新版本中已经被弃用。Kubernetes 集群可以是包含几个节点的小集群，也可以扩展到成千节点的规模。作为集群的"大脑"，API Server 的高可用性是至关重要的。

如图 1-11 所示，一个集群允许有多个 API Server 的实例。API Server 本身是无状态的，可以横向扩展。借助 Haproxy 或负载均衡器就能非常容易地让他们协同工作。在图 1-11 中，我们通过 10.2.1.4:443 或者 API Server.cluster.example.io:443，就能访问到集群中的某个 API Server。具体是哪个实例，根据负载均衡器的转发策略（例如 round-robin、 least-connection 等）来定。不管是用 Haproxy 还是负载均衡器（软件或硬件）的方式，都需要支持 Health Check，以防某 API Server 所在的 Master 节点宕机，其上的流量能够迅速转移到其 API Server 上。

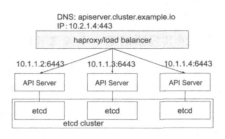

图 1-11　API Server 的高可用架构

另外，API Server 会在 Default Namespace 下创建一个类名为 Kubernetes 的 Service 对象，同时负责将它自己的 podIP 更新到对应的 Endpoint 对象中。依托 CoreDNS 插件的辅助，集群内部的 Pod 就可以通过服务名访问 API Server。Pod 到 API Server 的流量只会在集群内部转发，而不会被转发到外部的负载均衡器上。值得注意的是，此 Endpoint 对象的Subnets Addresses 数组长度有限制，由 API Server 的参数--API Server-count 来指定，默认是 1。也就是说，只需添加保留一个 API Server 实例的 IP 地址。如果集群中有多个 API Server实例，需将此值设置为实际值，否则集群内部通过此 Service 访问 API Server 的所有流量只会转到一个 API Server 实例上。

1.3.1.3　Controller Manager

控制器是 Kubernetes 集群的自动化管理控制中心，里面包含 30 多个控制器，有 Pod管理的（Replication 控制器、Deployment 控制器等）、有网络管理的（Endpoints 控制器、Service 控制器等）、有存储相关的（Attachdetach 控制器等），等等。在 1.2.5 节的例子中，我们已经见识到部分控制器是如何工作的。大多数控制器的工作模式雷同，都是通过 APIServer 监听其相应的资源对象，根据对象的状态来决定接下来的动作，使其达到预期的状态。

很多场景都需要多个控制器协同工作，比如某个节点宕机，kubelet 将会停止汇报状态到 Node 对象。NodeLifecycle 控制器会发现节点状态没有按时更新，超过一段时间（可通过参数--pod-eviction-timeout 来指定）后，它将驱逐节点上的 Pod。如果这个 Pod 属于某个 Deployment 对象，那么 Deployment 对象所需的副本数量将减少，这时 Deployment 控制器将会补齐 Pod 副本数量，替换掉因为宕机而被删除的 Pod。

控制器采用主备模式和 Leader Election 机制来实现故障转移（Fail Over），如图 1-12 所示，也就是说允许多个副本处于运行状态，但是只有一个副本作为领导者在工作，其他副本作为竞争者则不断尝试获取锁，试图通过竞争成为领导者。一旦领导者无法继续工作，其他竞争者就能立刻竞争上岗，而无须等待较长的创建时间。在 Kubernetes 中，锁就是一个资源对象，目前支持的资源是 Endpoint 和 Configmap。控制器的锁在 kube-system Namespace 下名为 kube-controller-manager 的 Endpoint 对象中。

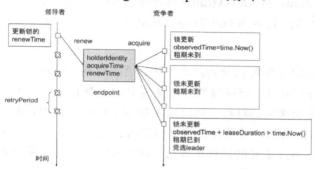

图 1-12　Leader Election 的工作机制

Leader Election 有三个与时间相关的参数：leaseDuration、renewDeadline 和 retryPeriod。第一个参数 leaseDuration 是指资源锁定后的租约时间，竞争者在该时间间隔内不能锁定资源，如果领导者在这段时间间隔后没有更新锁时间，则竞争者可以认为领导者已经挂掉，不能正常工作了，将重新选举领导者。

第二个参数 renewDeadline 是指，领导者主动放弃锁，当它在 renewDeadline 内没有成功地更新锁，它将释放锁。当然如果更新锁无法成功地执行，那么释放锁大概率也无法成功地执行，所以在 Kubernetes 中这种情况很少见。

第三个参数 retryPeriod 是指竞争者获取锁和领导者更新锁的时间间隔。这种 Leader Election 机制保证了集群组件的高可用性，如果领导者因为某种原因无法继续提供服务，则由其他竞争者副本竞争成为新的领导者，继续执行业务逻辑。

1.3.1.4　Scheduler

集群中的调度器负责 Pod 在集群节点中的调度分配。我们常说 Kubernetes 是一个强大的编排工具，能够提高每台机器的资源利用率，将压力分摊到各个机器上，这主要归功于调度器。调度器是拓扑和负载感知的，通过调整单个和集体的资源需求、服务质量需求、硬件和软件的策略约束、亲和力和反亲和力规范、数据位置、工作负载间的干扰、期限等，来提升集群的可用性、性能和容量。

与控制器类似，调度器也是采用 Leader Election 的主备模式，通过 kube-system Namespace 下名为 kube-scheduler 的 Endpoint 对象进行领导者仲裁。调度器监听 API Server 处 Pod 的变化，当新的 Pod 被创建后，如果其 Pod 的 spec.nodeName 为空，就会根据这个 Pod 的 Resouces、Affinity 和 Anti-Affinity 等约束条件和 Node 的实时状态等为该 Pod 选择最优节点，然后更新节点名字到 Pod 的 spec.NodeName 字段。接下来后续的工作就由节点上的 kubelet 接管了。

调度器调度 Pod 的过程可以分为两个阶段：调度周期（Scheduling Cycle）阶段和绑定周期（Binding Cycle）阶段。调度周期阶段是为 Pod 选择最优节点的过程，绑定周期阶段是通知 API Server 这个决定的过程。调度周期阶段是串行运行的，绑定周期阶段是可以并行运行的。如图 1-13 所示，目前调度器采用插件式的框架，使用户定制更加方便，向框架内的插件扩展点添加自定义的插件组即可。调度器插件只需实现一组 API 并编译到调度器中，通过配置文件来决定"使能"还是"禁止"。默认情况下的 default-scheduler 是没有扩展这些插件的。如图 1-13 所示，Filter 就相当于我们平常所说的 Predicate 的功能，Scoring 相当于 Priority 的功能。

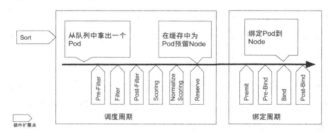

图 1-13　调度器的插件式框架

Predicate 的功能可以理解为硬性条件（Hard Constraints）预选，将所有不能运行 Pod 的节点排除出去。如果在这个过程中任何一个策略将节点标记成"不可用"，那么接下来的策略也就不会再考虑这个节点。Predicate 完成后，我们最终会得到一个候选节点列表。如果候选节点列表为空，那么 Pod 暂时无法安排，调度器会将其再次放回队列中。下面是调度器可选的预选策略：

- PodFitsHostPorts：判断 Pod 所要求的端口是否在节点中被占用。

- PodFitsHost：判断节点是否是 Pod 的 spec.nodeName 指定的节点。

- PodFitsResources：判断节点是否能够满足 Pod 中申请的 Resources（例如 CPU、Memory）的要求。

- PodMatchNodeSelector：判断节点是否满足 Pod 的 spec.nodeSelector 限制。

- NoVolumeZoneConflict：在给定存储卷的 Failure Zone 的限制下，评估 Pod 的 spec.volume 申请的存储卷是否在这个节点可用。

- NoDiskConflict：判断 Pod 的 Volumes 和该节点上已挂载的磁盘是否有冲突。

- MaxCSIVolumeCount：判断节点上挂载的 CSI Volumes 是否超出最大值。

- CheckNodeMemoryPressure：判断节点是否已经在汇报有内存压力。

- CheckNodePIDPressure：判断节点是否已经在汇报 PID 即将耗尽。

- CheckNodeDiskPressure：判断节点是否已经在汇报有存储压力（系统磁盘满了或者接近满了）。

- CheckNodeCondition：根据节点的 status.conditions 判断节点状态，如果节点网络不可用、Kubelet 的状态不是 Ready 的，等等，那么这个节点是不适合运行 Pod 的。

- PodToleratesNodeTaints：判断 Pod 上的 Toleration 是否能满足节点上的 Taints。

- CheckVolumeBinding：检查节点是否能满足 Pod 所有的 Volume 请求，包括 bound 和 unbound 的 PVCs。

Priority 的功能，可以理解为软性条件（Soft Contraints）优选，根据各个策略对可行节点列表中的每个节点打分，最终总得分最高的节点就是我们所说的最优节点。如果多个节点都是相同的分数，它将会在它们之中任选一个。

- SelectorSpreadPriority：尽量将相同的 Service、StatefulSet 或者 ReplicaSet 的 Pod 分布在不同节点。

- InterPodAffinityPriority：遍历 weighted 的 PodAffinityTerm 的元素，如果节点满足相应的 PodAffinityTerm 条件，则总和加上该条件的“权重”，再计算总和。总和越高的节点，分数越高。

- LeastRequestedPriority：节点上的已有 Pod 所申请的资源总数越少，节点得分越高。这个策略能使负载在各个节点上更均衡。

- MostRequestedPriority：节点上的已有 Pod 申请的资源总数越多，节点得分越高。这个策略能使 Pod 调度到小规模的节点上。

- RequestedToCapacityRatioPriority：资源利用率（requested/capacity）越低，节点得分越高。

- BalancedResourceAllocation：各项资源使用率越均衡，节点得分就越高。

- NodePreferAvoidPodsPriority：如果节点的 Annotation scheduler.alpha.kubernetes.io/preferAvoidPods 没有显示指定规避此 Pod，则节点得分高。

- NodeAffinityPriority：满足 Pod 的 PreferredDuringSchedulingIgnoredDuringExecution 条件的节点得分高。

- TaintTolerationPriority：Pod 不满足节点上的 Taints 的数量越少，节点得分越高。

- ImageLocalityPriority：如果已经有了 Pod 所需的容器镜像的节点，则得分相对高。

- ServiceSpreadingPriority：保障 Service 后端的 Pod 运行在不同节点上。对于 Service 服务来说，更能容忍单节点故障。

- CalculateAntiAffinityPriorityMap：尽量使属于同一 Service 的 Pod 在某个节点上的数量最少。

- EqualPriorityMap：所有节点都具有相同的权重。

由于调度器在整个系统中承担着"承上启下"的重要功能，所以调度器的性能也就容易成为系统的瓶颈。在 Kubernetes 1.12 之前，调度器做 Predicate 时都是检查所有的节点的。1.12 版本添加了一个新的特性，允许调度器在发现一定数量的候选节点后，暂时停止寻找更多的候选节点，这会提高调度器在大集群中的性能。这个参数由 percentOfNodesToScore 的配置选项控制，范围在 1 到 100 之间。0 表示未设置此选项。如果候选节点总体数量小于 50 个，这个参数也是无效的。在 1.14 版本中，如果没有指定参数，调度器会根据集群的大小找到合适的节点百分比。它使用一个线性公式，对于一个 100 节点的集群，该值为 50%。对于一个具有 5000 节点的集群，该值为 10%。这个值的下限是 5%。换句话说，除非用户为此选项提供的值小于 5，否则调度程序始终会为至少 5% 的集群节点进行评分。

1.3.2 工作节点控制平面组件

工作节点是 Kubernetes 集群的负责运行用户容器的载体。它可以是虚拟机，也可以是物理机。初期，社区主推虚拟机方案是为了跟虚拟云平台共存。现在随着容器技术的不断成熟，社区为了降低负载度，开始抽离虚拟化层，因此工作节点的选择方案大趋势是物理机。一个新的 Node 加入集群是非常容易的，在节点上安装 kubelet、kube-proxy、容器运行时和网络插件服务，然后将 kubelet 和 kube-proxy 的启动参数中的 API Server URL 指向目标集群的 API Server 即可。API Server 在接受 kubelet 的注册后，会自动将此节点纳入当前集群的调度范围，这样 Pod 就能调度该节点了。

1.3.2.1 kubelet

kubelet 是运行在每个节点上的负责启动容器的重要的守护进程。在启动时，Kubelet 进程加载配置参数，向 API Server 处创建一个 Node 对象来注册自身的节点信息，例如操作系统、Kernel 版本、IP 地址、总容量（Capacity）和可供分配的容量（Allocatable Capacity）等。然后 kubelet 须定时（默认值是每 10s 通过 NodeStatusUpdateFrequency 设置参数）向 API Server 汇报自身情况，例如磁盘空间是否用满、CPU 和 Memory 是否有压力，自身服务是否 Ready 等，这些信息都将被调度器使用，在调度 Pod 时给节点打分。如果 kubelet 停止汇报这些信息，那么 NodeLifecycle 控制器将认为 kubelet 已经不能正常工作，会将 Node 状态设置为 Unknown，并在一段时间后开始驱逐其上的 Pod 对象。

节点上的 Pod 来源有两个：普通 Pod 和静态 Pod（Static Pod）。普通 Pod，也就是通过 API Server 创建的 Pod，是被 Scheduler 调度到该节点上的。静态 Pod 是不经过 API Server 的，kubelet 通过观测本地目录或者 HTTP URL 下的定义文件所创建的 Pod。静态 Pod 始终绑定到 kubelet 所在的节点上。

kubelet 会自动尝试在 API Server 上为每个静态 Pod 创建一个镜像 Pod（Mirror Pod）。这意味着在节点上运行的静态 Pod 在 API Server 上可见，但不能从那里进行控制。本地目录可以通过配置参数 staticPodPath 来指定。HTTP URL 通过配置参数 staticPodURL 来指定。在这个目录和 URL 下的文件的所有更新都可以被 kubelet 监测到，周期默认是 20s，可以通过配置参数 FileCheckFrequency 和 HTTPCheckFrequency 来指定。

当 Pod 被调度到 kubelet 所在的节点上时，kubelet 首先将 Pod 中申请的 Volume 挂载到当前节点上。当 Volume 挂载完毕后，kubelet 才会调用容器运行时为 Pod 创建容器沙箱

（PodSandbox）和容器。kubelet 也会周期性地查询容器的状态，并定期汇报容器状态，通过 cAdvisor 监控容器资源的使用情况。

容器沙箱是 "pause" 容器的抽象概念，有时也称为 infra 容器，与用户容器 "捆绑" 运行在同一个 Pod 中，共享 CGroup、Namespace 等资源，与其他 Pod 资源隔离。在 PodSandbox 中运行一个非常简单的 pause 进程，它不执行任何功能，一启动就永远把自己阻塞住了（pause 系统调用）。容器沙箱最大的作用是维护 Pod 网络协议栈。

在创建容器之前，kubelet 首先会调用容器运行时为该 Pod 创建容器沙箱，容器运行时为容器沙箱设置网络环境。当容器沙箱成功启动后，kubelet 才会调用容器运行时在该容器沙箱的网络命名空间（Net Namespace）中创建和启动容器。用户的容器可能因为各种原因退出，但是因为有容器沙箱存在，容器的网络命名空间不会被摧毁，当重新创建用户容器时，无须再为它设置网络了。

可以看出，kubelet 并不是直接进行容器操作的，如图 1-14 所示。它都是通过容器运行时的接口（Container Runtime Interface，CRI）调用容器运行时对容器和镜像进行操作的，例如创建、启动、停止和删除容器，下载镜像等。容器运行时的选用，这里有多条路可选：使用内置的 dockershim 和远端的容器运行时等。目前默认情况下，kubelet 是通过内置的 dockershim 调用 Docker 来完成容器操作的。我们也可以指定 remote 模式（通过参数 --container-runtime 来指定），使用外部的遵循 CRI 的容器运行时。虽然 kubelet 不直接参与容器的创建与运行，但是它是管理和监控该节点上 Pod 及 Pod 中容器 "生老病死" 的核心。

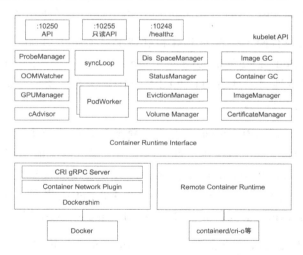

图 1-14　kubelet 的组织架构

如图 1-15 所示，kubelet 的核心函数是 syncLoop。此函数是由事件驱动的。kubelet 会从 API Server 的静态 Pod 的本地目录和 HTTP URL 处监听到 Pod 资源对象的变化，产生新增、更改、删除事件。kubelet 还会启动一个 PLEG（Pod Lifecycle Event Generator）线程，每秒钟重新查询一次容器运行时容器的状态，更新 Pod 的缓存，并根据容器的状态产生同步的事件。

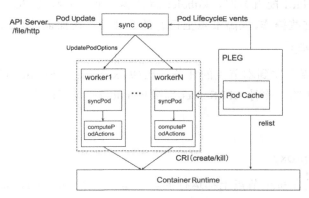

图 1-15　kubelet 管理 Pod 的核心流程

kubelet 的 syncLoop 函数将 Pod 对象及容器状态的变化产生的 4 类 UpdatePodOptions（SyncPodUpdate、SyncPodCreate、SyncPodKill 和 SyncPodSync）分发给 Pod 对应的 PodWorker 进行处理。每个 Pod 都有一个 PodWorker。PodWorker 会根据 UpdatePodOptions 的类型调用相关容器运行时接口进行相关操作。对于 SyncPodUpdate 和 SyncPodSync 类型的 UpdatePodOptions，PodWorker 会事先根据当前 Pod 的 Spec 和 Status 调用 computePodActions 函数计算下一步操作，例如需要停止的容器有哪些，是否需要删除容器沙箱等。kubelet 就是通过这样的"闭环反馈"控制 Pod 的 Status 及其 Spec 最终达到一致的。

从图 1-15 也可以看出，除管理 Pod 外，kubelet 还有很多其他功能：

- 对容器的 Liveness 和 Readiness 进行检测。Liveness 用来探测容器是否处于"存活状态"，如果 kubelet 检测容器当前处于"死亡状态"，则 kubelet 会停止此容器，并重新创建新的容器。Readiness 用来探测容器中的用户进程是否处于"可服务状态"，如果 kubelet 检测容器当前处于"不可服务状态"，则 kubelet 不会重启容器，但会把 Pod 中的容器状态更新为 ContainersReady=false。这对 Service 的高可用而言非常重要。如果 Pod 的容器处于"不可服务状态"，Endpoint 控制器就会将该

Pod 的 IP 地址从 Endpoint 中移除，该 Pod 将不能再接收任何用户请求。

- 保护节点不被容器抢占所有资源。如果镜像占用磁盘空间的比例超过高水位（默认值为 90%，可以通过参数 ImageGCHighThresholdPercent 进行配置），kubelet 就会清理不用的镜像。当节点 CPU、Memory 或磁盘少于某特定值或者比例（由参数 EvictionHard 配置）时，kubelet 就会驱逐低优先级的 Pod（例如 BestEffort 的 Pod）。通过这些操作，保障节点上已有的 Pod 能够在保证的 QoS（Quality of Service）下继续正常运行。

处理 Master 节点下发到本节点的任务，比如 exec、logs 和 attach 等请求。API Server 是无法完成这些工作的，此时 API Server 需要向 kubelet 发起请求，让 kubelet 完成此类请求处理。

1.3.2.2　kube-proxy

kube-proxy 也是在每个节点上都运行的。它是实现 Kubernetes Service 机制的重要组件。毫无意外，kube-proxy 也是一个"控制器"。它也从 API Server 监听 Service 和 Endpoint 对象的变化，并根据 Endpoint 对象的信息设置 Service 到后端 Pod 的路由，维护网络规则，执行 TCP、UDP 和 SCTP 流转发。如图 1-16 所示，标签 app=example 的 Pod 都是此 Service 的后端 Pod，他们的 Pod IP 将会被 Endpoint 控制器实时更新到 Endpoint 对象中。此 Serivce 被分配的 ClusterIP 为 192.168.232.109，nodePort 为 30004。Pod 的 8080 端口映射到 Service 的 80 端口。也就是说，在集群内部通过 192.168.232.109:80 就能访问此 Service 的后端 Pod 8080 端口提供的服务；集群外的主机可以通过 nodeIP:30004 来访问此 Service。

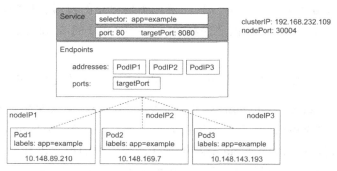

图 1-16　Service 和 Pod 的关系

kube-proxy 有两种模式都可以实现流量转发，分别是 iptables 模式和 IPVS（IP Virtual

Server）模式（可以通过参数--proxy-mode 来指定）。默认是 iptables 模式，该模式是通过每个节点上的 iptables 规则来实现的。我们可以通过 iptables 命令查看相关的 iptables rules：

```
$ iptables -t nat -S
…
① -A KUBE-NODEPORTS -p tcp -m comment --comment "ci/peer-review-bot:http"
-m tcp --dport 30004 -j KUBE-SVC-BBVI5ZF6XS3KVW42
② -A KUBE-SERVICES -d 192.168.232.109/32 -p tcp -m comment --comment
"ci/peer-review-bot:http cluster IP" -m tcp --dport 80 -j KUBE-SVC-BBVI5ZF6XS3KVW42

③ -A KUBE-SVC-BBVI5ZF6XS3KVW42 -m statistic --mode random --probability
0.33332999982 -j KUBE-SEP-RXBFMC7CATPNMAHP
④ -A KUBE-SVC-BBVI5ZF6XS3KVW42 -m statistic --mode random --probability
0.50000000000 -j KUBE-SEP-CCTNN4A277RJLBDD
⑤ -A KUBE-SVC-BBVI5ZF6XS3KVW42 -j KUBE-SEP-HJGBTFNTDVVP5Q3I

⑥ -A KUBE-SEP-RXBFMC7CATPNMAHP -s 10.148.143.193/32 -j KUBE-MARK-MASQ
⑦ -A KUBE-SEP-RXBFMC7CATPNMAHP -p tcp -m tcp -j DNAT --to-destination
10.148.143.193:3000
⑧ -A KUBE-SEP-CCTNN4A277RJLBDD -s 10.148.169.7/32 -j KUBE-MARK-MASQ
⑨ -A KUBE-SEP-CCTNN4A277RJLBDD -p tcp -m tcp -j DNAT --to-destination
10.148.169.7:3000
⑩ -A KUBE-SEP-HJGBTFNTDVVP5Q3I -s 10.148.89.210/32 -j KUBE-MARK-MASQ
⑪ -A KUBE-SEP-HJGBTFNTDVVP5Q3I -p tcp -m tcp -j DNAT --to-destination
10.148.89.210:3000
...
```

从上面 iptables rules 的代码片段来看，在集群内，用 ClusterIP: 192.168.232.109（规则②）或 nodePort 30004（规则①）访问 Service 时，会被跳转到 Chain KUBE-SVC-BBVI5ZF6XS3KVW42。对于 Chain KUBE-SVC-BBVI5ZF6XS3KVW42，它有三条可以跳转的路径（规则③④⑤）。当我们查询到规则③时，它将有 33.33%的概率命中，并跳转到 KUBE-SEP-RXBFMC7CATPNMAHP。如果规则③未命中，则接下来我们考虑规则④，它将有 50%的概率进入 Chain KUBE-SEP-CCTNN4A277RJLBDD。如果此条仍没有命中，就会进入 Chain KUBE-SEP-HJGBTFNTDVVP5Q3I。因此分别进入这三个 Chain 的概率是一样的，kube-proxy 也是利用 iptables 的这一特性实现流量的负载均衡。

随着 Service 数量的增大，iptables 模式由于线性查找匹配、全量更新等特点，其性能会显著下降。从 Kubernetes 的 1.8 版本开始，kube-proxy 引入了 IPVS 模式，IPVS 与 iptables 同样基于 netfilter，但是采用的是哈希表而且运行在内核态，当 Service 数量达到一定规模时，哈希表的查询速度优势就会显现出来，从而提高 Service 的服务性能。我们可以通过 ipvsadm 命令查看 IPVS 模式下的转发规则：

```
$ ipvsadm --list
TCP  192.168.232.109:http rr
  -> 10.148.89.210:hbci          Masq    1       0       0
  -> 10.148.143.193:hbci         Masq    1       0       0
  -> 10.148.169.7:hbci           Masq    1       0       0
TCP  localhost:30004 rr
  -> 10.148.89.210:hbci          Masq    1       0       0
  -> 10.148.143.193:hbci         Masq    1       0       0
  -> 10.148.169.7:hbci           Masq    1       0       0
```

1.3.2.3 容器运行时

容器运行时是真正删除和管理容器的组件。容器运行时可以分为高层运行时和底层运行时。高层运行时主要包括 Docker、Containerd 和 Cri-o，底层运行时包含运行时 runc、kata 及 gVisor。底层运行时 kata 和 gVisor 都还处于小规模落地或实验阶段，其生态成熟度和使用案例都比较欠缺，所以除非有特殊的需求，否则 runc 几乎是必然的选择。因此，在对容器运行时的选择上，主要聚焦于上层运行时的选择。

Docker 是 Kubernetes 支持的第一个容器运行时，kubelet 通过内嵌的 DockerShim 操作 Docker API 来操作容器，进而达到一个面向终态的效果。在这之后，又出现了一种新的容器运行时——rkt，它也想要成为 Kubernetes 支持的一个容器运行时，当时它也合到了 Kubelet 的代码之中。这两个容器运行时的加入使得 Kubernetes 的代码越来越复杂、难以维护。因此在 1.5 版本后，Kubernetes 推出了 CRI（Container Runtime Interface）接口，把容器运行时的操作抽象出一组接口，如图 1-17 所示。Kubelet 能够通过 CRI 接口对容器、沙盒及容器镜像进行操作。

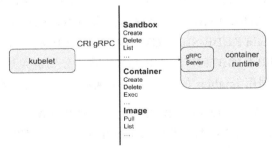

图 1-17　kubelet 和容器运行时的关系

Docker 是 Kubernetes 一直默认支持的运行时，也是目前使用最广泛的运行时。Docker 内部关于容器运行时功能的核心组件是 Containerd，后来 Containerd 也可以直接与 kubelet 通过 CRI 对接，独立在 Kubernetes 中使用。相对 Docker 而言，Containerd 减少了 Docker 所需的处理模块 Dockerd 和 Docker-shim，并且对 Docker 支持的存储驱动进行了优化，因此在容器的创建、启动、停止、删除，以及对镜像的拉取上，都具有性能上的优势。架构的简化同时也带来了维护的便利。当然 Docker 也具有很多 Containerd 不具有的功能，例如支持 zfs 存储驱动，支持对日志的大小和文件限制，在以 overlayfs2 做存储驱动的情况下，可以通过 xfs_quota 来对容器的可写层进行大小限制等。尽管如此，Containerd 目前也基本上能够满足容器的众多管理需求，因此将它作为运行时的 Kubernetes 也越来越多。

容器技术的细节会在第 2 章深入讲解。

1.3.2.4　网络插件

Kubernetes 网络模型设计的基础原则是：

- 所有的 Pod 能够不通过 NAT 就能相互访问。

- 所有的节点能够不通过 NAT 就能相互访问。

- 容器内看见的 IP 地址和外部组件看到的容器 IP 地址是一样的。

在 Kubernetes 的集群里，IP 地址是以 Pod 为单位进行分配的，每个 Pod 都拥有一个独立的 IP 地址。一个 Pod 内部的所有容器共享一个网络栈，即宿主机上的一个网络命名空间，包括它们的 IP 地址、网络设备、配置等都是共享的。也就是说，Pod 里面的所有容器能通过 localhost:port 来连接对方。在 Kubernetes 中，提供了一个轻量的通用容器网络接口 CNI（Container Network Interface），专门用于设置和删除容器的网络连通性。容器运行时通过 CNI 调用网络插件来完成容器的网络设置。

如图 1-18 所示，容器运行时在启动时会从 CNI 的配置目录中读取 Json 格式的配置文件，文件后缀为“.conf”“.conflist”“.json”。如果配置目录中包含多个文件，那么通常会按照名字排序，选用第一个配置文件作为默认的网络配置，并加载获取其中指定的 CNI 插件名称和配置参数。一个配置文件中可以指定多个插件，容器运行时会保存这些网络插件到一个“待执行插件”的列表中。当需要为容器添加或者删除网络时，容器运行时会在 CNI 的可执行目录中找到这些插件的可执行文件并逐一执行。CNI 插件通过参数传入网络设置操作命令（ADD 或 DEL）、容器的 ID 及被分配的网络命名空间等信息。

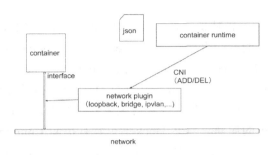

图 1-18　容器网络的配置流程

关于容器网络管理，容器运行时一般需要配置两个参数--cni-bin-dir 和--cni-conf-dir。有一种特殊情况，kubelet 内置的 Docker 作为容器运行时，是由 kubelet 来查找 CNI 插件的，通过运行插件来为容器设置网络，这两个参数应该配置在 kubelet 处：

- cni-bin-dir：网络插件的可执行文件所在目录。默认是/opt/cni/bin。

- cni-conf-dir：网络插件的配置文件所在目录。默认是/etc/cni/net.d。

CNI 设计的时候要考虑以下几方面内容：

- 容器运行时必须在调用任何插件之前为容器创建一个新的网络命名空间。

- 容器运行时必须决定这个容器属于哪些网络，针对每个网络，哪些插件必须要执行。

- 容器运行时必须加载配置文件，并确定设置网络时哪些插件必须被执行。

- 网络配置采用 Json 格式，可以很容易地存储在文件中。

- 容器运行时必须按顺序执行配置文件里相应的插件。

- 在完成容器生命周期后，容器运行时必须按照与执行添加容器相反的顺序执行插件，以便将容器与网络断开连接。

- 容器运行时被同一容器调用时不能并行操作，但被不同的容器调用时，允许并行操作。

- 容器运行时针对一个容器必须按顺序执行 ADD 和 DEL 操作，ADD 后面总是跟着相应的 DEL。DEL 可能跟着额外的 DEL，插件应该允许处理多个 DEL。

- 容器必须由 ContainerID 来唯一标识，需要存储状态的插件，需要使用网络名称、容器 ID 和由网络接口组成的主 key（用于索引）。

- 容器运行时针对同一个网络、同一个容器、同一个网络接口，不能连续调用两次 ADD 命令。

除配置文件指定的 CNI 插件外，Kubernetes 还需要标准的 CNI 插件 lo，最低版本为 0.2.0 版本。网络插件除支持设置和清理 Pod 网络接口外，还需要支持 iptables。如果 kube-proxy 工作在 iptables 模式下，那么网络插件需要确保容器流量能使用 iptables 转发。例如，如果网络插件将容器连接到 Linux 网桥，则必须将 net/bridge/bridge-nf-call-iptables 参数 sysctl 设置为 1，网桥上的数据包将遍历 iptables 规则。如果插件不使用 Linux 桥接器（而是类似 Open vSwitch 或其他某种机制的插件），则应确保容器流量被正确设置了路由。

ContainerNetworking 组维护了一些 CNI 插件，包括网络接口创建的 bridge、ipvlan、loopback、macvlan、ptp、host-device 等，IP 地址分配的 dhcp、host-local 和 static，其他的 Flannel、tunning、portmap、firewall 等。社区还有第三方网络策略方面的插件，例如 Calico、Cilium 和 Weave 等。可用选项的多样性意味着大多数用户将能够找到适合其当前需求和部署环境的 CNI 插件，并在情况变化时迅速转换解决方案。各个用户之间要求差异很大，Kubernetes 拥有不同级别的复杂性和功能性的成熟解决方案，能够提供更好的用户体验。

Flannel 是由 CoreOS 开发的项目，是 CNI 插件早期的入门产品，简单易用。Flannel 使用 Kubernetes 集群现有的 etcd 集群来存储其状态信息，从而不必提供专用的数据存储，只需要在每个节点上运行 flanneld 来守护进程。

每个节点都被分配一个子网，为该节点上的 Pod 分配 IP 地址。如图 1-19 所示，同一主机内的 Pod 可以使用网桥进行通信，而不同主机上的 Pod 将通过 flanneld 将其流量封装在 UDP 数据包中，以路由到适当的目的地。封装方式默认和推荐的方法是使用 VxLAN，因为它具有良好的性能，并且比其他选项要少一些人为干预。虽然使用 VxLAN 进行封装的解决方案效果很好，但缺点是该过程使流量跟踪变得困难。

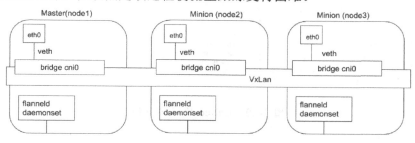

图 1-19　Flannel 的网络架构

Calico 是 Kubernetes 生态系统中的另一个流行的联网选项。Calico 以其性能、灵活性和网络策略而闻名。不仅涉及在主机和 Pod 之间提供网络连接，而且还涉及网络安全性和策略管理。如图 1-20 所示，对于同网段通信，基于第 3 层，Calico 使用 BGP 路由协议在主机之间路由数据包，使用 BGP 路由协议也意味着数据包在主机之间移动时不需要包装在额外的封装层中。这样，当出现网络问题时，它允许使用标准的调试工具进行更常规的故障排除，从而使开发人员和管理员更容易定位问题。对于跨网段通信，基于 IPinIP 使用虚拟网卡设备 tun10，用一个 IP 数据包封装另一个 IP 数据包，外层 IP 数据包头的源地址为隧道入口设备的 IP 地址，目标地址为隧道出口设备的 IP 地址。

网络策略是 Calico 最受欢迎的功能之一，它通过 ACLs 协议和 kube-proxy 来创建 iptables 过滤规则，从而实现隔离容器网络的目的。此外，Calico 还可以与服务网格 Istio 集成，在服务网格层和网络基础结构层上解释和实施集群中工作负载的策略。这意味着您可以配置功能强大的规则，以描述 Pod 应该如何发送和接收流量、提高安全性，以及加强对网络环境的控制。Calico 属于完全分布式的横向扩展结构，允许开发人员、管理员快速和平稳地扩展部署规模。对于性能和功能（如网络策略）要求高的环境，Calico 是一个不错的选择。

表 1-1 总结了几款当前主流的容器网络方案的异同点，在是否支持网络策略、是否支持 ipv6、所在的网络层级和部署方式等方面做了比较。

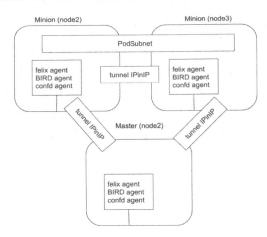

图 1-20　Calico 的网络架构

表 1-1　各种容器网络方案的对比

解决方案	是否支持网络策略	是否支持 ipv6	所在的网络层级	部署方式	命令行
Calico	是	是	L3 (IPinIP，BGP)	DaemonSet	calicoctl
Cilium	是	是	L3/L4 + L7 (filtering)	DaemonSet	cilium
Contiv	否	是	L2 (VxLan)/L3 (BGP)	DaemonSet	无
Flannel	否	否	L2 (VxLan)	DaemonSet	无
Weave net	是	是	L2 (VxLan)	DaemonSet	无

1.3.3　Pod 详解

Pod 作为承载容器化应用的基本调度和运行单元，是 Kubernetes 集群中最重要的对象，本节将详细介绍与 Pod 管理相关的方方面面。

1.3.3.1　Pod 的生命周期

我们已经在 1.2.5 节总结了从 Deployment 对象到 Pod 运行这个过程中，各个控制器是如何协同工作的。接下来，我们再总结一下从 Pod 创建到容器运行起来的整个周期中，各个模块做了哪些工作，Pod 的创建流程如图 1-21 所示。

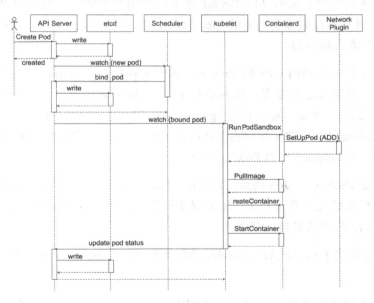

图 1-21　Pod 的创建流程

具体地，Pod 创建过程中每个模块的处理逻辑如下（这里我们以 Containerd 为例，其他遵循 CRI 的容器运行时的相关调用都是类似的）：

（1）用户或者控制器通过 kubectl、Rest API 或其他客户端向 API Server 提交 Pod 创建请求。

（2）API Server 将 Pod 对象写入 etcd 中进行永久性存储。如果写入成功，那么 API Server 会收到来自 etcd 的确认信息并将创建结果返回给客户端。

（3）API Server 处就能反映出 Pod 资源发生的变化，一个新的 Pod 被创建出来。

（4）Scheduler 监听到 API Server 处新的 Pod 被创建。它首先会查看该 Pod 是否已经被调度（spec.nodeName 是否为空）。如果该 Pod 并没有被调度到任何节点，那么 Scheduler 会给它计算分配一个最优节点，并把它更新到 spec.nodeName 中，从而完成 Pod 的节点绑定。

（5）Scheduler 对 Pod 的更新也将被 API Server 写回到 etcd 中。Scheduler 同样会监听到 Pod 对象发生了变化。但是由于它已经调度过该 Pod（spec.nodeName 不为空），所以它将不做任何处理。

（6）kubelet 也会一直监听 API Server 处 Pod 资源的变化。当其发现 Pod 被分配到自己所在节点上（自身节点名称和 Pod 的 spec.nodeName 相等）时，kubelet 将会调用 CRI gRPC 向容器运行时申请启动容器。

（7）kubelet 首先会调用 CRI 的 RunPodSandbox 接口。Containerd 要确保 PodSandbox（即 Infra 容器）的镜像是否存在。因为所有 PodSandbox 都使用同一个 pause 镜像，如果节点上已经有运行的 Pod，那么这个 pause 镜像就已经存在。接着它会创建一个新的 Network Namespace，调用 CNI 接口为 Network Namespace 设置容器网络，Containerd 会使用这个 Network Namespace 启动 PodSandbox。

（8）当 PodSandbox 启动成功后，kubelet 才会在 PodSandbox 下请求创建容器。这里 kubelet 会先检查容器镜像是否存在，如果容器镜像不存在，则调用 CRI 的 PullImage 接口并通过 Containerd 将容器镜像下载下来。

（9）当容器镜像下载完成后，kubelet 调用 CRI 的 CreateContainer 接口向容器运行时请求创建容器。

（10）当容器创建成功后，kubelet 调用 CRI 的 StartContainer 接口向容器运行时请求启动容器。

（11）无论容器是否创建和启动成功，kubelet 都会将最新的容器状态更新到 Pod 对象的 Status 中，让其他控制器也能够监听到 Pod 对象的变化，从而采取相应的措施。

Pod 的删除流程如图 1-22 所示。

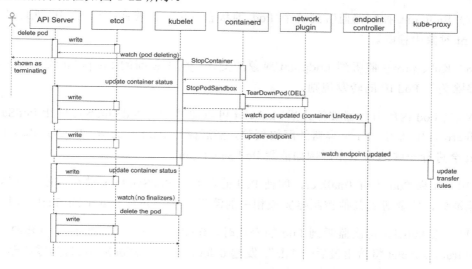

图 1-22　Pod 的删除流程

具体地，Pod 删除过程中每个模块的处理逻辑如下：

（1）用户或者控制器通过 kubectl、Rest API 或其他客户端向 API Server 提交 Pod 删除请求。

（2）Pod 对象不会立刻被 API Server 删除。API Server 会在 Pod 中添加 deletionTimestamp 和 deletionGracePeriodSeconds（默认值是 30s）字段，并将 Pod 的 Spec 更改写回 etcd 中。

（3）API Server 将 Pod 已删除的信息返回用户，此时用户通过 kubectl 查看 Pod 的状态，发现 Pod 被标记成 Terminating 了。

（4）当 kubelet 监听到 API Server 处的 Pod 对象的 deletionTimestamp 被设置时，就会准备删除这个 Pod（killPod）。

（5）kubelet 首先会停止 Pod 内的所有容器，调用 CRI 的 StopContainer 接口向容器运行时发起停止容器的请求。这里我们同样以 Containerd 为例，Containerd 会先调用 runC 向容器发送 SIGTERM 信号，容器停止或者 deletionGracePeriodSeconds 超时，再发送 SIGKILL 信号去杀死所有容器进程，完成容器的停止过程。

（6）当容器被停止后，容器运行时会向 Kubelet 发送消息，表示容器状态发生了改变。Kubelet 这时会把容器被停止的信息更新到 Pod 的 Status 中。

（7）Endpoint 控制器监听到这个 Pod 的状态变化，接着将 Pod 的 IP 地址从相关的 Endpoint 对象中移除。

（8）Kube-proxy 监听到 Endpoint 对象的变化，将根据新的 Endpoint 设置转发规则，从而移除关于 Pod IP 的转发规则。

（9）当 Pod 内所有容器被停止后，kubelet 可以通过 StopPodSandbox 停止 PodSandbox。Containerd 首先调用 CNI 将容器的网络删除，然后停止 PodSandbox。PodSandbox 停止后，kubelet 会进行一些清理工作，例如清除 Pod 的 CGroup 等。

（10）如果 Pod 上有 finalizer，即使 Pod 的容器和 PodSandbox 被全部停止，这个 Pod 也不能消失，需要等到其他控制器完成相关的清理工作，并将 Pod 上的 finalizer 删掉。

（11）当 kubelet 再次监听到 Pod 的变化时，finalizer 被清理干净了，canBeDeleted 方法返回 true，kubelet 将给出最后一"击"，发起 deletionGracePeriodSeconds 为零的删除请求。

（12）API Server 将这个 Pod 从 etcd 中彻底移除。

1.3.3.2　Pod 的质量保证

Kubernetes 根据 CPU、Memory 资源的 requests 和 limits 来划分 Pod 的质量保证（Quality of Service，或 QoS）级别。针对 CPU 或 Memory，每个容器都可以指定 requests 和 limits 的值，requests 表示 Kubernetes 将给容器的可使用的资源，limits 表示 Kubernetes 允许容器可使用的最大资源。如果系统保证分配给容器的 CPU 是 500m，Memory 是 200Mi，那么当系统 Memory 压力不大时，容器最多可以使用 300Mi 的 Memory，相关代码如下：

```
resources:
  limits:
    cpu: 500m
    memory: 300Mi
  requests:
    cpu: 500m      # CPU 的核数是 500m，即为半个核，这里可以用小数表示为 0.5
    memory: 200Mi  # Memory 大小的默认单位是 Bytes，可以用十进制后缀（E，P，T，
```

G，M，K）或 2 的幂方（Ei，Pi，Ti，Gi，Mi，Ki）来表示。200Mi=209715200=210M=210e6

Pod 的 QoS 级别有三种：

（1）Guarantee：Pod 的每个容器申请的 CPU 使用量与 Memory 的 limits 值和 requests 值相等。如果容器只指定了 Memory 或者 CPU 的 limits，没有指定 requests，那么 Kubernetes 会自动给它填写一个与 limits 值相等的 requests。Pod 的 QoS 是 Guarantee 的。Guarantee 是 Kubernetes 的最高优先级。Kubelet 不会主动杀死 Pod，除非它们所用的资源超过了 Pod 的 limits。

（2）Burstable：Pod 内至少有一个容器指定了 Memory 或 CPU 的 requests 或 limits，Pod 不满足 Guarantee 的条件，requests 的值和 limits 的值不相等。requests 和 limits 的配置规则如下：

- 如果容器指定了 CPU 的 requests 和 limits，那么当容器的 CPU 使用量超过 limits 时，容器进程将会被限制。

- 如果容器只指定了 CPU 的 requests，没有指定 limits，那么当节点压力不大时，该容器可以使用超过 requests 值的节点上的剩余可用的 CPU。

- 假设容器指定了 Memory 的 requests 和 limits，当容器的内存使用超过 requests 且没有超过 limits 时，如果节点内存不足（已经没有 BestEffort 的 Pod 了），那么这个容器将被"杀"掉；当容器的内存使用量超过 limits 时，容器将会被 kernel "杀"掉，容器状态将变成 OOMkilled（Out-Of-Memory killed）。

- 如果容器只指定了 Memory 的 requests，没有指定 limits，那么当容器的内存使用超过 requests 时，容器可以使用节点上剩余的内存，但是当节点内存不足以满足其他容器时，该容器可能会被"杀"掉。

（3）BestEffort：Pod 的每个容器都没有 Memory 和 CPU 的 requests 或 limits 的值。这个级别的 Pod 的优先级是最低的。当系统有了 CPU 和 Memory 的压力时，Pod 会率先被"杀"掉。

1.3.3.3　Pod 的节点亲和性

我们知道，Scheduler 负责实现 Pod 的调度，通过执行一系列复杂的算法为每个 Pod 最终计算出每个 Node 的得分，得分最高的就是最佳目标节点。对用户和运维者来说，无法预先知道 Pod 最终会被调度到哪个节点上。但是有些特殊场景，我们又需要将 Pod 调度到某些特定的节点上，这时我们就需要使用节点亲和性。

节点亲和性的使用方式有两种：nodeSelector 和 nodeAffinity。nodeSelector 是一个最简单的方法，采用 label selector 选择节点。如果 Pod 指定了 nodeSelector，那么它将会被调度到标签满足 dedicated=demo 且 run=nginx 的节点上。如果这些节点中没有一个能满足 Pod 的资源申请（CPU 或 Memory 不能够满足），那么这个 Pod 将不会被调度。它会被 Scheduler 加回调度队列重新调度，直到 nodeSelector 和资源都能够被满足，示例代码如下：

```
spec:
  nodeSelector:
    dedicated: demo
    run: nginx
```

nodeAffinity 相当于 nodeSelector 的高级功能，其规则的表达方式更丰富一些，且可以指定哪些规则是软性条件，哪些规则是硬性条件。如果规则是软性的，并且调度器不能完全满足它，那么这个 Pod 也能被调度。preferredDuringSchedulingIgnoredDuringExecution 中的规则就是软性的，调度器将尝试执行但是不能保证满足所有条件；requiredDuringScheduling IgnoredDuringExecution 中的规则就是硬性的，就像 nodeSelector 一样，是节点必须要满足的规则。IgnoredDuringExecution 意味着当节点上的标签在 Pod 运行时发生更改以致不再满足 Pod 上指定的规则时，Pod 仍将继续在该节点上运行。

下面给出 nodeAffinity 的示例代码。在这个示例中，只能将 Pod 放置在标签 key 为 dedicated 且 value 为 demo 或 test 的节点上。另外在满足前面标准的节点中，应优先选择具有 key 为 dedicated 且 value 为 demo 的节点。

```
spec:
  affinity:
    nodeAffinity:
      requiredDuringSchedulingIgnoredDuringExecution:
        nodeSelectorTerms:
        - matchExpressions:
          - key: dedicated
            operator: In
            values:
            - demo
            - test
      preferredDuringSchedulingIgnoredDuringExecution:
      - weight: 1
        preference:
```

```
matchExpressions:
- key: dedicated
  operator: In
  values:
  - demo
```

nodeAffinity 的 operator 值支持运算符 In、NotIn、Exists、DoesNotExist、Gt、Lt。

对于 nodeSelector 和 nodeAffinity 的使用，需要注意以下几点：

- 如果 Pod 同时指定 nodeSelector 和 nodeAffinity，则必须同时满足两个条件才能将 Pod 调度到候选节点上。

- 如果 nodeAffinity 中关联多个 nodeSelectorTerms，且节点满足 nodeSelectorTerms 之一，就可以将 Pod 调度到这个节点上。

- 如果 nodeSelectorTerms 中关联了多个 matchExpressions，则只有在节点满足所有 matchExpressions 的情况下，才能将 Pod 调度到节点上。

- preferredDuringSchedulingIgnoredDuringExecution 中的 weight 字段在 1～100 的范围内。如果一个节点满足该字段下的 MatchExpressions，那么调度器会在该节点的调度优先级评分上加上 weight。

1.3.3.4　Pod 的节点容忍性

与 affinity 相反，taints 允许节点"排斥"或者"驱逐"某一类 Pods。将某些节点加上一个或多个 taints，这个节点就不会被调度没有相关 Tolerations 的 Pod。反过来，如果 Pod 有 Tolerations，那么调度器允许 Pod 调度到有相应 taints 的节点上，但是不会强制调度到这些节点上。

"专用节点"是 taints 最常见的使用场景之一，也就是说，特定 Pod 必须运行在这些"专用节点"上，其他 Pod 不允许运行在这些节点上。在这种情况下，只有与节点亲和性配合使用，调度器才会将这些 Pod 调度到"专用节点"上。下面我们来看一个"专用节点"的 taints 字段的示例代码：

```
spec:
  taints:
  - effect: NoSchedule
    key: dedicated
    value: demo
```

如上代码所示，满足此 taints 的 Tolerations 可以有多个，我们可以根据 Operator 的值来确定是否需要指定 Tolerations 的各项值（key、value 和 effect）。如果 Operator 的值为 Equal，则需指定 Tolerations 的各项值（key、value、effect 的值与 taints 的 key、value、effect 的值相同）；如果 Operator 的值为 Exists，则只需指定 key、effect 的值，无须指定 value 的值。示例代码如下：

```
tolerations:
- key: "key"
  operator: "Equal"
  value: "value"
  effect: "NoSchedule"

tolerations:
- key: "key"
  operator: "Exists"
  effect: "NoSchedule"
```

对于 taints 的 effect，除了 NoSchedule，还可以指定 PreferNoSchedule 和 NoExecute。PreferNoSchedule 是 NoSchedule 的软限制，它告诉调度器，尽量不要将没有此 Tolerations 的 Pod 调度到节点上。如果我们将 NoExecute 的 taints 添加到节点上，并且已经运行在此节点上的 Pod 没有相应的 Tolerations，那么 Pod 将会立刻被驱逐。

- 如果在节点上放置多个 taints，那么 Pod 需要有相应的 Toleration 才能被调度到此节点上。

- 如果 Pod Tolerations 的 effect 为空，那么所有的 effect 都可以容忍。

- 对 DaemonSet 来说，它需要在各种"花式 taints"的节点上运行，这里有种"霸道"的 Tolerations 方式：当 key 为空时，operator 为 Exists，这意味着，只要所有的 key 存在就可以容忍任何 taints。

在 Kubernetes 1.13 版本后，基于 taints 的 TaintBasedEvictions 默认在集群中使能。当节点出现问题时，NodeController 或者 kubelet 会自动添加 tiants。如果 Pod 上没有相应的 Tolerations，那么该 Pod 将被驱逐。内置的 taints 如下：

- node.kubernetes.io/not-ready：节点状态是 NotReady。

- node.kubernetes.io/unreachable：NodeController 不清楚节点状态。

- node.kubernetes.io/out-of-disk：节点的磁盘空间不足。

- node.kubernetes.io/memory-pressure：节点有内存压力。

- node.kubernetes.io/disk-pressure：节点磁盘有压力。

- node.kubernetes.io/network-unavailable：节点的网络不可用。

- node.kubernetes.io/unschedulable：节点不可调度。

- node.cloudprovider.kubernetes.io/uninitialized：当 kubelet 用 external 的 provider 时，taints 会被添加到节点上。在 cloud-controller-manager 初始化该节点后，即可移除 taints。

2

第 2 章
计算节点管理

作为容器云平台，Kunernetes 最核心的功能就是集群管理——管理算力。一个集群由成百上千个计算节点聚合而成，因此，了解单个计算节点是以点带面地窥探云计算平台的基础台阶。

构建 Kubernetes 集群的第一步，通常由节点规划开始：选择什么类型的硬件、操作系统、容器运行时、网络模型等，这些规划决定了一个集群的稳定性和性能。

计算节点是 Kubernetes 集群的基本组成单元。用户的应用程序在经过调度后到达某计算节点，而最终的用户进程会在某特定计算节点运行，因此节点的稳定性和性能会直接影响用户的应用。节点规划包含了从硬件到软件层面的多维度选择：

1. 节点规格

云计算平台是对计算、存储、网络等资源的抽象，用户无须关心其作业在哪台节点上运行，这就要求云平台的所有计算节点的性能是一致的。Kubernetes 集群也应遵守该指导原则：服务于同一业务的所有节点的规格应保持一致，以便保证应用的所有实例的计算能力一致，同时避免某些节点因受限于硬件的性能而拖慢整个应用的响应能力等情况。因此，该指导原则有助于我们更好地分担负载、转移故障。

当然，不同类型的作业对硬件的需求可能不一致，比如某些应用需要大硬盘，某些应用需要 GPU。为满足多种作业需求，可以将不同类型的计算节点标记为不同的 taints 和 labels。

2. 节点虚拟化

在 Kubernetes 的早期版本中，OpenStack 等虚拟化云平台还是业界的主流。为避免对主流架构造成冲击，同时为自身寻找生存空间，Kubernetes 追求与虚拟化云平台共存。虚拟化云平台的优势在于成熟的管理平台和大规模的生产部署，其灵活性为 Kubernetes 提供了灵活的节点管理功能。因此，用户只需将 Kubernetes 部署在现有的平台之上，即可享受到容器化带来的收益。

随着容器云的技术迭代，Kubernetes 逐步成为容器云的事实标准。物理机自动化管理的不断成熟，使得剥离虚拟化层成为当下的大趋势。但不排除一些企业，尤其是公有云提供商为了支持多租户隔离、提供粒度更小的计算节点而继续沿用虚拟化。然而大道至简，做减法是计算机行业任何时代都应追求的目标，虚拟化带来的额外管理成本和性能损失不可忽视。如果能够在满足业务需求的前提下从架构层面将其剥除，降低开发运维成本，那么何乐而不为呢？

3. 操作系统

主流的容器技术和 Kubernetes 都支持多种操作系统，包括 Linux、MacOS、Windows 等。那么该如何选择操作系统呢？以 Linux 为例，对操作系统的选择包括确定内核和发行版。

操作系统的内核版本至关重要，过旧的内核版本缺少功能支持，对容器的版本兼容也可能存在问题，而最新的版本其稳定性还有待验证，因此选择稳定并且维护周期长的内核版本是明智之举。容器在运行时需要复用主机内核，因此主机内核的选择决定了所有运行在其之上的应用可用的内核版本。

操作系统的发行版本也是需要考虑的重要问题。容器的封装特性决定了其运行需要的所有依赖包都在自己的镜像中，因此，容器通常对主机操作系统不产生直接依赖。主机操作系统在选择或者构建自定义发行版本时，只需遵循裁剪原则，在满足业务需求的前提下，选择软件安装包最小集。更少的预装软件意味着更少的管理成本、更快的启动速度、更少的资源占用和更高的安全性。

操作系统的升级和重启的开销是在规划操作系统时不可忽视的考量因素。大多数人的直观感受是，单台节点的升级开销可控。但对大型集群来说，当这个开销放大到数万倍甚至数十万倍，同时还要考虑其承载应用的特性、本地化数据的迁移等情况时，操作系统的升级就会变成一个生产化实践中的巨大挑战。

对于操作系统的启动方式，按惯例可以从节点的操作系统分区启动，也可以通过网络加载到内存启动。前者可以快速高效地完成系统启动，但是可能会由于节点硬盘的损坏而造成节点下线；后者方便升级，但需要依赖可靠的网络和后端存储，且内存的使用成本也比硬盘高。

4. 文件系统

以 Linux 系统为例，目前主流的文件系统格式是 ext4 和 XFS。Kubernetes 允许 Pod 同时挂载多种类型卷，这些外挂卷可以提供不同类型的文件系统，以满足用户的多样需求。文件系统的复杂性使得启用多种文件系统的维护成本较高。如非迫不得已，建议选择统一的文件系统，以降低维护成本。同时，专注于一个技术栈持续投资，有利于团队进行长期技术积累。此外，直接采用不同厂商的 Linux 默认的文件系统格式是成本最低的选择。

5. 运行时

Kubernetes 作为容器化云平台，其产生的主要驱动力就是为容器化应用提供管理平台。Docker 作为最成熟、生产化部署最广的容器技术，成为 Kubernetes 的运行时首选。要了解运行时，就需要明白其依托的 Linux 技术、Namespace 和 CGroup。

容器化的确有诸多便利，但容器共享操作系统内核，并不在操作系统层面做隔离，因此某些对安全性较高的企业或应用类型不允许使用容器技术。Kubernetes 提供了运行时的接口抽象，允许用户按需选择适应业务特性的运行时技术，可以选择 Docker 为主流的容器技术，也可以选择 Kata 等典型的虚拟化技术。

总体而言，本章从多个层面探讨计算节点的规划和配置问题，以提供对容器的运行环境的全面认识。

2.1　操作系统

如何为计算节点选择操作系统是规划计算节点面临的首要问题。Kubernetes 支持大部分 Linux 发行版、MacOS 和 Windows。Linux 是数据中心操作系统的主流，因此本书对操作系统的探讨也只在 Linux 上展开。如今数据中心的节点规模不断增大，操作系统与数据中心的性能和稳定性息息相关。

Linux 内核可以分为官方维护的内核版本、各大 Linux 发行厂商的维护版本中，以及各大厂商自己维护的版本。Linux 内核有主线版本、稳定版本，以及长期支持（Long Term Support，LTS）版本。

主线版本包含新硬件支持、内核新特性、内核性能优化、Bug 修改等，其发布周期是 2~3 个月。当主线版本发布后，其合入的相关 Bug 修复，可以被合入其他稳定版本。维护人员基于需求决定是否要合入相关问题，并且做版本发布，发布周期一般一周一次。此外，一些内核版本会被定义为长期支持版本，主线版本上主要的 Bug 修复都会移植到该版本上，其维护周期是 2~6 年。

除 Linux 官方内核版本外，众多 Linux 发行版也会维护一套内核版本，以提供对内核版本的个性化修改及更长周期的支持。

内核的稳定性和维护时间周期是内核选择的最重要的考量因素。专门的人员维护、较多的 Bug 修复、规模化的使用及较长时间的维护周期，都给内核维护工作带来了比 Linux 社区维护版本更大的优势。

Linux 有众多发行版本，一个发行版本包含 bash、rm 等 GNU 软件、Linux 内核及通用软件。不同的 Linux 发行版本可能使用不同的内核。用户亦可自制操作系统镜像，其优势是可对内核进行定制化，例如增加功能或修复漏洞，还可以进行版本的升级和降级。

目前被广泛使用的 Linux 发行版本包括 Ubuntu 和 Redhat 的数个发布版本。

RHEL/CentOS/Fedora 均由 Redhat 发布。RHEL 是面向企业客户的收费版本。CentOS 基于 RHEL 的社区版本发展成为由各自社区维护的免费版。它与 RHEL 兼容，但是不包含 RHEL 商业化软件。CentOS 每两年左右会发布一个新版本，版本维护周期是 10 年。Fedora 由早期的 Redhat 桌面版本发展而来，也由各自的社区进行维护，但更新频率比较高，包含的新功能、新特性较多，而这意味着稳定性会比较差，发布周期约为 6 个月。Redhat 是 Linux 发行版的内核版本，相对其他发行版本较低，譬如 CentOS 7 的内核版本为 3.10 版本，CentOS 8 的内核版本为 4.18 版本。但是无论内核版本是新的还是旧的，关键的 Bug 修复都会移植到还在维护期的版本上。

Ubuntu 是基于 Debian 开发的，包含桌面版、服务器版等子版本。Ubuntu 所有系列的发行版本都是免费的，发行方提供对使用 Ubuntu 的用户的商业支持。Ubuntu 版本于每年的 4 月和 10 月发布新版本，在每隔两年的 4 月发布可以提供 5 年维护周期的长期支持版本，而其他版本只提供 9 个月的维护周期。

值得一提的是，为适应容器的应用特性，业界发布了众多容器操作系统，例如 Redhat 的 Atomic、Ubuntu 的 Core 及 CoreOS 等。这些操作系统的主要特性是，将基础文件系统目录设置为只读，在大规模的集群中，此特性可以有效地保证节点操作系统的一致性。此外，操作系统的额外管理工具可以通过容器部署，无须更改操作系统本身。这些容器操作系统中包含了软件包管理工具，可以很方便地对操作系统镜像进行升级和回退，解决大规模集群中节点的操作系统升级和版本控制问题。

在规划操作系统内核时，在众多的发行版本中，如何选择适合企业业务需求的版本呢？下面来看几个 Linux 的主要版本：

- RHEL 是商业收费版本，因此使用 RHEL 是有成本的。同时，随着集群规模的扩张，License 费用也会迅速提高。

- Fedora 的稳定性和维护周期决定了它不适合做服务器。

- 容器操作系统在设计理念上具有先进性，但未大规模投入使用，且目前生态还不够成熟。

基于稳定性、成本等原因排除以上三个发行版本后，大部分的云计算服务提供方都会选择 CentOS 或 Ubuntu 来作为主要的操作系统。CentOS 和 Ubuntu 都是很优秀的发行版本，因为它们具有如下特性：

- 免费，使用成本较低。

- 应用程序丰富，可以满足多方面的使用需求，并且众多的应用部署可以更快地暴露系统问题，提升问题的修复速度。

- 各自社区的活跃度高，系统出现故障时，社区讨论是解决问题的高效手段。

　　与 Ubuntu 相比，CentOS 的维护周期更长，软件更新频度更低，企业可以根据实际的节点需求和操作系统升级周期来选择操作系统的发行版本。

2.2　文件系统规划

　　文件系统是操作系统中用于提供文件访问、数据组织和管理的机制。基于目录和文件名，可以对文件进行读写、打开、关闭等访问操作。我们可以通过 dentry 和 inode 对每个文件的存储数据进行管理：dentry 记录文件名称、上级目录等信息；inode 记录存储对象数据的属性和磁盘位置。管理主要针对磁盘资源进行，不同的文件系统会对磁盘空间进行不同方式的划分。为了给应用提供统一的文件系统接口，Linux 通过虚拟文件系统 VFS 来屏蔽文件系统差异。Linux 支持几十种文件系统格式，而 XFS 和 ext4 是目前使用最广泛的两种文件系统格式。

　　Redhat 的文件系统默认使用 XFS，Ubuntu 的文件系统默认使用 ext4。XFS 和 ext4 已经广泛使用和发展很多年，社区生态均已成熟，并且都有大量的应用实践。两者有如下共性：

- 测试和生产的案例众多，Bug 较少。

- Bug 修复周期短，在生产实践中碰到了问题，能迅速从各自的社区得到支持。

- 使用范围广、用户多。操作系统上的新特性都会较早支持这两种格式。

- 两者都是日志文件系统，都会记录文件在磁盘中的位置及磁盘元数据的任何更改。在系统崩溃时，文件系统可以快速恢复。

- ext4 通过 quota 对目录进行空间限制，XFS 通过 xfs_quota 对目录进行空间限制。我们可以在 Kubernetes 上利用该特性来限制 emptyDir 的目录大小。

- 支持对文件系统的扩容，可以满足 Kubernetes 上对磁盘扩容特性的支持。

两者也有差别：

- 性能。从众多的测试结果来看，两者差距较小，在不同的方面表现各有所长。例如，对于小文件的 direct I/O，XFS 性能比 ext4 差；而在很多相同场景下的 buffer I/O，XFS 占用 CPU 的时间比 ext4 占用 CPU 的时间短。

- 文件大小和空间限制。ext4 支持的最大单个文件大小为 16TB，文件系统容量为 1EB。XFS 支持的最大单个文件大小是 8EB，文件系统容量为 8EB。

- 格式化。当使用 ext4 对磁盘进行格式化的时候，会根据磁盘大小对磁盘的 superblock、inode 等资源进行提前预分配，所以格式化速度较慢。例如，格式化一个容量达几 TB 的磁盘，可能需要 10 min 以上。而 XFS 在创建文件系统的时候，将其他文件系统对 inode 等资源进行预分配的方式修改为动态分配，所以格式化速度较快，几十秒就可以完成一个 10TB 磁盘的格式化。

- XFS 支持快照，而 ext4 不支持。

在节点上，容器读写数据主要发生在外挂的网络存储或本地存储卷上，而主机的根分区空间不应该作为主要的数据读写空间提供给容器。因此，在对主机文件系统格式的选择上，稳定性和可维护性是最重要的考量因素，要尽量保持与系统的默认格式一致。在选择 Kubernetes 外挂的块设备卷的文件系统格式时，选择的格式最好能与主机文件的系统格式保持一致，这样只维护一套技术栈即可。

很多热门的文件系统格式（如 btrfs、zfs 等），都具有 ext4 和 XFS 不支持的一些特性，甚至被誉为未来的文件系统。但其使用规模和稳定性都不如 ext4 和 XFS，因此不建议将它们作为大规模集群下主机的文件系统格式。如果由于业务原因需要其他的文件系统格式，则可以通过给容器的外挂卷设置相应的文件系统格式来满足需求，或者可以通过裸设备使用户在容器内自由定义文件系统格式。

2.3 容器核心技术

容器作为用户应用最终运行的承载体，其依赖的核心技术值得深入研究。事实上，容器所依托的技术并非新技术，而是早已存在多年的两种相对较成熟的技术：Namespace 和 CGroups。科技界的技术创新经常出现这种情形：几种成熟技术的组合往往会成就一个巨大创新。容器技术就是通过组合 Namespace 和 CGroups 这两个耳熟能详的技术，对云计算进行根本性的变革。

在这场大变革中，Namespace 提供了不同类型资源的隔离，CGroups 则针对相应的资源进行了限制分配和统计。

2.3.1 Namespace

Linux 内核从 2.4.19 版本开始引入 Namespace 技术，译为"命名空间"，它提供了一种内核级别的系统资源的隔离方式。系统可以为进程分配不同的 Namespace，并保证不同的 Namespace 资源独立分配、进程彼此隔离，即不同的 Namespace 下的进程互不干扰。

如图 2-1 所示，Linux 内核支持 6 种 Namespace。主机有其默认的 Namespace，行为与用户的 Namespace 完全一致，不同进程可以通过不同的 Namespace 进行隔离。当系统启动一个容器时，会为该容器创建相应的不同类型的 Namespace，为运行在容器内的进程提供相应的资源隔离。

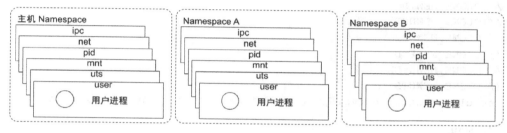

图 2-1　Namespace

Linux 支持的 Namespace 类型、隔离资源及 Kernel 版本如表 2-1 所示。

表 2-1　Linux Namespace

Namespace 类型	隔离资源	Kernel 版本
IPC	System V IPC 和 POSIX 消息队列	2.6.19
Network	网络设备、网络协议栈、网络端口等	2.6.29
PID	进程	2.6.14
Mount	挂载点	2.4.19
UTS	主机名和域名	2.6.19
USR	用户和用户组	3.8

在主机的/proc/[pid]/ns 目录中可以查看系统进程归属的 Namespace，每个 Namespace 都附带一个编号，它是该 Namespace 在系统中的唯一标识，示例代码如下：

```
lrwxrwxrwx 1 root root 0 Feb 21 20:02 cgroup -> cgroup:[4026531835]
lrwxrwxrwx 1 root root 0 Feb 21 20:02 ipc -> ipc:[4026531839]
lrwxrwxrwx 1 root root 0 Feb 21 20:02 mnt -> mnt:[4026531840]
```

```
lrwxrwxrwx 1 root root 0 Feb 21 20:02 net -> net:[4026532057]
lrwxrwxrwx 1 root root 0 Feb 21 20:02 pid -> pid:[4026531836]
lrwxrwxrwx 1 root root 0 Feb 21 20:02 pid_for_children -> pid:[4026531836]
lrwxrwxrwx 1 root root 0 Feb 21 20:02 user -> user:[4026531837]
lrwxrwxrwx 1 root root 0 Feb 21 20:02 uts -> uts:[4026531838]
```

Linux 对 Namespace 的主要操作是通过以下三个系统调用实现的：

（1）clone

在创建新进程的系统调用时，可以通过 flags 参数指定需要新建的 Namespace 类型。与 Namespace 相关的 flags 及系统调用代码如下：

```
// CLONE_NEWCGROUP
// CLONE_NEWIPC
// CLONE_NEWNET
// CLONE_NEWNS
// CLONE_NEWPID
// CLONE_NEWUSER
// CLONE_NEWUTS
int clone(int (*fn)(void *), void *child_stack, int flags, void *arg)
```

（2）setns

该系统调用可以让调用进程加入某个已经存在的 Namespace 中，相关代码如下：

```
int setns(int fd, int nstype)
```

（3）unshare

该系统调用可以将调用进程移动到新的 Namespace 下。同 clone 的 flags 参数一样，如果带有与 Namespace 相同的 CLONE_NEW*标志，则相应的 Namespace 就会被创建，而调用进程就属于新建的 Namespace，示例代码如下：

```
int unshare(int flags)
```

2.3.1.1　IPC

进程间通信（Interprocess Communication）是 Linux 系统中常见的、进程与进程直接通信的手段。

IPC Namespace 用于隔离 IPC 资源，包含 System V IPC 对象和 POSIX 消息队列。其中 System V IPC 对象包含信号量、共享内存和消息队列，用于进程间的通信。System V IPC

对象具有全局唯一的标识，对在该 IPC Namespace 内的进程可见，而对其外的进程不可见。当 IPC Namespace 被销毁后，所有的 IPC 对象也会被自动销毁。

Kubernetes 允许用户在 Pod 中使用 hostIPC 进行定义，通过该属性使授权用户容器共享主机 IPC Namespace，达到进程间通信的目的。

2.3.1.2　Network

Network Namespace 提供了关于系统上网络资源的隔离，例如网络设备、IPv4 和 IPv6 协议栈、IP 路由表、防火墙规则、/proc/net 目录（/proc/pid/net 目录的符号链接）、/sys/class/net 目录、/proc/sys/net 目录下的很多文件、端口号（socket）等。一个物理的网络设备通常会被放到主机的 Network Namespace（就是系统初始的 Network Namespace）中。

不同网络的 Namespace 由网络虚拟设备（Virtual Ethernet Device，即 VETH）连通，再基于网桥或者路由实现与物理网络设备的连通。当网络 Namespace 被释放后，对应的 VETH Pair 设备也会被自动释放。

在 Kubernetes 中，同一 Pod 的不同容器共享同一网络的 Namespace，没有例外。这使得 Kubernetes 能将网络挂载在更轻量、更稳定的 sandbox 容器上，而用户定义的容器只需复用已配置好的网络即可。另外，同一 Pod 的不同容器中运行的进程可以基于 localhost 彼此通信，这在多容器进程、彼此需要通信的场景下是非常有效的。

2.3.1.3　PID

PID Namespace 用于进程号隔离，不同 PID Namespace 中的进程 PID 可以相同。容器启动后，Entrypoint 进程会作为 PID 为 1 的进程存在，因此是该 PID Namespace 的 init 进程。它是当前 Namespace 所有进程的父进程，如果该进程退出，内核会对该 PID Namespace 的所有进程发送 SIGKILL 信号，以便同时结束它们。init 进程默认屏蔽系统信号，即除非该进程对系统信号做特殊处理，否则发往该进程的系统信号默认都会被忽略。不过 SIGKILL 和 SIGSTOP 信号比较特殊，init 进程无法捕获这两个信号。

Kubernetes 默认对同一 Pod 的不同容器构建独立的 PID Namespace，以便将不同容器的进程彼此隔离，同时允许通过 ShareProcessNamespace 属性设置不同容器的进程共享 PID Namespace。

Kubernetes 支持多重容器进程的重启策略，默认行为是用户进程退出后立即重启。

Kubernetes 用户只需中止其容器中的 Entrypoint 进程，即可实现容器重启。

2.3.1.4 Mount

Mount Namespace 提供了进程能看到的挂载点的隔离。在主机上，通过 /proc/[pid]/mounts、/proc/[pid]/mountinfo、/proc/[pid]/mountstats 等文件来查看挂载点。在容器内，可以通过 mount 或 lsmnt 命令查看 Mount Namespace 中的有效挂载点。

不同于其他类型的 Namespace 的严格隔离，Linux 内核针对 Mount Namespace 隔离性开发了共享子树（Shared Subtree）功能，用于在不同 Mount Namespace 之间自动可控地传播 mount 和 umount 事件。共享子树引入了对等组的概念，对等组是一组挂载点，其成员之间互相传播 mount 和 umount 事件。此特性使得当主机磁盘发生变更（比如系统导入新磁盘）时，只需在一个 Mount Namespace 中进行挂载，该磁盘即可在所有 Namespace 中可见。

挂载点可以设置的传播类型如下：

- MS_SHARED：此挂载点与同一对等组里其他挂载点共享 mount 和 umount 事件。在此挂载点下添加或删除挂载点时，事件会传播到对等组内的其他 Namespace 中，事件在 Namespace 中也会自动进行相同的 mount 或 umount 操作。同样地，对等组中其他挂载点上的挂载和卸载事件也会传播到此挂载点。

- MS_PRIVATE：此挂载点是私有点，没有对等组，mount 和 umount 事件不会与其他的 Mount Namespace 共享。

- MS_SLAVE：该挂载点可以从主对等组接收 mount 和 umount 事件，但是在本挂载点下的 mount 和 umount 事件不会传播到任何其他的 Mount Namespace 下。

- MS_UNBINDABLE：与 MS_PRIVATE 不同的是，该挂载点不可以执行 bind mount 操作。

在目录/proc/[pid]/mountinfo 下，可以看到该 PID 所属的 mount Namespace 下的挂载点的传播类型及所属的对等组。

在 Kubernetes 中，挂载点通常是 private 类型。如果需要设置挂载点的类型，那么可以在 Pod 的 spec 中填写相应的挂载配置。

2.3.1.5　UTS

UTS（"UNIX Time-Sharing System"）Namespace 允许不同容器拥有独立的 hostname 和 domain name。UTS Namespace 中的一个进程可以看作一个在网络上独立存在的节点。也就是说，除 IP 外，还能通过主机名进行访问。

2.3.1.6　USR

User Namespace 主要隔离了安全相关的标识符和属性，比如用户 ID、用户组 ID、root 目录、密钥等。一个进程的用户 ID 和组 ID 在 User Namespace 内外可以有所不同。在该 User Namespace 外，它是一个非特权的用户 ID；而在 User Namespace 内，进程可以使用 0（root）作为用户 ID，且其具有完全的特权权限。

User Namespace 允许不同容器有独立的 user 和 group ID，它主要提供两种职能：权限隔离和用户身份标识隔离。我们可以通过在容器镜像中创建和切换用户，来为文件目录设置不同的用户权限，从而实现容器内的权限管理，而无须影响主机配置。

2.3.1.7　CGroup

内核从 4.6 版本开始支持 CGroup Namespace。如果容器启动时没有开启 CGroup Namespace，那么在容器内部查询 CGroup 时，返回整个系统的信息；而开启 CGroup Namespace 后，可以看到当前容器以根形式展示的单独的 CGroup 信息：

```
root@test# cat /proc/1/cgroup
12:pids:/
10:blkio:/
9:cpuset:/
7:freezer:/
5:hugetlb:/
4:net_cls,net_prio:/
3:devices:/
2:cpu,cpuacct:/
1:name=systemd:/
```

CGroup 视图的改变使容器更加安全，而且在容器内也可以有自己的 CGroup 结构。Docker 目前不支持 CGroup Namespace。

2.3.2　CGroups

CGroups（Control Groups）是 Linux 下用于对一个或一组进程进行资源控制和监控的机制。利用 CGroups 可以对诸如 CPU 使用时间、内存、磁盘 I/O 等进程所需的资源进行限制。Kubernetes 允许用户为 Pod 的容器申请资源，当容器在计算节点上运行起来时，可以通过 CGroups 来完成资源的分配和限制。

在 CGroups 中，对资源的控制都是以 CGroup 为单位的。目前 CGroups 可以控制多种资源，不同资源的具体管理工作由相应的 CGroup 子系统（Subsystem）来实现。因此，针对不同类型的资源限制，只要将限制策略在不同的的子系统上进行关联即可。CGroups 由谷歌的工程师引入 2.6.24 版本的内核中，最初只对 CPU 进行了资源限制，然而随着对其他资源控制需求的增多，它们的 CGroup 子系统不断地被引入内核。在容器时代，特别是 Kubernetes 中，为了提高对节点资源的利用率，一个节点上会运行尽可能多的容器，这就对资源隔离的多样性和精确性提出了越来越高的要求，因此 CGroups 也发挥着越来越重要的作用。

对于 CGroups 的组织管理，用户可以通过文件操作来实现，对资源的控制可以细化到线程级别。CGroups 在不同的系统资源管理子系统中以层级树（Hierarchy）的方式来组织管理：每个 CGroup 都可以包含其他的子 CGroup，因此子 CGroup 能使用的资源，除了受本 CGroup 配置的资源参数限制，还受到父 CGroup 设置的资源限制。

由于 CGroups 包含众多的子系统，而不同的子系统在开发和管理时并没有进行有效的协调和统一，所以造成不同的子系统之间不协调，层级树管理也变得愈加复杂。于是从 3.10 版本的内核开始，实现了 CGroups 的 v2 版本。尽管 CGroups v2 是用来替代 CGroups v1 的，但由于目前实现的控制子系统有限，且目前的容器运行时都基于 CGroup v1 来实现，所以 CGroup v2 只是在开发完善中，并没有被大规模使用。

Kubernetes 1.18 之前的版本主要使用了 CPU、cpuset、memory 子系统，而 blkio、PID 子系统可以根据需求选择性地开启使用，如图 2-2 所示。

2.3.2.1　CPU

CPU 子系统用于限制进程的 CPU 使用时间。在 CPU 子系统中，对于每个 CGroup 下的非实时任务，CPU 使用时间可以通过 cpu.shares、cpu.cfs_period_us 和 cpu.cfs_quota_us

参数来进行控制，而系统的 CFS（Completely Fair Scheduler）调度器则根据 CGroup 下进程的优先级、权重和 cpu.shares 等配置来给该进程分配相应的 CPU 时间。

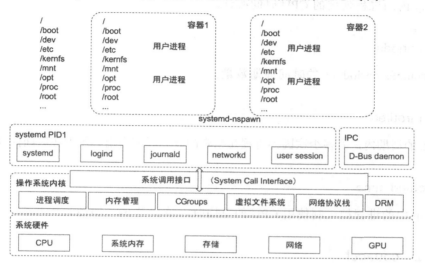

图 2-2　CGroups

CPU CGroup 的主要配置参数如下：

1. cpu.shares

cpu.shares 是在该 CGroup 能获得 CPU 使用时间的相对值，最小值为 2。如果两个 CGroup 的 cpu.shares 都为 100，那么他们可以得到相同的 CPU 时间。如果另外一个 CGroup 的 cpu.shares 是 200，那么他可以得到两倍于 cpu.shares=100 的 CGroup 获取的 CPU 时间。但是如果一个 CGroup 中的任务处在空闲状态，不使用任何的 CPU 时间，则该 CPU 时间就可以被其他的 CGroup 所借用。简言之，cpu.shares 主要用于表示当系统 CPU 繁忙时，给该 CGroup 分配的 CPU 时间份额。

2. cpu.cfs_period_us 和 cpu.cfs_quota_us

cfs_period_us 用于配置时间周期长度，单位为 us（微秒）。cfs_quota_us 用来配置当前 CGroup 在 cfs_period_us 时间内最多能使用的 CPU 时间数，单位为 us（微秒）。这两个参数被用来设置该 CGroup 能使用的 CPU 的时间上限。如果不想对进程使用的 CPU 设置限制，可以将 cfs.cfs_quota_us 设置为-1。

3. cpu.stat

CGroup 内的进程使用的 CPU 时间统计。

4. nr_periods

经过 cpu.cfs_period_us 的时间周期数量。

5. nr_throttled

在经过的周期内，有多少次因为进程在指定的时间周期内用光了配额时间而受到限制。

6. throttled_time

CGroup 中的进程被限制使用 CPU 的总用时，单位是 ns（纳秒）。

2.3.2.2　cpuacct

cpuacct 用于统计 CGroup 及其子 CGroup 下进程的 CPU 的使用情况。

1. cpuacct.usage

包含该 CGroup 及其子 CGroup 下进程使用 CPU 的时间，单位是 ns（纳秒）。

2. cpuacct.stat

包含该 CGroup 及其子 CGroup 下进程使用的 CPU 时间，以及用户态和内核态的时间。

2.3.2.3　cpuset

cpuset 为 CGroups 的进程分配单独的 CPU 和内存节点，将进程固定在某个 CPU 或内存节点上，以达到提高性能的目的。该子系统主要包含如下配置参数：

1. cpuset.cpus

设置 CGroup 下进程可以使用的 CPU 核，在将进程加入 CGroup 之前，该参数必须进行设置。

2. cpuset.mems

指定 CGroup 下进程可以使用的内存节点，在将进程加入 CGroup 之前，该参数必须进行设置。

3. cpuset.memory_migrate

如果 cpuset.mems 发生改变，那么该参数用于指示已经申请成功的内存页是否需要迁移到新配置的内存节点上。

4. cpuset.cpu_exclusive

CPU 互斥，默认不开启。该参数用于指示该 CGroups 设置的 CPU 核是否可以被除父 CGroup 和子 CGroup 外的其他 CGroup 共享。

5. cpuset.mem_exclusive

内存互斥，默认不开启。该参数用于指示该 CGroups 设置的内存节点是否可以被除父 CGroup 和子 CGroup 外的其他 CGroup 共享。

2.3.2.4 memory

memory 用于限制 CGroup 下进程的内存使用量，亦可获取到内存的详细使用信息。

1. memory.stat

该文件中包含该 CGroup 下进程的详细的内存使用信息，如表 2-2 所示。

表 2-2 CGroup 下进程的内存使用信息

内存类型	说明
cache	页缓存（Page Cache），包含 tmpfs（shmem），单位是 Byte（字节）
rss	匿名页缓存（Anonymous Page Cache）和可交换页缓存（Swap Page Cache），不包含 tmpfs(shmem)
shmem	tmpfs
mapped_file	内存映射文件的大小，包含 tmpfs（shmem）
dirty	脏页个数统计
writeback	writeback 次数

（续表）

内存类型	说明
pgpgin	缓存进内存的页个数
pgpgout	从内存中移出的页个数
pgfault	产生缺页的个数，包含 major 缺页和 minor 缺页
pgmajfault	产生 major 缺页的个数
inactive_anon	不活跃的匿名页和可交换页
active_annon	活跃的匿名页和可交换页
inactive_file	不活跃的文件映射页
active_file	活跃的文件映射页
unevictable	不可回收的内存
hierarchical_memory_limit	memory CGroup 下的内存限制

该统计包含当前 CGroup 下的进程内存的使用情况。在 memory.stat 中以 total_开头的统计项包含了该 CGroup 下所有子 CGroup 的内存使用情况。

每个数据统计项之间存在如下的关联关系：

- active_annon + inactive_anon = 匿名内存 + 用户 tmpfs 的文件缓存 + 可交换的缓存

- active_annon + inactive_anno = rss + tmpfs

- active_file + inactive_file = cache − tmpfs

2. memory.usage_in_bytes

CGroup 下进程使用的内存，包含 CGroup 及其子 CGroup 下的进程使用的内存。

3. memory.max_usage_in_bytes

CGroup 下进程使用内存的最大值，包含子 CGroup 的内存使用量。

4. memory.limit_in_bytes

设置 CGroup 下进程最多能使用的内存。如果设置为-1，则表示对该 CGroup 的内存使用不做限制。

5. memory.failcnt

CGroup 下的进程达到内存最大使用限制的次数。

6. memory.force_empty

当没有进程属于该 CGroup 后，将该值设置为 0，系统会尽可能地将该 CGroup 使用的内存释放掉。对于不能释放的内存，则会将其移动到父 CGroup 上。在 CGroup 销毁之前，将能释放的内存释放掉，可以尽量避免将已经不使用的内存移动到父 CGroup 上，从而避免对运行在父 CGroup 中的进程造成内存压力。

7. memory.oom_control

设置是否在 CGroup 中使用 OOM（Out of Memory）Killer，默认为使用。当属于该 CGroup 的进程使用的内存超过最大的限定值时，会立刻被 OOM Killer 处理。

2.3.2.5　blkio

blkio 子系统用来实现对块设备访问的 I/O 控制，按权重分配目前有两种限制方式：一是限制每秒写入的字节数（Bytes Per Second，即 BPS），二是限制每秒的读写次数（I/O Per Second，即 IOPS）。blkio 子系统按权重分配模式工作于 I/O 调度层，依赖于磁盘的 CFQ（Completely Fair Queuing，完全公平算法）调度，如果磁盘调度使用 deadline 或者 none 的算法则无法支持。BPS、IOPS 工作于通用设备层，不依赖于磁盘的调度算法，因此有更多的适用场景。blkio 子系统实现如图 2-3 所示。

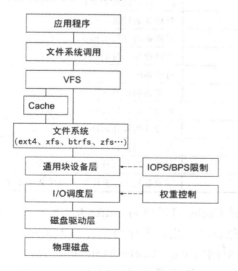

图 2-3　blkio 子系统实现

下面介绍一下 blkio 子系统的权重方式的配置和 I/O 限流方式的配置。

1. 权重方式的配置

- blkio.weight

通过权重来配置 CGroup 可以访问设备 I/O 的默认比例，范围是 100～1000。

- blkio.weight_device

通过权重来配置 CGroup 可以访问指定设备 I/O 的默认比例，范围是 100～1000。该值可以改写 blkio.weight 的默认值。

2. I/O 限流方式的配置

I/O 限流方式的配置参数如表 2-3 所示。

表 2-3　I/O 限流方式的配置参数

配置项	作用
blkio.throttle.read_bps_device	限制读取某设备的最大速率，单位为 byte/s
blkio.throttle.read_iops_device	限制每秒内读取某设备的 I/O 次数
blkio.throttle.write_bps_device	限制对某设备写操作的最大速率，单位为 byte/s
blkio.throttle.write_iops_device	限制每秒内对某设备写操作的 I/O 次数
blkio.throttle.io_serviced	对设备进行读写操作次数的统计
blkio.throttle.io_service_bytes	对设备进行读写操作字节数的统计
blkio.time	访问设备的时间，单位为 ms
blkio.sectors	对设备的读写扇区个数
blkio.io_service_bytes	对设备的读写字节数
blkio.io_serviced	对设备的读写操作次数，用于 I/O 限流模式
blkio.io_service_time	对设备的操作时间，单位是 ns
blkio.io_wait_time	对设备的操作的等待时间，单位是 ns
blkio.io_merged	对设备读写操作的合并处理次数
blkio.io_queued	对设备的 I/O 操作的当前排队请求个数

I/O 操作根据是否经过 Cache 可以分为 buffer I/O 和 direct I/O 两大类，大部分读写都是通过 buffer I/O 的方式进行的。用户程序将文件写入 Cache，再由内核将 Cache 的内容回写到物理磁盘上，但是对回写 Page Cache 的 inode 来说，它并没有属于哪个 CGroup 的信息，因此就不能基于 CGroup 的配置来对回写的 Page Cache 进行限制。

目前 Docker 上使用的 CGroup v1 的 blkio 子系统并没有对 buffer I/O 实行限速，但是对 direct I/O 可以做限速。如果想要支持对 buffer I/O 的限制，就需要等待 Docker 对 CGroup V2 的支持，当然 CGroup v2 并不支持所有的文件系统，它需要一定的时间来做进一步的发展和完善。

2.3.2.6　PID

PID 子系统用来限制 CGroup 能够创建的进程数。

- pids.max：允许创建的最大进程数量。

- pids.current：当前的进程数量。

2.3.2.7　其他

CGroup 还支持如下子系统：

- devices 子系统，控制进程访问某些设备。

- perf_event 子系统，控制 perf 监控 CGroup 下的进程。

- net_cls 子系统，标记 CGroups 中进程的网络数据包，通过 TC 模块（Traffic Control）对数据包进行控制。

- net_prio 子系统，针对每个网络设备设置特定的优先级。

- hugetlb 子系统，对 hugepage 的使用进行限制。

- freezer 子系统，挂起或者恢复 CGroups 中的进程。

- ns 子系统，使不同 CGroups 下面的进程使用不同的 Namespace。

- rdma 子系统，对 RDMA/IB-spe-cific 资源进行限制。

这些子系统与容器技术并非紧密相关，在此不做详述。

2.3.3　容器运行时

提到容器，大家都会想到 Docker，Docker 对容器技术的推广起到至关重要的作用。自 2013 年发布以来，Docker 在 GitHub 上的代码活跃度居高不下，它使得更多人和企业关注并使用容器技术，甚至很多人认为容器就是 Docker。

当然，容器技术不只有 Docker，还有其他，比如 CoreOS 推出的 Rocket。Kubernetes 社区当然不可能为每个容器技术单独开发一套代码，于是 OCI（Open Container Initiative）就在这样一种场景中诞生了。它的核心目标是围绕容器镜像和运行时制定一个开放的工业标准，以此来保持容器技术的开放性和灵活性，使容器能够在任意硬件和系统上运行。

OCI 标准的设计要考虑以下几方面：

- 操作标准化：容器的标准化操作包括使用标准流程创建、启动和停止容器，使用标准文件系统工具复制和创建容器快照，使用标准化网络工具进行下载和上传。

- 内容无关：不关心容器内的具体应用内容是什么，无论是 Java 应用还是 MySQL 数据库服务，都能够通过容器标准操作来运行。

- 基础设施无关：无论是个人的笔记本电脑还是公有云平台，或者其他基础设施，容器都能运行且运行的结果是一致的。

- 工业级交付：制定容器标准的一大目标就是容器操作自动化，使软件分发可以达到工业级交付。

OCI 标准包含两个协议：镜像标准（Image Spec）和运行时标准（Runtime Spec）。如图 2-4 所示，这两个标准通过 OCI 运行时文件系统包（OCI runtime filesytem bundle）的标准格式连接在一起，OCI 镜像可以通过工具转换成文件系统包，OCI Runtime 能够识别该文件系统包并运行容器。

镜像标准，顾名思义是镜像的规范，它规范了以层（Layer）保存的文件系统，每个层保存了和上层之间的变化，如何用 manifest、config 和 index 文件找出镜像的具体信息，比如文件系统的层级信息（每个层级的哈希值及历史信息），以及容器运行时需要的一些信息（比如环境变量、工作目录、命令参数、挂载列表等）。

运行时标准，顾名思义是运行容器的规范，定义了容器的创建、删除、查看等操作，规范了容器的状态描述（比如容器 ID、进程号、运行状态等）等。runC 就是 OCI 运行时标准的一个参考实现。runC 直接与容器所依赖的 CGroup、Linux Kernel 等进行交互，负责为容器配置 CGroup、Namespace 等启动容器所需的环境，创建启动容器的相关进程。

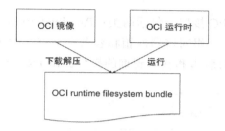

图 2-4 OCI 标准之间的联系

为了兼容 OCI 标准，Docker 也做了架构调整。将容器运行时相关的核心代码从 Docker 引擎剥离出来，形成 Containerd，并将它贡献给 CNCF。由 Containerd 向 Docker 提供管理容器的 API，而 Docker 引擎则专门负责上层的封装编排，提供对 Images、Volumes、Network 及 Builds 操作的 API，如图 2-5 所示。

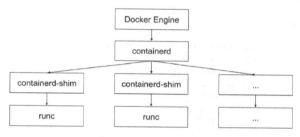

图 2-5 Docker 框架

在 Kubernetes 早期的 1.5 版本以前，kubelet 内置了 Docker 和 Rocket 两种运行时。随着 Kubernetes 的推广，越来越多的用户希望它能支持更多的容器运行时，因为不同的容器运行时各有所长。如果用户想要自定义运行时，就需要修改 kubelet 源代码。

另外，kubelet 与 Docker 及 Rocket 紧密耦合，它们的接口变化会影响 Kubernetes 的稳定性。于是从 1.5 版本开始，Kubernetes 推出了 CRI（Container Runtime Interface）接口，有了 CRI 接口无须修改 kubelet 源代码就可以支持更多的容器运行时，并逐步将内置的 Docker 和 rtk 从 Kubernetes 源代码中移除，同时将 CNI 的实现迁到 CRI Runtime 内，如图 2-6 所示。也就是说，外部的容器运行时除了实现 CRI 接口真正负责管理镜像和容器的生命周期，还需要实现 CNI，负责容器配置网络。

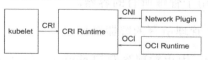

图 2-6 CRI、CNI、OCI 的关系

CRI 其实就是一组 gRPC 接口，包括两类：RuntimeService 和 ImageService，如图 2-7 所示，RuntimeService 包括一组对容器沙箱和容器查询进行操作和管理的接口，一组与容器交互的接口，以及运行时版本和状态查询的接口。ImageService 则提供了对容器镜像的查询和操作的接口。

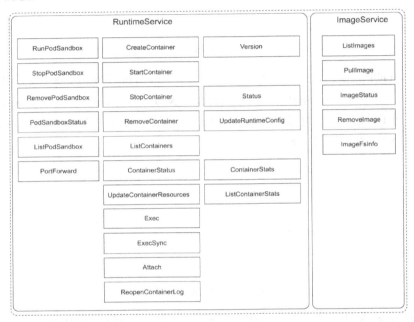

图 2-7　CRI 接口

因此，实现一个适用于 Kubernetes 的新的容器运行时，向上需要实现上述 CRI 接口，向下须遵循 OCI 的标准来操作容器。如图 2-8 所示，容器运行时包含如下基本单元：

- CRI gRPC Server：用于接收来自 kubelet 的 CRI 请求。

- Streaming Server（流服务）：允许 exec 或者 attach 到用户容器。

- CNI：允许调用网络插件完成容器的网络设置。

- Container Service：用于管理所有的容器。

- Image Service：用于管理所有的容器镜像。

- Process Management：用于管理容器的 shim 进程，shim 进程用于管理容器内的所有进程。

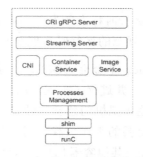

图 2-8　容器运行时的基本单元

当 Docker 将 Containerd 开源后，Kubernetes 也顺势孵化了 Cri-containerd 项目，使 Containerd 接入 CRI 的标准中，也就是说实现了一个 CRI gRPC Server。Kubernetes 还孵化了为其量身定制的 Crio，实现了一个最小的 CRI 接口。在 2017 年 Kubecon Austin 的一个演讲中，Walsh 解释说，"CRI-O 被设计成比其他的方案都要小，遵从'UNIX 只做一件事并把它做好'的设计哲学，实现组件重用"。

更多符合 CRI 和 OCI 标准的容器的出现，让 Kubernetes 在使用的兼容性和广泛性上得到进一步的加强。选用何种容器运行时，需要根据用户的应用场景来选择。没有最好的，只有适合的。现在将当前这几种容器运行时套用到前面解释过的 CRI 和 OCI 的关系中，它们在 Kubernetes 中的位置和调用关系是怎样的呢？

如图 2-9 所示，相比 Docker，独立出来的 Containerd 和 Crio 的调用层级要简洁很多，能够直接被 kubelet 调用。其中 Crio 的 conmon 就对应 containerd-shim，其作用是一样的。kubelet 中如何才能使用 Containerd 和 Crio 呢？kubelet 有一个参数--container-runtime，默认是"Docker"。通常设置成"remote"，即从外部调用容器运行时，通过参数--container-runtime-endpoint 来找到容器运行时的服务地址，一般是 Linux 本地的 Socket 地址。containerd 的默认地址为 unix:///run/containerd/containerd.sock，Crio 的默认地址为 unix:///run/crio/crio.sock。

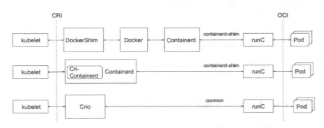

图 2-9　Docker、Containerd 和 Crio 的调用关系

前面（本节）我们提到 OCI 运行时标准的参考实现 runC，其实除了 runC，还有 Kata Container 和 gVisor 等都符合 OCI 规范的运行时，但是它们和 runC 的功能有所不同。

Kata Container 是由 OpenStack 基金会（OSF）主导的，基于 Intel 透明容器（Clear Container）和 Hyper 的 runV 技术，并进行了扩展。Kata Container 致力于通过轻量级虚拟机来构建安全的容器运行时，这些虚拟机的感觉和性能类似于容器，但是使用硬件虚拟化技术作为安全防御层，可以提供更强的工作负载隔离。它支持多个虚拟机管理程序，包括 qemu、nemu 和 firecracker，并可与其他容器化项目（例如 Docker、Containerd、Crio 及 Kubernetes）兼容和集成。

容器之所以流行的主要原因是：轻量、性能好，并且易于集成。但是传统的容器体系结构中所有容器及主机操作系统之间共享内核，如果一个容器藏着什么坏心思，主机和其他容器就变得岌岌可危。这个问题是 Kata Container 诞生的主要推力之一。

Kata 的出现不是取代现有的容器解决方案，而是要解决容器的安全性问题。在 Kata Container 中，每个容器都有自己的轻量级虚拟机和微型内核，将相互不信任的租户放在同一集群上，能够加强租户之间的隔离。Kata 与 Containerd、Kubernetes 的集成示意图如图 2-10 所示。

在 Kubernetes 集群中，我们创建一个 Kata Container 就像创建一个普通的容器，我们只需要在 Pod 的 spec 中指定 runtimeClassName 为 Kata，示例代码如下：

```
apiVersion: v1
kind: Pod
metadata:
  name: mypod
spec:
  runtimeClassName: kata
```

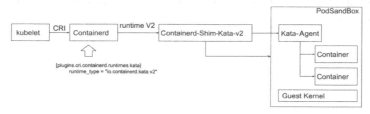

图 2-10　Kata 与 Containerd、Kubernetes 的集成示意图

gVisor 和 Kata 一样，是谷歌开发的用以解决容器的安全性问题的方案，但是两者的

实现方式不同。它没有给容器提供一个虚拟机环境，而是提供了一个用户空间内核。它拦截所有的应用程序系统调用并充当来宾内核，而无须通过虚拟化硬件进行转换。gVisor 不是简单地一股脑地将应用程序系统调用重定向到主机内核的，它自己实现了大多数内核原语（例如信号、文件系统、管道等），并在这些原语之上构建了完整的系统调用处理程序。图 2-11 是 gVisor 与 Containerd、Kubernetes 的集成示意图。当创建 Pod 时指定 runtimeClassName 为 runsc，即可创建 gVisor 的容器。

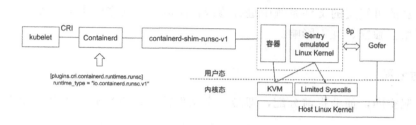

图 2-11　gVisor 与 Containerd、Kubernetes 的集成示意图

2.3.4　容器存储驱动

对于运行时而言，选择何种存储驱动至关重要。

容器镜像以分层的形式组织管理，如图 2-12 所示，不同的分层被不同的镜像共享。容器的镜像层都是只读的，在基础镜像上不断叠加。在运行容器的时候，镜像最上层会挂载容器的可写层。容器的可写层一般不用于存储用户的容器数据，以防容器重启后该数据丢失。但由于容器依然需要往容器可写层上读写数据，因此需要由存储驱动来管理容器的文件系统。

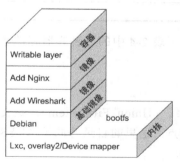

图 2-12　容器镜像分层

由于镜像具有共享特性，所以对容器可写层的操作需要依赖存储驱动提供的写时复制和用时分配机制，以此来支持对容器可写层的修改，进而提高对存储和内存资源的利用率。

1. 写时复制

写时复制，即 Copy-on-Write。一个镜像可以被多个容器使用，但是不需要在内存和磁盘上做多个拷贝。在需要对镜像提供的文件进行修改时，该文件会从镜像的文件系统中被复制到容器的可写层的文件系统中进行修改，而镜像中的文件不会改变。不同容器对文件的修改都相互独立、互不影响。

2. 用时分配

按需分配空间，而非提前分配，即当一个文件被创建出来后，才会分配空间。

对文件的添加、修改、删除和读写都只发生在容器的可写层，因此不同容器对文件的修改都相互独立、互不影响。

Docker 和 Containerd 都支持多种存储驱动，每种驱动都各有所长，没有一种驱动能够满足所有的应用场景。因此，需要根据业务特点进行选择。目前容器存储驱动主要有五种，如表 2-4 所示。

表 2-4　容器存储驱动

存储驱动	Docker	Containerd
AUFS	在 Ubuntu 或者 Debian 上支持	不支持
OverlayFS	支持	支持
Device Mapper	支持	支持
Btrfs	社区版本在 Ubuntu 或者 Debian 上支持，企业版本在 SLES 上支持	支持
ZFS	支持	不支持

接下来，我们详细介绍一下表 2-4 中的五种容器存储驱动。

1. AUFS

AUFS 是一种联合文件系统（Union Filesystem），是文件级的存储驱动，支持将节点上的多个目录挂载到同一挂载点。这里的目录等同于 AUFS 中的 Branch 或者 Docker 中的层的概念，详情如图 2-13 所示。

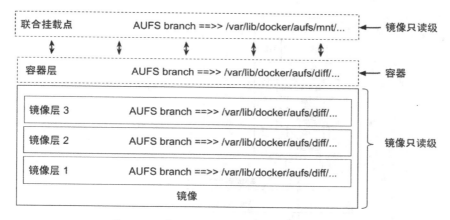

图 2-13   基于 AUFS 存储驱动的容器层级

2. OverlayFS

OverlayFS 也是一种与 AUFS 类似的联合文件系统，同样属于文件级的存储驱动，包含了最初的 Overlay 和更新更稳定的 overlay2。Overlay 只有两层：upper 层和 lower 层。lower层代表镜像层，upper 层代表容器可写层，将 upperdir 和 lowerdir 统一的挂载点称为 merged。基于 OverlayFS 的容器层级如图 2-14 所示。

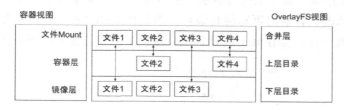

图 2-14   基于 OverlayFS 的容器层级

3. Device Mapper

Device Mapper 属于块设备级别的存储驱动，所有操作都直接对块设备进行操作。Device Mapper 驱动会先在节点块设备上创建一个资源池（Thin Pool），再于其上创建一个带有文件系统的基本设备（Base Device）。每一层镜像都是上一层镜像的快照，最底层镜像是基本设备的快照，而容器则是镜像的快照。这些快照都属于写时复制的快照，内容发生改变时才会有数据存在。基于 Device Mapper 存储驱动的容器层级如图 2-15 所示。

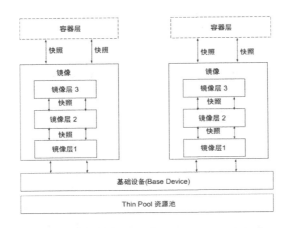

图 2-15　基于 Device Mapper 存储驱动的容器层级

4. BtrFS

BtrFS 被称为下一代写时复制文件系统，同 OverlayFS 和 AUFS 一样，也是文件级存储。特别地，它可以像 Device Mapper 一样直接操作底层设备。BtrFS 把文件系统的一部分配置为一个完整的子文件系统，我们称之为 subVolume。对于容器的基础镜像，会以 subVolume 的方式存储，而其他的镜像层，会以基于上一层镜像层的快照方式进行存储，同时包含本层的修改。容器的可写层是最后一级镜像层的快照，包含容器的修改。这些修改和容器层的修改一样，都存储于块设备上。基于 BtrFS 的容器层级如图 2-16 所示。

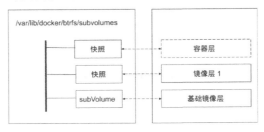

图 2-16　基于 BtrFS 的容器层级

5. ZFS

ZFS 将节点设备加入被我们称为"zpools"的存储池进行管理。存储驱动从 zpool 里分配一个 ZFS 文件系统给容器的基础镜像，并且打上该层的快照。其他的镜像层都是上一级镜像层快照的克隆，这个克隆是可写的，并可以按需从 zpool 中申请空间。而快照是只读的，用于保证镜像层的只读特性。当容器启动时，在镜像的最顶层创建一个克隆作为可写层，如图 2-17 所示。

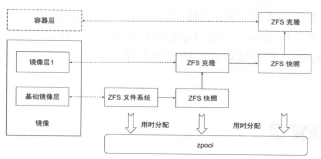

图 2-17　基于 ZFS 的驱动的容器层级

下面我们从稳定性、性能、可维护性等多个维度来评估存储驱动方案的优缺点，如表 2-5 所示。

表 2-5　存储驱动方案的优缺点

存储驱动	优点	缺点	应用场景
AUFS	Docker 最早支持的驱动类型，稳定性高	并未进入主线的内核，因此只能在有限的场合下使用。另外在实现上具有多层结构，在层比较多的场景下，做写时复制有时会需要比较长的时间	少 I/O 的场景
OverlayFS	并入主线内核，可以在目前几乎所有发行版本上使用。实现上只有两层，因此性能比 AUFS 高	写时复制机制需要复制整个文件，而不能只针对修改部分进行复制，因此对大文件操作会需要比较长的时间。其中 Overlay 在 Docker 的后续版本中被移除	少 I/O 的场景
Device Mapper	并入主线内核，针对块操作，性能比较高。修改文件时只需复制需要修改的块，效率高	不同容器之间不能共享缓存。在 Docker 的后续版本中会被移除	I/O 密集场景
BtrFS	并入主线内核，虽然是文件级操作系统，但是可以对块进行操作。	需要消耗比较多的内存，稳定性相对比较差	需要支持 Snapshot 等比较特殊的场景
ZFS	不同的容器之间可以共享缓存，多个容器访问相同的文件能够共享一个单一的 Page Cache。	在频繁写操作的场景下，会产生比较严重的磁盘碎片。需要消耗比较多的内存，另外稳定性相对比较差	容器高密度部署的场景

针对 Kubernetes 的 Pod 而言，容器读写数据应该发生在外挂的卷上，容器可写层不应该作为容器读写数据的主要渠道。在存储驱动的选择上，稳定性和可维护性应该是相对性能而言的、优先级更高的考量因素，所以 Overlay2 是必然的选择。而对于 ZFS 或 BtrFS，除非有特殊需求，并不建议将它们作为运行时的默认存储驱动。事实上，现在 Docker 和 Containerd 都将 Overlay2 作为默认或者建议的存储驱动。

2.4　节点资源管理

计算节点除 CPU、内存和存储等硬件相关资源外，还有操作系统资源，例如进程上限、磁盘 I/O 等。在 Kubernetes 集群中，同一节点上会运行多个不同应用的容器进程。不可避免地，这些进程会共享节点资源，并可能发生资源竞争。合理的节点资源管理能提高节点资源利用率，避免相邻进程彼此干扰，保证系统服务正常运行。

Kubernetes 计算节点资源管理方案已渐趋成熟：具体体现在状态汇报、资源预留、防止节点资源耗尽的防御机制驱逐及容器和系统资源的配置。

2.4.1　状态上报

kubelet 是部署在每个 Kubernetes 节点上、负责 Pod 生命周期及节点状态上报的组件。它周期性地向 API Server 进行汇报，并更新节点的相关健康和资源使用信息，以供 Kubernetes 的控制平面模块对节点和节点上的 Pod 进行管理和决策。上报信息如下：

- 节点基础信息，包括 IP 地址、操作系统、内核、运行时、kubelet、kube-proxy 版本信息。部分信息直接从节点获取，而部分信息需要调用云提供商的 API 获取。

- 节点资源信息包括 CPU、内存、Hugepage、临时存储、GPU 等注册设备，以及这些资源中可以分配给容器使用的部分。

- 调度器在为 Pod 选择节点时会将机器的状态信息作为依据。表 2-6 展示了节点状态及其代表的意义。比如 Ready 状态反映了节点是否就绪，True 表示节点健康；False 表示节点不健康；Unknown 表示节点控制器在最近 40s 内没有收到节点的消息。调度器在调度 Pod 时会过滤掉所有 Ready 状态为非 True 的节点。

表 2-6　节点的状态及其意义

状态	状态的意义
Ready	节点是否健康
MemoryPressure	节点是否存在内存压力
PIDPressure	节点是否存在比较多的进程
DiskPressure	节点是否存在磁盘压力
NetworkUnavailable	节点网络配置是否正确

以下三个参数可以控制 kubelet 更新节点状态频率：

- NodeStatusUpdateFrequency。

- NodeStatusReportFrequency。

- NodeLeaseDurationSeconds。

早期版本只有 NodeStatusUpdateFrequency，默认配置下所有节点每隔 10s 上报一次状态，而上报的信息包含状态信息和资源信息，因此需要传输的数据包较大。随着集群规模的增长，状态的频繁更新对控制平面组件造成较大压力：与节点相关的控制器会不断接收节点变更通知，从而增加控制器开销；极端场景中，它甚至会使 etcd 迅速到达其存储上限；节点 IP 地址等要上报的信息需要从云提供商的 API 获取，因此频繁的调用对底层云平台也造成较大压力。

自 1.12 版本起，Kubernetes 引入了 NodeLease 特性：将上报信息划分为更新表 2-6 中罗列的节点状态和 Lease 对象。Kubernetes 为每个节点创建一个轻量级的 Lease 对象，该对象只包含最基本的节点信息。它的频繁变更对系统造成的压力，会比直接更新节点对象小很多。kubelet 在节点状态发生变更或者默认一分钟的 NodeStatusReportFrequency 时钟周期到达时，更新节点的状态信息，同时以默认 10s 的 NodeStatusUpdateFrequency 周期更新 Lease 对象。在默认 40s 的 NodeLeaseDurationSeconds 周期内，若 Lease 对象没有被更新，则对应节点可以被判定为不健康。

kube-scheduler 在调度 Pod 时会根据节点状态来决定是否可以将新的 Pod 调度到该节点上，以免让本来处于不健康状态的节点的情况进一步恶化。

2.4.2　资源预留

计算节点除用户容器外，还存在很多支撑系统运行的基础服务，譬如 systemd、

journald、sshd、dockerd、Containerd、kubelet 等。如果这些服务的运行受到影响，系统将变得不稳定，进而影响用户的容器进程。为了使服务进程能够正常运行，要确保它们在任何时候都可以获取足够的系统资源，所以我们要为这些系统进程预留资源。

kubelet 可以通过众多启动参数为系统预留 CPU、内存、PID 等资源，比如 SystemReserved、KubeReserved 等。如下代码所示，在节点对象状态中可以看到当前节点的 CPU、memory、emphermal-storage 等资源信息，其中每一项资源分为系统的可分配资源（Allocatable）和节点的容量（Capacity）资源。

```
allocatable:
  cpu: "24"
  ephemeral-storage: 205838Mi
  memory: 177304536Ki
  pods: "110"
capacity:
  cpu: "24"
  ephemeral-storage: 205838Mi
  memory: 179504088Ki
  pods: "110"
```

容量资源（Capacity）是指 kubelet 获取的计算节点当前的资源信息。CPU 是从 /proc/cpuinfo 文件中获取的节点 CPU 核数；memory 是从/proc/memoryinfo 中获取的节点内存大小；ephemeral-storage 是指节点根分区的大小。资源可分配额（Allocatable）是用户 Pod 可用的资源，是资源容量减去分配给系统的资源的剩余部分，两者的关系如表 2-7 所示。

表 2-7　节点的资源容量和可分配资源

节点的资源容量(Capacity)			
kube-reserved	system-reserved	eviction-threshold	供 Pod 使用的可分配资源（Allocatable）

节点的预留资源由 kubelet 设置到对应的容器或者系统进程的 Cgroup 中，以确保系统服务的健康运行。

2.4.3　驱逐管理

kubelet 会在系统资源不够时中止一些容器进程，以空出系统资源，保证节点的稳定性。但由 kubelet 发起的驱逐只停止 Pod 的所有容器进程，并不会直接删除 Pod。在驱逐完成后，Pod 的 status.phase 会被标记为 Failed，status.reason 会被设置为 Evicted，status.message 则会记录被驱逐的原因。

2.4.3.1　资源可用额监控

kubelet 依赖内嵌的开源软件 cAdvisor，周期性检查节点资源是否短缺。当前版本（v1.18）的驱逐策略是基于磁盘和内存资源用量进行的，因为两者属于不可压缩的资源，当此类资源使用耗尽时将无法再申请。而 CPU 是可压缩资源，根据不同进程分配时间配额和权重，CPU 可被多个进程竞相使用。表 2-8 显示了当前资源监控收集的可用额指标。

表 2-8　资源监控指标

检查类型	说明
memory.available	节点当前的可用内存
nodefs.available	节点根分区的可使用磁盘大小
nodefs.inodesFree	节点根分区的可使用 inode
imagefs.inodesFree	节点根分区的可使用 inode
imagefs.available	节点运行时分区的可使用磁盘大小 节点如果没有运行时分区，就不会有相应的资源监控

2.4.3.2　驱逐策略

kubelet 获得节点的可用额信息后，会结合节点的容量信息来判断当前节点运行的 Pod 是否满足驱逐条件。驱逐条件可以是绝对值或百分比，当监控资源的可使用额少于设定的数值或百分比时，kubelet 就会发起驱逐操作。例如，驱逐条件是 memory.available<10%或 memory.available<5Gi，则 kubelet 会在系统内存少于内存总量的 10%或少于 5GiB 的情况下，对 Pod 发起驱逐操作。

根据当前资源的使用情况，驱逐方式可分为软驱逐和硬驱逐，两者的区别如表 2-9 所示。

表 2-9　驱逐分类

kubelet 参数	分类	驱逐方式
EvictionSoft	软驱逐	当检测到当前资源达到软驱逐的阈值时，并不会立即启动驱逐操作，而是要等待一个宽限期。这个宽限期选取 EvictionSoftGracePeriod 和 Pod 指定的 TerminationGracePeriodSeconds 中较小的值
EvictionHard	硬驱逐	没有宽限期，一旦检测到满足硬驱逐的条件，就直接中止容器来释放紧张资源

kubelet 参数 EvictionMinimumReclaim 可以设置每次回收的资源的最小值，以防止小资源的多次回收。

接下来，介绍一下基于内存压力的驱逐和基于磁盘压力的驱逐。

1. 基于内存压力的驱逐

memory.avaiable 表示当前系统的可用内存情况。kubelet 默认设置了 memory.avaiable<100Mi 的硬驱逐条件，当 kubelet 检测到当前节点可用内存资源紧张并满足驱逐条件时，会将节点的 MemoryPressure 状态设置为 True，调度器会阻止 BestEffort Pod 调度到内存承压的节点。

kubelet 启动对内存不足的驱逐操作时，会依照如下的顺序选取目标 Pod：

（1）判断 Pod 所有容器的内存使用量总和是否超出了请求的内存量，超出请求资源的 Pod 会成为备选目标。

（2）查询 Pod 的调度优先级，低优先级的 Pod 被优先驱逐。

（3）计算 Pod 所有容器的内存使用量和 Pod 请求的内存量的差值，差值越小，越容易被驱逐。

2. 基于磁盘压力的驱逐

nodefs.available、nodefs.inodesFree、imagefs.available 及 imagefs.inodesFree 从多维度展现了系统分区和容器运行时分区的磁盘使用情况。节点的分区形式多种多样，为保证系统的安全，可以为 kubelet 工作目录（包括 Pod 的 emptyDir 卷、容器日志目录、容器运行时目录（用户镜像和容器可写层））划分单独的分区。这种分区可以让不同用途的空间相互隔离，以保证系统分区的安全性。但若完全按照该方式进行分区，会让 kubelet 磁盘管理变得极其复杂。因此，除系统分区和容器运行时分区外，kubelet 并未对其他分区进行管理。此处给出的建议是，将 kubelet 工作目录和容器日志放在系统分区中，容器运行时分区是可选的，可以合并到系统分区中。当 kubelet 检测到当前节点上的 nodefs.available、nodefs.inodesFree、imagefs.available 或 imagefs.inodesFree 中的任何一项满足驱逐条件时，它会将节点的 DiskPressure 状态设置为 True，调度器不会再调度任何 Pod 到该节点上。

当磁盘资源使用率高时，kubelet 就会在驱逐正在运行的 Pod 之前，尝试通过删除一些已经退出的容器和当前未使用的镜像资源来释放磁盘空间和 inode。根据分区的不同，采取的方式也不一样：

（1）有容器运行时分区：如果系统分区（nodefs）达到驱逐阈值，那么 kubelet 删除已经退出的容器；如果运行时分区（imagefs）达到驱逐阈值，那么 kubelet 删除所有未使用的镜像。

（2）无容器运行时分区：kubelet 同时删除未运行的容器和未使用的镜像。

回收已经退出的容器和未使用的镜像后，如果节点依然满足驱逐条件，kubelet 就会开始驱逐正在运行的 Pod，进一步释放磁盘空间。选择目标 Pod 的顺序如下：

（1）判断 Pod 的磁盘使用量是否超过请求的大小，超出请求资源的 Pod 会成为备选目标。

（2）查询 Pod 的调度优先级，低优先级的 Pod 优先驱逐。

（3）根据磁盘使用超过请求的数量进行排序，差值越小，越容易被驱逐。

由于数据在不同的分区上，所以 kubelet 针对不同驱逐信号采取的驱逐策略也不一样：

（1）有容器运行时分区。如果是系统分区触发了驱逐，那么 kubelet 将计算 Pod 的磁盘使用量中所有容器的日志和本地卷数据；如果是运行时分区触发了驱逐，那么 kubelet 计算 Pod 的磁盘使用量中所有容器的可写层。

（2）无容器运行时分区。对于系统分区触发的驱逐，kubelet 将计算 Pod 的磁盘使用量中容器的日志、本地卷和容器的可写层。

2.4.4　容器和系统资源配置

在 1.3.3 节中我们介绍过，依据 Pod Spec 中对资源请求定义的不同，Pod 可划分为不同的 QoS 等级：Guaranteed、Burstable 和 BestEffort。kubelet 对不同 QoS 等级的 Pod 会做不同的处理。

2.4.4.1　CPU 资源

CPU 资源申请包含 cpu.request 和 cpu.limit。内核对 CPU 资源的使用以时间片为单位，因此 Pod 对 CPU 资源的申请可以以 Millicore 为最小单位，一个 CPU Core 等于 1000 Millicore。

Kubernetes 调度 Pod 时，会判断当前节点正在运行的 Pod 的 CPU Request 的总和，再加上当前调度 Pod 的 CPU request，计算其是否超过节点的 CPU 的可分配资源。如果超出，则该节点应被过滤掉。换言之，调度器会判断当前节点的剩余 CPU 资源是否满足 Pod 的 CPU Request。

kubectl describe node 命令可显示当前节点的 CPU 和内存使用率。命令返回结果展示了每个 Pod 的资源请求、申请资源占整个节点的比例，以及节点的总资源等信息，如下所示：

```
  Namespace      Name     CPU Requests  CPU Limits  Memory Requests   Memory
Limits
  ---------               ----          ------------                  ---------
---------------
    kube-system    test      4 (16%)      4 (16%)          8G (4%)
8G (4%)
    kube-system    test1     4 (16%)      4 (16%)          8G (4%)
8G (4%)
  …
  Allocated resources:
    (Total limits may be over 100 percent, i.e., overcommitted.)
    Resource  Requests                      Limits
    --------  --------                      ------
    cpu       13510m (56%)                  24150m (100%)
    memory    55015619788800m (30%)  69923092992 (38%)
```

kubelet 会读取 Pod 的 cpu.request 和 cpu.limit，为 Pod 对应的 CPU CGroup 进行资源配置。相关参数之间的关系如表 2-10 所示。

表 2-10　CPU 的 CGroup 的相关参数设置

Kubernetes 参数	Docker 启动参数	CGroup 配置	转换关系
cpu.requests	cpu-shares	cpu.shares	cpu.shares = 申请的 CPU 数 × 1024 若 Pod 未定义 cpu.requests，则 cpu.shares 设置为 2
cpu.limits	cpu-quota	cpu.cfs_quota_us	cpu.cfs_quota_us = limits.cpu（单位 Millicore）× 100， cpu.cfs_period_us 默认值为 100ms。 若 Pod 未定义 limits.cpu，cpu.cfs_quota_us 会被设置为 -1，即不限制 CPU 使用

容器内部可以通过查看 /sys/fs/cgroup/cpu/cpu.shares 和 /sys/fs/cgroup/cpu/cpu.cfs_quota_us 来获取当前容器 CGroup 的 CPU 信息。

节点资源充裕时，容器可以使用不超过限额的 CPU 资源。而节点资源紧张时，Linux 内核进程调度器通过 cpu.shares 确保该容器不会占用其他容器或者进程申请的 CPU 资源，同时保证该容器能够获取相应的 CPU 时间。Kubernetes 通过 request 和 limit 的组合，极大地提升了节点资源利用率。

需要额外关注的是：

- 当 kube-scheduler 调度带有多个 init 容器的 Pod 时，只计算 cpu.request 最多的 init 容器，而不是计算所有的 init 容器总和。由于多个 init 容器按顺序执行，并且执行完成立即退出，所以申请最多的资源 init 容器中的所需资源，即可满足所有 init 容器需求。当所有的 init 容器都执行完成并退出后，业务容器将被创建和执行，此时 Pod 进入 Running 状态。kube-scheduler 在计算该节点被占用的资源时，init 容器的资源依然会被纳入计算。因为 init 容器在特定情况下可能会被再次执行，比如由于更换镜像而引起 Sandbox 重建时。

- 如果 Pod 定义中的 nodeName 直接指定了目标节点，那么 nodeName 被创建后，会直接被节点上的 kubelet 监听到，无须通过 kube-scheudler 进行调度。kubelet 在启动该 Pod 的容器之前，会启动准入机制计算当前节点空闲的 CPU 资源是否能够满足 Pod 需求，如果不满足则停止启动，并将 Pod 标记为 OutOfCPU 状态。即使随后节点释放了足够的 CPU 资源，Pod 也不会再被启动。

CGroup 在节点上是按层级树结构组织的。不同 QoS 等级的 Pod 及其容器，CGroup 的管理和配置也不相同。如图 2-18 所示，当 CGroup 驱动基于 systemd，并且使用 Docker 作为运行时时，kubelet 对节点上的容器进行如下的 CGroup 层级创建：

- 为节点上运行的所有 Pod 创建父 CGroup 的 kubepods.slice。

- 为 Guarnteed Pod 创建名为 kubepods-pod<pid uid>.slice 的 CGroup，并置于 kubepod.slice 下。同时为 Pod 中的每个容器（包括 Sandbox）创建一个名为 docker-<docker id>.scope 的 CGroup，置于 Pod CGroup 下。

- 为节点上所有 Bustable 类型的 Pod 创建一个名为 kubepods-burstable.slice 的父 CGroup。该 CGroup 的下一级是每个 Pod 的 CGroup，再往下是容器 CGroup，它的命名方式和 Guarnteed 类型的 Pod 一致。

- 对于 BestEffort 类型的 Pod，kubelet 的处理方式与 Bustable 类型一致，也会对该类型的所有 Pod 统一创建一个名为 kubepods-besteffort.slice 的父 CGroup，且其下属的 Pod 和容器 CGroup 的创建方式与 Bustable 的类型一致。

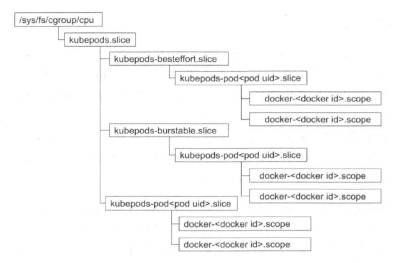

图 2-18 CPU CGroup 层级图

对于不同层级的 CGroup，相关参数的设置有所不同，表 2-11 展示了容器和 Pod 的 CGroup 配置细节。所有 pause 容器的 cpu.shares 都设置为 2。另外，init 容器在执行完成退出后，容器的 CGroup 也会被删除。

表 2-11 容器和 Pod 的 CGroup 配置

CGroup 类型	参数	QoS 类型	值
容器的 CGroup	cpu.shares	BestEffort	2
		Burstable	requests.cpu×1024
		Guaranteed	requests.cpu×1024
	cpu.cfs_quota_us	BestEffort	−1
		Burstable	limits.cpu×100
		Guaranteed	limits.cpu×100
Pod 的 CGroup	cpu.shares	BestEffort	2
		Burstable	Pod 所有容器（requests.cpu×1024）之和
		Guaranteed	Pod 所有容器（requests.cpu×1024）之和
	cpu.cfs_quota_us	BestEffort	−1
		Burstable	Pod 所有容器（limits.cpu×100）之和
		Guaranteed	Pod 所有容器（limits.cpu×100）之和

在 CPU 空闲时，对 QoS 层级的 CGroup 和 Pod 的总 CGroup 的参数设置如下：cpu.cfs_quota_us 都设置为−1，cpu.shares 设置为相应的请求值，目的是在 CPU 资源空闲的

时候，不同类型的 Pod 都可以最大化利用 CPU 的资源。然而，在 CPU 资源紧张的时候，不同类型的 Pod 可以按照比例分配资源，同时不影响系统服务，如表 2-12 所示。

表 2-12　QoS 层级和 Pod 的总 CGroup 参数配置

CGroup 类型	CGroup	参数	值
不同 QoS 类型	kubepods-burstable.slice	cpu.shares	所有 Pod CGroup 中 cpu.shares 的总和
		cpu.cfs_quota_us	−1
	kubepods-besteffort.slice	cpu.shares	2
		cpu.cfs_quota_us	−1
Pod 总的 CGroup	kubepods.slice	cpu.shares	节点可用（available）的 CPU 核数×1024，节点如果没有预留资源给系统或 kubelet，则 cpu.shares = CPU 核数×1024
		cpu.cfs_quota_us	−1

kubepod.slice 隶属于节点根 CGroup，CGroup 在系统层面的组织结构如图 2-19 所示。在系统根 CGroup 下，cpu.shares 设置为 1024，cpu.cfs_quota_us 设置为-1。众多系统进程如 ksoftirqd、migration、kworker 等都在根 CGroup 下，而 systemd-journald、docker、udevd 等服务则位于 system.slice 下。kubelet 和 dockershim 隶属于 systemd。

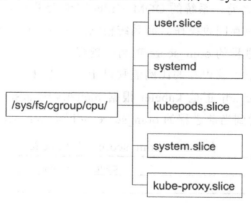

图 2-19　CGroup 在系统层面的组织结构

以上这些 CGroup 的 CPU 资源都有相同的设置，即 cpu.shares=1024，cpu.cfs_quota_us=-1。

2.4.4.2　内存资源

同 CPU 资源一样，Pod Spec 通过定义 requests.memory 和 limits.memory 的值来为 Pod

申请内存。Kubernetes 调度 Pod 时会判断节点的剩余内存是否满足 Pod 的内存请求量，以确定是否可以将 Pod 调度到该节点。同样地，kube-scheudler 只计算内存 requests，而不看内存 limits。

Pod 调度完成后，对应节点的 kubelet 会将容器申请的内存资源设置到该容器对应的 memory CGroup 中。参数转换关系如表 2-13 所示。

表 2-13　内存 CGroup 参数设置

Kubernetes 参数	Docker 启动参数	CGroup 配置	转换关系
memory.limits	--memory	memory.limit_in_bytes	memory.limit_in_bytes 就是将 memory.limits 转换为以字节为单位的值

为什么在进行调度的时候计算容器的内存是 requests，而设置 CGroup 时用的内存却是 limits？requests 在节点上有什么意义呢？

在节点内存资源宽松时，容器的内存使用量可以在不超过 memory.limits 的前提下使用。而在内存资源紧张的情况下，kubelet 会周期性地按照既定优先级对容器进行驱逐。在 kubelet 对容器进行驱逐之前，系统的 OOM Killer 可能会采取 OOM 的方式来中止某些容器的进程，进行必要的内存回收操作。而系统根据进程的 oom_score 来进行优先级排序，选择待终止的进程，且进程的 oom_score 越高，越容易被终止。进程的 oom_score 是根据当前进程使用的内存占节点总内存的比例值乘以 10，再加上 oom_score_adj 综合得到的，而容器进程的 oom_score_adj 正是 kubelet 根据 memory.request 进行设置的。在容器中的 /proc/[PID]目录下可以看到当前进程的 oom_score_adj 和 oom_score，如表 2-14 所示。

表 2-14　oom_score_adj 的设置

Pod QoS 类型	oom_score_adj
Guaranteed	-998
BestEffort	1000
Burstable	min(max(2,1000-(1000×memoryRequestBytes)/machineMemoryCapacityBytes), 999)

图 2-20 展示了节点内存的 CGroup 的层级树。内存 CGroup 的层级树和 CPU 层级树的管理是一致的，都是根据 Pod 的 QoS 类型来创建相应的 CGroup。不同层级的 CGroup，参数设置也有所不同。

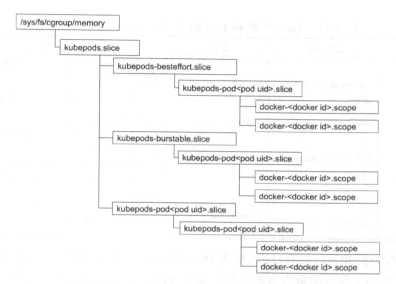

图 2-20 节点内存的 CGroup 的层级树

下面分别介绍一下容器和 Pod 的 CGroup、QoS 层级的 CGroup 和 Pod 总的 CGroup。

1. 容器和 Pod 的 CGroup

容器和 Pod 的 CGroup 内存参数设置如表 2-15 所示。

表 2-15 容器和 Pod 的 CGroup 内存参数设置

CGroup 类型	参数	QoS 类型	值
容器的 CGroup	memory.limit_in_bytes	BestEffort	9223372036854771712
		Burstable	limits.memory
		Guaranteed	limits.memory
Pod 的 CGroup	memory.limit_in_bytes	BestEffort	9223372036854771712
		Burstable	所有 Pod 容器（limits.memory）之和
		Guaranteed	所有 Pod 容器（limits.memory）之和

2. QoS 层级的 CGroup 和 Pod 总的 CGroup

QoS 层级的 CGroup 根据是否设置 QosReserved 进行不同的参数设置。设置 QosReserved 的目的是限制相同 QoS 的 Pod 能够使用的内存最大值，防止 kubelet 驱逐或者 OOM Killer 处理不够及时，导致高优先级的 Pod 受到影响。具体的参数设置如表 2-16 所示。

表 2-16　QoS 层级和 Pod 的总 CGroup 内存参数配置

CGroup 类型	CGroup	参数	值
不同 QoS 类型	kubepods-burstable.slice	memory.limit_in_bytes	不设置 QosResrved：9223372036854771712
			设置 QosReserved：可分配的内存-所有 Guaranteed Pod 的申请资源×预留比例
	kubepods-besteffort.slice	memory.limit_in_bytes	不设置 QosResrved：9223372036854771712
			设置 QosResrved：可分配的内存-所有 Guaranteed Pod 的申请资源×预留比例-所有 Burstable Pod 的申请资源×预留比例
Pod 总的 CGroup	kubepods.slice	memory.limit_in_bytes	节点的内存，减去预留的内存

将数字 9223372036854771712 转换为 16 进制是 0x7FFFFFFFFFFFF000，它是能被 4096（内存页面的大小）整除的最大有符号数。如果 memory.limit_in_bytes 设置为这个值，就说明对内存无限制。

内存根 CGroup 的层级结构和 CPU 的根 CGroup 一致：在默认设置下，根 CGroup 除包含所有 Pod 的 CGroup kubepods.slice 外，其他 CGroup 的 memory.limit_in_bytes 都被设置为 9223372036854771712。

2.4.4.3　磁盘资源

kubelet 通过 cAdvisor 支持系统分区和运行时分区的发现管理，针对计算节点的磁盘分区建议如下：

- 节点系统根分区包含操作系统、容器标准输出日志（默认路径为/var/log/pods/）、各系统模块 log（默认路径为/var/log/）、kubelet 工作目录（/var/lib/kubelet）等。Pod 声明的 emptyDir 卷数据也存储在 kubelet 的工作目录下。

- 容器运行时分区（imagefs）不单独分配，而是共享根分区，用来存储容器的镜像、用户可写层的数据等。

- 其他磁盘分区可以通过 hostPath 或本地卷供 Pod 挂载。

ephemeral-storage 用于对本地临时存储空间进行管理，目前只支持对根分区的管理，因此节点总的 ephemeral-storage 容量就是根分区大小。建议不要对 ephemeral-storage 划分运行时分区（imagefs），以便利用 ephemeral-storage 特性进行资源管理。

容器临时存储（ephemeral-storage）包含日志和可写层数据，可以通过定义 Pod Spec 中的 limits.ephemeral-storage 和 requests.ephemeral-storage 来申请。Pod 调度完成后，计算节点对临时存储的限制不是基于 CGroup 的，而是由 kubelet 定时获取容器的日志和容器可写层的磁盘使用情况，如果超过限制，则会对 Pod 进行驱逐。

用户的应用行为模式是无法预知的，因此可能会由于应用行为不当导致磁盘满，这是集群运维过程中最常见的节点问题之一。磁盘满不仅会导致新容器进程无法启动，还可能导致当前运行的容器进程异常。因此，管理节点内所有占用磁盘空间的行为对确保集群的可用性来说异常重要，主要体现在以下几方面。

1. 日志管理

日志管理包括对系统服务日志的管理，也包括对容器日志的管理。

节点上需要通过运行 logrotate 的定时任务对系统服务日志进行 rotate 清理，以防止系统服务日志占用大量的磁盘空间。Logrotate 的执行周期不能过长，以防日志短时间内大量增长。同时配置日志的 rotate 条件，在日志不占用太多空间的情况下，保证有足够的日志可供查看。

容器的日志管理方式因运行时的不同而有所区别：

- 如果选择 Docker 作为运行时，那么除了基于系统 logrotate 管理日志，还可以依赖 Docker 自带的日志管理功能来设置容器日志的数量和每个日志文件的大小。Docker 写入数据之前会对日志大小进行检查和 rotate 操作，确保日志文件不会超过配置的数量和大小。

- 如果选择 Containerd 作为运行时，那么日志的管理是通过 kubelet 定期（默认为 10s）执行 du 命令，来检查容器日志的数量和文件的大小的。每个容器日志的大小和可以保留的文件个数，可以通过 kubelet 的配置参数 container-log-max-size 和 container-log-max-files 进行调整。

2. hostPath 卷管理

Kubernetes 允许用户通过 hostPath 卷将计算节点的文件目录挂载给容器，但目录挂载完成后，系统无法限制用户往该卷写入的数据的大小。这就导致删除容器时，如果不主动进行数据清理，数据就会遗留在节点上，占用磁盘空间。因此，用户能使用的节点路径需要被限制，即 Kubernetes 可基于 PodSecurityPolicy 限制 hostPath 可以映射的主机文件路径。当某一文件路径开放给用户后，用户如何使用 hostPath 卷就不受系统管理员的管控了。

因此，是否开放节点路径是一个需要慎重考虑的问题。

3. emptyDir 卷管理

emptyDir 卷可以理解为与 Pod 生命周期绑定的、可以限制用量的主机磁盘挂载方式。1.15 版本之前，kubelet 定期执行 du 命令获取容器 emptyDir 卷的使用量，但是这种方式的实时性不够，且耗时过长，导致磁盘可能在计算过程中就被写满，进而影响系统服务。1.15 版本之后，kubelet 使用文件系统自带的 Quota 特性设置，并监控 emptyDir 卷的大小，kubelet 目前只支持 XFS 和 ext4 的文件系统。emptyDir 卷的使用情况可以实时反馈给 kubelet，以防出现磁盘写满的情况。基于文件系统的 Quota 特性监控 emptyDir 卷的使用情况，相比 du 更精准。du 无法监测文件打开后尚未关闭就被删除的情况，但是 Quota 能够跟踪到已被删除而文件描述符尚未关闭的文件。

4. 容器的可写层管理

容器的用户行为无法预知，如用户可能会将大量数据写入容器的可写层（比如 /tmp 目录）。容器的可写层与容器的生命周期一致，数据会随着容器的重启而丢失。如果节点因为磁盘分区管理等原因，发生未开启临时存储管理限制而容器可写层却已达到上限的情况，就只能退而求其次，利用运行时的存储驱动进行限制：DeviceMapper 天然支持对每个容器的可写层限制，而 overlayfs2 则需要依赖 xfs_quota 特性的支持。

5. Docker 卷管理

在构建容器镜像时，可以在 Dockerfile 中通过 VOLUME 指令声明一个存储卷。运行时创建该容器时，会在主机上的运行时目录下创建一个子目录，并将其挂载至用户容器指定的目录。容器进程写入目标目录的数据，本质上是被写到主机的根盘或者给运行时分配的磁盘上，而不属于容器的可写层，目前 Kubernetes 尚未将其纳入管控范围。当前有众多的开源容器镜像采用此方式定义存储空间，但当这样的镜像被部署到集群中时，会给系统带来潜在的隐患。如果确实需要使用该镜像，又希望存储空间能够被 Kubernetes 管理，那么可以在 Pod Spec 中定义一个卷，使其在容器内的路径与 Dockerfile 中的路径一致。这样容器使用的存储就是定义的卷，而不是系统创建的默认卷。

容器会共享节点的根分区和运行时分区。如果容器进程在可写层或 emptyDir 卷进行大量读写操作，就会导致磁盘 I/O 过高，从而影响其他容器进程甚至系统进程。另外，对于网络存储卷和本地存储卷也有诸多并发问题需要解决：减少不同容器对同一个磁盘设备的 I/O 竞争，以提升性能；降低并发读写，以减少后端的存储压力；减少大量传输数据对网络带宽的影响，等等。为满足这些需求，我们要对容器进程在共享分区的操作进行 I/O 限速。

Docker 和 Containerd 运行时都基于 CGroup v1。对于块设备，只支持对 Dirtect I/O 限速，而对于 Buffer I/O 还不具备有效的支持。因此，针对设备限速的问题，目前还没有完美的解决方案，对于有特殊 I/O 需求的容器，建议使用独立的磁盘空间。

针对磁盘的资源管理，磁盘空间使用率和磁盘 I/O 是非常必要且有用的节点监控指标。在节点根分区和运行时分区磁盘使用率到达一定的门限，或者一段时间内 I/O 使用率一直比较高的情况下，可以先触发告警，再进行针对性的排查，寻找问题出现的原因，并采取相关措施进行后续防范。

2.4.4.4　网络资源

Kubernetes 可以通过添加 kubernetes.io/ingress-bandwidth 的 Annotation 来设置容器网络 Ingress 的带宽，也可以通过添加 kubernetes.io/egress-bandwidth 的 Annotation 来设置容器网络 Egress 的带宽。下面代码是添加了 Annotation 的 Pod Spec 的信息：

```
apiVersion: v1
kind: Pod
metadata:
  annotations:
    kubernetes.io/ingress-bandwidth: 10MB
    kubernetes.io/egress-bandwidth: 10MB
...
```

kubelet 会把相关的限制信息通过运行时传递给 CNI 网络插件，再由 CNI 网络插件通过 Linux Traffic Control 限制带宽。同一计算节点的所有容器和主机共享网络带宽、相互竞争。如果网络负载较高的多个容器被部署到同一节点，则会导致系统的 CPU 负载较高、网络延时增大、抖动增加等问题。因此，针对延时敏感的业务，建议在业务部署和调度层面进行隔离。另外，可在数据中心交换机和节点上配置全链路 QoS，以对高优先级的网络数据作优先处理。

2.4.4.5 进程数

Linux 支持有限的进程数，当 CPU 核数小于 32 时，默认最大进程数（pid_max）为 32768。如果 CPU 核数大于等于 32，则默认最大进程数为 CPU 的核数×1024。如果不控制容器的进程数量，那么一个容器可能会不断创建子进程，导致整个节点的 PID 数量不足。为此，Kubernetes 通过引入 SupportPodPidsLimit 来限制 Pod 能创建的最多 PID 数。

Kubelet 默认不限制 Pod 可以创建的子进程数量，但可以通过启动参数 podPidsLimit 开启限制，还可以由 reserved 参数为系统进程预留进程数。系统管理员也可以增大进程数，以降低问题出现的概率。但若该值设置得过大，则意味着单一节点运行的进程过多，这将带来更高的负载和更低的系统稳定性。

Kubernetes 管理 PID 资源的方式与 CPU、内存不同：用户不能申请容器进程数。Kubelet 通过系统调用周期性地获取当前系统的 PID 的使用量，并读取/proc/sys/kernel/pid_max，获取系统支持的 PID 上限。如果当前的可用进程数少于设定阈值，那么 kubelet 会将节点对象的 PIDPressure 标记为 True。kube-scheduler 在进行调度时，会从备选节点中对处于 NodeUnderPIDPressure 状态的节点进行过滤。

除了进程数上限，Linux 还允许定义线程数上限（thread_max），以限制系统的可用线程数量。该值由如图 2-21 所示的公式计算，其中 mempages 是系统当前的内存页数，等于总内存除以页大小；THREAD_SIZE 是线程栈大小，可以通过 ulimit 命令查看，通常为 8192；PAGE_SIZE 是页的大小，通常为 4K。thread_max 通常较大，当前 Kubernetes 并没有考虑将其作为考量值。

$$\text{thread\_max} = \frac{\text{mempages}}{8 \times \text{THREAD\_SIZE/PAGE\_SIZE}} \begin{cases} \text{thread\_max=线程数上限} \\ \text{mempages=内存页数} \\ \text{THREAD\_SIZE=线程栈大小} \\ \text{PAGE\_SIZE=页大小} \end{cases}$$

图 2-21 线程数上限公式

当系统进程数不足时，应用程序尝试创建子进程，此时可能会出现设备空间不足的错误信息，一般我们会将其归咎于磁盘空间不足。然而，其主要原因是，在内核实现过程中如果无法创建新进程，那么某些代码分支会返回 NOSPACEERR，从而导致产生这样的错误。

为防止进程泄露，操作系统会对每个用户设置最大 PID 数。通过 ulimit 命令能够看到具体的限制值，也可以通过相应的配置文件进行查看。以 CentOS 7 为例，

/etc/security/limits.d/20-nproc.conf 中可查看的最大 PID 数如下：

```
# Default limit for number of user's processes to prevent
# accidental fork bombs.
# See rhbz #432903 for reasoning.
*          soft    nproc    4096
root       soft    nproc    unlimited
```

除 root 用户外，其他用户默认进程数上限都是 4096。在未开启 UID Namespace 时，不同容器中的相同的 UID 对主机而言都属于同一个 UID。在计算进程数时，UID 相同的容器进程会被累加到一起。因此，应适当将这个数值增大，以降低用户的进程总数被系统限制的概率。

2.5　存储方案

计算资源三大要素是 CPU、内存和存储，在规划应用资源需求时，这三种资源需求是首先要考虑的。Kubernetes 支持多种存储插件，允许 Pod 使用计算节点磁盘，它的存储方案和节点管理密不可分。存储管理相对于 CPU、内存管理更复杂，因为存储包含多种类型，不同存储空间的使用方式不同，组合条件较多，因而可能引发的问题也较多。

Kubernetes 支持多种存储类型，可按照数据持久化方式分为临时存储（如 emptyDir）、半持久化存储（如 hostPath）和持久化存储（包含网络存储和本地存储）。

2.5.1　存储卷插件管理

Kubernetes 支持以插件的形式来实现对不同存储的支持和扩展，这些扩展基于如下三种方式：

- in-tree 插件。

- FlexVolume out-of-tree 存储插件。

- CSI out-of-tree 存储插件。

2.5.1.1 in-tree 插件

在 Kubernetes 早期版本中，接口抽象仍不完备，所有存储支持均通过 in-tree 插件来实现。in-tree 插件是指插件代码编译在 Kubernetes 控制器和 kubelet 中，归属于 Kubernetes 的核心代码库。Kubernetes 支持的存储插件不断增加，in-tree 插件与其之间的强依赖关系导致系统维护成本过高，且插件代码与 Kubernetes 的核心代码共享同一进程，因此当插件代码异常崩溃时，会导致 Kubernetes 核心模块不可用。

Kubernetes 社区已不再接受新的 in-tree 存储插件，新的存储必须通过 out-of-tree 插件进行支持。

out-of-tree 存储插件拥有独立的代码版仓库，并且以独立进程运行。

目前 Kubernetes 提供了 FlexVolume 和容器存储接口（Container Storage Interface，即 CSI）两种 out-of-tree 存储插件。在 1.13 版本之后的版本，CSI 进入 GA(General Available) 阶段，现已成为默认的推荐方式。FlexVolume 还会继续维护，但新的特性只会加在 CSI 上。对于已经存在的 in-tree 的存储插件，Kubernetes 社区的处理方式是通过 CSI 将插件全部移除。

2.5.1.2 FlexVolume out-of-tree 存储插件

FlexVolume 是指 Kubernetes 通过调用计算节点的本地可执行文件与存储插件进行交互。不同的存储驱动对应不同的可执行文件，该可执行文件可以实现 FlexVolume 存储插件需要的 attach/detach、mount/umount 等操作。部署与 Kubernetes 核心组件分离的可执行文件，使得存储驱动有独立的升级和部署周期，解决了 in-tree 存储插件的强耦合问题。但是 in-tree 存储插件对 Kubernetes 核心组件的强依赖问题依然存在：

- FlexVolume 插件需要宿主机用 root 权限来安装插件驱动。
- FlexVolume 存储驱动需要宿主机安装 attach、mount 等工具，也需要具有 root 访问权限。

2.5.1.3 CSI out-of-tree 存储插件

Kubernetes 社区引入了一个 in-tree 的 CSI 存储插件，用于用户和外挂的 CSI 存储驱动的交互。相对于 FlexVolume 基于可执行文件的方式，CSI 通过 RPC 的方式与存储驱动进行交互。在设计 CSI 的时候，Kubernetes 对 CSI 存储驱动的打包和部署要求很少，主要定义了 Kubernetes 的 两 个 相 关 模 块 ： kube-controller-manager 和 kubelet 。 kube-controller-manager 模块用于感知 CSI 驱动存在，kubelet 模块用于与 CSI 驱动进行交互。具体来说，Kubernetes 会针对 CSI 规定以下内容：

1. kubelet 和 CSI 驱动的交互

- kubelet 通过 UNIX Domain Socket 向 CSI 驱动发起 CSI 调用（如 NodeStageVolume、NodePublishVolume 等），再发起 mount 卷和 umount 卷。

- kubelet 通过插件注册机制发现 CSI 驱动及用于和 CSI 驱动交互的 UNIX Domain Socket。

- 所有部署在 Kubernetes 集群中的 CSI 驱动都要通过 kubelet 的插件注册机制来注册自己。

2. Kubernetes 主控模块（主要是 kube-controller-manager）和 CSI 驱动的交互

- Kubernetes 的主控模块通过 UNIX Domain Socket（而不是 CSI 驱动）或者其他方式进行直接交互。

- Kubernetes 的主控模块只与 Kubernetes 相关的 API 进行交互。

- CSI 驱动若有依赖于 Kubernetes API 的操作，例如卷的创建、卷的 attach、卷的快照等，需要在 CSI 驱动中通过 Kubernetes 的 API 来触发相关的 CSI 操作。

基于这样的要求，CSI 驱动的开发者可以很方便地根据实际需求进行驱动的开发和部署。除了实现 CSI 定义的必备功能，用户还可以在 CSI 驱动中添加其他功能，例如接口调用次数统计、磁盘健康状态使用率检测等。这些功能在 in-tree 插件时期是很难添加的，但是通过 CSI 驱动可以很方便地做到。

CSI 驱动一般包含 external-attacher、external-provisioner、external-resizer、external-snapshotter、node-driver-register、CSI driver 等模块，可以根据实际的存储类型和需求进行不同方式的部署。例如，对于有些网络存储，external-provisioner 和 external-attacher 整个集群只取其一，但是对于与节点相关的本地存储，external-provisioner 就需要以 daemonset 的形式进行部署。图 2-22 是一个典型的 CSI 驱动部署的例子。

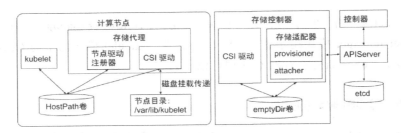

图 2-22　CSI 驱动部署

2.5.2　存储的分类

2.5.2.1　临时存储

常见的临时存储主要有 emptyDir 卷。

emptyDir 是一种经常被用户使用的卷类型，顾名思义，"卷"最初是空的。当 Pod 从节点上删除时，emptyDir 卷中的数据也会被永久删除。但当 Pod 的容器因为某些原因退出再重启时，emptyDir 卷内的数据并不会丢失。

默认情况下，emptyDir 卷存储在支持该节点所使用的存储介质上，可以是本地磁盘或网络存储。emptyDir 也可以通过将 emptyDir.medium 字段设置为"Memory"来通知 Kubernetes 为容器安装 tmpfs，此时数据被存储在内存中，速度相对于本地存储和网络存储快很多。但是在节点重启的时候，内存数据会被清除；而如果存在磁盘上，则重启后数据依然存在。另外，使用 tmpfs 的内存也会计入容器的使用内存总量中，受系统的 CGroup 限制。

emptyDir 设计的初衷主要是给应用充当缓存空间，或者存储中间数据，用于快速恢复。然而，这并不是说满足以上需求的用户都被推荐使用 emptyDir，我们要根据用户业务的实际特点来判断是否使用 emptyDir。因为 emptyDir 的空间位于系统根盘，被所有容器共享，所以在磁盘的使用率较高时会触发 Pod 的 eviction 操作，从而影响业务的稳定。

2.5.2.2　半持久化存储

常见的半持久化存储主要是 hostPath 卷。hostPath 卷能将主机节点文件系统上的文件或目录挂载到指定的 Pod 中。对普通用户而言一般不需要这样的卷，但是对很多需要获取节点系统信息的 Pod 而言，却是非常必要的。

hostPath 的用法举例如下：

- 某个 Pod 需要获取节点上所有 Pod 的 log，可以通过 hostPath 访问所有 Pod 的 stdout 输出存储目录，例如/var/log/pods 路径。

- 某个 Pod 需要统计系统相关的信息，可以通过 hostPath 访问系统的/proc 目录。

使用 hostPath 的时候，除设置必需的 path 属性外，用户还可以有选择性地为 hostPath 卷指定类型，支持类型包含目录、字符设备、块设备等。

另外，使用 hostPath 卷需要注意如下几点：

- 使用同一个目录的 Pod 可能会由于调度到不同的节点，导致目录中的内容有所不同。

- Kubernetes 在调度时无法顾及由 hostPath 使用的资源。

- Pod 被删除后，如果没有特别处理，那么 hostPath 上写的数据会遗留到节点上，占用磁盘空间。

2.5.2.3　持久化存储

支持持久化存储是所有分布式系统所必备的特性。针对持久化存储，Kubernetes 引入了 StorageClass、Volume、PVC(Persistent Volume Claim)、PV(Persitent Volume) 的概念，将存储独立于 Pod 的生命周期来进行管理。

StorageClass 用于指示存储的类型，不同的存储类型可以通过不同的 StorageClass 来为用户提供服务。StorageClass 主要包含存储插件 provisioner、卷的创建和 mount 参数等字段。

PVC 由用户创建，代表用户对存储需求的声明，主要包含需要的存储大小、存储卷的访问模式、stroageclass 等类型，其中存储卷的访问模式必须与存储的类型一致，包含的三种类型如表 2-17 所示。

表 2-17　存储卷的访问模式

访问模式缩写	访问模式全称	访问模式说明
RWO	ReadWriteOnce	该卷只能在一个节点上被 mount，属性为可读可写
ROX	ReadOnlyMany	该卷可以在不同的节点上被 mount，属性为只读
RWX	ReadWriteMany	该卷可以在不同的节点上被 mount，属性为可读可写

PV 由集群管理员提前创建，或者根据 PVC 的申请需求动态地创建，它代表系统后端的真实的存储空间，可以称之为卷空间。

用户通过创建 PVC 来申请存储。控制器通过 PVC 的 StorageClass 和请求的大小声明来存储后端创建卷，进而创建 PV，Pod 通过指定 PVC 来引用存储。Pod、PVC、PV、StorageClass 等卷之间的相互关系如图 2-23 所示。

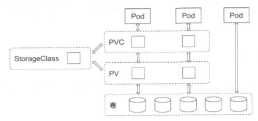

图 2-23　存储对象的关系

Kuberntes 目前支持的持久化存储包含各种主流的块存储和文件存储，譬如 awsElasticBlockStore、azureDisk、cinder、NFS、cephfs、iscsi 等，在大类上可以分为网络存储和本地存储两种类型。

1. 网络存储

通过网络来访问的存储都可以称为网络存储。目前有多种多样的存储类型，分别对应不同的使用场景。

在 Kuberntes 大火之前，很多公司和云服务厂商都基于 OpenStack 构建了云服务。因此，为基于 OpenStack 搭建的 Kubenetes 集群提供 Cinder 的块存储，成为一个自然而然的选择。下面以 Cinder 存储为例来展现网络存储的工作流程，如图 2-24 所示。

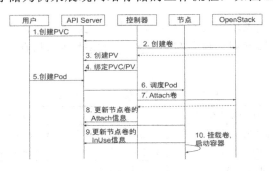

图 2-24　用户使用 Cinder 存储的工作流程

下面对图 2-24 中的 10 个部分分别进行介绍：

（1）创建 PVC：用户创建了一个使用 Cinder 存储的 PVC。

（2）创建卷：当 PV Controller 监听到该 PVC 的创建时，调用 Cinder 的存储插件，从 Cinder 存储后端申请卷。

（3）创建 PV：pv controller 创建 PV，PV 中包含如下主要字段：

- spec.accessMode：卷的访问模式。

- spec.capactiy.storage：卷的大小。

- spec.cinder.volumeID：Cinder 卷的 ID。

Spec 定义代码如下：

```
apiVersion: v1
kind: PersistentVolume
metadata:
  name: pvc-ffdc181f-10e0-11ea-8880-74dbd1806c08
…
spec:
  accessModes:
  - ReadWriteOnce
  capacity:
    storage: 47Gi
  cinder:
    volumeID: d3fb90fe-3fd2-4c8c-9e5d-0edf7629ed9f
…
persistentVolumeReclaimPolicy: Delete
  storageClassName: cinder-standard
  volumeMode: Filesystem
```

（4）绑定 PVC/PV：在 PV 成功创建后，PV Controller 会将 PVC 和 PV 进行绑定，PVC 和 PV 的状态都设置为 Bound。

（5）创建 Pod：用户创建 Pod，并在其中申明使用这个 PVC。

（6）调度 Pod：kube-scheduler 将 Pod 调度到某个节点。

（7）attach 卷：Attach-Detach Controller 检测到 Pod 已经被调度到某个节点，遂将该 Pod 使用的卷 attach 到对应的节点。

（8）更新节点卷的 attach 信息：Attach-Detach Controller 将卷的相关信息添加到节点对象的 node.status.volumesAttached 中。

（9）更新节点卷的 InUse 信息：当 kubelet 监听到有 Pod 已经调度到本机后，在汇报节点状态的时候，将 Pod 使用的卷信息添加到节点对象的 node.status.volumesInUse 中。

（10）挂载卷，启动容器：kubelet 从节点对象上获知该卷已经执行了 attach，在节点上找到该卷的设备信息，开始对盘做 mount 操作。

Pod 删除流程为上面流程的逆过程，具体如下：

（1）Pod 接收 delete 请求后，kubelet 会中止容器，对磁盘进行 umount 操作，并对 Pod 执行删除（将 grace-period 设置为 0）操作，这样 Pod 就从 API Server 中被删除了。

（2）kubelet 在汇报节点状态的时候，将该卷的相关信息从节点对象的 node.status.volumesInUse 中删除。

（3）在 Pod 被删除后，Attach-Detach Controller 会判断卷是否已经从节点对象的 node.status.volumesInUse 中删除，然后将卷从节点上进行 detach。

如图 2-25 所示，我们通过调用 OpenStack Nova 的接口对卷执行 attach 操作，并通过 Nova 和 Cinder 将卷 attach 到对应节点中。同时，需要修改 Nova DB 和 Cinder DB，以设置相应的节点状态和 Cinder 卷状态。

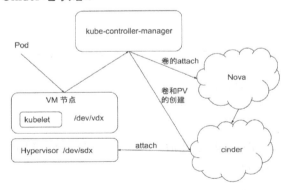

图 2-25　Cinder 卷的 attach 流程图

在对卷进行 attach 和 detach 的过程中，涉及 OpenStack 的多个模块，有 Nova、Cinder、Qemu 等。如果频繁地对卷做 attach 和 detach 操作，可能会产生问题。比如 Nova 的 DB 和 Cinder 的 DB 不一致，nova show instance 命令可以看到有卷 attach 到该节点上，但是通过 cinder show volume 可能看到 Cinder 卷的状态仍为 available。

　　要解决这样的问题，可以将 Cinder 卷对接的 Ceph RBD 或 iSCSI 卷通过 PV 暴露出来，这样在节点上可以直接与存储后端配合进行卷的 attach/detach 操作，从而达到减少其他 OpenStack 模块参与的目的。通过在集群上部署 Kubenetes 社区开源的 standalone-cinder-provisioner 的 Pod 来替代 PV Controller 进行 PV 的创建和删除操作，从而将 cinder 卷的 Ceph RBD 或 iSCSI 信息暴露出来，如图 2-26 所示。

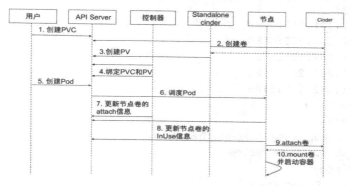

图 2-26　用户使用 Cinder 存储工作流程

下面对图 2-26 中的 10 个部分分别进行介绍。

（1）创建 PVC：用户创建了一个使用 cinder 存储的 PVC。

（2）创建卷：当 Standalone-cinder-provisioner 监听到有 PVC 创建时，从 Cinder 申请卷。

（3）创建 PV：如下面的 PV spec 定义代码所示，它除了带有 accessModes、capacity 等信息，还带有 keyring 信息及存储后端 ceph 的 monitors。

```
apiVersion: v1
kind: PersistentVolume
metadata:
  annotations:
    pv.kubernetes.io/provisioned-by: openstack.org/standalone-cinder
    volume.beta.kubernetes.io/storage-class: cinder-standard
  name: pvc-f93dd49d-6401-11e8-ada6-74dbd180b160
...
spec:
  accessModes:
  - ReadWriteOnce
```

```
  capacity:
    storage: 50Gi
…
...
  persistentVolumeReclaimPolicy: Delete
  rbd:
    image: volume-178a48cc-4fb0-4722-b468-013e411aec40
    keyring: /etc/ceph/keyring
    monitors:
    - 10.111.111.111:6789
    - 10.222.222.222:6789
    - 10.101.101.101:6789
    - 10.201.202.203:6789
    - 10.121.142.125:6789
    pool: volumes
    secretRef:
      name: cinder-standard-cephx-secret
      Namespace: kube-system
    user: cinder
  volumeMode: Filesystem
...
```

（4）绑定 PVC 和 PV：PV Controller 将 PVC 和 PV 做绑定，修改 PVC 和 PV 状态。

（5）创建 Pod：用户创建 Pod，其中申明使用这个 PVC。

（6）调度 Pod：Pod 被调度到某个节点。

（7）更新节点卷的 attach 信息：Attach-detach controller 监听到 Pod 已经被调度到某个节点，开始执行卷的 attach 操作，并将该卷信息添加到节点对象的 node.status.volumesAttached 里。该 attach 操作是个空操作，仅用于表明该卷已经用于某个 Pod 节点。如果有其他 Pod 再次使用该 PVC，但是调度到不同的节点上，那么该 Pod 就会因报错而无法启动。以上是通过 Attach-Detach Controller 的方式，来保证 RBD 的卷的 RWO 属性，即只允许该卷在一个节点上被 mount。

（8）更新节点卷的 InUse 信息：当 kubelet 监听到有 Pod 被调度到节点上时，就会汇报节点状态，并将 Pod 使用的卷信息添加到节点对象的 node.status.volumesInuse 中。

（9）attach 卷：kubelet 检查在 node.status.volumesAttached 中是否存在卷信息，并开始对磁盘做 mount 操作。在 mount 之前，对该卷进行 attach 操作。

（10）mount 卷并启动容器：对磁盘执行 mount 操作。

删除 Pod 为上面流程的逆过程，具体过程如下：

（1）在 Pod 接收 delete 请求后，kubelet 会中止容器，并对磁盘进行 umount 操作。在 umount 操作之前，将该卷进行 detach，并对 Pod 执行删除（将 grace-period 设置为 0）操作，Pod 就从 API Server 中被删除了。kubelet 在汇报节点状态时，将该卷的相关信息从节点对象的 node.status.volumesInUse 中删除。

（2）Pod 被删除后，Attach-Detach Controller 将卷从节点上进行 detach。

使用访问模式为 RWO 的网络存储时通常会碰到一个问题，这个问题可以通过一个例子来说明：用户利用 deployment 来部署 Pod，Pod 使用某个 accessMode 为 RWO 的 PVC。Pod 运行后，节点出现故障而进入 NotReady 状态。经过指定时间后，节点控制器对该 Pod 进行驱逐，但由于节点组件无法正常工作，所以 Pod 无法执行删除操作，Pod 进入 terminationg 状态，PVC 对应的卷也不会从出问题的节点上执行 detach 命令。当 deployment controller 发现 Pod 处在 terminating 状态时会创建新的 Pod，但是由于使用的卷没有 detach，所以新的 Pod 就不能使用该 PVC。这种情况需要人工介入进行处理，或通过专门的 controller 对 NotReady 的节点进行处理，例如将节点移出集群，并从对应的 cloud provider 中删除该节点。

2. 本地存储

本地存储并没有如网络存储一般的可靠性，而是需要使用本地存储的应用做数据备份，但是具有高性能和低成本的优势，因此是一个很通用的需求。在 Kubernetes 支持的存储类型中，本地存储得到支持的时间比较晚。与网络存储相比，本地存储有一个很大的不同：网络存储可以 attach 到不同的节点上，但是本地存储与节点是一一绑定的，即如果某个本地存储的 PVC 和 PV 绑定，那么 Pod 就必须调度到该 PV 所在的节点。因此，不能在基于网络存储需求设计的存储实现流程上，通过简单地增加一个存储插件来支持本地存储。

本地存储的实现：每个本地存储的 PV 都需要对应节点上的某块物理磁盘空间。这块空间可以是独立的磁盘，也可以是基于磁盘的分区，还可以是基于 LVM 创建出来的逻辑卷。由于本地存储 PV 是基于节点上真实的物理磁盘的，所以当磁盘损坏或丢失时会影响本地存储的使用。因此，磁盘的监控很重要，要有及时汇报的机制，即磁盘出现问题时及时通知集群管理员和使用该本地存储的用户。

社区支持本地存储的过程经历了三个阶段。

第一阶段，集群的节点上需要部署一个社区开源项目 External Storage 提供的、基于本地存储的 daemonSet local-volume-provisioner。该 daemonSet 会根据 configmap 的配置，在特定路径下查找是否存在需要提供本地存储的 PV 的磁盘或卷，并创建 PV。当用户创建一个 PVC 后，pv controller 会将该 PVC 与找到的合适的 PV 进行绑定。PVC 一旦绑定，使用该 PVC 的 Pod 就必须调度到 PV 所对应的节点上。

这样的实现方式存在明显的不足：PVC 和 PV 绑定的逻辑比较简单，只是考虑了卷的大小和卷模式是否满足需求。但是 Pod 有 CPU、内存、nodeSelector、亲和性和反亲和性的需求，因此一旦节点被选择的 PV 固定，Pod 就很有可能永远都无法进行调度。

第二阶段是 PVC 对 PV 的选择，它通过 kube-scheduler 的某个 predicate 进行考量。当 Pod 选择了一个满足所有需求的节点后，通过 kube-scheduler 和 PV Controller 共同完成 PVC 的绑定。在实现过程中，需要在 StorageClass 上增加字段 waitForFirstConsumer，用来指示除 PV Controller 外是否还需要其他模块提前对 PVC/PV 进行处理，这里的其他模块目前主要指 kube-scheduler。

在该阶段，使用本地存储的具体的工作流程如图 2-27 所示。

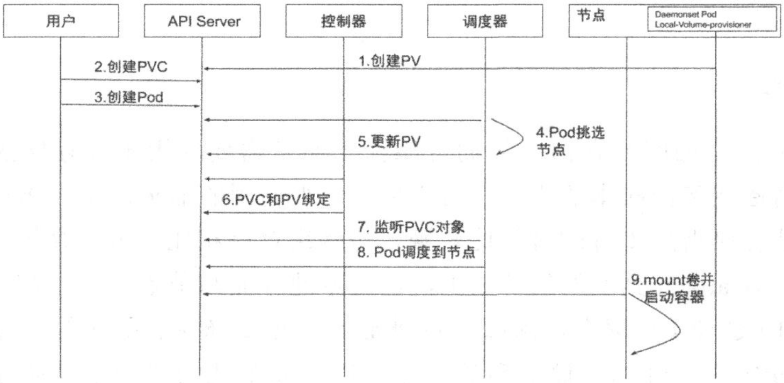

图 2-27　使用本地存储的工作流程

下面对图 2-27 中的 9 个部分分别进行介绍。

（1）创建 PV：通过 Local-volume-provisioner daemonset 创建本地存储的 PV。

（2）创建 PVC：用户创建 PVC，由于它处于 pending 状态，所以 kube-controller-manager 并不会对该 PVC 做任何操作。

（3）创建 Pod：用户创建 Pod。

（4）Pod 挑选节点：kube-scheduler 开始调度 Pod，通过 PVC 的 resources.request.storage 和 volumeMode 选择满足条件的 PV，并且为 Pod 选择一个合适的节点。

（5）更新 PV：kube-scheduler 将 PV 的 pv.Spec.claimRef 设置为对应的 PVC，并且设置 annotation pv.kubernetes.io/bound-by-controller 的值为"yes"。

（6）PVC 和 PV 绑定：pv_controller 同步 PVC 和 PV 的状态，并将 PVC 和 PV 进行绑定。

（7）监听 PVC 对象：kube-scheduler 等待 PVC 的状态变成 Bound。

（8）Pod 调度到节点：如果 PVC 的状态变为 Bound 则说明调度成功，而如果 PVC 一直处于 pending 状态，超时后会再次进行调度。

（9）mount 卷并启动容器：kubelet 监听到有 Pod 已经调度到节点上，对本地存储进行 mount 操作，并启动容器。

Pod 被创建后，用户可能会因为升级等原因将 Pod 删除再创建，而此时由于 PVC 已经是 Bound 状态，所以重新创建的 Pod 只能被调度到本地存储 PV 所指定的节点上。这样可能会引发如下问题：

（1）如果 PV 所指向的节点出现问题，处在 NotReady 状态，导致 Pod 无法调度该节点，那么 Pod 就会无节点可调度，处于 pending 状态。

（2）如果在 Pod 重建之前，有其他 Pod 也调度到 PV 指向的节点上，导致节点的 CPU 或者内存不足，那么新建的 Pod 也无节点可以调度了。

为避免出现以上问题，可以设定 Pod 优先级，通过抢占资源来保证 Pod 可以被调度到需要的节点。

另外，PVC 和 PV 的绑定需要 kube-scheduler 的参与。Pod 如果直接指定了 nodeName，就不会被 kube-scheduler 调度，PVC 也不会和 PV 绑定，因此 Pod 的容器就不会被 kubelet 运行起来。

本地存储的 PV 需要在集群中提前部署，部署成功后 PV 对应的分区大小及其使用模式（Filesystem 或者 Block）就会固定下来，这会导致使用上不够灵活。而且用户如果不需要 PV 具有的磁盘空间，那么还会造成空间的浪费。

第三阶段，支持本地存储 PV 的动态创建。

本地存储 PV 的动态创建是一个很重要的需求，但是目前 Kubernetes 社区并没有一套针对本地存储 PV 动态创建的成熟解决方案，主要原因是 CSI 驱动需要汇报节点上相关存储的资源信息，以便用于调度。但是机器的厂家不同，其汇报方式也不同。例如，有的厂家的机器节点上具有 nvme、SSD、HDD 等多种存储介质，希望将这些存储介质分别进行汇报。这种需求有别于其他存储类型的 CSI 驱动对接口的需求，因此如何汇报节点的存储信息，以及如何让节点的存储信息应用于调度，目前并没有形成统一的意见。集群管理员可以基于节点存储的实际情况对开源 CSI 驱动和调度进行一些代码修改，再进行部署和使用。

在这种模式下，使用本地存储的具体的工作流程如图 2-28 所示。

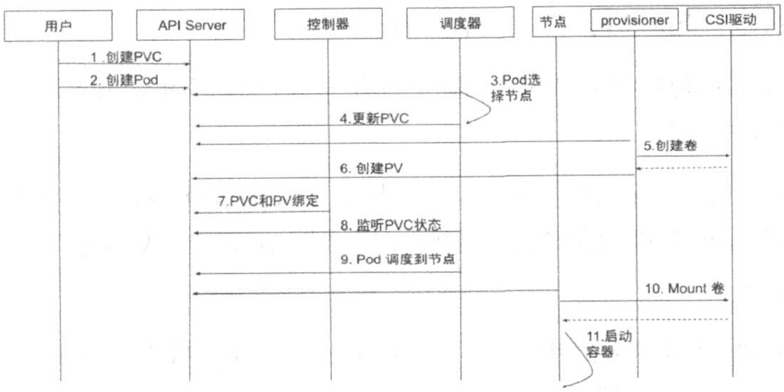

图 2-28　使用本地存储动态分配卷的工作流程

下面对图 2-28 中的 11 个部分分别进行介绍。

（1）创建 PVC：用户创建 PVC，PVC 处于 pending 状态。

（2）创建 Pod：用户创建 Pod。

（3）Pod 选择节点：kube-scheduler 开始调度 Pod，通过 PVC 的 pvc.spec.resources.request.storage 等选择满足条件的节点。

（4）更新 PVC：选择节点后，kube-scheduler 会给 PVC 添加包含节点信息的 annotation：volume.kubernetes.io/selected-node: <节点名字>。

（5）创建卷：运行在节点上的容器 external-provisioner 监听到 PVC 带有该节点相关的 annotation，向相应的 CSI 驱动申请分配卷。

（6）创建 PV：PVC 申请到所需的存储空间后，external-provisioner 创建 PV，该 PV 的 pv.Spec.claimRef 设置为对应的 PVC。

（7）PVC 和 PV 绑定：kube-controller-manager 将 PVC 和 PV 进行绑定，状态修改为 Bound。

（8）监听 PVC 状态：kube-scheduler 等待 PVC 变成 Bound 状态。

（9）Pod 调度到节点：当 PVC 的状态为 Bound 时，Pod 才算真正调度成功了。如果 PVC 一直处于 Pending 状态，超时后会再次进行调度。

（10）Mount 卷：kubelet 监听到有 Pod 已经调度到节点上，对本地存储进行 mount 操作。

（11）启动容器：启动容器。

本地存储的动态分配方式提高了分配空间的灵活性，但是也带来一个问题：如果将磁盘空间作为一个存储池（例如 LVM）来动态分配，那么在分配出来的逻辑卷空间的使用上，可能会受到其他逻辑卷的 I/O 干扰，因为底层的物理卷可能是同一个。而第二阶段的静态部署方式中，如果 PV 后端的磁盘空间是一块独立的物理磁盘，则 I/O 就不会受到干扰。

通过以上三个阶段的发展，目前 Kubernetes 已经基本形成对本地存储的支持。但是由于本地存储和节点的强绑定性，还是会产生一些问题，这些问题需要删除 PVC 才可以解决。例如，运行 StatefulSet Pod 所在的节点不正常工作时，就需要删除 PVC，以恢复 StatefulSet 的 Pod。

因此，使用本地存储的业务，需要意识到本地存储服务的优势和劣势，针对存储数据进行多份备份，以便在出现 Kubernetes 不能自动解决的问题的时候，能够自动化地（比如采取删除 PVC 等方式）让业务 Pod 重新部署。

本地存储是将节点上除根分区外的其他磁盘分区提供给用户使用，这取决于使用本地存储的方式，可以将物理磁盘以分区或者 LVM 逻辑卷的方式给集群提供本地存储的能力。集群的机器类型不同，物理磁盘数量、磁盘介质类型、磁盘容量等也会不同。如何实现高效灵活的管理，是一个很重要的问题。

对于本地存储的实践，笔者推荐如下的管理和部署方式：

- 不同介质类型的磁盘，需要设置不同的 StorageClass，以便让用户做区分。StorageClass 需要设置磁盘介质的类型，以便用户了解该类存储的属性。

- 在本地存储的 PV 静态部署模式下，每个物理磁盘都尽量只创建一个 PV，而不是划分为多个分区来提供多个本地存储 PV，避免在使用时分区之间的 I/O 干扰。

- 本地存储需要配合磁盘检测来使用。当集群部署规模化后，每个集群的本地存储 PV 可能会超过几万个，如磁盘损坏将是频发事件。此时，需要在检测到磁盘损坏、丢盘等问题后，对节点的磁盘和相应的本地存储 PV 进行特定的处理，例如触发告警、自动 cordon 节点、自动通知用户等。

- 对于提供本地存储节点的磁盘管理，需要做到灵活管理和自动化。节点磁盘的信息可以归一、集中化管理。在 local-volume-provisioner 中增加部署逻辑，当容器运行起来时，拉取该节点需要提供本地存储的磁盘信息，例如磁盘的设备路径，以 Filesystem 或 Block 的模式提供本地存储，或者是否需要加入某个 LVM 的虚拟组（VG）等。local-volume-provisioner 根据获取的磁盘信息对磁盘进行格式化，或者加入某个 VG，从而形成对本地存储支持的自动化闭环。

2.6　节点调优

前面章节重点讲述了 Kubenetes 管理节点 CPU、内存、磁盘资源的方式。如果想让节点资源工作在最优状态，则需要对相关资源的参数进行调优。

节点的调优是一个系统工程，可以基于应用类型、硬件类型、资源占用情况、管理需要等综合因素做出调优选择，其覆盖点广、覆盖参数多。因此，在谈论调优的时候不可能面面俱到地覆盖所有情况和所有参数。在此针对常见的调优情况进行描述，希望能启发读者的调优思路，在节点遇到性能问题的时候，能够有针对性地进行调优。

2.6.1　NUMA 架构

NUMA（Non-Uniform Memory Access）是一种内存访问方式，是为多处理器计算机设计的内存架构。在 NUMA 架构下，一个计算节点会划分为多个 NUMA 节点，每个 NUMA 节点包括 CPU 和其所属的本地内存。

在不同的体系架构下，NUMA 节点的设计思路相同。图 2-29 展示了 x86 架构下的 NUMA 架构。处理器通过 Front Side Bus（FSB）访问本地内存，如果需要访问其他 NUMA

节点的内存，则还需通过 Intel 的 QuickPath Interconnect（QPI）进行访问，因此访问本地内存比访问非本地内存有更高的效率。在支持 NUMA 的计算节点中，让处理器总是访问本地内存，是一个性能优化的关键手段。

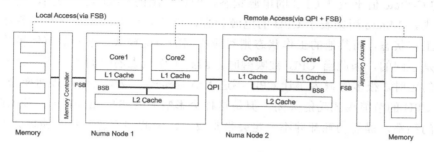

图 2-29　NUMA 架构

2.6.2　CPU 性能

2.6.2.1　CPU 工作模式

CPU 的硬件可以工作在不同的频率下。根据不同的负载情况，CPU 的工作频率可以动态调整，按需提高性能或者降低功耗。我们可以通过 CPU 的 scaling_governor 设置 CPU 工作频率的调整方式，如表 2-18 所示。

表 2-18　CPU 的工作模式

工作模式	工作模式说明	应用场景
performance	将 CPU 运行在最高频率，不做动态调节，注重性能	注重性能场景
powersave	将 CPU 运行在最低频率，不做动态调节，注重功耗	注重功耗场景
userspace	通过用户态程序来调节 CPU 频率	需要定制化进行频率调整的场景
ondemand	快速调整 CPU 频率，当系统负载超过一定的设置门限时，CPU 会被设置在最大的频率下运行。当系统空闲时，运行在最低频率	在高频率和低频率进行切换会带来应用的延时，因此不适合负载经常变化并且延时敏感的应用
conservative	根据负载情况，阶梯式调整 CPU 频率	相对 ondemand 而言比较保守，在节省功耗的同时，也能减少延时的突变

在动态调整频率的 ondemand 和 conservative 模式下，尽管可以兼顾性能和功耗，但是频率切换带来的开销也不容忽视，因此可以对 governor 进行动态配置，比如在流量高峰时

间段开启 performance 模式，而在其他时间段采用 ondemand 或 conservative 模式。

在负载比较低的时候，CPU 可以降低频率运行。在 CPU 完全空闲时，系统会通过修改 CPU 的 C-State 值来改变 CPU 的电源状态，即让空闲的 CPU 完全关闭，进入相应的节能工作模式。C-State 用来表示 CPU 的电源状态，包括 C0、C1、C2、C6 等多种状态。C0 是正常的工作状态，而其他的工作状态则对应不同的节能模式。不同的节能模式的省电和唤醒方式是不同的，因此当 CPU 被唤醒时，回到工作状态的时间也不同，该转换过程会带来一定的延时。很多时候为了让 CPU 不进入节能模式，减少工作模式切换带来的延时，我们会将 CPU 的节能模式功能关闭。但是这样会影响 CPU 的 TurboBust，使 CPU 无法工作在最高的频率，提高功耗却并不一定会带来收益，因此并不建议将节能模式关闭。

2.6.2.2　CPU 绑定

在多核处理器中，每个核都有专属的缓存，而数据一次只能保留在一个 CPU 的缓存中，这样可以有效地保证不同核数据的一致性。当数据被导入一个 CPU 的缓存时，其他 CPU 中该数据的缓存都会失效。如果进程/线程在多个核间频繁切换，会导致缓存经常失效，进而对性能产生影响。

另外，在 NUMA 架构中，进程/线程可能会被调度到不同 NUMA 节点的核上，通过远程跨 NUMA 节点来访问数据。因此，应用程序在访问数据时会消耗更多的时间。

为了减少进程/线程在核间切换带来的开销，Linux 调度器尽可能将进程/线程保持在一个核上。但是在系统 CPU 比较繁忙的时候，无法继续给进程/线程分配执行时间，该进程/线程会被调度到其他核上。而通过 CPU PIN 的方式，可以将进程/线程限定在某个或者某组特定的核上运行。

CPU PIN 并不能保证其他的进程/线程不被调度到绑定的核上，因此可以通过 cpuset CGroup 将核设置为只能被绑定的进程/线程使用，从而有效地提高性能。

Kubernetes 在 1.12 版本中引入了 CPU Manager 的特性，可以为容器进行 CPU 绑定并且进行 CPU 资源独占。不过只适用于申请的 CPU 资源是整数个并且是 Guaranteed 类型的 Pod，并不适合 BestEffort 和 Burstable 类型的 Pod。

2.6.2.3　中断处理

在 Linux 系统中，硬中断和软中断都可以打断当前程序的执行，如果中断数量比较多，系统的性能会大幅下降。因此，可以通过减少中断的处理时间或者合并中断、减少中断数量的方式来提高性能。

如果进程/线程绑定的核可以和中断处理的核相同，那么中断可以和进程/线程共享 Cache Lines。在容器频繁创建的应用节点上，动态地将进程/线程和中断处理的核进行绑定设置的管理复杂度很高，因此很少采用。

系统通过平衡每个核的中断来提高对中断的处理效率，具体体现在以下两方面：

- Irqbalance 服务通过收集系统数据（例如 CPU 的负载等信息）和修改中断对 CPU 的亲和性来平和中断，将中断合理地分配到各个 CPU，以充分利用 CPU 而避免导致某些核的中断过高。

- 除 Irqbalance 服务外，还可以根据硬件情况，通过手工配置 CPU 核中断的亲和性来平衡中断，比如用不同的核处理特定网卡队列的中断。

减少中断可以减少操作系统花在中断现场保护和现场恢复的时间。网络中断一般是系统上最多的硬件中断来源，为提高网络处理效率，网卡驱动引入了 NAPI 技术。它不采用中断的方式读取数据，而是首先利用中断唤醒数据接收的服务程序，然后通过 POLL 的方法轮询来接收数据。目前常见的网卡驱动基本都集成了 NAPI 功能。

2.6.3　内存

在 Linux 系统中以页为单位来分配和管理内存，每个页的大小默认是 4KB。为了提高对物理内存的访问速度，也可以将页分为 2MB 或者 1GB 的大页（Huge Page）来进行管理。

对于不同的硬件，其使用内存页的处理方式也不同，所以内核将属性相同的页划分到同一个 zone 中。zone 的划分与硬件相关，所以不同的处理器的架构可能是不一样的。

通常在 64 位 x86 处理器上，典型的 zone 分配有 DMA Zone、DMA32 Zone 和 Normal Zone，每个 zone 可以属于不同的 NUMA 节点。具体的 zone 信息可以从/proc/zoneinfo 下查看。

每个 zone 都有相应的内存页，zone 与 zone 之间没有任何的物理分割，它只是 Linux 为了便于管理进行的一种逻辑意义上的划分。在设计上，位于低地址端的 zone，会给高地址端的 zone 预留一定比例的页。当地址的 zone 内存充足的时候，高地址端的 zone 可以向低地址端的 zone 申请预留的内存页。系统通过配置/proc/sys/vm/lowmem_reserve_ratio 的参数来指定低地址端的 zone 对高地址端的 zone 的预留比例。

内核的内存管理非常复杂，其中内存回收是一个重点内容。内存的回收相对于内存的分配而言，更容易引起用户程序的异常，却不容易在两者之间找到直接的关联证据，因此内存的回收是引起应用程序出问题的重要因素之一。而对于内存的调优，大部分时候也会聚焦于这个方面。

内存的回收包括匿名内存（Anonymous Pages）的回收和页缓存（Page caches）的回收。匿名内存没有对应的后备文件，回收时需要借助 swap 机制将数据缓存到磁盘中，产生 swap out，然后在需要时从磁盘导入内存页中。如果没有开启 swap，可能会产生匿名内存无法回收的情况。对于页缓存的回收，如果不是被修改过的脏页，则可以直接从内存中回收；如果是脏页，则需要通过 write back 机制将数据写入磁盘后再进行回收。

内存的使用状态直接决定了内存应该以何种方式被回收。在内核中，使用 high、low、min 三条水线（Watermark）来衡量内存 zone 的使用状态。

如图 2-30 所示，内存的每个 zone 都具有 high、low、min 三条水线。zone 的可用空闲内存页为 zone 的空余内存页减去给高端地址预留的部分。当可用的空闲内存页低于"low"水线但高于"min"水线时，说明内存的使用率比较高，需要进行内存回收。在内存页分配完成后，系统的 kswapd 进程将被唤醒，以执行内存回收操作。当可用空余内存回到 high 的水线后，内存回收就完成了。低地址端的 zone 的可用空余内存页只有在高水线之上，才可以向高地址端的 zone 提供内存页。

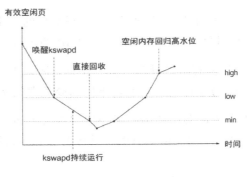

图 2-30　内存水线

当可用的空闲内存低于 min 水线时，说明当前的内存使用量已经过载。如果应用程序申请分配内存，则会触发内存的直接回收操作，内存分配需要等待直接回收完成后才继续进行。很多系统进程，特别是与内存回收直接相关的进程（如 kswapd），在该情况下还要保证能够正常工作，因此需要带上 PF_MALLOC 的标记位，这样可以不受水线的限制而正常分配内存。

默认情况下，系统总的 min 值通过/proc/sys/vm/min_free_kbytes 来设置。该值与系统内总的内存值相关。根据系统总的 min 值，通过 zone 空间占有的比例来分配相应的 min 水线、low 水线（默认是 min 水线的 1.25 倍）和 high 水线（默认是 min 水线的 1.5 倍），用户可以通过/proc/zoneinfo 来查看详细的水线信息和可用页信息。

从内存回收的行为来看，内存在配置时要尽量避免空闲可用内存页到达直接回收的水线。在大规模申请内存（比如接收大量的网络数据）的场景中，内存的回收速度跟不上内存的分配速度，那么内存水线很可能会低于 min 水线。另外，内核在给网络数据包分配的时候，会带上 PF_MALLOC 的标记位，TCP 协议栈在处理该类型的数据时，会根据 socket 的类型判断并进行是否丢包及释放 skb 的操作。当可使用的空闲内存处在 min 水线下时，可能会因为流量的突发而瞬间消耗掉系统的可用内存，导致内存回收或者其他系统服务无法正常工作。

随着网卡速率的不断提高，该问题愈发明显。解决方法是通过/proc/ sys/vm/watermark_scale_factor 来配置不同水线直接的差值，让 kswapd 每次可以回收更多的内存，同时通过配置/proc/sys/vm/min_free_kbytes 来抬高 min 水线，防止在极端情况下，系统没有内存可以使用而造成异常。

在内存配置上，参数 vm.dirty_ratio 和 vm.dirty_background_ratio 同样值得关注。用户可以在节点上通过读取/proc/sys/vm/dirty_ratio 和/proc/sys/vm/dirty_background_ratio 来查看当前的系统配置。

vm.dirty_ratio 参数指定了当文件缓存被修改、页（脏页）数量达到系统内存一定比例的时候，系统开始将修改的页通过 pdflush 回写到磁盘，默认比例是 20%；vm.dirty_background_ratio 参数指定了当文件缓存被修改、页（脏页）数量达到系统内存的一定比例的时候，将一定缓存的脏页异步回写到磁盘，默认比例是 10%。

前者是同步操作，因此会阻塞进程。另外，瞬间大量的回写操作页可能会导致磁盘的 I/O 过高。为了防止出现这样的情况，可以将 vm.dirty_background_ratio 的值调低，使脏页尽快回写到磁盘，避免磁盘 I/O 突发或脏页累积过多。

2.6.4 磁盘

对于磁盘的 I/O 操作，都需要经过系统的 I/O 调度层进行调度。而对于磁盘的调优，主要是对磁盘 I/O 调度算法的选择。应用的类型不同，其磁盘对 I/O 调度的要求也不同。I/O 调度算法是先将 I/O 进行相应的合并和排序，再将数据写入磁盘，减少磁盘的寻道时间，以高效利用磁盘带宽，提高读写速率。常见的磁盘 I/O 调度算法有 noop、deadline 和 CFQ。

1. noop

noop 算法实现了最简单的 FIFO 队列，所有的 I/O 请求都按照先进先出的顺序进行处理。对新来的请求也会尝试进行 I/O 合并。该算法适用于不希望调度器根据扇区号来重新组织 I/O 请求顺序的场景，例如：

- 可以自行调度 I/O 的底层设备，例如很多块设备——NAS、智能 RAID 等，因为在主机上做 I/O 排序会浪费 CPU 的时间。
- 在具有 RAID 的场合，扇区的准确信息对主机进行隐藏，使得主机不能有效地对 I/O 请求地址进行排序，以优化磁盘的寻道时间。
- 读写的扇区移动造成的性能影响很小，例如 SSD 或者 NVME 的磁盘。

2. deadline

deadline 算法对到达 I/O 调度器的 I/O 请求提供时延保证。在实现上，deadline 算法引入了四个队列，分别是按照扇区序号排序的读、写队列，以及按照请求时间排序的读、写队列。

多队列的设置可以让读写优先级分离，让读操作具有比写操作更高的优先级，因为应用主要会被读操作阻塞，而写操作一般写入缓存即可。当 I/O 请求经过合并操作，并排序进入相应的队列后，需要根据读写的优先级和请求是否达到 deadline 时间，来调度执行相应的请求。在处理顺序读写的基础上，优先处理即将达到 deadline 的请求。

3. CFQ

CFQ（Completely Fair Queuing，即完全公平队列算法）为竞争磁盘设备的每个进程单独创建一个队列来管理该进程所产生的请求，各队列之间使用时间片进行调度。CFQ 将所有进程都归类于不同的三种优先级：RT(real time)、BE(best try)、IDLE(idle)。RT 的优先级比 BE 高，BE 的优先级比 IDLE 高。因此，高优先级的请求如果比较多，就会阻塞低优先级进程的 I/O 调度。默认情况下，进程都属于 BE 优先级。

每个进程的时间片和队列长度都取决于进程的 I/O 优先级。在调度器上，所有的同步请求（read 或 syn write）都会放入进程的请求队列中，而所有的异步请求都会放入一个公共的队列中，因为调度器无法获知当前异步请求的进程。

磁盘调度算法的选择取决于硬件和应用类型。CFQ 从进程的角度出发，尽量保证不同优先级进程 I/O 的公平性，但是可能会导致低优先级的进程一直分配不到 I/O 执行时间。deadline 可以避免这种情况，却无法兼顾公平性，所以比较适合业务单一并且 I/O 多的应用场景，比如数据库业务。相对来说，noop 算法可以减少 I/O 调度上的时间消耗，但是应用的场景有限。

2.6.5　网络性能

2.6.5.1　数据包处理流程

理解 Linux 操作系统处理数据包的机制是网络优化的第一步。Linux 操作系统分为内核态和用户态：内核态网络协议栈处理数据，用户态应用消费数据。再加上网卡驱动的介入，Linux 系统处理数据包的大致流程如图 2-31 所示。

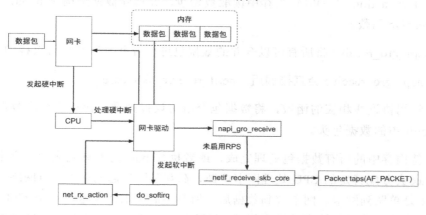

图 2-31　Linux 系统处理数据包的完整流程

下面详细描述一下 Linux 系统处理数据包的流程。

（1）网卡接收数据包后，首先需要做数据包校验，比如判断该数据包的目标地址是否与网卡地址匹配，数据包是否完整等。

（2）数据包校验完成后，通过直接内存访问（DMA）和网卡驱动将数据直接写入系统内存。DMA 内存地址由网卡驱动初始化时的分配，DMA 的内存写入由网卡独立完成，无须 CPU 介入。

（3）网卡发起硬中断，通知 CPU 有数据被接收。

（4）系统查询中断表，调用中断处理函数。Linux 中断处理函数分为两个部分，上半段（Top Half）和下半段（Bottom Half）。中断处理函数执行时，CPU 无法响应其他中断，如果中断处理时间较长，那么在此期间其他中断请求无法被响应。因此上半段时间应该尽快结束，以便释放 CPU 处理更多中断事件。下半段可以通过 softirq、tasklet 等多种方式实现，可以被异步调度。针对数据处理场景，中断处理程序的上半段调用网卡驱动处理数据，系统会在内核进程 ksoftirqd 或者硬中断退出之前调用 do_softirq() 等方式处理中断的下半段。

（5）网卡驱动禁用网卡中断，以避免网卡反复发起中断，浪费 CPU 时间。

（6）网卡驱动发起软中断，至此，硬中断处理函数结束，CPU 可以重新响应硬中断。

（7）系统进行软中断的处理，调用相应的中断处理函数 net_rx_action()。

（8）net_rx_action 从 DMA 内存中读取数据包，并构建数据结构 skb_buf，然后调用 napi_gro_receive 函数。

（9）napi_gro_receive 将所有可以合并的数据包进行合并，以减少协议栈的处理开销。

（10）napi_gro_receive 会直接调用__netif_receive_skb_core。

（11）调用协议栈相应的函数，将数据包交给协议栈处理，协议栈处理数据时，只需修改 skb_buff 中的数据包头。

（12）待内存中的所有数据包处理完成，或者执行 poll 的配额完成后，启用网卡的硬中断。Linux 会分配特定的 CPU 处理网卡中断，在互联网兴起的初期，对网络的依赖还较小，网卡多是单队列网卡。网卡收到数据后，所有中断请求都发送至一个 CPU 核。这种配置在节点接收的数据包较少时没有问题，但随着接收的数据量增长，CPU 处理中断的开销会越来越大。这带来的后果是 CPU 过载而导致数据无法被及时处理，甚至被丢弃。丢包意味着数据包需要重传，传输速度变慢，甚至传输失败。通过 mpstat 命令能查看系统用于处理 irq 的 CPU 开销，如果大部分 CPU 用来响应中断，只剩非常少的空闲 CPU，例如 5%，那么会有非常大的概率出现因不能及时处理而导致的丢包现象。

随着网络技术的不断发展，依赖网络传输的应用越来越多，硬件性能不断提升，单个节点能处理的数据量越来越大，单队列网卡无法继续满足当前的网络传输需求。业界不断探索和提升数据传输效率的方案，将单队列变成多队列是一个最直接的方案，该方案得到了众多硬件厂商和现代化操作系统的支持。

2.6.5.2　网卡 offload

为提高对网络数据的处理，网卡上集成了很多硬件功能来处理特定的网络数据包。将原来需要消耗软件操作的步骤分配给网卡执行，从而减少 CPU 的处理时间，增加网络吞吐率，该行为称为 offload。网卡 offload 有以下三个常见的功能：

1. TCP/IP 头部校验和的计算和校验

在网络协议栈接收或者发送的时候，需要计算 TCP 和 IP 头部的校验和。IP 头部的校验和需要计算 IP 头部，而 TCP 的校验和计算需要包含 TCP 头部和 TCP 数据段，因此需要进行多次计算。如果这些计算通过 CPU 来完成，则需要消耗很多 CPU。目前市面上常见的网卡，都具有计算 TCP 和 IP 头部校验和的功能，用户可以通过将网卡的该功能打开来减少 CPU 计算校验和的负担，提高协议栈的性能。

2. TSO/GSO

在 TCP 协议的握手阶段，需要协商双方数据发送的 MSS，也就是最大的分段大小。在数据从 TCP 层发送到 IP 层之前，需要基于 MSS 进行数据分割。TSO（TCP Segment Offload）开启后，TCP 的分段通过网卡来完成。

当 TSO 开启后，GSO（Generic Segmentation Offload）会自动开启。数据包在出节点之前可能会经过多个端口的处理。GSO 把对数据的分片操作尽可能地推迟到在数据发送给物理网卡驱动之前，检查网卡是否支持 TSO 机制，再决定是否将数据直接发给网卡，或者分片后再发给网卡，以此来保证协议栈处理的次数最少，从而提高数据传输和处理的效率。

3. GRO

GRO（Generic Receive Offload）工作在接收端，将接收的 TCP 数据进行合并后再发送给协议栈，以减少协议栈处理数据的压力。GRO 目前只在开启了 NAPI 的驱动上实现，因为开启了 NAPI 后，驱动可以一次处理多个数据包。

2.6.5.3　网卡多队列 RSS

Receive Side Scaling（RSS）是指网卡接收数据包后，利用多 CPU 处理数据包的技术将不同的数据包发送至不同的接收队列。网卡根据数据包头将它们归并为不同的数据流，同一数据流的所有数据包会被分发至特定的接收队列，不同接收队列的数据包被不同 CPU 处理。在数据包较多时，多 CPU 同时处理数据包的机制保证了数据传输的性能不会因为单个 CPU 过忙而显著降低。

支持多队列的网卡驱动通常提供一个内核模块参数来配置硬件队列数量。通常在 RSS 设备驱动初始化时，会创建一个用于处理数据包的、基于哈希算法的间接转发表（Indirection Table）。哈希算法默认将接收队列平均分配到转发表的不同的队列中，转发表可以使用 ethtool 命令动态修改队列的不同权重。

RSS 需要网卡和网卡驱动的支持，如图 2-32 所示。

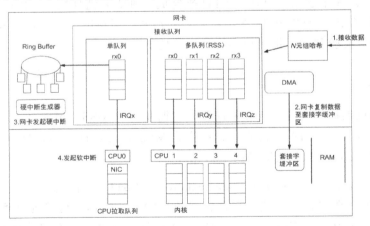

图 2-32　RSS 接收队列

多队列网卡通过如下步骤将数据转发至多队列，以交由多 CPU 处理。

（1）网卡解析接收数据包包头，包括 IP 地址、端口等信息。

（2）网卡通过直接内存访问将数据放入内存中。

（3）网卡基于数据包头 N 元组信息（IP 地址、端口、协议等）计算哈希值，并基于哈希值计算其对应的 CPU 序号，数据包会被发送至对应 CPU 的接收队列。

（4）每个接收队列对应一个独立的硬件中断信号，不同队列的中断请求发送至不同的 CPU。

现在大多数网卡都支持 RSS，不同厂商、型号的网卡支持不同数量的接收队列。以英特尔 82599 网卡为例，网卡驱动利用数据包 N 元组通过如下方式计算出 RSS 序号：

- 解析接收数据包头的 N 元组信息来计算哈希值，32 位的哈希计算结果会被写入数据包描述符中。哈希计算默认使用 Toeplitz 算法，该算法通过矩阵相乘计算哈希值，并且当哈希元素位置前后互换时，哈希结果一致，通过此哈希算法可以确保入站和出站流量的哈希值一致。

- 该哈希结果的七个 LSB 位（也就是每个字节的最低位的二进制值）会用来索引 128 个 Redirection Table（重定向表）的成员，该表中的每个成员提供了一个 4 位的 RSS 输出索引。

RSS 哈希计算过程如图 2-33 所示。

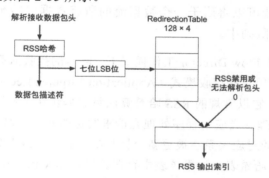

图 2-33　RSS 哈希计算

当追求数据转发效率，特别是当接收中断处理成为系统瓶颈时，就需要考虑启用 RSS 了。最高效的配置是启用多个接收队列，以避免单队列场景下数据包较多时，CPU 因忙于处理中断而无法及时处理数据，导致接收队列溢出、数据包被丢弃的情况发生。

2.6.5.4　网卡流管理 Flow Director

RSS 将处理数据的压力分散到多个 CPU，多个接收队列使得在接收数据较多时系统的整体处理效果不会受到影响。但 RSS 存在一个不可忽视的问题：网卡依据数据包头的 N 元组进行哈希，哈希计算的结果决定了其被分配至哪个 CPU。这使得 CPU 分配几乎是随机的，一个数据包很可能被放入队列 1，在内核空间被第一个 CPU 处理数据，然而在用户空间中消费此数据的应用进程则运行在第二个 CPU 上。

数据包被放入队列并触发中断，CPU1 被唤醒并处理数据。当网络协议栈处理完 skb 后，CPU1 触发 IPI（Inter-Processor Interrupts）操作，并通知 CPU2 将数据库拷贝至用户空间，这将引入一次唤醒 CPU 的开销。并且，当 CPU1 在内核空间处理该数据包时，CPU1 已经有了该数据的缓存信息。而应用不在 CPU1 上，因此 CPU1 的缓存数据就完全浪费了。

以上情况中，最理想的情况是应用程序运行在哪个 CPU，就在该 CPU 上对数据进行网络协议处理，以节省开销。为此，目前的网卡支持按数据流（Traffic Flow）传输的功能。数据流是指 N 元组相同的一组相关数据包，比如一个 TCP 连接的所有数据包。

以英特尔网卡为例，英特尔网卡支持 Flow Director。该功能由英特尔网卡驱动支持，在网卡中开辟了一块内存空间来存放接收哈希表，该表用来保存数据流与 CPU 序号的对应关系。该功能可以将属于一个数据流的所有数据包转至与处理该数据流最相关的 CPU 对应的接收队列中。

如图 2-34 所示，在 Flow Director 工作模式下，网卡的接收队列与系统的 CPU 核数相同，网卡默认工作在应用目标接收模式（Application Targeted Receive）下。当网卡第一次接收 N 元组数据包时，它以常规的 RSS 哈希算法将数据包转至不同的 RSS 接收队列中，再交由对应的 CPU 处理。当应用程序处理完请求发送的响应包时，用户空间处理数据流的 CPU 和数据流之间的对应关系会被更新至接收哈希表。当网卡处理相同 N 元组的后续请求时，会先查询接收哈希表，如果该表中存在数据流和 CPU 核的对应关系，则该数据包会被直接放入 CPU 对应的接收队列中。通过此机制，该数据流的所有请求都会被发送至消耗该数据流的应用进程所对应的 CPU 接收队列中。

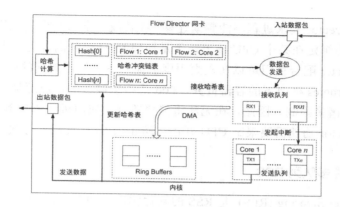

图 2-34 Flow Director 工作模式

Flow Director 虽然能高效地处理数据传输，但其存在潜在的包乱序问题。Linux 系统中，当进程被分配到某个 CPU 以后，只要该 CPU 不过载，进程就会一直被同一 CPU 处理，在此场景下 Flow Director 总能按预期工作。然而，当某个 CPU 压力过大时，操作系统会按既定算法将该 CPU 中的部分进程迁移至相对空闲的 CPU，这可能会导致 Flow Driector 处理数据时出现问题。

如图 2-35 所示，在 T0 时间接收哈希表中的 Flow1 对应 CPU0，此时内核协议栈中已接收的数据由 CPU0 进行处理。如果此时 CPU0 的负载突然增加，操作系统将进程从 CPU0 迁移至 CPU1，那么该进程响应包被发送回客户端的同时，接收哈希表中的 Flow1 对应的 CPU 会被更新为 CPU1。进而，当网卡在时间 T1 接收该流的更多数据包时，通过查询接收哈希表，数据包会被转发至 CPU1 对应的接收队列中。而此时 CPU0 对应的队列中还可能有该流未处理完的数据，这就导致两个接收队列中可能包含相同流的数据。由于不同队列处理的 CPU 不同，系统无法保证并发处理数据包的先后顺序，所以很可能出现数据包乱序。此外，TCP 是按顺序处理数据包的，当出现比较严重的数据包乱序时，就可能出现重排序失败进而引发大量重传，严重影响数据传输的性能。

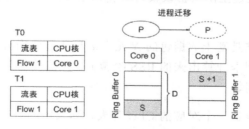

图 2-35 进程迁移对 Flow Director 的影响

开启 Flow Director 要求进程不能频繁迁移，在传统的非云平台的应用部署中，可以通过系统配置将应用绑定在某个 CPU 核上，于是即使 CPU 负载高，进程也不会迁移。绑定 CPU 和 Flow Director 配合使用可以在极大程度上提升系统处理数据的效率，有效利用 CPU 缓存。但在 Kubernetes 框架下的容器世界，Pod 是动态调度的，资源是支持超售的，这给绑定 CPU 带来了诸多限制。因此，在无法将消费数据的应用进程绑定到固定 CPU 时，启用网卡 Flow Director 功能需要限制 CPU 开销，防止因 CPU 过载而导致应用频繁迁移。

2.6.5.5　软件多队列 RPS

Receive Packet Steering (RPS) 是 RSS 的软件实现。如图 2-36 所示，RSS 通过接收数据包的 N 元组哈希选择接收队列，并且通过硬中断唤醒 CPU 处理数据包。RPS 与之类似，通过计算接收数据包的 N 元组哈希，将数据包发送至不同 CPU 的积压队列（Backlog Queue）中，并通过软中断唤醒 CPU 处理数据。与 RSS 相比，RPS 有如下优势：

（1）由操作系统支持，无须网卡支持。

（2）利用软件处理数据包，因此处理数据的逻辑很容易定制化。

（3）不增加硬中断频率，只增加 IPI。

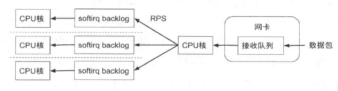

图 2-36　开启 RPS 后的数据包处理

当网卡接收数据包时，首先向处理中断 CPU 发起硬中断，唤醒 CPU 处理数据包。RPS 是中断处理 Handler 的下半段执行的，当网卡驱动将一个数据包通过 netif_rx() 或 netif_receive_skb() 函数发送至网络协议栈时，会调用 get_rps_cpu() 函数为数据包选择接收队列。

选择接收队列的方法是基于数据包的 N 元组信息计算数据流哈希，某些网卡会复用接收数据包描述符中的由网卡计算出来的 RSS 哈希值。此值被保存在 skb 中，并且在协议栈中当作数据流哈希值使用。

每个硬件接收队列维护一个对应的 CPU 列表，列表中的每个 CPU 对应一个数据处理队列。针对每个接收数据，哈希模块会依据数据流的哈希值计算出 CPU 列表中的索引值，该索引对应的 CPU 就是处理此数据流中数据包的 CPU，数据包会被加入该 CPU 的 backlog 队列中。在中断的下半段中处理硬中断的 CPU，需要向所有与有数据的 backlog 队列相对应的 CPU 发起 IPI，唤醒对应的 CPU 处理数据。

下面的文件保存着网络设备接收队列对应的 CPU 序号：

```
/sys/class/net/<dev>/queues/rx-<n>/rps_cpus
```

RPS 通常用于单队列设备。如果硬件设备支持多队列，但支持的队列数量小于 CPU 数，那么当每个队列的 rps_cpus 与该队列处理中断的 CPU 属于同一个内存域的时候，RPS 的开启是有收益的。

但开启 RPS 同时带来了额外开销，因为 RPS 引入了额外的 IPI。启用 RPS 在大部分情况下有助于提升处理数据包的效率，但在某些极端场景下并无显著作用。比如一个应用接收的所有数据都来自一个流，那么很可能导致该节点只有一个 CPU 处于高负载状态，而其他 CPU 空闲，因此是否开启 RPS 并无显著区别。

对于单队列网卡，其典型配置是将 rps_cpus 设置为与中断 CPU 在同一个 NUMA 节点的 CPU。如果计算节点不是 NUMA 节点，则可以将 rps_cpus 设置为当前节点的所有 CPU。当数据传输量较大时，建议将中断 CPU 排除在 rps_cpus 之外，以防止其因同时承担处理硬中断和处理协议栈数据而过载。

对于多队列网卡，如果 RSS 接收队列与 CPU 数量一致，则 RPS 的配置无须开启。如果网卡支持的队列数小于 CPU 数，那么可以为每个接收队列配置 rps_cpus，让同一个 NUMA 节点的更多 CPU 处理和接收数据。

在 Kubernetes 集群中，容器的网卡通常是虚拟网卡（Veth Pair）。这是一个单队列虚拟设备，因此在处理数据时，默认只有一个 CPU 介入。如果容器进程提供高并发网络服务，那么虚拟网卡很容易成为系统瓶颈。于是，针对虚拟网卡开启 RPS，将网络流量分散到不同的核来处理，有助于提高容器进程数据的传输效率。

2.6.5.6　RFS

就如同 RPS 是 RSS 的软件实现，RFS（Receive Flow Steering）是网卡流管理技术的软件实现。

开启 RFS 后，数据包并非按照 N 元组哈希值直接转发，而是被当作流哈希表的索引。流哈希表记录数据流与处理该数据流的 CPU 的对应关系，该表中的 CPU 信息是最后一个处理该数据流的 CPU 号。如果记录的 CPU 序号无效，则数据包依据 RPS 规则处理。

rps_sock_flow_table 是内核维护的一个全局流表，它包含数据流期望的处理 CPU，该 CPU 是用户空间正在处理数据流的 CPU 序号，该表中的值会在调用 recvmsg 和 sendmsg 时被更新。

当系统进程调度器将进程从一个 CPU 迁移至另一个 CPU 时，很可能在旧的 CPU 处理队列中还有很多尚未处理的数据，这可能会导致数据包乱序。为了避免此情况发生，RFS 引入了第二个流表，记录每个流的待处理数据，即 rps_dev_flow_table。其存储了 CPU 序号和一个计数器，序号记录的是内核当前处理某个数据流的 CPU，计数器记录了当前 CPU 的 backlog 队列的长度。

在理想情况下，内核态处理数据网络协议栈的 CPU 和用户态接收数据的 CPU 是同一个。如果进程调度器在用户态将进程从一个 CPU 迁移至另一个 CPU 时，旧的 CPU 还有未处理的数据，那么两个表中同一数据流的 CPU 序号就会不同。如果系统不做任何处理，任由同一数据流的数据包交由两个 CPU 队列处理，那么就会出现与 Flow Director 一样的包乱序问题。

为避免包乱序，当选择处理数据的 CPU 时，系统会比较 rps_sock_flow 表和 rps_dev_flow 表，如果期望 CPU 与当前 CPU 相同，则数据包会被放入该 CPU 对应的 backlog 队列；如果两者不相同，则只有满足如下条件时，当前 CPU 才会被更新为期望 CPU：

（1）当前 CPU 队列头计数器值 >= rps_dev_flow[i] 的尾计数器值，也就是说，只要当前处理队列中的数据尚未完全处理，就不更新期望 CPU，依然用迁移发生以前的老 CPU 处理数据包。

（2）当前 CPU 未设置值。

（3）当前 CPU 处于离线状态。

RFS 默认配置下不开启，如果需要开启 RFS，需要编辑两个文件。第一个文件是 /proc/sys/net/core/rps_sock_flow_entries，该文件配置期望最大的并发数据流。对于一般的商用服务器，建议将该值设置为 32768。该值应为 2 的 N 次方。第二个文件是 /sys/class/net/[dev]/queues/[rx-queue]/rps_flow_cnt，该文件配置每个设备的每个接收队列支持的最大并发数据流。该值应设置为 rps_sock_flow_entries 除以该节点配置的数据队列数。例如，rps_sock_flow_entries 为 32768，当前节点总共配置了 16 个接收队列，那么 rps_flow_cnt 的值应为 32768/16=2048。单队列系统中 rps_flow_cnt 应与 rps_sock_flow_entries 设置相同的值。

RFS 的优势是不会产生乱序，对 Kubernetes 集群随机调度和无 CPU 绑定的应用场景也适用。

2.6.5.7　滑动窗口

传输控制协议（TCP，Transmission Control Protocol）是一种面向连接的、可靠的、基于字节流的传输层通信协议，由 IETF 的 RFC 793 定义。其可靠性来源于控制二字，TCP 协议通过通信双方的协商和一系列控制规则来实现数据的高效传输。

当客户端和服务器端应用进行网络通信时，应用程序只负责组装请求包或者响应包并发送，应用层的数据包的大小不受限制，它也无须关心数据如何传输，传输控制是交由下层协议栈处理的。然而下层协议栈传输数据时，是不可能将应用层数据包直接传输的。这是因为网络传输的带宽限制和网络的不可靠性，若将大数据包作为一个整体传输，则出错重试的开销过大，因此将大数据包拆分成小的碎片，分批传输是明智之举。这样即使某个碎片传输失败，也只需重新传输该碎片即可。

事实上，任何基于网络传输的数据包有最大传输单元的限制（Maximum Transmission Unit，即 MTU），MTU 是指在网络层传输的最大数据报单元，MTU 的大小通常由链路层设备决定。比如，最常见的以太网设备帧的大小是 1518 字节，去掉链路层包头，IP 层最多只能使用 1500 字节，这就是 MTU 的默认限制。

应用层组装的大数据包会被切分成多个数据包，传输层需要控制如何将这些数据包发送出去。理想状态下，一次性将所有数据包发送出去是最高效的，但事实上网络传输有延时和带宽限制，也有出错的可能。数据送达对端以后，还会有内核处理数据及应用消费数据的过程，而数据若无法被及时处理和消费，都会导致数据被丢弃。

数据传输的两个重要目标是可靠和高效，为实现这两个目标，TCP 引入了数据包序号、应答（Acknowledge，即 ACK)机制和窗口机制。

TCP 会将缓冲区中的待发送数据包按顺序编号，并按序号发送数据，然后暂停传输，等待接收方确认。

为控制传输速率，操作系统网络协议栈在数据发送方维护发送缓冲区，在接收方维护接收缓冲区。TCP 引入滑动窗口（Sliding Window）机制实现数据传输的流量控制。滑动窗口的大小在通信双方建立连接时协商确定，并且在通信过程中不断更新，故取名为滑动窗口。它本质上是描述接收方数据缓冲区大小的数据，发送方根据接收方窗口的大小计算能够同时发送的数据包数量。

如果接收方接收一个数据分段，就会将该分段的序列号加上数据字节长的值，作为分段确认的确认号发送回去，表示期望发送方发送下一个序列号的分段。为降低网络开销，操作系统支持减少 ACK 包传输数量的方法，比如接收方可以延迟 200～500ms，再发送已确认的最大序号的 ACK 包，这样可以显著降低 ACK 包的数量，但在某些场景下会影响应用效率。

发送方在收到 ACK 消息后，根据确认消息中的序号决定下一个发送的数据包，根据接收窗口的大小决定接下来传输的数据包数量。窗口大小对传输效率至关重要：如果窗口过小，会导致发送方暂停传输等待确认，传输效率无法保证；如果窗口过大，可能导致接收方无法及时处理数据，而造成数据被丢弃，被丢弃的数据需要重传，带宽被白白浪费。

如图 2-37 所示，每个数字代表一个发送方缓冲区内的数据。缓冲区内的数据可以归纳为以下四种状态，其中已发送但尚未收到 ACK 和尚未发送但允许发送的两部分数据为发送窗口：

图 2-37 发送方缓冲区

（1）已发送且收到接收方的 ACK 包。

（2）已发送但尚未收到接收方的 ACK 包。

（3）尚未发送但允许发送。

（4）尚未发送且不可发送。

假设接收窗口为 8，发送方发送完 1～8 的数据后，需要等待接收方的 ACK。此时，其收到了第三个数据包的 ACK，说明接收方已经确认 1、2、3 接收完毕。然后，发送方等待第四个数据包的 ACK，发送窗口被设为 4-11，若一定时间内未收到 4 的 ACK，则发送窗口内的所有数据，包括再次发送数据包 4-8。

经过一段时间，假设接收方收到发送窗口号为 6 的数据包的 ACK，则发送窗口后移，如图 2-38 所示。随着更多数据包被确认，发送窗口不断后移。

图 2-38　发送窗口

滑动窗口机制是一个通过通信双方的协商，基于缓存实时信息调整发送数据包数量的机制。然而网络传输不仅仅牵涉通信双方，还涉及网络链路、网络设备等。因此，链路带宽和设备缓存都会影响网络传输效率。当发送方发送数据时，除了考虑接收窗口的大小，还需要考虑链路拥塞情况，拥塞控制（Congestion Control）就是为了解决此问题而引入TCP 的。

2.6.5.8　拥塞控制

如图 2-39 所示，数据在通信双方进行传输的时候，不仅涉及发送方和接收方，还涉及两者之间的网络链路和设备，数据传输有其速度限制，网络设备有其缓存。当传输路径中的路由器交换机的输入流大于其输出流时，便会发生拥塞，已接收数据会被保存在网络设备的缓存中，并在拥塞缓解时发送。与现实世界的交通治理一样，如不对网络拥塞进行控制，会导致数据传输链路过载，数据传输质量也无法保证。直至链路完全堵死，网络调用失败，如果每个发送方都不自律，则各方数据都无法正常传输。

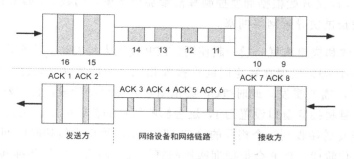

图 2-39　数据传输

因此，TCP 协议作为数据传输的控制协议，需要在数据发送时考虑链路拥塞因素，并以此控制数据发送速率。

TCP 的拥塞控制主要通过拥塞窗口来实现。拥塞窗口与滑动窗口类似，它影响每次发送的数据包数量。数据传输速率以接收窗口和拥塞窗口的较小值为准。如图 2-40 所示，拥塞控制分为四个部分：慢启动、拥塞避免、快速重传、快速恢复。

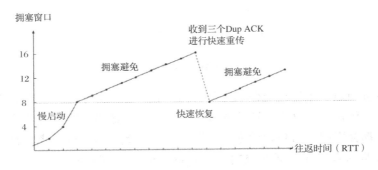

图 2-40　TCP 拥塞控制

（1）慢启动的意义是，在不知道连接的带宽瓶颈时，以初始较小的拥塞窗口发送数据，比如拥塞窗口大小为 1，这意味着第一次先发送 1 个数据包，此时慢启动阈值为超大值，其最终值由慢启动阶段探索而来。传输的数据包数量随 RTT 呈指数级增长，即每次收到一个 ACK 包，就将拥塞窗口翻倍。但是拥塞窗口不可能一直以指数级别增长，TCP 通过一个慢启动阈值（ssthresh）的变量来决定何时停止慢启动阶段，进入拥塞避免阶段。慢启动阶段拥塞指数级增长的目的是：快速探索链路传输速率上线。

（2）拥塞避免阶段是指当拥塞窗口超过慢启动阈值后，慢启动过程结束。拥塞窗口不再呈指数级增长，而是开始根据拥塞控制算法增加拥塞窗口的数量，调整到运行的最佳值，避免拥塞窗口增长过快导致网络拥塞。

（3）快速重传和快速恢复一般一起使用。TCP 发送方每发送一个分段都会启动一个重传计时器（RTO），如果没能在特定时间内接收相应分段的确认，发送方就假设这个分段在网络上丢失了，需要重发。此时 TCP 会重新进入慢启动阶段，慢启动阈值设置为拥塞窗口的一半，并且将拥塞窗口设置为 1，这会影响数据的传输效率。因此 TCP 引入了快速重传的机制，当发送端收到三个相同的 ACK 时，无需等待重传超时时间，立即重传该数据包。在快速重传阶段，TCP 会根据拥塞控制算法调整慢启动阈值和拥塞窗口。由于可以接收 3 个 ACK，说明网络正常，没有必要重新进入慢启动阶段开始传输。因此，TCP 会启动快速恢复机制，进入拥塞避免阶段，而不是像 RTO 超时那样重新开始慢启动，从而提高 TCP 的传输效率。

对于拥塞控制，出现过多种算法，比如最经典的 CUBIC 算法，即作为 Linux 2.6.19 到 3.2 内核版本的默认算法。

CUBIC 算法的本质是充分利用网络设备的缓存，发送方不断增加发送数据量，直至数据无法正常传输。当传输不正常时，发送方迅速降低发送数据量，使得网络设备中的缓存数据得以处理。但这事实上很难实现，因此，在很多场景下无法提供可靠的传输保证。

首先，慢启动假设分段的未确认是由网络拥塞造成的，虽然大部分网络的确如此，但也有其他原因，例如一些链路质量差的网络，会导致分段包丢失。在一些网络环境（例如无线网络）中慢启动效率并不高。

其次，慢启动对一些短暂连接来说性能并不好，一些较旧的网页浏览器会建立大量连续的短暂连接，通过快速开启和关闭连接来请求获得文件，这使得大多数连接处于慢启动模式，导致网页响应时间差。

最后，网络设备的缓存并不能提升网络传输效率，即使 CUBIC 算法充分利用设备缓存，也对数据传输毫无意义。设备缓存就像高速公路中的应急车道，其本身对增加并发流量并无作用。CUBIC 算法尝试灌满所有设备的缓存，并在拥塞时降低数据发送量并等待设备清空缓存，但数据传输效率依然受限于链路带宽。因此，缓存只增加了网络延迟，有弊无利。

BBR（Bottleneck Bandwidth and Round-trip）是谷歌于 2016 年底提出的新的拥塞控制算法，该算法不再基于数据丢包或重复确认，而是通过算法估算链路的数据包传输往返时间和带宽，并基于这两个值进行拥塞控制。

由于网络链路是共享的，所以某个特定的网络链路的带宽是随时间变化的。当链路空闲时，数据包传输的往返时间体现了通信双方的网络延时，只要链路未发生拥塞，无论发送多少次数据传输，其往返时间都应该是相对稳定的。如果链路发生了拥塞，则数据往返时间会因网络设备缓存带来的延迟而增加。

随着传输数据包的数量不断增大，网络传输速率也随之增长，直到达到网络链路传输带宽的上限，传输速率会保持在一个稳定的数值。

从图 2-41 中可以看出，O 点即为网络工作的最优点，此时数据包传输速率为链路带宽的上限，数据传输往返时间最短，此时具有最佳的传输效率，并不占用网络设备缓存。两者不能被同时测量，因此如何查找最优点就是 BBR 算法的核心。如果要测量最大带宽就需要不断尝试提升传输速率，直至其不再增加。但是当速率不再增加时，缓存已经被占用，如果要计算最低延迟就需要保证当前只有很少的数据包在被传输——这会降低传输效率。

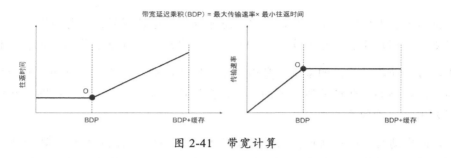

图 2-41　带宽计算

　　BBR 解决此问题的方法是交替测量，用一段时间内的带宽极大值和延迟极小值作为估计值。

　　如图 2-42 所示，BBR 分为四个阶段：启动阶段，排空阶段，带宽探索阶段，延迟探索阶段。

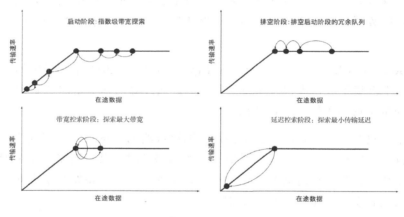

图 2-42　BBR

　　下面详细介绍这四个阶段。

　　（1）启动阶段：连接建立完成后，BBR 采用与 CUBIC 类似的慢启动机制，同样以指数级递增的方式来增加发送速率，目的是尽快占满网络链路。与 CUBIC 不同的是，退出启动阶段的条件不再是丢包或重复确认包，而是连续三次发现传输速率不再增长，说明链路拥塞已经开始进入排空阶段。

　　（2）排空阶段：启动阶段的逆过程，其按指数级递减降低发送速率，等待时间将多占的设备缓存排空。排空阶段结束后，传输进入稳定状态。BBR 算法按固定周期依次进行带宽和延时测算，并按测算结果控制传输速率。

（3）带宽探索阶段：BBR 会尝试周期性地探索新的带宽瓶颈，如果没有产生队列挤压，则当前传输速率尚未达到带宽上限，下一周期的传输速率则应增加 25%。

（4）延迟探索阶段：BBR 每隔 10s 就进入延迟探索阶段，为了探索最小延迟，BBR 在延迟探索阶段发送窗口固定为 4。

CUBIC 在丢包率较高的环境中无法高效利用网络带宽，在丢包率为 1‰时带宽利用率只有 10%，在 1%丢包率时带宽利用率就几乎为 0。而 BBR 与 CUBIC 算法相比，有相同的启动速度，但不再依赖于丢包的特性，适用性更广。BBR 对网络延迟和传输带宽不断探索，并及时排空占用的网络缓存，有效避免了因网络设备缓存膨胀（Bufferbloat）而造成的网络延迟提升。

BBR 在互联网公司已经得到了广泛的应用，其在广域网的传输效率是 CUBIC 算法的 1.3 倍。Linux 内核 4.9 以上版本已经实现内置化，可以通过编辑/etc/sysctl.conf 脚本开启内核：

```
net.core.default_qdisc=fq
net.ipv4.tcp_congestion_control=bbr
```

3

第 3 章
构建高可用集群

可用性是指系统在执行任务期间，可以按照既定要求正常工作的可能性。可用性是工业界用来衡量系统故障率的通用方法，在信息计算领域有广泛的应用。不同计算机系统依据支持的业务不同，而对可用性有不同的需求。比如，对于某些在同一时区集中办公的中小型公司，面向其内部的管理平台可能只需要保证在上班时间的可用性；而面向全球用户的互联网应用，对可用性的要求就立刻提升至 24X7。系统可用性低，意味着系统功能失效时间占比高，而任何时刻的系统功能失效带来的都是直接经济损失和潜在的客户流失。在互联网世界，系统可用性故障往往会在社交媒体上造成较大的负面影响，降低客户对品牌的信任度，进而间接影响潜在客户的转换。公有云服务的每一次大规模宕机实践，都是社交媒体的一次狂欢，其产生的客户流失及直接经济损失，均可按照既定公式量化。

量化系统可用性指标是评估系统可用性对业务影响的第一步。针对不同行业，系统可用性在业界有基于相似评估指标的计算公式。以互联网应用为例，其计算公式可简化为如图 3-1 所示的公式，系统可用性指标（Ao）等于系统故障间隔时间（Mean Time Between

Failure，MTBF）除以系统故障间隔时间和平均故障修复时间（Mean Time To Repair，即MTTR）的总和。

$$Ao = \frac{MTBF}{MTBF + MTTR} \qquad \begin{cases} Ao = 可用性 \\ MTBF = 平均故障间隔时间 \\ MTTR = 平均修复时间 \end{cases}$$

图 3-1　系统可用性公式

MTBF 是指两次故障的平均间隔时间，也就是平均正常工作时间，该值越高，代表系统的可用时长越长。MTTR 是指平均故障修复时间，其越短，代表出现故障后系统恢复所需要的时间越短。显而易见，构建高可用应用的两个主要目标就是提升 MTBF 和降低MTTR，即减少故障、提升故障恢复效率。

可用性的期望可以通过 N 个 "9" 来表示。表 3-1 展示了不同可用性级别的系统，在一年时间跨度中允许的最长宕机时间。比如，对于 "4 个 9" 的系统，一年内系统最长不可用时间为 50min；对于互联网应用，影响可用性最大的可能因素是系统变更，如变更中引入的硬件不兼容、软件 bug、配置错误，甚至人为失误。特别是一些高并发的场景，虽然服务只停了几分钟，但对整个公司业务的影响可能是非常大的，造成的经济损失可能是巨大的，从而大多数互联网应用将 "4 个 9" 或 "5 个 9" 设定为目标。由于互联网应用要求快速迭代、频繁变更，加之变更可能引起系统的可用性故障，因此把高可用控制在一定预期是最经济的决策。

表 3-1　不同可用性级别下每年允许的宕机时间

90% （1 个 9）	99% （2 个 9）	99.9% （3 个 9）	99.99% （4 个 9）	99.999% （5 个 9）	99.9999% （6 个 9）
40d	4d	9h	50min	5min	30s

为了实现高可用（High Availability，即 HA）的目标，对基础云设施来说，在设计和搭建集群时应该考虑两个方面：在某个故障发生后，服务是否依然可用；灾难性故障造成服务不可用时，能否通过故障转移或者数据修复手段恢复服务。具体地，高可用要求服务具有较高的容灾和数据备份能力。服务容灾能力能够降低或消除故障的影响；数据备份能够保障服务快速恢复成可用状态。下面具体讲一下容灾和数据备份的策略和方法。

1. 容灾

在计算机领域，故障可以划分为硬件故障和软件故障：

（1）硬件故障（Hardware Failure）。

工业界使用"浴盆曲线"来描述硬件故障，通常硬件故障率随着时间会呈 U 型曲线。具体来说，在设备投产初期，由于兼容性、配置等问题会有较高的故障率。而随着时间推移，故障率会逐渐降低，转为出现概率相对平稳的随机故障。随着设备老化，硬件的后期故障又会逐渐增加。设备标明的 MTBF 通常是平稳期的数值，无法体现整个生命周期的故障率。因此，为保证系统的整体高可用，会对硬件有固定的替换周期。数据中心有其固定的硬件更新（Technical Refresh）周期。通常的做法是：间隔数年，重新购买和更换设备。硬件故障还受外部环境的影响，例如断电、地震、火灾或者光纤被挖断等。

（2）软件故障（Software Failure）。

软件会越来越复杂和庞大。软件的故障率与人息息相关。在软件项目构建与发展的过程中，人为错误难以避免，下文只列出最关键的几点：

- 开发团队技能水平：经验丰富的工程师往往能在早期发现和规避问题，减少不必要的后期变更。

- 代码复杂度：简单的代码有助于提升代码质量。

- 软件开发和运营变更流程控制：设计和代码审查、系统变更控制等。

对于云计算平台，构建高可用集群是核心目标，就是防止局部硬件或软件故障影响整个云平台，以及保证运行在云平台上的用户应用的可用性。通俗地讲，高度可用的系统在任何给定的时刻都能正常工作，具有极强的自愈能力。

2. 数据备份

云上的数据确保安全、健全和可用。在灾难性故障发生后，支持任意时间点数据的快速恢复。这就涉及云基础平台提供的数据加密能力、备份能力、校验能力和恢复速度。通常来说，云平台上提供的多种备份方案，还可以采用几种备份方案相结合的方式来保护云上服务的备份数据。在数据备份时，应该避免如下三个问题：

（1）备份策略笨重。

传统备份方案有全量、增量和差异备份等方式。在选用备份方式时，应考虑系统的存储开销。在云场景中，数据量相较于传统服务大出十倍甚至上千倍。备份的开销影响到业务的性能和安全，显然是不合适的。

（2）恢复速度慢。

一旦数据规模很大的时候，恢复速度慢会使系统宕机事件增长。

（3）数据划分粒度粗。

在传统的物理机数据中心时代，关键业务都可能是共享数据库的。在发生灾难性故障时，需要恢复的数据量大。在云场景中，应尽可能考虑微服务，并且对数据进行独立存储和备份。

3.1　高可用的常用手段

高可用是一个比较复杂的命题。日常运维操作例如服务升级、硬件更新、数据迁移等都可能造成服务宕机。在功能上线周期越来越短、发布越来越频繁的迭代开发模式下，实现"4 个 9"或"5 个 9"的目标，其难度不言而喻。因此，在架构设计之初，就应充分考虑服务的高可用性，充分利用常规的高可用手段来保障后续迭代过程的平稳。简单地，在设计上需要避免单点故障（Single Point of Failure，即 SPOF）：路由、防火墙、负载均衡、反向代理及监控系统等在网络和应用层面上必须全部是冗余设计，以此来保证最佳的可用性。下面介绍一些提高系统可用性的常规方法。

1. 服务冗余

每个服务运行多个实例，牺牲更多资源换取更高的可用性。除了需要考虑实例本身的冗余，还应考虑设备的隔离冗余，也就是说应考虑服务实例是否部署在不同的机架、不同的机房或者不同的数据中心中。具体采用跨机架部署、跨机房部署还是跨数据中心部署，则需要根据服务的业务和安全程度来决定。

主备模式是传统的服务冗余方法之一，根据策略又可分为 $N+1$、$N+2$ 等模式。$N+1$ 的主备模式，即将两个设备绑成设备对儿。一个主设备提供服务，另一个从设备作为备份但不提供服务。在主设备出现故障时，只需通过切换主备设备进行故障转移，即可短时间恢复服务。

针对频繁变更的系统，单纯的主备模式不够用，由此建议至少部署 $N+2$ 个实例。在 $N+1$ 的主备模式下，系统在变更时至少会有一个实例不可用，如果此时另一个实例出现故障，那么整个服务将不可用。而 N+2 的主备模式能够保证一个实例发生变更时，如果第二个实例发生故障，至少还有一个实例保证业务不中断。小到单个设备、单个服务，大到数据中心，都会有类似的冗余部署方案保证系统的整体高可用。

2. 服务无状态化

所谓的无状态化是指每个服务实例的服务内容和数据都是一致的，每个服务实例皆提供服务。如果服务是无状态的，我们就能对服务随时进行扩缩容。这是目前微服务的主流趋势，这有利于服务在各个容器云平台上的部署。如果服务是有状态的，那么逻辑处理是依赖于数据的，应该将"有状态"的数据部分剥离出来，借助擅长数据同步的中间件使数据实现集中管理，保证数据的一致性，如图 3-2 所示。其他提供逻辑处理的服务就是无状态的，当因流量爆发而进行扩容时无须考虑其内数据是否一致的问题。

3. 服务拆分

如图 3-3 所示，将一个大的系统拆分成多个独立的小模块，各个模块之间相互调用，是减少故障影响范围的主要手段。当一个模块出了问题时，只会影响系统的局部服务。模块之间的调用尽量异步化，调用的响应时间越长，存在的超时风险就越大；逻辑越复杂、执行的步骤越多，存在的失败风险就越大。可以在业务允许的情况下，将复杂的业务进行拆分以降低复杂度。读写分离是拆分的一种方式。写请求依赖主数据设备，读数据依赖备数据设备。当出现故障时，可以只开发读服务，写服务暂时关闭，从而减少了故障的影响面。但需要关注数据的一致性问题。

图 3-2　服务无状态化

图 3-3　服务拆分

4. 数据存储高可用

不管业务如何拆分，有状态的数据存储服务依旧是限制整个服务高可用的瓶颈。存储高可用方案的本质是将数据复制到多个存储设备中，通过数据冗余的方式来实现高可用。但是，无论是正常情况下的传输延时，还是异常情况下的传输中断，都会导致系统的数据在某个时间点出现不一致。数据的不一致又会导致业务出现问题。分布式领域中有一个著名的 CAP（Consistency、Availability、Partition Tolerance，一致性、可用性、分区容错性）定理，从理论上论证了存储高可用的复杂度，也就是说，存储高可用不可能同时满足"一致性、可用性、分区容错性"。最多只能满足其中 2 个，其中分区容错在分布式中是必须的，这意味着，我们在做架构设计时必须结合业务对一致性和可用性进行取舍。

5. 服务降级

服务降级不是为了避免故障的发生，而是当故障发生时，怎么减少故障所造成的损失。这也就是我们常说的兜底预案。每种故障都应有对应的兜底方案。比如说，系统正常能提供的服务能力是 100%，当故障发生后，我们能够通过有效的措施使得服务不是完全不可用，而是还能提供 50%的服务能力。这类措施通常称为流量管理。常见的流量管理手段有限流和熔断。

限流是服务器端出于自我保护的目的，限定自己所接收的并发请求上限的手段。超出流量控制上限的请求将被直接拒绝或者随机选择拒绝，以防止服务过载。限流还可以结合业务进行自定义配置，优先保证核心服务的正常响应，非核心服务可直接关闭。

熔断是客户端在发出请求后，由于无法在固定期限收到预期目标，从而采取服务降级的手段。服务降级的常用手段包括返回错误提示、排队、关闭核心业务调用等，是客户端在上游服务出现故障时，避免将局部故障扩大到全局的自保手段。

6. 负载均衡

负载均衡已经是高可用架构中必不可少的手段之一，可以通过按权重负载均衡、按地域就近访问等手段提升系统的整体销量，避免因为过载而导致整个系统全地域失效。

当负载均衡器检测到后端的实例连接出现错误时，会根据一定的机制将它从负载列表中清除，这样下一次请求就不会转发到有问题的后端实例上，这个过程就是故障转移。节点是否失效和恢复，皆能自动检测。判断代码可以根据业务的内容进行自定义，充分保证负载列表中的节点都是服务可用的。

7. 变更流程管理

变更是影响可用性的最大因素，因此完备的流程管理（包括流程标准化和工具集的支持）直接影响变更的风险等级。对已发生的变更来说，为降低变更潜在的影响，灰度发布是对可用性的最后保障。应用的灰度部署保证变更只在小范围内发生，监控足够长时间，确保新版本没问题以后，再继续变更。与此同时，通过流量管理，还可以将新版本推送给固定特征的用户群体，以便降低对重要客户的负面影响。尽量选择在请求最低峰的时段升级，以减少影响的用户范围。尽量采用自动化发布，以减少人为发布的流程。持续集成和持续部署的自动化可以在很大程度上降低人为错误的概率。

灰度发布还应配合有效的回滚机制，这是让系统从变更引起的故障中恢复的最常规手段。对于涉及数据修改的灰度发布，发布后会引起脏数据的写入，需要可靠的回滚流程，以便保证脏数据也被清除。除了发布流程，还应在其他开发流程上做出相应的规范，比如代码质量控制、静态代码扫描、持续集成和自动化测试等。

8. 服务监控

完善的监控系统对整个系统的可靠性和稳定性是非常重要的，可靠性和稳定性是高可用的一个前提。服务的监控更多是对风险的预判，在出现不可用之前就能发现问题，如果系统获取监控报警并能自我修复则可以将错误消灭于无形，如果系统发现报警无法自我修复则可以通知运维人员提早介入。

一套完善的服务监控体系需要涵盖服务运行的各个层次：基础设施监控（例如网络、交换机、路由器等底层设备的丢包错包情况）、系统层监控（例如物理机、虚拟机的 CPU、内存利用情况）和应用层监控（例如请求数量和延时、服务性能和错误率等）等。越全面的监控指标越有助于运维人员判断出潜在风险。

3.2　Kubernetes 高可用层级

回到 Kubernetes 的主题，Kubernetes 作为一个容器云管理平台，并非孤立存在，其与底层的基础架构、企业周边的公共服务形成了一个完备的生态系统。在设计出 Kubernetes 高可用落地方案之前，就需要充分了解 Kubernetes 的生态系统及各层级的依赖关系，利用各个层级的各种技术的优势，来实现高可用的目的。如图 3-4 所示，一个完备的 Kubernetes 系统在设计和实现时，需要考虑多层面的高可用性问题。当任意层面不能高可用时，都将限制系统整体的可用性。

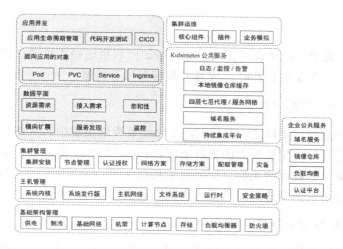

图 3-4 Kubernetes 高可用层级

因此，解决系统性的高可用问题，需从下到上立足各个层面，找出每层的最优解决方案，最终串联组成最优的整体解决方案。下面具体介绍实现各个层面高可用时需要考虑的问题、策略和方法。

1. 基础架构管理

从数据中心的规划上，为了支持高可用的生产应用，需要在多地部署多个数据中心。每个数据中心需要划分成具有独立供电、制冷、网络设备的高可用区。每个高可用区管理独立的硬件资产，包括机架、计算节点、存储、负载均衡器、防火墙等硬件设备。

2. 主机管理

虽然所有的硬件设备都需要配置管理，但作为云计算平台，计算节点是重中之重。我们在第 2 章已经详述了主机管理的方方面面：包括选定哪个版本的系统内核、哪个发行版、安装哪些工具集、主机网络如何规划等。这些参数会极大影响服务的稳定性。日常的主机镜像升级更新也可能是造成服务不可用的因素之一。主机镜像更新可以通过 A/B 系统 OTA（Over The Air）升级方式进行。A/B 系统升级，也叫作无缝更新。顾名思义，设备上有 A 和 B 两套可以工作的系统，分别使用 A、B 两个存储空间，共享一份用户数据。在升级过程中，OTA 更新即往其中一个存储空间写入升级包，同时保证了另一个系统可以正常运行，而不会打断用户。如果 OTA 失败，那么设备会启动到 OTA 之前的磁盘分区，并且仍然可以使用。

3. 集群管理

主机就绪后，就要考虑集群层面的管理，即如何利用这些主机通过控制平面向用户提供高可用的云服务。在集群设计时，应思考和规划以下问题：

- 如何设定单个集群规模

社区声明单一集群可支持 5000 节点，在如此规模的集群中，大规模部署应用是有诸多挑战的。努力提升单一集群节点的支持上限，把 5000 节点提升至 10000 节点；或者将计算节点先划分成中等规模的集群，比如每个集群保持 3000 节点，再搭建更多的集群。判断哪一种方式是更明智的选择，需要考虑的因素也非常多。

- 如何根据地域划分集群

是否应该将不同地域的计算节点划分到同一集群，以便上层应用在同一集群中即可享受跨地域高可用的便利？还是应该将同一地域的节点划分到同一集群，以获得更低的网络延迟？

- 如何规划集群的网络

企业办公环境、测试环境、预生产环境和生产环境应如何进行网络分离？同一生产环境中的不同集群之间、集群中的不同租户之间应如何进行网络隔离？

- 如何自动化搭建集群

如何与企业的公共服务集成，例如如何集成公司统一的认证平台、负载均衡服务及存储服务等。如何自动化搭建和升级集群，包括自动化部署控制平面和数据平面的核心组件，以及常用插件如 KubeDNS、监控系统等。这些组件能够支撑整个平台的正常运行。

4. 企业公共服务

Kubernetes 并非孤岛。要将其在企业中真正落地，承载企业的各类应用，就需要将企业的公共服务整合到 Kubernetes 的生态系统中。

首先，需要与企业认证平台集成，这样企业用户就能通过统一认证平台接入 Kubernetes 集群，而无须重新设计和管理一套用户系统。

然后，需要集成企业的域名服务、负载均衡服务，提供集群服务对企业外发布的访问端口。在与企业的公共服务集成时，需要考虑它们的服务是否可靠。对于不能异步调用的请求，采用同步调用需要设置合理的超时时间。过长的超时时间，会延迟结果等待时间，导致整体的链路调用时间延长，从而降低整体的 QPS。

最后，需要区分调用失败的类型，并分别设置合理的重试次数。有些失败是短暂的、偶然的（比如网络抖动），进行重试即可。而有些失败是必然的，重试反而会造成调用请求量放大，加重对调用系统的负担。

5. Kubernetes 公共服务

Kubernetes 是平台，亦是微服务的集大成者。比如 Jenkins，支持了 Kubernetes 插件，可以以极低的成本为企业的不同应用提供持续集成平台。比如 CoreDNS，是可以横向扩容的、基于插件进行功能扩展的域名服务器，可以面向集群外部提供域名服务。再比如日志收集、指标收集及告警系统等，这些系统皆可面向平台用户，打造统一的监控方案，从而降低应用的运维成本。封装这些有利于应用高可用的服务，提供简单的部署和使用方案，不仅能够帮助用户提升应用的高可用性，而且还能够提升用户体验，极大地推动了 Kubernetes 在企业的落地进程。

6. 集群运维

集群运维的核心内容是对平台的各个组件和服务进行监控、故障排除和版本升级等，确保业务所需的所有组件能够按照预期工作。除了日常的监控手段，还可以进行业务模拟和断言，即使用定期执行的程序模拟真实的用户行为，并判断处理结果是否符合预期。如果结果不符合预期，相关组件存在潜在的故障风险，则应自动修复。如果故障不能自动修复，则应自动将不可修复的组件实例或节点及时移出集群，并用新的组件实例或节点替换以保证集群的处理能力或容量不变。运维人员不应仅仅是徒手的"救火专员"。建立完善的监控体系和自动化的修复手段，才是真正保证服务高可用的最后一道防线。

7. 应用开发

集群运维是辅助，应用开发才是输出。Kubernetes 作为微服务平台，其价值及核心竞争力就是为开发人员提供了统一的应用接入规范。开发人员需要关注的内容包括应用逻辑的开发，即依托于 Kubernetes 的持续集成平台将代码编译成为容器镜像；在应用测试时应进行压力性能测试，获取在固定的计算资源下应用最大可承受的用户请求数量和延时等关键指标，并设计监控预警方案；在应用部署之前需要对应用进行部署规划，比如明确实例个数和扩缩容机制、每个实例需要的计算资源、实例数量、故障域、与其他应用的亲和性，等等。系统管理员在开发控制平面组件时，与应用开发人员并无不同，控制平面组件的开发应遵循相同的流程。

Kubernetes 生态系统中涵盖的服务、技术、工具的多样化和易用性，很大程度上支持了 Kubernetes 容器云平台在企业的落地。几乎能够以原生形式部署 Kubernetes，这是前所未有的壮举。庞大的开发者社区正不断扩展 Kubernetes 在各个服务、各个领域（例如安全、存储及监控等）的核心能力。不管是应用开发还是控制平面组件的设计和开发，本不应该关注集群的管理和运维，但是了解集群的底层技术和方案，更有利于设计出高可用的应用架构，充分利用 Kubernetes 生态提供的技术和工具，避免重复造轮子的尴尬。

3.3　控制平面的高可用保证

聚焦到 Kubernetes 集群本身，要想实现 Kubernetes 高可用的目标，首要任务是确保控制平面组件高可用。控制平面的基础核心组件包括 etcd、API Server、Scheduler 和 Controller Manger。它们之间的任意一个组件不可用，都可能造成用户的请求无法得到及时处理，业务可能因此受到影响。更具挑战性的是，分布式系统由众多组件联动完成不同的控制操作，如果部分组件失效，很可能导致其他组件行为异常。假设 Controller Manager 出现问题导致 Endpoint 对象无法及时更新，并且 kube-proxy 设置的转发规则也无法及时更新，那么将造成业务数据流向异常，进而影响业务的可用性。

控制平面高可用的开发和部署，与 Kubernetes 的应用程序类似，应贯穿于组件开发和运维的整个生命周期，遵循类似的设计原则，采用类似的高可用手段，例如合理的故障域规划、业务拆分、冗余设计和负载均衡等。

针对大规模的集群，应该为控制平面组件划分单独节点，减少业务容器对控制平面容器或守护进程的干扰和资源抢占。控制平面所在的节点，应确保在不同机架上，以防止因为某些机架的交换机或电源出问题，造成所有的控制面节点都无法工作。保证控制平面的每个组件有足够的 CPU、内存和磁盘资源，过于严苛的资源限制会导致系统效率低下，降低集群可用性。

应尽可能地减少或消除外部依赖。在 Kubneretes 初期版本中存在较多 Cloud Provider API 的调用，导致在运营过程中，当 Cloud Provider API 出现故障时，会使得 Kubernetes 集群也无法正常工作。不仅如此，Kubernetes 控制器的 Reconcile 机制还会反复重试 Cloud

Provider API 调用。大量的重试请求到达 Cloud Provider，使得 Cloud Provider 服务很难恢复，一启动就因为请求过多而崩溃。

应尽可能地将控制平面和数据平面解耦，确保控制平面组件出现故障时，将业务影响降到最低。

除基础的控制平面组件外，Kubernetes 还有一些核心插件，是以普通的 Pod 形式加载运行的，可能会被调度到任意工作节点，与普通应用竞争资源。这些插件是否正常运行也决定了集群的可用性。因此，我们可以将插件 Pod 的 priorityClassName 标记为 system-cluster-critical 或 system-node-critical，确保其在发生资源竞争时具有较高的抢占优先级。

3.3.1 etcd 高可用保证

可以说 etcd 是 Kubernetes 控制平面组件中唯一的有状态应用。它是 Kubernetes 的唯一数据库，存储了所有资源对象的配置数据、状态和元数据。因此 etcd 是否高可用直接影响到整个集群的高可用性。

etcd 本身是分布式键值存储数据库。etcd 集群可以有多个成员，成员间采用 raft 一致性协议来保证自身数据的一致性和可用性。多个成员可在不同服务器上同时运行，各自都维护了集群上的所有数据。不同于传统的以表格形式存储数据的数据库，etcd 为每个记录创建一个数据页面，在更新一个记录时不会妨碍其他记录的读取和更新。如图 3-5 所示，etcd 中有 3 个数据，即 3 个键值对，其键分别是 "/foo" "/bar/this" "/bar/that"，对应的值分别是数组["i","am","array"]、整数 42 和字符串 "i am a string"。客户端可利用 restful API（通过数据的地址链接）对这些数据进行同步更新，而不会相互影响。这使 etcd 非常容易应对高并发写请求的应用场景。

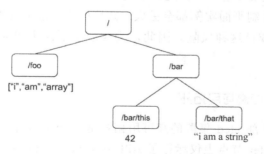

图 3-5 etcd 数据存储形式

3.3.1.1 etcd 高可用拓扑

针对 etcd 集群部署，社区推荐了两种可选的拓扑方案：堆叠式 etcd 集群的高可用拓扑（Stacked etcd Topology）和外部 etcd 集群的高可用拓扑（External etcd Topology）。在构建 etcd 集群时，应充分考虑每个拓扑的优缺点。

1. 堆叠式 etcd 集群的高可用拓扑

如图 3-6 所示，堆叠式是指 etcd 堆叠在运行控制平面组件的管理节点（也就是常说的 Master 节点）之上。每个 Master 节点上都运行了 etcd、API Server、Controller Manager 和 Scheduler 的实例。所有 Master 节点上的 etcd 实例组成 etcd 集群，但 API Server 仅与此节点本地的 etcd 成员通信。

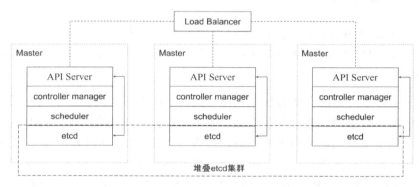

图 3-6 堆叠式 etcd 集群的高可用拓扑

这种拓扑将相同节点上的控制平面和 etcd 成员耦合在一起。优点在于建立起来非常容易，并且对副本的管理也更容易。但是，堆叠式存在耦合失败的风险。如果一个节点发生故障，则 etcd 成员和控制平面实例都会丢失，并且集群冗余也会受到损害。可以通过添加更多控制平面节点来减轻这种风险。因此，为实现集群高可用应该至少运行三个堆叠的 Master 节点。

2. 外部 etcd 集群的高可用拓扑

如图 3-7 所示，外部 etcd 集群的高可用拓扑是指 etcd 集群位于运行控制平面组件的 Master 节点之外。Master 节点上仅运行了 API Server、Controller Manager 和 Scheduler 的实例，etcd 成员则在其他单独主机上运行，组成存储集群。API Server 可与 etcd 集群中任意一个 etcd 成员进行通信。

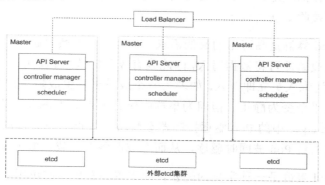

图 3-7 外部 etcd 集群的高可用拓扑

这里 API Server 有两种 etcd 地址的配置方式：第一种是配置 etcd 集群的负载均衡器的 VIP 地址，具体连接到哪个 etcd 实例由负载均衡策略决定；第二种是配置多个 etcd 实例的地址，用逗号隔开，API Server 会按顺序依次尝试连接。如果采用第二种方式，那么为了均衡 etcd 集群的流量，每个 API Server 处 etcd 实例地址的顺序配置应略有不同。

该拓扑将控制平面和 etcd 成员解耦。丢失一个 Master 节点对 etcd 成员的影响较小，不会像堆叠式拓扑那样对集群冗余产生太大影响。但是，此拓扑所需的主机数量是堆叠式拓扑的两倍。具有此拓扑的集群至少需要三个主机用于控制平面节点，三个主机用于 etcd 集群。

为什么不管哪种拓扑结构都至少需要 3 个 etcd 实例呢？原因有两个。

第一，如果 etcd 集群仅有一个成员，那么一旦这个成员出现故障，会导致整个 Kubernetes 集群不可用。第二，基于 raft 协议的 etcd 的 Leader 选举和数据写入都需要半数以上的成员投票通过确认，因此，集群最好由奇数个成员组成，以确保集群内部一定能够产生多数投票通过的场景。这也就是为什么 etcd 集群至少需要 3 个以上的成员。建议 etcd 集群成员数量不要超过 7 个，推荐是 3 个或 5 个。个数越多，投票所需时间就越多，写的吞吐量会越低。虽然提高了读的性能和可用性，但是极大损伤了写的性能。具体应该是 3 个还是 5 个呢？

etcd 集群是有一定的容灾能力的，并且能够自动从临时故障中恢复（例如节点重启）。对于一个 N 节点的集群，允许最多出现在 $(N-1)/2$ 个节点发生永久性故障（比如硬件故障或磁盘损耗）之后还能正常对外服务。当永久性故障的节点个数超过 $(N-1)/2$ 时，就会陷入不可逆的失去仲裁的境地。一旦仲裁丢失，集群就无法保证一致性，因此集群就会置为只读模式，无法再接收更新请求了。

3 个成员的 etcd 集群是高可用的最低需求。etcd 实例的数目越少，其维护成本越低，并且只需 2 个成员投票即可将数据写入，因此具有较高的效率。仅允许 1 个成员发生故障。发生故障后，需要运维人员立即介入。如若另一个成员再发生故障，集群将会变成只读的。只读的集群表象是平台变为静止。但因为集群中所有节点的 kubelet 都无法不汇报状态，所以 Controller Manager 中的 Pod 驱逐控制器会将所有节点上的 Pod 放入驱逐队列，一旦 etcd 恢复，会导致大量 Pod 被同时驱逐，从而造成服务器过载、服务不可用等事故。

5 个成员的 etcd 集群是一种常见的配置，此配置具有更高的可用性。只有当超过两个成员出现故障时，集群才变成只读的。因此，当第一个成员出现故障时，管理员无须立即介入。对运维响应速度的要求降低了，这是以管理复杂度换取运维响应时间的常规手段。

3.3.1.2　etcd 性能调优

etcd 的性能影响了 Kubernetes 操作的吞吐量和延时，进而影响了集群的稳定性。应实时监测每个 etcd 成员的性能，及时修复或移除性能差的成员。否则这些成员可能会拖慢整个 etcd 集群的处理速度。另外，当发现 etcd 集群性能低下时，应如何调优 etcd 性能呢？影响 etcd 的性能（尤其是提交延迟）的因素主要有两个：网络延迟和磁盘 I/O 延迟，即 etcd 成员之间的网络往返时间（Round Trip Time，RTT）和将数据提交到永久存储所需的时间。

1. 减少网络延迟

数据中心内的 RTT 大概是数毫秒（ms），美国境内的典型 RTT 约为 50ms，两大洲之间的 RTT 可能慢至 400ms。因此，建议 etcd 集群尽量实现同地域部署。

当客户端到 Leader 的并发连接数量过多时，可能会导致其他 Follower 节点发往 Leader 的请求因为网络拥塞而被延迟处理。在 Follower 节点上，可能会看到如下错误：

```
dropped MsgProp to 247ae21ff9436b2d since streamMsg's sending buffer is full
```

可以在节点上通过流量控制工具（Traffic Control）提高 etcd 成员之间发送数据的优先级来避免。

2. 减少磁盘 I/O 延迟

对于磁盘延迟，典型的旋转磁盘写延迟约为 10ms。对于 SSD（Solid State Drives，固态硬盘），延迟通常低于 1ms。HDD（Hard Disk Drive，硬盘驱动器）或网盘在大量数据读写操作的情况下延时会不稳定。因此，强烈建议使用 SSD。同时，为了降低其他应用程序的 I/O 操作对 etcd 的干扰，建议将 etcd 的数据存放在单独的磁盘内。也可以将不同类型的对象存储在不同的若干 etcd 集群中，比如将频繁变更的 event 对象从主 etcd 集群中分离出来，以保证主集群的高性能。在 API Server 处这是可以通过参数进行配置的。这些 etcd 集群最好也能分别有一块单独的存储磁盘。

如果不可避免地，etcd 和其他业务共享存储磁盘，那么就需要通过 ionice 命令对 etcd 服务设置更高的磁盘 I/O 优先级，尽可能避免其他进程的影响，代码如下：

```
$ ionice -c2 -n0 -p 'pgrep etcd'
```

3. 保持合理的日志文件大小

etcd 以日志的形式保存数据，无论是数据创建还是修改，它都将操作追加到日志文件，因此，日志文件的大小会随着数据修改的次数而呈线性增长。当 Kubernetes 集群规模较大时，其对 etcd 集群中的数据更改也会很频繁，集群日记文件会迅速增长。为了有效降低日志文件的大小，etcd 会以固定周期创建快照保存系统的当前状态，并移除旧日志文件。另外，当修改次数累积到一定的数量（默认是 10000，通过参数"--snapshot-count"指定）时，etcd 也会创建快照文件。如果 etcd 的内存使用和磁盘使用过高，则可以先分析是否由于数据写入频度过大导致快照频度过高，确认后可通过调低快照触发的阈值来降低其对内存和磁盘的使用。

4. 设置合理的存储配额

存储空间的配额用于控制 etcd 数据空间的大小。合理的存储配额可保证集群操作的可靠性。如果没有存储配额，也就是 etcd 可以利用整个磁盘空间，那么 etcd 的性能会因为存储空间的持续增长而严重下降，甚至有耗完集群磁盘空间导致不可预测集群行为发生的风险。如果设置的存储配额过小，那么当其中一个节点的后台数据库的存储空间超出存储配额时，etcd 就会触发集群范围的告警，并将集群置于只接收读和删除请求的维护模式。只有在释放足够的空间、消除后端数据库的碎片和清除存储配额告警之后，集群才能恢复正常操作。

5. 自动压缩历史版本

etcd 会为每个键都保存历史版本。为了避免出现性能问题或存储空间消耗完导致写不进去的问题，这些历史版本需要进行周期性的压缩。压缩历史版本就是丢弃该键给定版本之前的所有信息，节省出来的空间可以用于后续的写操作。etcd 支持自动压缩历史版本。在启动参数中指定参数 "--auto-compaction"，其值以小时为单位。也就是说，etcd 会自动压缩该值设置的时间窗口之前的历史版本。

6. 定期消除碎片化

压缩历史版本，相当于离散地抹去 etcd 存储空间的某些数据，etcd 存储空间中将会出现碎片。这些碎片无法被后台存储使用，却仍占据节点的存储空间。因此，定期消除存储碎片将释放碎片化的存储空间，从而重新调整整个存储空间。

7. 优化运行参数

在网络延迟和磁盘延迟固定的情况下，可以通过优化 etcd 运行参数来提升集群的工作效率。etcd 基于 raft 协议进行 Leader 选举，当 Leader 选定以后才能开始数据的读写操作，因此频繁的 Leader 选举会导致数据的读写性能显著降低。我们可以通过调整心跳周期（Heatbeat Interval）和选举超时时间（Election Timeout）来降低 Leader 选举的可能性。

心跳周期是指控制 Leader 以何种频度向 Follower 发起心跳通知。心跳通知除表明 Leader 的活跃状态外，还带有待写入的数据信息，Follower 依据心跳信息进行数据写入，默认心跳周期是 100ms。选举超时时间定义了 Follower 在多久没有收到 Leader 心跳时重新发起选举，该参数的默认设置是 1000ms。

如果 etcd 集群的不同实例部署在延迟较低的相同数据中心，那么通常使用默认配置即可。如果不同实例部署在多数据中心或者网络延迟较高的集群环境中，则需要对心跳周期和选举超时时间进行调整。建议心跳周期参数设置为接近 etcd 多个成员之间平均数据往返周期的最大值，一般是平均 RTT 的 0.55～1.5 倍。如果心跳周期设置得过低，则 etcd 会发送很多不必要的心跳信息，从而增加 CPU 和网络的负担。如果设置得过高，则会导致选举频繁超时。选举超时时间也需要根据 etcd 成员之间的平均 RTT 时间来设置。选举超时时间最少设置为 etcd 成员之间的 RTT 时间的 10 倍，以便应对网络波动。

心跳间隔和选举超时时间的值必须对同一个 etcd 集群的所有节点都生效，如果各个节点的配置不同，集群成员之间的协商结果就会不可预知，从而导致系统不稳定。

3.3.1.3　etcd 备份存储

声明式系统是一把双刃剑。一方面，Kubernetes 基于此机制构建出故障转移、版本发布、扩容缩容等强大的功能。另一方面，数据的破坏或丢失，会导致控制器发起 Pod 删除或重建等破坏性的行为。举个例子，etcd 中的 Pod 数据不小心被损坏了，kubelet 将会把正在运行的 Pod 清除，以确保与当前状态及数据库中的用户期望一致。作为 Kubernetes 的"首脑"，确保写入效率和防止数据丢失是规划 etcd 存储的主要目标。

在 etcd 的默认工作目录下会生成两个子目录：wal 和 snap。wal 用于存放预写式日志，其最大的作用是记录整个数据变化的全部历程。所有数据的修改在提交前都要先写入 wal 中。snap 用于存放快照数据。为防止 wal 文件过多，etcd 会定期（当 wal 中数据超过 10000 条记录时，由参数"--snapshot-count"设置）创建快照。当快照生成后，wal 中的数据就可以被删除了。如果数据遭到破坏或错误修改需要回滚到之前某个状态时，方法只有两个：一是从快照中恢复数据主体，但是未被拍入快照的数据会丢失；二是执行所有 wal 中记录的修改操作，从最原始的数据恢复到数据损坏之前的状态，但恢复的时间较长。

通常我们推荐使用 SSD 本地磁盘来提高 etcd 的写入效率，但在毁灭性灾难（例如失去所有 etcd 实例所在节点）发生时，集群数据就可能丢失。基于网络的远端存储有较完备的备份机制，数据不易丢失，但网盘的写入效率和可靠性远低于本地磁盘，无法满足频繁读写的需求。对 etcd 的灾备来说，对本地磁盘进行实时备份尤为重要。

官方推荐 etcd 集群的备份方式是定期创建快照。与 etcd 内部定期创建快照的目的不同，该备份方式依赖外部程序定期创建快照，并将快照上传到网络存储设备以实现 etcd 数据的冗余备份。上传到网络设备的数据都应进行加密。即使所有 etcd 实例都丢失了数据，也能允许 etcd 集群从一个已知的良好状态的时间点在任一地方进行恢复。根据集群对 etcd 备份粒度的要求，可适当调节备份的周期。在生产环境中实测，拍摄快照通常会影响集群当时的性能，因此不建议频繁创建快照。但是备份周期过长，可能会导致大量数据的丢失。

这里可以使用增量备份的方式。如图 3-8 所示，备份程序每 30min 触发一次快照的拍摄，它从快照结束的版本（Revision）开始，监听 etcd 集群的事件，每隔 10s 将事件保存到文件中，并将快照和事件文件上传到网络存储设备中。30min 的快照周期对集群性能影响甚微。当大灾难来临时，也至多丢失 10s 的数据。至于数据修复，首先把数据从网络存储设备中下载下来，然后从快照中恢复大块数据，并在此基础上依次应用存储的所有事件。

这样就可以将集群数据恢复到灾难发生前。

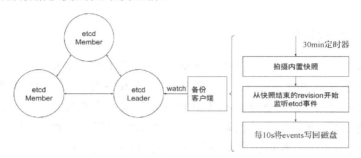

图 3-8 etcd 的增量备份方案

3.3.2 API Server 高可用保证

API Server 作为 Kubernetes 集群的 API 网关，接收来自用户和其他 Kubernetes 组件的所有 restful 请求。其本身是无状态的。数据的持久化职责均由后端数据库 etcd 承担。当 API Server 压力较大无法支撑并发业务需求时，横向扩展实例数量是最直接有效的方式。当采用堆叠式 etcd 集群的拓扑时，API Server 与 etcd 一对一部署在相同的 Master 节点上，为了不影响 etcd 集群的成员个数，可以将 API Server 单独进行横向扩容。多实例冗余与负载均衡是 API Server 高可用的主要手段。

3.3.2.1 API Server 高可用配置

对于实力冗余与负载均衡，如图 3-9 所示，最直接的方案是客户端及其他控制平面组件使用负载均衡器与 API Server 通信。虽然这样可以均衡 API Server 的负载，但是将单点故障转移到了负载均衡器上。

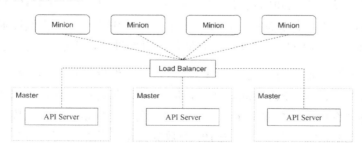

图 3-9 单个负载均衡器的解决方案

因此，在这个基础上还应进行一些优化配置，以获得更高的容错性和灵活性。

1. 多个负载均衡器

如图 3-10 所示，在配置多个负载均衡器时，API Server 提供负载均衡层的连接冗余。通过为这些负载均衡器设置智能 DNS 或虚拟 IP，使得客户端及其他控制平面组件使用 DNS 或虚拟 IP 与 API Server 通信。如果其中一个负载均衡器发生故障，那么该负载均衡器上的流量将被移除，流量将被转移到其他负载均衡器，最终转发到 API Server 处。

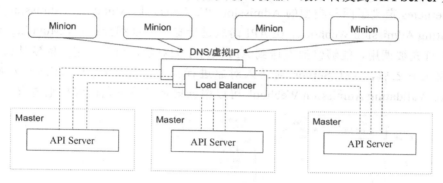

图 3-10　多个负载均衡器的解决方案

2. 完善的健康检查

即使 API Server 采用多实例运行，也很难保证每一个实例都能一直正常地运行下去。因此，在负载均衡器处应该对每个实例进行健康状态检查。当某个实例处于不健康的状态时，负载均衡器应停止向这个实例分发请求。API Server 的健康状态检查是否准确将直接影响到 API Server 的高可用。如果出现误报，例如 API Server 不能进行服务但状态却标记为健康，那么就会造成客户的某些请求不能及时响应。

API Server 是所有客户端访问 etcd 的入口，其生命周期应与 etcd 紧耦合。API Server 的早期版本对 etcd 所做的健康检查只依赖 ping 命令。但是有这样的场景：etcd 处于假死状态，ping 的结果返回成功，但 etcd 的真实请求可能已经无法执行。API Server 由于没有感知到 etcd 的异常，所以会继续接收用户请求，但接收的请求无法被 etcd 处理，从而导致超时。在后续的版本中，etcd 的健康检查被强化，API Server 的健康检查是基于 etcd 的真实请求，如果 etcd 无法处理该请求，那么 API Server 会将自身状态置为"不健康"以避免继续提供服务。

对于集群内部的客户端，应优先访问 API Server 的 ClusterIP，利用 kube-proxy 建立的转发规则将流量送达 API Server 处。这样，当外部的负载均衡器出现问题时，不会影响集群内部客户端访问 API Server，也不会对集群内的客户端产生巨大影响。

3. 基于 Webhook 的扩展服务

Kubernetes 最常见的扩展应用是自定义资源类型和自定义控制器。在 API Server 处，Kubernetes 也提供了许多扩展其内置功能的方法，例如 Admission Webhook。如图 3-11 所示，Kubernetes 定义了两种类型的 Admission Webhook，即 Mutating Admission Webhook 和 Validating Admission Webhook。在 API 请求进行身份验证和授权后，Mutating Admission Webhook 首先被调用，能够修改发送到 API Server 的对象，填充自定义的默认值。在所有对象修改完成之后，API Server 对传入对象进行验证，然后调用 Validating Admission Webhook。Validating Admission Webhook 可以根据自定义策略允许或拒绝请求。

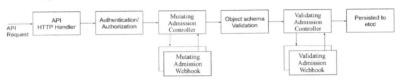

图 3-11　API 请求的生命周期

Mutating Admission Webhook 可以修改其允许的对象；Validating Admission Webhook 允许拒绝请求。这些都是特殊的控制器。如果没有 Admission Webhook 对 API Server 进行扩展，就需要将这些代码编译到 API Server 中，并且只能在 API Server 启动时启用。Admission Webhook 的精髓在于减少了代码耦合，可以在运行时动态配置 API Server 的扩展 Admission 服务，用于接收准入请求并对其进行处理，让 API Server 支持你所期望的所有功能。而且 Admission 服务可以单独部署在集群内或集群外，可以单独对 API Server 和 Admission 服务进行部署和升级，增强了集群管理的灵活性。

如图 3-12 所示，通过创建 ValidatingWebhookConfiguration 和 MutatingWebhookConfiguration 来确定动态配置哪些资源，以及要服从哪些 Webhook 的服务。创建 WebhookConfiguration 后，系统将花费几秒钟时间来接收新配置。如果 Webhook 需要验证 API Server 的身份，则可以将 API Server 配置使用基本认证、令牌或者证书，在启动 API Server 时通过参数 "--admission-control-config-file" 指定 Admission Webhook 配置文件的位置。Webhook 服务处理 API Server 发送的 AdmissionReview 请求，并以收到的相同版本的 AdmissionReview 对象作为回复发回给 API Server。

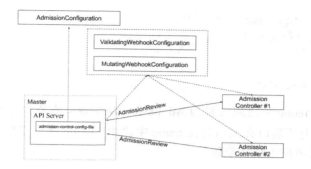

图 3-12　Admission Webhook 工作原理

Admission Webhook 配置文件的内容是一个 AdmissionConfiguration 的对象，示例代码如下：

```
apiVersion: API Server.config.k8s.io/v1
kind: AdmissionConfiguration
plugins:
- name: ValidatingAdmissionWebhook
  configuration:
    apiVersion: API Server.config.k8s.io/v1
    kind: WebhookAdmissionConfiguration
    kubeConfigFile: "<path-to-kubeconfig-file>"
- name: MutatingAdmissionWebhook
  configuration:
    apiVersion: API Server.config.k8s.io/v1
    kind: WebhookAdmissionConfiguration
    kubeConfigFile: "<path-to-kubeconfig-file>"
```

文件中指定了对于不同的 MutatingAdmissionWebhook 和 ValidatingAdmissionWebhook 服务 API Server 应在何处读取身份凭据，凭据存储在 kubeConfigFile 中。kubeConfigFile 文件中存储的是一个 Config 对象，示例代码如下：

```
apiVersion: v1
kind: Config
users:
- name: 'webhook1.ns1.svc'
  user:
    client-certificate-data: "<pem encoded certificate>"
    client-key-data: "<pem encoded key>"
- name: '*.webhook-company.org'
  user:
```

```
      password: "<password>"
      username: "<name>"
  - name: '*'
    user:
      token: "<token>"
```

上面代码中的 name 字段应设置为 Admission Webhook 服务的 DNS 名称。如果服务使用了非 443 端口，则该端口必须包含在 name 字段中。name 字段支持使用通配符'*'，如果仅有通配符'*'，则该项为默认配置。

与 ValidatingWebhookConfiguration 类似，MutatingWebhookConfiguration 的示例代码如下：

```
apiVersion: admissionregistration.k8s.io/v1beta1
kind: MutatingWebhookConfiguration
metadata:
  name: accountquota-guard
webhooks:
- admissionReviewVersions:
  - v1beta1
  rules:
  - apiGroups:
    - apps.tess.io
    apiVersions:
    - v1alpha2
    operations:
    - CREATE
    - UPDATE
    - DELETE
    resources:
    - accountresourcequotas
    - accountresourcequotas/*
    scope: '*'
  clientConfig:
    caBundle: LS...
    url:
https://admission.local.custom.io/apis/admission.custom.io/v1alpha1/accountq
uotaguards
    failurePolicy: Fail
    matchPolicy: Exact
    name: accountquota-guard.webhook.kubernetes.io
```

```
namespaceSelector: {}
objectSelector: {}
reinvocationPolicy: Never
sideEffects: Unknown
timeoutSeconds: 5
```

当创建 WebhookConfiguration 配置时，admissionReviewVersions 是必填字段。需要 Webhook 服务支持 AdmissionReview 中的至少一个版本。API Server 在其支持的 admissionReviewVersions 列表中发送第一个 AdmissionReview 版本。如果 API Server 不支持列表中的所有版本，则不允许创建 AdmissionReview，调用 Webhook 的尝试将失败并受到失败策略（在 failurePolicy 中定义）的约束。

字段 rules 用于指定是否应将 API Server 的请求发送给 Webhook 服务。每个规则都指定一个或多个 apiGroups、apiVersions、operations、resources 和 scope。此示例指定了所有 accountresourcequotas 及其子资源对象的 Create、Update 和 Delete 请求，这些请求都应发送给 Webhook 服务进行处理。

当 API Server 收到与其中一个规则匹配的请求时，会按照 clientConfig 中指定的方式向 Webhook 发送一个 AdmissionReview 请求。clientConfig 中可以通过 URL 或 Service 引用来调用 Webhook，并且可以选择自定义 CA 捆绑包，用于验证 TLS 连接。

failurePolicy 定义如何处理来自 Webhook 服务的无法识别的错误和超时错误，允许的值为"Ignore"或"Fail"。matchPolicy 定义了如何使用其规则来匹配传入的请求，允许的值是"Exact"或"Equivalent"。Exact 表示仅当请求与指定规则完全匹配时，才拦截该请求。Equivalent 表示当规则中列出的资源是另一个 API 组的版本时，拦截请求。

reinvocationPolicy 定义了一个 API 请求 Webhook 服务是否重新调用，允许的值是"Never"和"IfNeeded"。如果设置为"Never"，则不得多次调用 Webhook 服务；如果设置为"IfNeeded"，则在 Webhook 调用之后又被其他对象的插件修改对象时，可以再次调用 Webhook。sideEffects 用于显式指定 Webhook 服务针对 dryRun 为 true 的请求是否有副作用。副作用是指 Webhook 在处理请求时所做的带外修改（out-of-band changes）。sideEffects 允许的值是"Unknown""None""Some"和"NoneOnDryRun"。timeoutSeconds 是设置 Webhook 服务的超时时间，超时值必须在 1 到 30s 之间。如果 Webhook 呼叫超时，则会根据 Webhook 的 failurePolicy 处理请求。

Admission Webhook 服务本质上是集群控制平面的重要部分。如果需要在生产环境中部署，一定需要谨慎编写和部署它们，对它们的可用性、性能和部署应进行全面评估，具体建议如下：

- 对 Webhook 延时进行评估（通常以 ms 为单位），使用较小的超时时间，否则可能造成 API Server 的请求高延迟。

- 采用某种形式的负载平衡，以获得高可用性和性能优势。Webhook 服务通常来说也是无状态应用，可采用与 API Server 类似的高可用方法。

- ValidatingWebhookConfiguration 应看到对象的最终状态。在所有 MutatingWebhookConfiguration 服务修改对象之后进行验证。

- 避免死锁。如果集群中运行的 Webhook 服务拦截了启动其自己的 Pod 所需的资源对象，则可能会产生其自身部署的死锁。建议使用 NamespaceSelector 排除运行 Webhook 服务的 Namespace。

- Webhook 服务应尽可能避免副作用，这意味着该 Webhook 服务仅对发送给它们的 AdmissionReview 的内容起作用，并且不要进行其他更改。

- 避免对 kube-system Namespace 内的对象进行操作。Kubernetes 控制平面的关键组件一般都部署在 kube-system Namespace 中，例如 CoreDNS 等。意外更改或拒绝操作 kube-system Namespace 内对象的请求可能会导致控制平面组件停止运行或引入未知行为。

3.3.2.2　API Server 性能调优

API Server 是 API 请求处理的中枢，API Server 的处理能力直接影响集群的处理能力。随着集群规模的增大，默认的 API Server 参数可能无法再满足其性能要求。因此，有必要对集群的未来规模做出预判，并调整参数以适应业务发展，具体方法如下：

1. 预留充足的 CPU、内存资源

随着集群中节点数量不断增多，API Server 对 CPU 和内存的开销也不断增大。过少的 CPU 资源会降低其处理效率，过少的内存资源会导致 Pod 被 OOMKilled，从而直接导致服务不可用。在规划 API Server 资源时，不能仅看当下的需求，还要为未来预留充分。

2. 善用速率限制（RateLimit）

API Server 的参数"--max-requests-inflight"和"--max-mutating-requests-inflight"支

持在给定时间内限制并行处理读请求（包括 Get、List 和 Watch 操作）和写请求（包括 Create、Delete、Update 和 Patch 操作）的最大数量。当 API Server 接收的请求超过这两个参数设定的值时，再接收的请求将会被直接拒绝。通过速率限制机制，可以有效地控制 API Server 内存的使用。如果该值配置过低，就会经常出现请求超过限制的错误，如果配置过高，则 API Server 可能会因为占用过多内存而被强制终止，因此需要根据实际的运行环境，结合实时用户请求数量和 API Server 的资源配置进行调优。

客户端在接收拒绝请求的返回值后，应等待一段时间再发起重试，无间隔的重试会加重 API Server 的压力，导致性能进一步降低。针对并行处理请求数的过滤颗粒度太大，在请求数量比较多的场景，重要的消息可能会被拒绝掉，自 1.18 版本开始，社区引入了优先级和公平保证（Priority and Fairness）功能，以提供更细粒度的客户端请求控制。该功能支持将不同用户或不同类型的请求进行优先级归类，保证高优先级的请求总是能够更快得到处理，从而不受低优先级请求的影响。

3. 设置合适的缓存大小

API Server 与 etcd 之间基于 gPRC 协议进行通信，gPRC 协议保证了两者在大规模集群中的数据能够高速传输。

gPRC 协议是基于 HTTP2 协议的。HTTP2 通过 stream 支持了连接的多路复用。一条 TCP 连接可以包含多个 stream，多个 stream 发送的数据互不影响。在 API Server 和 etcd 之间，相同分组的资源对象的请求共享同一个 TCP 连接，组内不同资源对象的请求由不同的 stream 进行传输。多路复用会引入资源竞争，流量控制可以保证 stream 之间不会严重影响彼此，但是也限制了能支持的并发请求数量。

API Server 提供了集群对象的缓存机制，当客户端发起查询请求时，API Server 默认会将其缓存直接返回给客户端。缓存区大小可以通过参数 "--watch-cache-sizes" 进行设置。针对访问请求比较多的对象，适当设置缓存的大小，能够降低 etcd 的访问频率，节省网络调用，减少 etcd 集群的读写压力，从而提高对象访问的性能。

但是 API Server 也是允许客户端忽略缓存的，例如客户端请求中 ListOption 中没有设置 resourceVersion，这时 API Server 直接从 etcd 拉取最新数据返回给客户端。客户端应尽量避免此操作，应在 ListOption 中设置 resourceVersion 为 0，API Server 将从缓存中读取数据，而不会直接访问 etcd。

4. 客户端尽量使用长连接

当查询请求的返回数据较大且此类请求并发量较大时，容易引发 TCP 链路的阻塞，导致其他查询操作超时。因此，基于 Kubernetes 开发组件时，例如某些 DaemonSet 和 Controller，在查询某类对象时，应尽量通过长连接 ListWatch 监听对象变更，避免全量从 API Server 获取资源。在同一应用程序中，如果有多个 Informer 监听 API Server 的资源变化，则可以将这些 Informer 合并，减少与 API Server 的长连接数，从而降低对 API Server 的压力。

3.3.3　控制器高可用保证

Kubernetes 提供了 Leader 选举机制，用以确保多个控制器的实例同时运行，并且只有 Leader 实例提供真正的服务。其他实例处于准备就绪状态，如果 Leader 出现故障，则取代 Leader 以保证 Pod 能被及时调度。此机制以占用更多资源为代价，提升了 Kubernetes 控制器的可用性。

Leader 选举的核心是利用 Configmap、Endpoints 或 Lease 对象实现分布式资源锁。当多个实例同时启动后，在运行任何业务逻辑之前，都会尝试读取该资源锁。

以 Lease 对象为例，在首次抢占过程中，该对象无任何 Leader 信息，第一个尝试占有锁的实例会更新该对象的 acquireTime 和 holderIdentity，并以 leaseDurationSeconds 为周期不断更新 renewTime。控制器的判断逻辑是：只有当 holderIdentity 与当前实例的 Pod 名称完全匹配时，控制器的程序执行才继续，否则等待获取锁。如果 Leader 能保证在固定周期内及时更新 renewTime，则该锁始终被 Leader 占有，任何其他实例周期性地尝试更新 holderIdentity 以成为新的 Leader。该机制保证 Leader 实例出现故障或网络断开时，其 Leader 租约会到期，其他实例可抢占资源锁迅速成为新 Leader。Lease 对象的示例代码如下：

```
apiVersion: coordination.k8s.io/v1
kind: Lease
metadata:
  name: kube-controller-manager
  namespace: kube-system
spec:
  acquireTime: "2019-09-16T08:08:15Z"
  holderIdentity: kube-controller-manager-pod-1
  leaseDurationSeconds: 60
  leaseTransitions: 1
```

```
renewTime: "2020-04-20T10:01:35.223655Z"
```

资源锁可保存在 Configmap、Endpoints 和 Lease 三种对象中。推荐使用 Lease，因为 Lease 对象本身就是用来协调租约对象的，其 Spec 定义与 Leader 选举机制需要操控的属性是一致的。使用 Configmap 和 Endpoints 对象更多是为了向后兼容，伴随着一定的负面影响。以 Endpoints 为例，Leader 每隔固定周期就要续约，这使得 Endpoints 对象处于不断的变化中。Endpoints 对象会被每个节点的 kube-proxy 等监听，任何 Endpoints 对象的变更都会推送给所有节点的 kube-proxy，这为集群引入了不必要的网络流量。

任何集群控制器均可基于 Leader 选举机制进行开发部署。调度器是一个"特殊"的控制器，它基于 Leader 选举机制，用于保证服务高可用。

3.3.4　集群的安全性保证

集群的安全性必须考虑以下几个目标：

（1）保证容器与容器之间、容器与主机之间隔离，限制容器对其他容器和主机的消极影响。

（2）保证组件、用户及容器应用程序都是最小权限，限制它们的权限范围。

（3）保证集群的敏感数据的传输和存储安全。

Kubernetes 提供了一系列机制来实现这些安全控制目标，其中包括细粒度控制 Pod 安全上下文（Pod Security Context）、API Server 的认证、授权、审计和准入控制、数据的加密机制等。关于 Pod 安全策略和 API Server 的认证授权审计等将在第 5 章多租户进行详细讲解。这里我们着重讨论数据传输和存储的安全。

3.3.4.1　数据加密传输

对于数据传输，Kubernetes 及其支持组件都应使用基于 SSL/TLS 的 HTTPS 协议来确保传输的安全性，特别是客户与 API Server、API Server 与 etcd、API Server 与 kubelet、etcd 成员之间这种跨节点的数据通信。如果使用 HTTPS 协议，那么在组建 Kubernetes 集群时，必不可少地会涉及各个组件的数字证书的制作或签发，以及证书的参数配置。为了方便大家理解，在具体介绍 Kubernetes 组件的证书签发和配置之前，先从 SSL/TLS 握手的流程入手，了解数字证书在 SSL/TLS 中是如何使用的。图 3-13 展示了 SSL 的握手流程，握手的目的是安全地协商出一份对称加密的密钥。

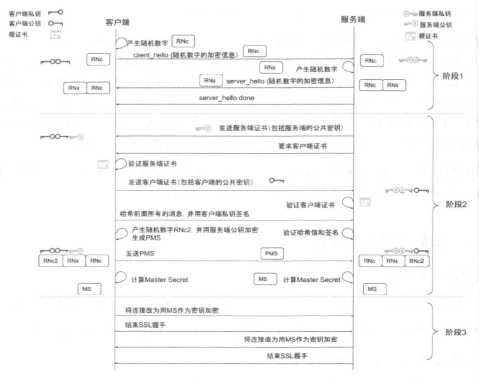

图 3-13　SSL 的握手流程

首先，客户端向服务端发送 Client_Hello 消息，这个消息包含一个客户端生成的随机数 RNc、客户端支持的加密套件和 SSL 版本等信息。

然后，服务端向客户端发送 Server_Hello 消息，这个消息包含一个随机数 RNs 和从客户端支持的加密套件中选定的加密套件信息。这个套件决定了后续加密和生成密钥时具体使用哪些算法。至此，客户端和服务端都拥有了两个随机数（RNc 和 RNs），这两个随机数会在后续生成对称密钥时用到。

接着，服务端将自己的证书下发给客户端，让客户端验证自己的身份。客户端收到服务端传来的证书后，验证证书是否过期、服务端证书的 CA 机构是否可靠、返回的公钥是否能正确解开返回证书中的数字签名、服务端证书上的域名是否和服务端的实际域名相匹配等。验证通过后，客户端取出证书中的服务端公钥，否则，中止通信。同时，在一些安全性要求高的场景中，服务端也会要求客户端上报证书，这一步是可选的。

如何判定服务端证书的 CA 机构是否可靠呢？这要看客户端是否安装了此 CA 机构的根证书。根证书是 CA 认证中心给自己颁发的证书，是信任链的起始点。安装根证书意味着对这个 CA 认证中心的信任。因此，通常我们把根证书简称为 CA。

服务端证书验证通过后，客户端会再生成一个随机数 RNc2，并用服务端公钥非对称加密，生成 PMS（Pre-Master Secret），并将这个 PMS 发送给服务端，服务端再用自己的私钥解出这个 PMS，得到客户端生成的 RNc2。此时，客户端和服务端都拥有三个随机数（RNc、RNs 和 RNc2）。

客户端和服务端再根据前面选定的加密套件的算法就可以生成一份密钥 MS（Master Secret），握手结束后的应用层数据都是使用这个密钥进行对称加密的。为什么要使用三个随机数呢？这是因为 SSL/TLS 握手过程的数据都是明文传输的，通过多个随机数种子来生成密钥不容易被暴力破解出来。

服务端和客户端的证书、公钥和私钥是谁颁发的？都是向 CA 机构申请来的。CA 机构在为申请者签发数字证书时，在下发一个包括了公钥、申请者信息和签名的数字证书的同时，还会下发一个与其相匹配的私钥文件。CA 机构可以是可信的第三方机构，也可以是企业自身的认证系统，也可以自己制作根证书来签发证书。

如图 3-14 所示，在 Kubernetes 体系中，有两套分别是 etcd CA 和 Kubernetes CA 颁发的证书。其中 etcd 客户端证书（简称为 EC）、etcd 服务端证书（简称为 ES）和 etcd 对等证书（简称为 P）都是由 etcd CA 颁发和验证的，分别用于 API Server 和 etcd 之间、etcd 成员之间的加密通信。因此，在 API Server 和 etcd 所有实例处都应有一份 etcd CA，也就是 etcd 根证书，用于验证对方证书的有效性。至于 API Server 和 etcd 之间的通信，都是由 API Server 发起的，因此，API Server 处配置了 etcd 客户端证书，etcd 处配置了 etcd 服务端证书。

客户端证书（即 API Server 客户端证书，简称为 AC）、kubelet 客户端证书（简称为 KC）、服务端证书（即 API Server 服务端证书，简称为 AS）和 kubelet 服务端证书（简称为 KS）都是由 Kubernetes CA 颁发和验证的，用于 kubelet 与 API Server 之间双向主动通信。当 kubelet 主动连接 API Server 时，API Server 作为服务端，应使用服务端证书 AS，kubelet 作为客户端，应使用客户端证书 AC；当 API Server 主动连接 kubelet 时，kubelet 作为服务端，应使用服务端证书 KS，API Servr 作为客户端，应使用客户端证书 KC。同样，为了验证双方证书的有效性，在所有 kubelet 和 API Server 实例处都有一份 Kubernetes CA，也就是 Kubernetes 的根证书。

为什么这里至少需要两套 CA（即两个根证书）来颁发证书呢？这是为了防止 kubelet

直接与 etcd 通信，而绕过 API Server 内置的所有授权机制。如果使用同一套 CA，那么 kubelet 客户端证书能直接在 etcd 服务端验证通过，也就是说 kubelet 将被授予无限特权。

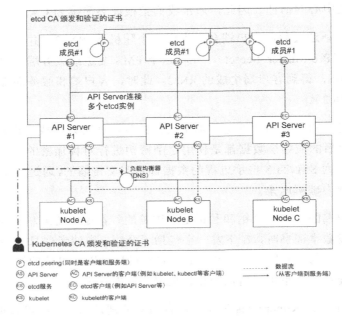

图 3-14　集群的安全通信

CA 和各种数字证书在组件运行之前就应制作和签发。具体地怎么生成 CA、如何利用 CA 进行不同角色的证书签发，可以参考官方文档，用证书生成工具（例如 cfssl）来生成与自己类型及 SAN（Subject Alternative Name，也就是证书支持的域名列表）匹配的证书。对于这些证书，特别是私钥，建议上载到远程安全管理系统（Security Management System）中。既是为了存储安全，又是为了方便动态发布和更新证书及密钥。

这里分别针对 API Server 连接 etcd、etcd 成员连接 etcd 成员、kubelet 连接 API Server 和 API Server 连接 kubelet 这四个连接请求，下面来看一下 API Server、etcd、kubelet 三者与证书相关的配置参数。

1. API Server 连接 etcd

即 API Server 为客户端，etcd 为服务端。API Server 相关的配置参数如下：

```
$ kube-apiserver --etcd-servers=https://{etcd_fqdn}:4001
--etcd-cafile=/etc/ssl/kubernetes/etcdca.crt
```

```
--etcd-certfile=/etc/ssl/kubernetes/etcd-client.crt
--etcd-keyfile=/etc/ssl/kubernetes/etcd-client.key
```

其中参数“--etcd-cafile”用于指定 CA 机构的根证书；参数“--etcd-certfile”和“--etcd-keyfile”分别用于指定 etcd 的客户端证书和私钥。

etcd 相关的配置参数如下：

```
$ etcd --client-cert-auth
--trusted-ca-file=/etc/ssl/kubernetes/etcdca.crt
--cert-file=/etc/ssl/kubernetes/etcd.crt
--key-file=/etc/ssl/kubernetes/etcd.key
```

其中参数“--client-cert-auth”用于指定需要验证客户端的证书；参数“--trusted-ca-file”用于指定 CA 机构的根证书；参数“--cert-file”和“--key-file”分别用于指定 etcd 的服务端证书和私钥。

2. etcd 成员连接 etcd 成员

即 etcd 既作为客户端又作为服务端。因此在生成 Peer 证书时，应写明此证书需有 Client Auth 和 Server Auth 两种用途。etcd 相关的配置参数如下：

```
$ etcd --peer-client-cert-auth
--peer-trusted-ca-file=/etc/ssl/kubernetes/etcdca.crt
--peer-cert-file=/etc/ssl/kubernetes/etcd-peer.crt
--peer-key-file=/etc/ssl/kubernetes/etcd-peer.key
```

对于只需要加密通信却不需要认证的使用场景，etcd 也支持使用自动生成的自签名证书加密通信，配置参数“--auto-ls”和“--peer-auto-tls”即可。这样攻击者即使截获了数据也无法解密。由于不需要管理 etcd 的证书和密钥，所以大大简化了 etcd 的部署。

3. kubelet 连接 API Server

kubelet 使用 Kubeconfig 内的信息与 API Server 建立连接，而 Kubeconfig 中包含了关于证书的配置信息。事实上集群中的其他组件（例如 Scheduler 和 Controller Manager）也都是通过这种方式和 API Server 建立连接的。这里我们以 kubelet 为例来阐述如何配置 Kubeconfig 中的证书信息。

API Server 处的配置参数如下：

```
$ kube-API Server --client-ca-file=/etc/ssl/kubernetes/k8sca.crt
```

```
--tls-cert-file=/etc/ssl/kubernetes/api-server.crt
--tls-private-key-file=/etc/ssl/kubernetes/api-server.key
```

参数"--client-ca-file"用于指定颁发 API Server 服务端和客户端证书的 CA 机构的根证书。如果设置了此参数,且请求中携带的客户端证书是"--client-ca-file"中任一授权机构签发的,则 API Server 将使用证书的公用名(CommonName)进行身份验证。参数"--tls-cert-file"和"--tls-private-key-file"为服务端证书文件和私钥。

Kubelet 的配置参数如下:

```
apiVersion: v1
clusters:
- cluster:
    certificate-authority-data: LS...
    server: https://API Server.*.com:443
  name: default
contexts:
- context:
    cluster: default
    user: default
  name: default
current-context: default
kind: Config
preferences: {}
users:
- name: default
  user:
    client-certificate-data: LS…
    client-key-data: LS...
```

参数"--certificate-authority-data"为 CA 根证书,即 API Server 处的 k8sca.crt 文件基于 PEM 编码的数据;参数"--client-certificate-data"为客户端证书文件的 PEM 编码的数据;参数"--client-key-data"为私钥。

4. API Server 连接 kubelet

即 API Server 作为客户端,kubelet 作为服务端。API Server 的配置参数如下:

```
$ kube-API Server
--kubelet-certificate-authority=/etc/ssl/kubernetes/k8sca.crt
--kubelet-client-certificate=/etc/ssl/kubernetes/kubelet-client.crt
```

```
--kubelet-client-key=/etc/ssl/kubernetes/kubelet-client.key
```

上面代码中，参数"--kubelet-certificate-authority"用于指定颁发 kubelet 服务端和客户端证书的 CA 机构的根证书。其中 kubelet 和 API Server 共用同一个 CA，即 k8sca.crt。在方便管理和更新证书的前提下，也可以让 kubelet 使用不同的根证书。参数"--kubelet-client- certificate"和"--kubelet-client-key"为客户端证书文件和私钥。

kubelet 的配置参数如下：

```
kind: KubeletConfiguration
apiVersion: kubelet.config.k8s.io/v1beta1
tlsPrivateKeyFile: "/etc/ssl/kubernetes/kubelet-server.crt"
tlsCertFile: "/etc/ssl/kubernetes/kubelet-client.key"
authentication:
  x509:
    clientCAFile: "/etc/ssl/kubernetes/k8sca.crt"
  anonymous:
    enabled: false
```

参数"--tlsCertFile"和"--tlsPrivateKeyFile"为服务端证书文件和私钥。如果参数"--tlsCertFile"和"--tlsPrivateKeyFile"未设置，kubelet 会自动生成自签名的证书和私钥。参数"--clientCAFile"为根证书路径。如果设置了此参数，且请求中携带的客户端证书是"--client-ca-file"中任一授权机构签发的，则 API Server 将使用证书的公用名（CommonName）进行身份验证。

任何事物都是有利有弊的，引入 SSL/TLS 机制固然能够保证安全，但是从性能上引入了更长的延时。性能影响集中在每一个连接的开始握手阶段。SSL/TLS 的握手需要三次往返，比正常 TCP 握手多加了两个往返。对于网络延时比较高的环境，应适当进行调优，例如调整拥塞窗口、尽量使用长连接保持每个连接不断开等。Kubernetes 的各个组件之间的通信都是使用长连接的方式。

3.3.4.2　数据加密存储

对于数据存储，API Server 支持在远端的 etcd 上针对不同资源对象进行加密。参数"--encryption-provider-config"用于配置不同资源对象在 etcd 加密数据。加密配置示例代码如下：

```
apiVersion: API Server.config.k8s.io/v1
kind: EncryptionConfiguration
resources:
```

```
   - resources:
    - secrets
   providers:
   - identity: {}
   - aesgcm:
      keys:
      - name: key1
        secret: c2VjcmV0IGlzIHNlY3VyZQ==
      - name: key2
        secret: dGhpcyBpcyBwYXNzd29yZA==
   - aescbc:
      keys:
      - name: key1
        secret: c2VjcmV0IGlzIHNlY3VyZQ==
   - secretbox:
      keys:
      - name: key1
        secret: YWJjZGVmZ2hpamtsbW5vcHFyc3R1dnd4eXoxMjM0NTY=
   - kms:
      name : myKmsPlugin
      endpoint: unix:///tmp/socketfile.sock
      cachesize: 100
```

上述代码中，resources 字段指定需要加密的资源对象名称列表。providers 数组是加密方法的有序列表。这里提供了 identity、aesgcm、aescbc、secretbox 和 kms，但是只能使用其中一种加密类型。代码中第一个方法用于加密存储的指定资源。当从存储中读取资源需要解密时，会按顺序依次调用 providers 中的加密方法，直到解密数据成功。如果任何加密方法都不能解密数据，则会向客户端返回错误，阻止客户端访问该资源。

每个加密方法都支持多个密钥 keys。与 providers 类似，在加密时，使用第一个密钥进行加密；在解密时，加密方法会依次用这些密钥尝试解密，直到找到有效的密钥。在这个例子中，默认使用 identity 进行加密，identity 是不提供加密的，也就是说 etcd 中的数据是不加密的。

加密不是一项新兴技术，任何一个云平台都能非常容易做到，其难点在于密钥的管理。aesgcm、aescbc 和 secretbox，与 identity 相比，仅能适度改善系统的安全状况。因为密钥只是采用了原始加密存在主机的文件中，即参数 "--encryption-provider-config" 指定的文件是被放置在主机上的，属于本地管理的密钥。使用本地管理的密钥可以防止 etcd 受到破坏，但不能防止主机受到破坏。熟练的攻击者可以访问该文件并提取加密密钥。因此，对于安全性极高的场景，请使用 kms。kms 提供一个 kms 插件，可与 API Server 部署在同一主机上，负责与远程 kms 服务器的所有通信。它的密钥没有存在本地，而是存在远端第三方 kms 服务器上，从而提供比本地存储的加密密钥更高的安全级别。

3.4　面向应用的高可用特性

需要澄清的一点：服务百分之百可用是不可能的。要想提高服务的高可用水平，在 Kubernetes 上运行容器是当前的最佳方法。基于谷歌多年运行成千上万个具有数千个应用程序的容器的经验、Kubernetes 的一些技术或特性，能够轻松帮助应用提高弹性。例如，kubelet 支持多种重启策略，配合 Liveness Probe 可以保证应用出现故障时异常退出或不响应时能够自动重启；ReplicaSet 和 Deployment 控制器能够确保节点出现故障导致运行的 Pod 被驱逐时，Pod 能被重建；调度器可以保证新建 Pod 能调到其他就绪节点，确保故障及时转移，等等。下面从 Pod、Node 和 Cluster 三个层级来考量 Kubernetes 面向应用提供了哪些高可用性和可靠性的技术保证。

1. Pod 层面的高可用保证

在现代应用开发部署中，Kubernetes 无疑使事情变得更容易，因为实现了数据和配置与容器分离。将配置保留在 ConfigMap 和 Secret 资源对象中，数据则可存于 PersistentVolumes 上。因此，每当容器由于某种原因而崩溃时，Kubernetes 都会从不变的容器镜像中重新启动一个新的容器或者重新创建一个新的 Pod，并将所有数据都传递给新的容器，而不管容器在哪个节点上启动。也就是说，任何一个 Pod 在故障发生时都能够被重启或替换。

当容器发生故障时，默认情况下容器将被自动重新启动，以解决间歇性故障问题。例如应用程序正在运行，但是无法响应用户的请求，在这种状态下，重新启动容器可以帮助存在错误的应用程序恢复可用。这得益于 Kubernetes 的 Liveness Probe，通过 Exec、TCPSocket 或 HTTPGet 定期检查容器的存活状态，Kubernetes 根据检查结果进行主动重启。

与 Liveness Probe 类似，Readiness Probe 亦是通过上面三种方法之一定期执行健康检查，判定容器是否准备就绪可以接收流量。Pod 的所有容器都准备就绪时，即视为 Pod 准备就绪。当 Pod 准备就绪后，此 Pod 才会被添加到 Service 的负载均衡列表中；当 Pod 尚未就绪时，会将其从 Service 的负载平衡列表中删除。

因此，在 Pod 级别上，只需要设置合理的 Probe 参数，即可准确控制容器的宕机时间，最长的宕机时间为：检测周期×失败次数阈值+容器启动就绪时间。对启动缓慢的容器进行 Probe 时，应合理设置初始探针检查的延时（通过参数"initialDelaySeconds"设置），避免它们在启动和就绪之前被 kubelet 杀死。

2. Node 层面的高可用保证

Kubernetes 的多节点架构和可伸缩性功能确保了应用在 Node 级别的高可用性。一个应用程序作为一个实例运行在一个 Pod 中。当运行该 Pod 的主机节点崩溃时，Kubernetes 将会在满足其要求（CPU/内存资源、Toleration 和 Affinity 等条件）的其他可用的健康节点上创建新的容器。这样对于那些单实例应用程序，也可以从节点崩溃中恢复。当然，单实例应用程序是一种不推荐的使用方式，应尽量将工作负载分散于多个节点的多个实例中。如果你的应用程序只需要单个实例，也切勿直接从 Pod 启动应用程序，建议使用 ReplicaSet 或 Deployment 对象启动应用程序。Kubernetes 将会在整个群集中为它们管理并维护指定数量的 Pod 实例（即使只有一个）。

为了减少恢复所需的时间，还应该减小容器镜像的大小，以便在冷启动时（即节点首次从该镜像启动容器）最大程度地减少下载镜像所需的时间。在大型的生产环境中，网络带宽是一种宝贵的资源。在这些节点上，有数百个不同的容器正在运行。容器镜像越大，产生的宕机时间就越长。

对于多实例的服务，Kubernetes 调度器根据相应的调度策略（SelectorSpreadPriority、ServiceSpreadingPriority 等）能够尽量将相同 Service、StatefulSet 和 ReplicaSet 的 Pod 都运行在不同的节点上。这使得服务能够更好地容忍主机节点的单点故障。同时，可以使用诸如 Affinity 和 Anti-Affinity 的功能，根据具体的集群拓扑自定义服务的 Pod 分布，尤其是在非公有云环境中运行 Kubernetes 时。我们可以根据服务器类型、机架、服务器机房和数据中心定义自己的故障域，利用 Kubernetes 调度器将 Pod 分布在不同的可用的故障域中。这样可以减轻一个节点、多个节点甚至整个数据中心的崩溃所带来的影响。

Kubernetes 对 Deployment 和 DaemonSet 等资源对象都支持通过 RollingUpdate 来完成 Pod 实例的更新。RollingUpdate，也可以称为渐变，它通过缓慢增加新的 Pod 实例来替换老的 Pod 实例，从而使部署的更新可以在零停机时间内进行。表 3-2 总结了 Kubernetes 可支持的升级策略及其优劣势。对于蓝绿部署、金丝雀、A/B 测试和影子升级策略，在

Kubernetes 中并不是开箱即用的，需要通过额外的组件来构建更高级的基础架构（例如 Istio、Traefix 和自定义的 Nginx 等）。

表 3-2 升级策略对比

升级策略	0 宕机	真实流量测试	选择目标客户	云成本	回退时间	负面影响	设置复杂度
重新创建	X	X	X	■□□	■■■	■■■	□□□
渐变	✓	X	X	■□□	■■■	■□□	■□□
蓝绿	✓	X	X	■■■	□□□	■■□	■■□
金丝雀	✓	✓	X	■□□	■□□	■□□	■■□
A/B 测试	✓	✓	✓	■□□	■□□	■□□	■■■
影子	✓	✓	X	■■■	□□□	□□□	■■■

在生产环境中，渐变和蓝绿部署是一个很好的选择，但是前提是新版本经过了合理正确的测试。蓝绿和影子策略需要双倍的资源。在新版本信息不足或者带来的影响未知的情况下，金丝雀、A/B 测试或者影子策略是个不错的选择。如果你的新版本需要在特定的客户群中测试，那么只能选择 A/B 测试的部署策略了。

3. Cluster 层面的高可用保证

在 Cluster 级别，可以通过在多个集群上部署应用程序来实现。利用 Kubernetes 的 Federation 机制，建立集群联邦，通过集群联邦部署跨多云的服务。对于多云的混合解决方案，不仅可以获得更高级别的可用性，而且还可以获得更大的自由度和独立性，但同时也具有挑战性。特别是对于有状态的应用程序，数据就是最大的挑战，需要找到多个集群中实例的同步数据的解决方案。相应地，需要设计自己的持续集成和持续部署流程，自定义部署策略，无缝地将新的版本发布到所有集群中。

针对自定义的部署逻辑，可以充分利用 Kubernetes 的 API，构建管理和服务于 Kubernetes 之上的应用程序的管理员，即 Operator。通过 Operator 使应用程序更智能地适应各种云平台，更高效地处理应用程序实例的状态变化。Operator Framework 是一个 CoreOs 的开源项目，打包了一组部署和管理 Kubernetes 上应用程序的方法，例如扩展、升级、备份数据等，将应用程序的业务逻辑与 Kubernetes API 结合起来执行这些操作。其提供的 SDK 中包含 Operator 所需要的主要实践和代码模式，能够加速 Operator 的编写，以防止重复造轮子。CoreOs 已经开源了两个例子：etcd Operator 和 Prometheus Operator。可以通过学习这两个例子，加深对 Operator 的实现方式的理解。

3.5 模型驱动的集群搭建与管理

构建生产就绪的高可用 Kubernetes 集群，需要经历两个重要阶段：计算节点就绪阶段和 Kubernetes 控制平面就绪阶段。完成这两个阶段，需要考虑很多问题并妥善解决它们，稍有不慎就会造成集群搭建失败和线上服务宕机。当集群数量成百上千，单个集群内的节点数量成千上万时，如果解决这些问题仍依赖于运维人员的人为操作，则集群搭建和管理的效率显然是很低的。

在计算节点就绪阶段，需考虑如下问题：

- 如何批量安装和升级计算节点的操作系统？

- 如何管理配置计算节点的网络信息？

- 如何管理不同 SKU（Stock Keeping Unit）的计算节点？

- 如何快速下架故障的计算节点？

- 如何快速扩缩集群的规模？

在控制平面就绪阶段，需考虑如下问题：

- 如何在主机节点上下载、安装和升级控制平面组件及其所需的配置文件？

- 如何确保集群所需的其他插件，例如 CoreDNS、监控系统等部署完成？

- 如何准备控制平面组件的各种安全证书？

- 如何快速升级或回滚控制平面组件的版本？

任何事物都不能孤立存在，都是和其他事物相互联系的。同样，计算节点和数据中心、控制平面组件和计算节点、控制平面组件和配置文件等，它们并不是孤立存在的，它们之间是相互作用与相互依存的。从底层的数据中心硬件设备到 Kubernetes 集群，利用 Kubernetes 的自定义资源对象（CRD）可以完整地抽象出整个数据中心的各种资源及资源间的关系，并实时真实地反应该资源的运行状态。也就是说，通过操作 Kubernetes 的资源对象，允许开发运维人员在不同层级的不同视点上更直观地了解和管理整个数据中心的软硬件的运行情况。下面将分享针对大型数据中心的模型化及在此模型基础上的 kuberentes

集群管理实践案例。

与 Pod 部署和管理类似，基于集中配置管理工具和众多自定义资源对象，利用一系列的控制器帮助运维人员管理节点"生老病死"的整个生命周期。从设备上架到下架、从设备的搭建到扩缩容、从设备故障检测到修复，都由控制器不断更新处理最终达到我们定义的"预期状态"。举个例子，一个新集群的搭建只需要创建一个 K8sCluster 的资源对象即可。菜鸟也能很轻松地将整个甚至多个数据中心搭建成 Kubernetes 集群。

开源的配置管理工具很多，例如 Kubeadm、Salt 和 Puppet 等。Kubeadm 是 Kubernetes 社区提供的，只执行必要的操作以启动并运行最小可用的集群。它的设计初衷是为新用户提供一种便捷的方式来首次试用 Kubernetes，同时也方便老用户搭建集群测试他们的应用。因此从设计上讲，它的重心在引导集群搭建上，而不是在管理集群的一致性上。因为它不关心如何配置设备，也不安装各种功能插件，例如监控解决方案等 Kubernetes 插件。

Salt 是一个具备配置管理、远程执行等功能的开源项目。如图 3-15 所示，Salt 采用 C/S 模式，服务端是 salt-master，客户端是 salt-minion。salt-minion 与 salt-master 之间通过 ZeroMQ 消息队列进行通信。salt-minion 部署在集群的每个主机节点上。当 salt-master 上的 state 配置文件被更新时，通过在 salt-master 上执行命令主动更新客户端（state.highstate）的配置，或者在 salt-minion 上主动向服务端（salt-call state.highstate）请求更新配置，使所有 salt-minion 的配置与 salt-master 的配置一致。

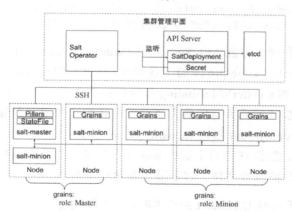

图 3-15　Salt Operator 的工作原理

一方面，配置管理工具需要帮助我们批量分发所有组件和插件相关的配置文件、可执行文件和证书等信息到主机节点上，执行自定义脚本，设置主机运行时参数，运行指定服务等。换句话说，配置管理工具能够帮助我们快速搭建一个集群。

另一方面，配置管理工具需要帮助我们批量快速更新主机节点上的配置信息，使得线上所有节点的配置一致。然而不管是选用哪种配置管理工具，配置部署、升级和回滚都仍需要运维人员的人为操作，例如，更新 Master 节点上最新的配置文件、手动执行更新命令等。

然而，仅仅使用开源配置管理工具是不够的，在大规模集群的搭建和管理中，还需要众多运维人员的人为操作。人为操作不仅效率非常低下，而且容易引起操作失误，造成服务宕机。基于配置管理工具的 Operator 更适合做这些事情。这里给大家介绍一个基于 Salt 的 Operator，以 Salt 为基础，利用 Operator 创建一个完全符合期望的集群。

如图 3-15 所示，将 API Server、etcd 集群和 Salt Operator 组成集群管理平面，利用自定义资源对象 SaltDeployment 来控制集群的版本部署。SaltDeployment 的简要定义代码如下，包含了所有配置文件所在的仓库地址（repository）、文件路径（directory）和预期版本的 CommitId（revision）：

```
apiVersion: salt.tess.io/v1alpha1
kind: SaltDeployment
metadata:
spec:
    saltEnvironments:
    - gitRepo:
        directory: kubernetes/salt/common
        repository: https://git.vip.com/kubernetes/k8sops.git
        revision: 844081590c554f1ce570a072036c1855f47e97d41
```

在这个配置文件仓库中包含 API Server、Scheduler 和 Controller Manager 的 Manifest 和数字证书，包含 kubelet、kube-proxy 的下载地址，包含各种必需插件的 Manifest 和密钥，包含各种 ClusterRole 和 ClusterRoleBinding 等权限控制文件，包含主机节点的内核参数，等等。换句话说，集群预期需具备的所有资源对象和配置参数都存储于这个仓库中。Salt Operator 会根据 SaltDeployment 指定 repository、directory 和 revision，将此仓库中的内容下载到 Salt Master 上。然后，在节点上运行 salt 命令就能应用此 Salt Master 上的最新配置，就能更新控制平面组件的执行文件、容器镜像和运行参数等。

举个例子，当更新集群上 kubelet 的版本时，只需要提交一个 PullRequest 到这个仓库，并修改 kubelet 的下载地址。在 PullRequest 被合并后，将它的 CommitId 更新到 SaltDeployment 的 revision 中即可。Salt Operator 会自动根据新的 revision 下载最新的配置文件到 Salt Master 上，并按照既定升级策略批次地在集群的所有节点运行 salt 命令应用最新的配置。配置应用的过程，就会下载和运行新版本的 kubelet。

众所周知，Master 节点和 Minion 节点上运行的服务大不相同。例如 API Server 只运行在 Master 节点，kubelet 则运行在所有节点上。这里可以通过静态 Grains 值（例如 role）来区分 Master 节点和 Minion 节点，并根据该值来判断哪些服务应该在该节点上运行，哪些服务不应该在该节点上运行。

如图 3-16 所示，在集群管理平面，除了 SaltDeployment，还定义了一系列自定义资源对象。

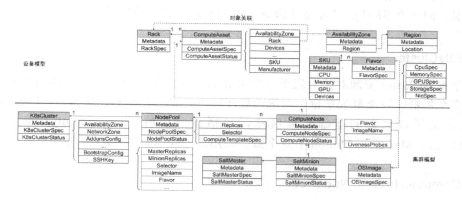

图 3-16　集群管理平面的自定义资源对象

下面具体介绍几种资源对象。

1. Region 和 AvailabilityZone

云计算资源分别在全球多个数据中心。Region 是指托管这些资源的特定地理位置。Region 内的网络连接是高带宽和低延迟的。为了部署具有高可用性的容错应用程序，可以在多个 Region 中部署应用程序实例。这有助于防止单个区域发生意外故障。

通常，每个 Region 都有多个 AvailabilityZone，即可用区。每个 AvailabilityZone 使用独立的隔离的物理资源，例如电源、网络、散热系统等。如果某个可用区发生了断电和断网等物理故障，则可以让另一可用区中的实例代为处理相关请求，将实例放在区域内不同的可用区，可以提供更高程度的故障独立性。

2. Rack 和 ComputeAsset

Rack 即机柜或机架，是专门用来存放和组织服务器设备的。其上的每台设备被称为 ComputeAsset。通常，一个机架上的所有设备都是同一类型和同一型号的，由相同的硬件例如 CPU、内存、芯片组、I/O（RAID 卡、网卡、HBA 卡）和硬盘等组成。

3. SKU 和 Flavor

SKU 是服务器硬件配置的定义，定义了服务器的 CPU 总核数、内存大小、磁盘大小等。Flavor 则从使用角度更为详细地定义了服务器应满足的资源规范，规定了此服务器的计算能力、内存、存储容量、磁盘配置、分区信息等。一种 SKU 可以支持多种 Flavor，也就是说，同一个 SKU 的设备可以满足多种 Flavor 规范的资源条件。

4. K8sCluster

每个 K8sCluster 资源对象对应于一个 Kubernetes 集群。每个 AvailabilityZone 可搭建一个或多个集群。以集群为单位，向应用程序提供大量的计算和存储资源。K8sCluster 资源对象定义了该集群的基础配置信息，包括该集群所在 AvailabilityZone、使用的 NetworkZone、Master 和 Minion 节点个数、使用的 OsImage 和 Flavor 等。

5. ComputeNode 和 NodePool

ComputeNode 对应于运行了操作系统的物理机或虚拟机。每个 ComputeNode 对应一个 Kubernetes 的计算节点。当新的 ComputeNode 对象被创建时，集群管理平面会根据其指定的 Flavor 为其选择合适的 ComputeAsset 安装和运行所指定的操作系统。通过在 ComputeNode 上打标签（例如 role=master 或 role=minion）来区分该 ComputeNode 是作为 Master 节点还是 Minion 节点加入集群中。

NodePool 是指同种类型 ComputeNode 的集合，类似于 Deployment 和 Pod 的关系。NodePool 定义了 ComputeNode 副本的数量和 ComputeNode 的模板。NodePool 控制器将确保 N 个 ComputeNode 运行并始终保持健康，并通过重新创建或修复有故障的计算节点来补救属于该 NodePool 的计算节点上的任何故障。将计算节点分属于多个 NodePool，可帮助运维人员管理不同 Flavor、不同操作系统的计算节点。NodePool 还有助于定义更高级别的抽象，例如自动伸缩组，可以基于实时资源利用率自动伸缩计算机节点池。

6. OSImage

OSImage 表示操作系统的家族、内核版本、发行说明及下载地址。在创建集群的节点时，指定计算节点使用操作系统。更新 ComputeNode 中指定的 OSImage 的名字，则可以将节点从一个操作系统升级到另一个操作系统。

7. SaltMaster 和 SaltMinion

SaltMaster 和 SaltMinion 就是前面提到的 salt-master 服务和 salt-minion 服务的抽象对象。集群中的某个 Master 节点上部署了 salt-master 服务，所有 Master 和 Minion 节点上都部署了 salt-minion 服务。因此，集群控制平面为每个 CompueNode 都创建了一个 SaltMinion 对象，为有 salt-master 服务的 Master 节点创建了一个 SaltMaster 对象。Salt Operator 通过操作 SaltMaster 和 SaltMinion 对象来实现节点的配置更新，利用它们的 Status 来反映当前节点配置应用的版本状态。

当数据中心中上架新的机架时，只需要在集群管理平面注册 Rack 资源对象。当 Rack 控制器监听到新的 Rack 资源对象被创建时，它会根据这个 Rack 资源对象中的信息从硬件管理系统中获取关于这个机架更详细的信息，包括该机架上的设备数量、可用区 AvailabilityZone 和设备的 SKU 等，然后为这个机架上的每个设备创建出一个 ComputeAsset 资源对象。如果一个机架上有 72 个设备，则会创建出 72 个 ComputeAsset 对象。如果 ComputeAsset 对象被创建，就表明这些硬件设备已经可以被用来搭建 Kubernetes 了。

如图 3-17 所示，在搭建新的 Kubernetes 集群时，只需要创建一个 K8sCluster 资源对象，并在其中指定 Master 节点数量个数、Minion 节点个数、节点的类型模板 Flavor 和操作系统版本 OSImage 信息等基本信息。K8sCluster 控制器会根据这个 K8sCluster 资源对象，分别为节点 Master 和 Minion 创建两个 NodePool 资源对象。

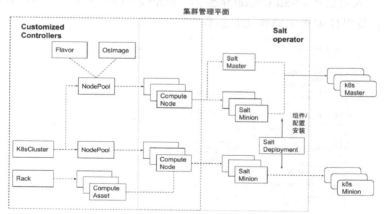

图 3-17　Kubernetes 集群创建过程

NodePool 资源对象中包括所需节点的个数 Replicas、节点的类型模板 Flavor 和操作系统版本 OSImage 等信息。NodePool 控制器会为每个 NodePool 创建数量为 Replicas 的

ComputeNode 资源对象。针对每个 ComputeNode 对象，ComputeNode 控制器会选择满足其 Flavor 的可用的 ComputeAsset 为其安装 OSImage 中指定的操作系统，并按照 Flavor 中的信息进行格式化分区等操作。当 ComputeNode 控制器处理完后，将得到一个未安装 Kubernetes 控制平面组件的虚拟机或物理机。安装控制平面组件的事情就由 Salt Operator 接管了。

对于为 Master 节点创建的 ComputeNode，Salt Operator 选定其中一个 ComputeNode 作为 salt-master 节点，并为其创建一个 SaltMaster 对象。然后根据 SaltDeployment 的最新内容，为其下载 Salt 的 state 配置文件，运行 salt 命令进行配置更新。在这个过程中，控制平面组件执行程序、容器镜像及其他所需的配置文件都将被下载并放置在正确的位置中。当 kubelet、kube-Proxy、API Server、Scheduler 和 Controller Manager 等控制平面组件运行起来时，新集群中的第一台 Master 节点就被创建出来了。接着，Salt Operator 依次在其余的 Master 节点和 Minion 节点上，运行 salt 命令进行配置更新。当这些节点上的 kubelet 被下载并成功启动以后，这个节点就会自动加入当前的集群中。

如果需要添加更多节点到集群中，例如新增 2 个 GPU 的计算节点。如图 3-18 所示，我们只需要创建一个 replicas 为 2 的 NodePool，并选用名为 gpu3g5-minion-std 的 Flavor 和名为 centos-atomic 的 OSImage。NodePool 控制器将会为这个 NodePool 创建 2 个 ComputeNode，并打上标签 role=minion。ComputeNode 控制器将会选择合适的 ComputeAsset 进行系统安装。当系统安装完成后，Salt Operator 发现该 ComputeNode 应以 Minion 的角色加入集群中，Salt Operator 会为 ComputeNode 创建一个 SaltMinion 对象，并执行 salt 命令安装组件配置信息和运行组件。

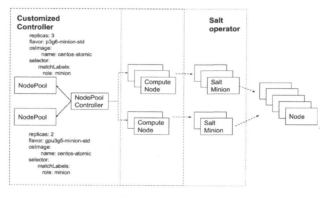

图 3-18　集群节点的扩缩容机制

如果某些节点需要从集群中移除，只需要缩小这些节点所在 NodePool 的 replicas 值，并删除这些节点对应的 ComputeNode 即可。ComputeNode 控制器会将这些设备进行数据清理，并将设备从集群中清理出去。

当集群中的主机节点出现故障后，如果不做修复和清理，那么节点中坏的节点会越来越多，集群的容量会越来越小。如图 3-19 所示，当主机节点上的 Node Problem Detector 检测到该节点有硬件错误或者运行时的错误时，它会将这些状态更新到该节点对应的 ComputeNode 对象的 Condition 里。Remediation 控制器会观测到该节点发生了错误，并根据错误类型采取对应的修复措施，比如重启和重装系统等。如果任何措施都不能修复该节点，那么 Remediation 控制器将会删除这个 ComputeNode，并将此 ComputeAsset 的状态设置为"Maintain"。ComputeNode 控制器将会进一步将这个节点从集群中删除。当这个 ComputeNode 被删除后，NodePool 控制器会发现副本数量少了 1 个，就会立刻创建一个新的 ComputeNode。ComputeNode 控制器就会选用另一个状态良好的 ComputeAsset 安装操作系统。当系统安装完成后，Salt Operator 将运行 salt 安装控制平面组件，最终这个新的节点将会加入集群中，从而保证集群的容量不变。

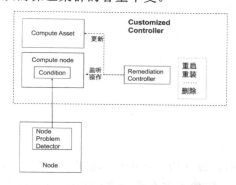

图 3-19　集群节点的修复流程

总而言之，集群中的每个 Node 都分别关联一个 ComputeNode；每个 ComputeNode 都关联一个 ComputeAsset；一个 ComputeNode 属于某个 NodePool；一个 K8sCluster 由多个 NodePool 组成。成千上万的 ComputeAsset 代表了数据中心所能提供的所有计算硬件；ComputeNode 代表已被分配且已装有操作系统的计算节点；NodePool 则代表了相同类型的计算节点池。

通过这些自定义的资源对象和控制器，我们为整个数据中心从硬件设备到软件操作系统等都建立了模型，构建出一个具有 Kubernetes 特点的联动式设备管理系统（Fleet Management System）。通过 Kubernetes 的 API，自动化地、统一地管理私有或公共数据中心的网络、计算、存储和其他组件的基础架构，提供了数据中心基础结构拓扑的全局视图。

4

第 4 章
构建企业级镜像仓库

容器镜像是一个轻量的、独立的、可执行的软件包,它包含完整的可执行代码、运行环境、工具、依赖、配置等。镜像由多个联合文件系统(Union Filesystem)的文件层组成,它的每一层都是只读的,构建完成的镜像不可更改。镜像在容器运行环境中实例化为容器,在容器运行时,会在最顶层添加一个可写层,用于写入应用于运行时的配置和数据。容器镜像关注于应用,因此镜像可以非常小巧,能以极快的速度分发、运行。

镜像可以通过拷贝打包后的镜像文件进行分发,也可以通过镜像仓库进行分发。镜像仓库是集中存储、管理、分发镜像的地方,配合客户端(Docker、Containerd 等)即可完成镜像的分发。对个人开发者或小团体而言,通过文件共享的方式管理、共享镜像不失为一种低成本的镜像管理和分发方式。对企业而言,随着应用镜像的迭代更新,要管理几万、几十万的镜像,以及把镜像分发到几百台、几千台,甚至几万台机器中,使用镜像文件的方式进行分发已经无法满足需求,需要使用镜像仓库进行镜像管理、分发等。

在传统的基于虚拟机或实体机的部署系统中,为了保障运行时的依赖、操作系统环境的安全，需要定时更新依赖包、为操作系统打补丁，或升级操作系统版本。在容器平台中，运行在宿主机上的容器共享操作系统内核，云平台的安全分为两层：操作系统内核安全和镜像安全。由于镜像是不可更改的软件包，因此，可以对容器镜像进行扫描，以保障镜像中的依赖和应用的安全。

镜像安全与操作系统安全都是动态的，会随着新的安全漏洞的发现而变得不安全，为了保障容器平台的安全，需要在容器云平台中设置准入控制，以限制或容忍存在安全漏洞的镜像运行在平台中。同样，需要对运行中的镜像进行监控，及时发现新的不安全的镜像，以便与开发人员进行互动，修复镜像安全问题。

4.1 镜像仓库综述

4.1.1 镜像仓库

镜像仓库（Docker Registry）负责存储、管理和分发镜像。镜像仓库管理多个仓库（Repository），仓库通过命名来区分。每个仓库包含一个或多个镜像，镜像通过标签（Tag）来区分。

客户端拉取镜像时，要指定三要素：

- 镜像仓库：要从哪一个镜像仓库拉取镜像，通常通过 DNS 或 IP 地址来确定一个镜像仓库。在互联网上有很多可用的镜像仓库，当拉取镜像时，要指定从哪一个镜像仓库拉取。当不指定时，通常默认使用 Docker Hub。

- 仓库：表示拉取的是什么应用。在镜像仓库中，仓库通常用于区分不同的应用，例如 Nginx、Jetty 等。

- 标签：表示要拉取具体某个应用的具体版本。若一个仓库代表一个应用，每个标签则代表应用的不同版本。当不指定标签时，默认使用 latest。

下面的示例代码为从默认的 Docker Hub 中拉取一个 latest 的 hello-world 的应用，从代码中可以看到，命令行没有指定镜像仓库，也没有指定标签，最终该镜像从 Docker Hub 拉取标签为 latest 的镜像。

```
$ docker pull hello-world
```

```
Using default tag: latest
latest: Pulling from library/hello-world
0e03bdcc26d7: Pull complete
Digest:
sha256:6a65f928fb91fcfbc963f7aa6d57c8eeb426ad9a20c7ee045538ef34847f44f1
Status: Downloaded newer image for hello-world:latest
```

通过镜像仓库可以方便地在多个运行环境之间共享镜像，通过容器快速模拟相同的运行环境以运行应用，避免因运行环境的不同而导致应用运行异常或行为不一致。

在实际开发环境中，我们通常会根据应用的需要编写 Dockerfile、打包镜像。镜像中包含应用的主体，以及应用需要的运行环境、工具集等。在构建镜像时，可以指定镜像的镜像仓库、仓库及标签，也可以在构建完成后为镜像添加镜像仓库、仓库及标签，从而将同一个镜像推送到不同的镜像仓库中。

下面我们构建一个kubectl镜像，并添加新的完整的镜像标签，然后推送到example.com镜像仓库中，具体示例代码如下：

```
$ docker build -t kubectl:1.18 .
Sending build context to Docker daemon  57.78MB
Step 1/4 : FROM ubuntu:18.04
 ---> 72300a873c2c
Step 2/4 : RUN apt-get update && apt-get install -y vim
 ---> Running in 32f2385389f5
Get:1 http://archive.ubuntu.com/ubuntu bionic InRelease [242 kB]
Get:2 http://security.ubuntu.com/ubuntu bionic-security InRelease [88.7 kB]
….
Processing triggers for libc-bin (2.27-3ubuntu1) ...
Removing intermediate container 32f2385389f5
 ---> 38307bedb7a2
Step 3/4 : COPY kubectl /usr/local/bin/
 ---> fe20848ec91e
Step 4/4 : RUN chmod +x /usr/local/bin/kubectl
 ---> Running in 296d7a0ad312
Removing intermediate container 296d7a0ad312
 ---> 954e0f6ce4fe
Successfully built 954e0f6ce4fe
Successfully tagged kubectl:1.18
$ docker tag kubectl:1.18 example.com/k8s/kubectl:1.18
$ docker push example.com/k8s/kubectl:1.18
The push refers to repository [example.com/k8s/kubectl]
```

```
a09ce1fb34b8: Pushed
bd4ec86e9f69: Pushed
1852b2300972: Layer already exists
03c9b9f537a4: Layer already exists
8c98131d2d1d: Layer already exists
cc4590d6a718: Layer already exists
1.18: digest: sha256:ed179742c47fc1b6b06b0d824701dd363374ad0e71d135e00fe5860370929a79
size: 1788
$ docker push kubectl:1.18
….
```

镜像仓库在镜像共享中处于中心的位置，在镜像构建、持续集成、镜像部署、镜像发布中均与镜像仓库息息相关，如图 4-1 所示。

图 4-1　镜像仓库

4.1.2　镜像管理

镜像仓库直接管理的对象不是具体的镜像，而是仓库（Repository）。仓库通过标签（Tag）管理镜像，如图 4-2 所示。

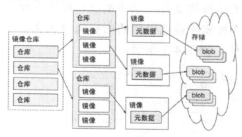

图 4-2　镜像管理

镜像仓库的核心 API 遵循 OCI（Open Container Initiative）规范中的镜像仓库规范（distribution-spec）。所有的客户端与镜像仓库交互的命令均是通过这组 API 进行的。规范中包含镜像 manifest 管理、blob 管理、镜像上传等 API。表 4-1 展示了部分 Distribution Spec

的 API。

表 4-1　Distribution Spec 的 API（部分）

HTTP Verb	URL	功能
GET	/v2/	检查镜像仓库实现的规范、版本
GET	/v2/_catalog	获取仓库列表
GET	/v2/\<name\>/tags/list	获取一个仓库下所有的标签
PUT	/v2/\<name\>/manifests/\<reference\>	上传镜像 manifest 信息
DELETE	/v2/\<name\>/manifests/\<reference\>	删除镜像
GET	/v2/\<name\>/manifests/\<reference\>	获取一个镜像的 manifest 信息
GET	/v2/\<name\>/blobs/\<digest\>	获取一个镜像的文件层
POST	/v2/\<name\>/blobs/uploads/	启动一个镜像的上传
PUT	/v2/\<name\>/blobs/uploads/\<session_id\>	结束文件层上传

镜像由元数据和块文件两部分组成，镜像仓库的核心职能就是管理这两项数据。

- 元数据：元数据用于描述一个镜像的核心信息，包含镜像的镜像仓库、仓库、标签、校验码、文件层、镜像构建描述等信息。通过这些信息，可以从抽象层面完整地描述一个镜像：它是如何构建出来的、运行过什么构建命令、构建的每一个文件层的校验码、打的标签、镜像的校验码等。

- 块文件（blob）：块文件是组成镜像的联合文件层的实体，每一个块文件是一个文件层，内部包含对应文件层的变更。

镜像仓库根据文件层的校验码来管理每个块文件。当多个镜像基于同一个基础镜像构建时，这些镜像拥有相同的基础块文件，这些镜像在镜像仓库中共享这部分块文件。也因此，在删除镜像时，不能直接删除镜像引用的所有镜像块文件，而是由专门的垃圾回收器来清理没有被引用的块文件，如图 4-3 所示。

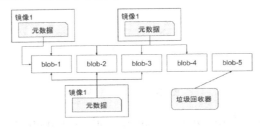

图 4-3　镜像块文件依赖

4.2　企业级镜像仓库

镜像仓库通常分为公有镜像仓库和私有镜像仓库。公有镜像仓库是指暴露在互联网、可以从互联网的任意位置拉取镜像的镜像仓库，比如 docker.io、quay.io、gcr.io 等熟知的公有镜像仓库。私有镜像仓库为个人或企业内部搭建的专用镜像仓库，仅服务于少数人或企业内部。

公有镜像仓库有很多优势：

- 开放：任何开发者都可以上传、分享镜像到公有镜像仓库中。

- 便捷：开发者可以非常方便地搜索、拉取其他开发者的镜像，避免重复造轮子。

- 免运维：开发者只需要关注应用开发，不必关心镜像仓库的更新、升级、维护等。

- 成本低：企业或开发者不需要购买硬件、解决方案来搭建镜像仓库，也不需要团队来维护。

公有镜像仓库虽然有诸多优势，但也有一定的局限性：

- 隐私性：企业的代码和数据是企业的私有资产，不允许随意共享到公共平台。

- 敏感性：企业的镜像会包含一些敏感信息，如密钥信息、令牌信息等。这些敏感信息严禁暴露到企业外部。

- 网络连通性：企业的网络结构多种多样，并非所有环境都可以访问互联网。在生产环境或者与支付、客户信息存储相关的环境中，不仅无法访问互联网，而且同一个网络环境中的两个应用，需要配置特定的网络策略和防火墙规则后方可互相访问。

除了以上公有仓库的局限性，还要考虑以下几方面：

- 安全性：公有镜像仓库中的镜像是由各个开发者分享的，这些镜像通常以功能为目的，对镜像内的依赖包、应用版本等没有任何限制。而在企业环境中，若使用一些含有漏洞的依赖包，则会引入安全隐患。

- 吞吐量：大规模部署容器的企业，对网络的吞吐量有非常高的需求，公有镜像仓库的吞吐量很难保证这样的需求。

- 权限控制：企业中的应用和服务通常由不同的团队开发完成，这些镜像由团队成员负责，其他团队成员可以拉取镜像，但不能上传镜像，更不能修改和删除镜像。镜像仓库要能够为每个仓库分配不同类型的成员来管理仓库中的镜像。例如：有的成员只能拉取镜像，有的成员只能拉取、上传镜像，有的成员可以拉取、上传、删除镜像，等等。

- 成本：公有镜像仓库通常会按照拥有的仓库数量、镜像数量、存储空间、网络带宽、网络吞吐量等来计价，若企业拥有几十万、甚至几百万个镜像，则要使用几十 TB 的空间来存储镜像，公有镜像仓库的价格将非常昂贵。

为了解决公有仓库的局限性，满足企业对镜像仓库的需求，企业需要搭建自己的镜像仓库。这意味着企业要购买硬件、选择镜像仓库方案、搭建镜像仓库、维护镜像仓库，等等。在搭建私有镜像仓库时，需要考虑几项关键因素：

- 稳定性：对私有企业镜像仓库而言，稳定性为首要考虑的因素。若镜像仓库出现问题，则在企业中的任何基于容器的服务都会因为无法获取镜像而出现异常，甚至业务瘫痪。例如，在对应用做不兼容运维升级时，会将所有服务的实例全部删除并部署新版本的镜像，这时若镜像仓库出现稳定性问题，则服务升级会消耗额外的时间，甚至长时间无法提供服务。

- 吞吐量：吞吐量是私有镜像仓库的一个关键指标。对部署了大规模容器的公司而言，会经常性地甚至全时段进行大量的镜像上传、下载作业，若镜像仓库无法满足吞吐量的需求，则会影响镜像上传、增加重试次数等，影响业务的正常部署，甚至会由于超过镜像仓库的极限而无法提供服务。

- 易用性：镜像仓库不仅要提供最核心的仓库功能，还要能够提供友好的界面，以降低镜像仓库的使用门槛，使任何一个开发人员都可以很容易地管理仓库和镜像。

- 易扩展：在构建私有镜像仓库时，需要和企业已经存在的系统进行集成，比如认证、授权、存储等。镜像仓库方案要能够提供多种多样的扩展方案，以满足企业的扩展需求。

- 运维复杂度：运维复杂度是选择镜像仓库方案的重要指标，若运维过于复杂，势必会增加镜像仓库的维护成本，同时增加出错的概率。

- 镜像安全：镜像安全是指对镜像内的应用、依赖、安装包、配置文件等进行扫描，并与 CVE 库、企业策略进行匹配，以确定镜像的安全状态。

4.2.1　架构总览

市场和社区有很多镜像仓库解决方案，这里我们对两个企业级的开源的镜像仓库方案——Harbor 和 Quay 进行简单介绍及对比。

4.2.1.1　Harbor

Harbor 是 VMware 开源的企业级镜像仓库，目前已是 CNCF 的毕业项目。它拥有完整的仓库管理、镜像管理、基于角色的权限控制、镜像安全扫描集成、镜像签名等。其架构总览如图 4-4 所示。

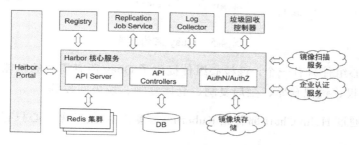

图 4-4　Harbor 架构总览

Harbor 的服务包括以下几方面：

- Harbor 核心服务：提供 Harbor 的核心管理服务 API，包括仓库管理、认证管理、授权管理、配置管理、项目管理、配额管理、签名管理、副本管理等。

- Harbor Portal：Harbor 的 Web 界面。

- Registry：Registry 负责接收客户端的 pull/push 请求，其核心为 docker/Distribution。

- 副本控制器：Harbor 可以以主从模式来部署镜像仓库，副本控制器将镜像从主镜像服务分发到从镜像服务。

- 日志收集器：收集各模块的日志。

- 垃圾回收控制器：回收日常操作中删除镜像记录后遗留在块存储中的孤立块文件。

Harbor 可以通过 Helm Chart 部署到 Kubernetes 集群中，也可以通过 Harbor Operator 进行部署。

4.2.2.2 Quay

Quay 是 Red Hat 开源的企业级镜像仓库。它同样拥有完整的镜像仓库核心功能，以及基于角色的权限控制、镜像安全扫描、镜像签名等。其架构总览如图 4-5 所示。

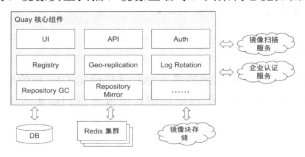

图 4-5 Quay 架构总览

Quay 的核心组件只有一个，该核心组件提供了 Quay 所有需要的功能，包括 UI、Rest API、认证、授权、镜像仓库、全局复制、仓库复制、垃圾回收等。

Quay 可以通过 Helm Chart 部署到 Kubernetes 集群中，其部署核心只有一个 Kubernetes Deployment。

4.2.2.3 架构对比

Harbor 和 Quay 均为企业级的镜像仓库，它们均提供了完善的 UI、认证、授权支持，完善的镜像仓库全局镜像复制、部分仓库的镜像复制，均支持可配置的、主流的块存储引擎，支持外接镜像扫描服务等。两个镜像仓库方案的几个不同特性如表 4-2 所示。

表 4-2 Harbor 与 Quay 的对比

	Harbor	Quay
系统组件	复杂。Harbor 核心包含 Portal、Core、Distribution Registry、Job Service、Log Collector、垃圾回收器等组件	简单。Quay 核心仅有一个组件：Quay Instance
垃圾回收	有暂停的垃圾回收。在做垃圾回收时，需要将 Harbor 转到只读状态	无暂停的垃圾回收。不需要将 Quay 转为只读状态，自动、连续地做垃圾回收

（续表）

	Harbor	Quay
镜像仓库全局复制	支持跨不同种镜像仓库复制，可以从 Harbor 复制到其他镜像仓库中，如复制到 Quay、GCR、ECR 等	仅在 Quay 之间
镜像扫描	支持多种镜像扫描服务：CentOS/Clair、Aqua/Trivy、Anchore/Engine、DoSec	目前仅支持 CentOS/Clair 一种镜像扫描服务

4.2.2　数据库

数据库存储着镜像仓库的用户、用户组、授权、仓库、镜像 manifest、块文件索引等，数据库的健壮性至关重要。它必须满足高可靠、高可用、高性能，同时在数据库受到灾难性的破坏时，能够以无损失或尽量少的损失恢复数据。要满足这些需求，数据库需要以数据库集群的方式进行部署，从而可以容忍单个数据库实例或多个数据库实例宕机。

Harbor 和 Quay 均可以支持多种后端数据库（比如 MySQL、PostgreSQL）。这里以 PostgreSQL 为例来搭建高可靠、高可用、高性能的数据库集群，其整体架构如图 4-6 所示。

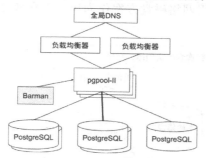

图 4-6　高可用数据库集群

通过 pgpool-II 的主从模式搭建数据库集群。为了保证集群的高可用，将数据库实例跨三个数据中心部署五个数据库实例，从而保障在单个数据中心发生单个数据库实例宕机或单个数据中心的所有数据库实例宕机时，其他数据中心的数据库实例可以继续提供服务。

数据库服务通过 pgpool-II 服务对外暴露。为保证 pgpool-II 服务的高可用，可以通过多实例部署将 pgpool-II 挂载在负载均衡器上，从而最大限度地减少因 pgpool-II 的不稳定而导致数据库服务不稳定的问题。为了避免因为硬件设备故障而导致数据库服务不可用，这里使用两个负载均衡器挂载所有的 pgpool-II 实例，并将两个负载均衡器的地址配置在同一个 DNS 上，如图 4-6 中全局 DNS 与两个负载均衡器之间的配置。

通过多数据中心、主从方式搭建的数据库集群，可以满足数据库的高可用、高可靠。数据库服务通常读多写少，尤其在镜像仓库中。为了加快数据库读取的速度，减少跨数据中心流量，可以通过增加 pgpool-II 所在数据中心的数据库实例的权值，来增加访问本地数据库的概率。

除使用跨数据中心集群的方式部署数据库外，还需要一个完整的数据库备份的功能，以保证在全局数据库服务出现灾难性故障时，可以通过数据库备份进行恢复。图 4-6 中使用 Barman 作为 PostgreSQL 的备份和恢复组件。

4.2.3 块存储

镜像的块文件不适合使用数据库存储，通常使用文件系统或对象存储引擎来存储。

使用文件系统作为块文件存储，常用于本地测试环境或临时环境中，因为当使用文件系统存储时，会因为文件系统的损坏或者硬件的损坏而导致数据丢失，从而导致镜像文件损坏而无法提供服务。若使用网络磁盘方案作为块文件存储也不失为一个不错的方案，比如使用 Ceph，如图 4-7 所示。

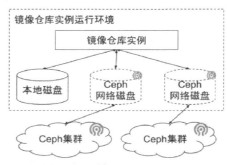

图 4-7　镜像仓库运行实例

通过使用网络磁盘挂载到镜像仓库实例中来操作块文件，可以有效地降低因单个实例或磁盘的故障而导致镜像仓库不可用的风险。若通过网络文件系统（NFS）提供块存储，则可以将 NFS 挂载到多个镜像仓库实例中，从而提高镜像仓库的并发能力。

然而，通过 NFS 操作块文件还存在另一个问题：当操作网络磁盘中的文件时，由于 NFS 在同一时间最多只能有一个实例写入，所以在多个镜像仓库实例提供服务时，只能有一个实例提供写入服务,其他镜像仓库实例只能提供读取服务。NFS 写入是由每个实例的文件系统通过竞争得到的分布式文件锁,因此需要额外的逻辑来控制镜像仓库的写入。若每个实例使用独立的网络磁盘来存储块文件,则会因为每个镜像仓库的实例提供的块文件的不同而需要多个镜像仓库来协调完成元数据的同步、权限同步、用户同步、块同步等,以提供统一的镜像仓库,这无疑会增加镜像仓库的复杂度。

与文件系统相比,对象存储引擎很好地避开了这些弊端,通过对象存储引擎可以方便地管理所有的镜像块文件,同时可以将镜像仓库实例与文件系统剥离开来,使得多镜像仓库实例同时提供读写服务,如图 4-8 所示。块文件存储引擎可以由企业内部自建,也可以使用公有云的块存储服务。

图 4-8 对象存储引擎

4.2.4 镜像仓库实例部署

镜像仓库在部署时,用户配置、权限配置、元数据等存储在数据库中,镜像的块文件存储在对象存储引擎中,每个镜像仓库实例实质上是无状态的服务实例,它接收客户端请求,从数据库读取元数据,从对象存储读取块文件。因此,镜像仓库实例可以通过水平扩展的方式添加更多的实例以拥有更大的吞吐能力,镜像仓库实例拓扑如图 4-9 所示。

虽然通过添加更多的镜像仓库实例,可以有效地提升镜像仓库的吞吐能力,但它并不是无限水平扩展的。随着镜像仓库实例数量的增加,实例对数据库服务的压力也相应增加;随着访问量的上升,镜像仓库的任一环节均可能成为性能瓶颈。例如,数据库连接池的大小、数据库的吞吐量、负载均衡器的带宽、对象存储引擎的带宽、对象存储引擎的吞吐量,等等。因此,在实际部署镜像仓库时,要根据实际性能的需求对各个环节进行调整和优化。

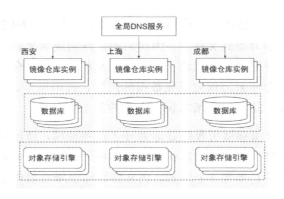

图 4-9　镜像仓库实例拓扑

4.3　镜像仓库缓存

镜像仓库提供的两个关键功能是镜像的存储与分发。存储是指开发人员将构建好的镜像推送到镜像仓库中。镜像分发是指将镜像从镜像仓库分发到运行镜像的机器中。镜像分发所承担的流量远远大于镜像存储，在实际应用中会有更多的挑战。

4.3.1　镜像分发的挑战

镜像仓库遇到的第一个挑战：如何应对海量镜像分发的压力。

我们用一个例子来描述：将一个 50MB 的镜像文件同时部署到 3200 台服务器上，短时间内在 3200 台服务器与镜像仓库之间会产生巨大的瞬时流量。若要在 2s 内完成镜像的分发，则需要大约 800Gb/s 的带宽才能满足需求。如果一台服务器的网络带宽为 10Gb，则需要 80 台服务器同时提供服务才可以满足这样的要求。如果 4s 内完成这些镜像文件的分发，则需要 40 台服务器同时提供服务才可以。这是在不考虑任何网络中间环节传输带宽的情况下得到的理论计算结果。在实际应用中，更多的镜像会达到几百 MB，甚至若干GB，因此镜像仓库面临的压力将更大。

镜像仓库遇到的第二个挑战：如何用合适的成本提高镜像分发的性能。

镜像分发的压力可以通过多种途径来解决，其中比较符合直觉的方案是增加块文件的全局副本数量，并增加块文件存储服务器来应对分发压力。然而这个方案有一个弊端：它无差别地增加所有块文件的副本数量，无论这些块文件所归属的镜像是否是热镜像（热镜像是指部署在集群中或者经常被使用的镜像）。若有一万个镜像，每个镜像大小为 100MB，则在单副本的块文件存储将消耗 1TB 的存储空间。通常块文件存储至少存储三个副本，会消耗 3TB 的存储空间。如果通过增加副本的方式来存储所有的块文件，则消耗的存储空间将成倍增长，而得到的效益不会随着成本的增长而呈线性增加，因为不经常使用、甚至已经淘汰的镜像的块文件副本数量也同样增加。因此，在考虑实际成本的情况下，通过增加块文件存储的副本数量来提高镜像分发性能并不是一个最优的方案。

为应对镜像仓库在实际应用中的这两个挑战，可以根据镜像是否是常用镜像（又称热镜像）引入块文件缓存，如图 4-10 所示。通过增加一个块文件缓存服务来缓存最近使用的镜像块文件，使得镜像拉取从原来的集中镜像仓库拉取，转为从块文件缓存服务拉取，极大地降低了网络通信成本，提高了镜像拉取速度，同时降低了对中央镜像仓库的压力。

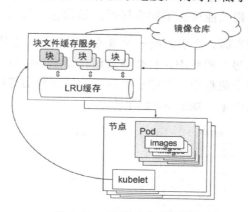

图 4-10　集群块文件缓存

引入块文件存储的同时，需要考虑块文件缓存的有效期，以及缓存大小。若不设置有效期，则随着应用的迭代和更新，越来越多的块文件会驻留在缓存服务中，最终会超过缓存服务的容纳能力。若不设置缓存大小，则遇到集群在短时间内部署大量的不同镜像的情况时，同样会超过缓存服务的容纳空间。因此，需要一种策略来淘汰一部分镜像缓存。这里可以使用 LRU 机制来淘汰最近最少使用的块文件，从而保持缓存服务处于健康的状态，同时不会因为缓存命中率太低而引发缓存失效和缓存抖动的问题。

至于为何只引入块文件缓存服务而不缓存完整镜像，是为了解决一个常见的问题：镜像失效。在实际的开发过程中，经常使用相同的标签推送到镜像仓库中，比如常用的默认的 latest 标签。每次推送新的镜像后，同一个标签再次拉取时，会因为缓存服务中已经有了完整的镜像而不到镜像仓库中拉取最新的镜像，最终拿到的镜像是缓存服务器中老版本的镜像。因此，缓存服务只缓存镜像块文件，而不缓存镜像元数据。

4.3.2　镜像缓存服务拓扑

镜像仓库服务跨多个数据中心的多个故障域（Failure Domain）进行部署。对于缓存服务，也需要考虑它的拓扑结构，以便在提供更好的性能的同时，不过度消耗资源，且不会频繁地发生块文件抖动。

若缓存服务与镜像仓库服务使用相同的跨多数据中心部署，则块缓存服务就会充当一个缓冲的角色，每个集群拉取镜像时，均会与缓存服务交互，在拉取不存在的块文件时会刷新缓存服务中的块文件。当使用这样的拓扑方式时，如果要拉取的块文件在缓存服务中，但不在同一个数据中心，则性能可能不如直接通过镜像仓库拉取块文件，如图 4-11 所示。

在使用跨数据中心缓存时，会引入另一个弊端：缓存服务会因为全局使用的镜像差别范围过大而进入频繁刷新缓存的状态，且会导致缓存命中率降低。因此，可以将缓存服务分散到每个数据中心或每个集群中，以缩小要缓存的块文件的范围，避免跨数据中心拉取块文件，从而提高缓存命中率，如图 4-12 所示。

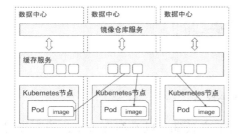

图 4-11　跨数据中心缓存服务

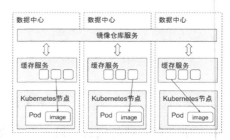

图 4-12　集群缓存服务

当将缓存服务部署在每个 Kubernetes 集群时，可以充分利用 Kubernetes 的 in-cluster 类型的服务来充当缓存服务的访问入口，通过在集群节点上添加特定的路由规则来拦截流向镜像仓库的流量，从而将请求直接转向集群内的缓存服务，而不再直接访问镜像仓库服务。由于集群内运行的应用通常有一定的关联性，所以可以使用特定的缓存策略提前缓存一部分镜像的块文件，以加快镜像分发的性能。

4.3.3 镜像缓存流量管理

镜像缓存服务是运行在每个集群内部的 Kubernetes 服务，它的服务地址是 Kubernetes 控制平面为之分配的内部服务地址（比如 192.168.0.xxx），在容器运行时（比如 Docker Daemon）拉取镜像时，访问的是镜像仓库而非缓存服务。要使容器运行时从集群内部的缓存服务拉取镜像，需要在集群内部对访问镜像仓库的流量进行拦截，并转到集群内部的缓存服务中。

拦截镜像仓库的流量可以分为两个阶段：

（1）节点启动阶段：新节点加入 Kubernetes 集群时，节点上并不存在集群服务的路由表和路由规则。此时的节点只能访问镜像仓库服务。

（2）节点运行阶段：节点已经加入集群中，kube-proxy 已将集群中的路由表和路由规则配置完成，节点上访问集群内部的服务地址会自动转发到具体的 Pod 实例中。此时的节点可以通过访问集群内部的缓存服务来拉取镜像。

通过分析两个阶段的需求，可以在节点上运行一个用于注入缓存服务到 hosts 文件的 Pod，如图 4-13 所示。在节点刚加入集群时，容器运行时根据 Pod 的定义从镜像仓库拉取镜像。在该 Pod 启动后，会在 hosts 文件中注入缓存服务的集群地址，后续主机上的镜像的拉取都是通过缓存服务拉取的。通过 Kubernetes DaemonSet 管理该 Pod，可以保证每个节点上运行且只运行一个实例。

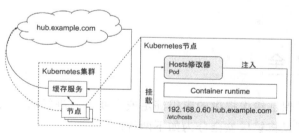

图 4-13　镜像仓库流量管理

4.3.4 高可用镜像缓存服务

镜像缓存作为服务运行在集群中，为了保证服务的可靠性和稳定性，会运行多个缓存

服务实例。由于缓存实例中的块文件有淘汰机制，且缓存实例是无状态的，所以可以通过
Kubernetes Deployment 来部署缓存服务的实例，通过 Kubernetes Service 来部署缓存服务。

缓存服务的所有块文件是从镜像仓库中获取的，任何一个实例的丢失只会丢失一部分
缓存块文件，不会影响镜像的拉取。对每个缓存服务实例来讲，它们的相同点为：都是整
个服务中担当的角色，不同点为：每个实例缓存的块文件根据服务过的镜像请求的不同而
不同。因此，在集群中拉取一个镜像时，会存在拉取镜像的性能不稳定的情况：请求分发
到一个已经包含镜像块文件的缓存实例的性能好于还未缓存镜像块文件的缓存实例。

为了让缓存服务提供更稳定的性能，缓存服务实例之间可以通过共享块文件的方式将
块文件分享到每个缓存实例中，如图 4-14 所示。缓存服务实例之间通过 P2P 的方式共享
块文件，这种方式能使每个新缓存的块文件分享到所有的缓存实例，从而提供稳定的缓存
服务性能。当 Kubernetes 节点因为硬件故障宕机而重新调度新的节点时，新的节点会及时
从其他缓存服务实例中同步并加载已有的缓存块文件，然后提供服务。

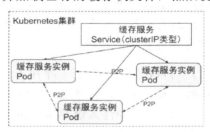

图 4-14　缓存服务实例关系

4.4　镜像安全

镜像安全是为了保证镜像提供的应用满足安全要求而进行的一系列安全防护。从镜像
是否运行的角度，可以将镜像安全分为如下两种：

1. 静态镜像安全

镜像是由镜像元数据及镜像文件层组成的，由于镜像不可变更的特性，通过对镜像的
元数据及文件层分析，即可得到镜像的安全状态，例如是否包含高危漏洞的依赖包、是否
存放了私钥等。

2. 运行时镜像安全

容器是镜像运行时的实体，容器内的文件、依赖、配置等在运行时是可变更的。为了确保运行时的安全，我们要关注正在运行的应用或服务是否包含安全漏洞、是否使用了有安全威胁的协议等。通过不同的探测机制对运行时的应用进行探测可以确定应用是否安全。

运行时的镜像安全与运行的应用、提供的服务紧密相关，探测、扫描机制与传统的基于虚拟机、物理机的扫描并无不同，比如运行端口扫描、协议扫描等，在本节不做展开叙述。

镜像通过 Pod 落地到运行环境中，根据 Pod 的状态可以从以下两个方面来保障集群中镜像的安全：

1. 即将部署到集群中的 Pod

为保证即将部署到集群的 Pod 中的镜像的安全，要对 Pod 中所有的镜像进行安全检查，确定所有的镜像安全后方可部署到集群中。我们可以通过 Kubernetes 的准入控制器对 Pod 的创建行为进行准入控制，若 Pod 中所有的镜像是安全的，则允许创建 Pod；否则拦截 Pod。

2. 正在运行的 Pod

正在运行的 Pod 若没有特殊的操作，则在控制平面无法感知 Pod 中的镜像的安全状态。需要镜像监控器监控集群中的镜像，并对镜像进行安全检查，以确认正在运行的镜像是否安全。若发现不安全的镜像，则通知开发团队进行安全修复。

4.4.1　镜像扫描

镜像扫描通过扫描工具或扫描服务对镜像进行扫描，来确定镜像是否安全：通过分析构建指令、应用、文件、依赖包等，并查询 CVE 库、安全策略来检测镜像是否安全，是否符合企业的安全标准。下面介绍几个分析方法。

1. 构建指令条目分析

镜像是由 Dockerfile 通过镜像构建引擎得到的，Dockerfile 中的每条指令以类似明文的方式存在于镜像的元数据中，若 Dockerfile 中运行了包含敏感信息的命令，则相当于为应用打开了一扇大门，任何人都可以通过一定的方式非法进入运行的容器中。例如，执行 passwd 指令设置用户名、密码，或将私钥文件添加到镜像中。通过分析镜像元数据的构建指令，确定镜像在构建阶段是否存在安全风险。

2. 应用分析

镜像以应用为核心，围绕应用安装一系列的应用、依赖、包等，以提供完备的运行环境、依赖、配置等。例如，Java 应用需要 JRE，Python 应用需要 Python 运行时，HTTPS 服务应用需要 OpenSSL 或 TLS 依赖等。在安全的应用、依赖、共享包中，可能会存在安全漏洞的应用、包等。通过分析镜像的文件层，并收集镜像中安装的这些应用，与 CVE 库、安全策略匹配，以确定镜像是否安全、是否有漏洞及漏洞严重等级等。

3. 文件分析

镜像的文件层是联合文件系统，它管理着对应层的文件变动。这些文件有的是应用，有的是依赖，有的是配置。在配置文件中，有些文件属于敏感文件，不能放在镜像中。例如，.git/config 文件用户 GitHub 的仓库配置，其中包含认证信息，.ssh/id_rsa 文件为私钥文件等。通过分析镜像层的文件并与安全策略进行匹配，确定是否包含可能会泄露敏感信息的文件。

镜像的安全问题通常是无意间引入的，例如：使用较老的、含有漏洞的镜像作为基础镜像打包应用；构建镜像时安装了包含漏洞的依赖包；有新的 CVE 被发现等。通过镜像扫描了解到镜像存在什么问题，并进行针对性的修复。

4.4.1.1　构建指令问题

构建指令问题是指在构建镜像时使用了不恰当的指令导致敏感信息泄露。下面从一个具体例子出发来展示敏感信息是如何泄露，以及如何修复的。Dockerfile 代码如下：

```
FROM example.com/libs/jetty:9.6
COPY foo.war /webapps/
COPY private.key /etc/ssl/foo
COPY private.crt /etc/ssl/foo
```

Dockerfile 在构建镜像时，将私钥及证书直接打包到镜像中，这意味着任何人都可以从镜像中提取私钥和证书。在网络攻击中，若中间人对流量进行拦截并使用此镜像中的私钥与证书搭建伪服务器，则可以从加密信息中获取所有客户端的流量内容，甚至包含密码、交易信息等。

通过 Dockerfile 构建指令的方式泄露出来的敏感信息，可以通过将配置与应用隔离的方式来规避这个问题。在构建镜像时，所有的指令都是针对应用进行的构建，不包含或仅包含公共的配置信息，其余的配置信息在应用运行时进行配置。

经过调整后的 Dockerfile 如下：

```
FROM example.com/libs/jetty:9.6
COPY foo.war /webapps/
```

在 Kubernetes 中，可以通过 Secret 保存证书、秘钥等敏感信息，将 Secret 以 volume 的形式挂载到 Pod 的容器中。在 Pod 启动时，kubelet 会从 Kubernetes 控制平面拉取 Secret，并最终挂载到应用容器的特定挂载点。

私钥、证书的 Secret 配置如下：

```
apiVersion: v1
data:
  private.key: LS0tLS1C...SSVZBVEUgS0VZLS0tLS0K
  private.crt: Q2VydGlm...VSVElGSUNBVEUtLS0tLQo=
kind: Secret
metadata:
  name: foo-certs
type: Opaque
```

私钥、证书的 Secret 在 Pod 中的配置如下：

```
apiVersion: v1
kind: Pod
metadata:
  name: foo-server
spec:
  containers:
  - image: example.com/rest/foo:latest
    imagePullPolicy: Always
    name: foo
    ports:
    - containerPort: 443
      name: rest
      protocol: TCP
```

```
  volumeMounts:
  - mountPath: /etc/ssl/foo
    name: foo-certs
    readOnly: true
  volumes:
  - name: foo-certs
    secret:
      secretName: foo-certs
```

4.4.1.2　应用依赖问题

通常应用除可执行文件外，还需要容器所提供的运行环境，包括操作系统环境、中间件、依赖包等。而运行环境中的这些组件有其自身的安全风险，并且开发人员通常忽视或无能力感知这些风险，这样的安全问题通常是在发现问题后被动升级的。

我们继续以 4.4.1.1 节中的 Dockerfile 为例，基础镜像 example.com/libs/jetty:r1 使用的 OpenSSL 版本为 1.0.0 版本，它包含一个紧急程度的漏洞，需要升级到更新的版本以解决此安全问题。

为了解决安全问题，可以在 jetty 的仓库中搜索是否有更新的镜像。如果有，并且在说明文档中描述已经修复此问题，那么可以通过升级镜像的方式来解决安全问题；如果没有，则需要通过对镜像增加定制来修复安全问题。下面的示例 Dockerfile 为通过定制镜像的方式修复安全问题：

```
FROM example.com/libs/jetty:9.6
RUN yum update openssl
COPY foo.war /webapps/
```

4.4.1.3　文件问题

在构建镜像时，除应用本身外，还会添加应用需要的配置文件、模板等，在添加这些文件时，会无意间添加一些包含敏感信息或不符合安全策略的文件到镜像中。由于镜像文件使用了联合文件系统，每条指令均会在原来的文件层之上叠加新的文件层。因此，当镜像中存在文件问题时，需要通过引入该文件的构建指令行进行修复，而不是通过追加一条删除指令来修复。若通过添加一条新指令来删除指定的文件，则在镜像的最终可见层虽然无法看到已添加的文件，但实际上该文件仍然存在于镜像的中间层的文件系统中，只要解压镜像即可获取对应的文件，如图 4-15 所示。

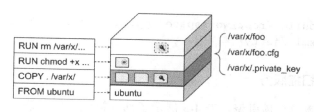

图 4-15　文件问题

下面我们以一个具体的例子来说明镜像问题是如何引入的，在该例中，开发人员通过非常简单的命令构建一个镜像：

```
FROM openjdk:15-jdk
COPY . .
RUN mvn package
COPY server.xml /jetty/
...
```

运行 COPY . . 时因为没有配置.dockerignore，所以将.git 目录一同打包到镜像中。当发现镜像存在安全问题时，它无法通过追加一条命令进行修复，下面的代码示例是一个错误的修复方式：

```
FROM openjdk:15-jdk
COPY . .
RUN mvn package
COPY server.xml /jetty/
...
RUN rm -fr .git
```

增加 RUN rm -fr .git 命令，只是在最终得到的镜像可见层上看不到.git 目录，而在中间的镜像层中，.git 目录仍然存在。因此，需要调整 COPY 指令以避免将.git 目录添加到镜像中。此例中的修复方式可以通过在项目目录中添加.dockerignore 条目来跳过.git 目录；也可以通过调整 COPY 命令行，精确地指定要添加的文件清单；也可以通过使用多阶段构建的方式，在第一阶段编译出应用，在后面的阶段将编译结果添加到输出阶段的镜像中，修改为多阶段构建的 Dockerfile 如下：

```
FROM openjdk:15-jdk as build
COPY . .
RUN mvn package
...

FROM openjdk:15-jdk
```

```
COPY --from=build /root/workspace/app.jar /root/workspace/app.jar
COPY server.xml /jetty/
```

4.4.1.4 镜像扫描服务

市场上有很多镜像扫描引擎，表 4-3 展示了部分镜像扫描引擎，并对几项重要功能进行了对比。

表 4-3 镜像扫描引擎对比

供应商	Anchore	Aqua	Twistlock	Clair	Qualys
镜像文件扫描	支持	支持	支持	支持	支持
多 CVE 库支持	支持	支持	支持	支持	支持
是否开源	是	部分		是	
商业支持	支持	支持	支持		支持
可定制安全策略	支持		支持		
镜像仓库支持	Harbor			Quay、Harbor	

在选择镜像扫描服务时，要根据需求来选择合适的镜像扫描方案。每个镜像扫描服务的部署方式和运行方式各不相同，这里不做展开。

4.4.2 镜像策略准入控制

镜像准入控制是在部署 Pod、更新 Pod 时，对 Pod 中的所有镜像进行安全验证以放行或拦截对 Pod 的操作：

- 放行：Pod 中所有的镜像都安全，允许此次的操作，Pod 成功被创建或更新。

- 拦截：Pod 中的镜像未扫描，或已经扫描但存在安全漏洞，或不符合安全策略，Pod 无法被创建或更新。

镜像策略准入控制在 Kubernetes 控制平面中的位置及工作原理如图 4-16 所示。

Kubernetes 原生提供镜像策略准入控制器，它对 Pod 的创建和更新进行准入控制。在验证时，准入控制器会收集 Pod 中所有的镜像，并向准入控制服务发起请求，若准入控制返回 allow:true，则准入控制器允许此次 Pod 的操作；若返回的结果为 allow:false，则此次的 Pod 操作将被拒绝。

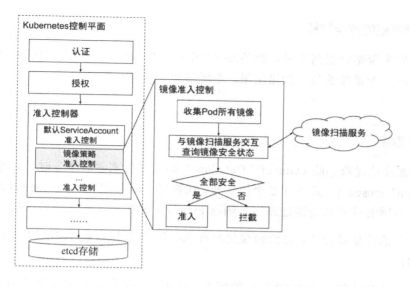

图 4-16　镜像策略准入控制

如果直接使用 Kubernetes 原生提供的镜像准入控制器，以及镜像扫描服务提供的镜像验证逻辑作为镜像的安全验证，那么任何对 Pod 的创建和更新请求，都会经过准入控制的安全验证。它满足如下两个准入控制需求：

- 创建 Pod 时，准入控制器调用镜像扫描服务检查 Pod 中包含的所有镜像是否安全，如果安全则放行，如果不安全，则拒绝 Pod 创建。
- 更新 Pod 时，准入控制器执行与创建 Pod 时相同的动作，以验证 Pod 中所有镜像的安全性，并做出准入控制行为。

4.4.2.1　准入控制器的挑战

在实际生产环境中，必须要面对几个现实场景：

1. 不断变更的 CVE 库

CVE 库是独立存在且动态更新的，每天都可能有新的漏洞被发现，每天都可能有漏洞的严重等级发生变更。因此，在镜像不变、安全策略不变的情况下，由于新的漏洞出现或者安全等级的变更，使得原本安全的镜像变得不安全。

2. 不断变更的安全策略

企业的安全策略会根据应用、服务及 CVE 库的更新而进行适当的调整。调整后的策略会实时影响一个镜像的最终扫描结果。当新增加一条安全策略时，原本安全的镜像可能会变得不安全。

3. Pod 删除

Pod 的删除是优雅删除（Graceful Deletion），即在调用删除的命令时，实质上是为 Pod 添加 DeletionTimestamp，后续在多个控制器、代理对 Pod 发起一系列的更新动作后才会删除。例如：不同的控制器会通过添加、删除 Finalizer 来控制一些资源的释放。

这些实际的数据和设计，会给镜像策略准入控制器带来非常大的挑战，具体体现在以下两个方面：

（1）在更新 Pod 时，由于 CVE 库的变更，Pod 中的某些镜像由安全转为不安全，Pod 的任何更新会被准入控制器拦截，导致 Pod 无法被更新和删除，如图 4-17 所示。

（2）在 Pod 镜像出现安全问题时，正常的业务操作不能间断，否则在需要新增副本以应对峰值流量时，会因为镜像安全问题而被拦截，从而导致没有增加副本，最终使服务被压垮，造成业务损失。

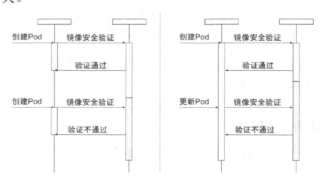

图 4-17　变动的镜像安全与准入控制

4.4.2.2　准入控制器解决方案

为了解决镜像安全状态的变更问题，需要对镜像准入控制器进行扩展：引入带有效期支持的白名单机制，以容忍不安全或不符合安全策略的镜像，具体做法如下：

- 默认放行安全的镜像，拦截不安全的镜像。

- 对已经运行在集群中的不安全的镜像，提供有限时间的放行。

- 允许在特殊情况下放行不安全的镜像。

经过扩展的镜像策略准入控制器逻辑如图 4-18 所示。

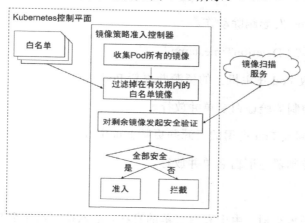

图 4-18 经过扩展的镜像策略准入控制器逻辑

下面给出一个镜像的白名单代码示例，该白名单的有效期从 2019-06-24T12:02:31Z 到 2019-07-08T12:02:31Z。

```
apiVersion: security.example.com/v1alpha1
kind: WhitelistImage
metadata:
  name: foo
  namespace: bar
spec:
  image: example.com/libs/jetty:9.6
  validFor:
    notAfter: 2019-07-08T12:02:31Z
    notBefore: 2019-06-24T12:02:31Z
```

镜像策略准入控制器的行为将发生如下变化：

（1）放行所有镜像都安全的 Pod。

（2）放行存在安全问题、且在白名单有效期内的镜像的 Pod。

（3）拦截其余的 Pod。

现在我们再回顾一下镜像安全状态变更的过程：

（1）安全的镜像被部署到集群中。

（2）镜像发现新的安全漏洞，或者因安全策略的变更而变得不安全。

（3）管理员对 Pod 发起删除动作。

（4）在 Pod 上添加 DeletionTimestamp。

（5）kubelet 回收 Pod 在主机上的资源并更新 Pod 状态。

（6）镜像准入控制器验证白名单并放行。

（7）Controller 回收 Pod 占用的资源并更新 Finalizer。

（8）镜像准入控制器验证白名单并放行。

（9）删除 Pod。

当 Pod 的镜像不安全时，由于有白名单的存在，准入控制器不会拦截 Pod 在调用删除后的任何更新动作，所以 Pod 使用的各项资源被成功回收，并最终完成 Pod 删除。

4.4.3　镜像安全监控

通过镜像策略控制器可以有效地管控要部署到集群中的镜像的安全性，也可以管控白名单允许的尚有安全问题的镜像。我们了解镜像的安全状态会因为 CVE 的变更或安全策略的变更而发生改变。那么我们如何发现镜像不安全呢？当策略发生变更时，我们又是如何知道哪些镜像的安全状态因为策略的变更而改变呢？镜像策略准入控制支持白名单机制，白名单是由谁来创建的？

4.4.3.1　扫描监控

为了确定一个镜像是否包含安全问题、是否违反安全策略，需要在有新的安全问题被发现、危险等级变更时，重新对镜像进行扫描，以确定镜像仓库中的镜像是否依然安全。同样，如果更新了安全策略，则需要对镜像仓库中的镜像重新扫描。

我们从 4.4.1 节了解到，扫描镜像是一件耗时耗力的工作，需要经过以下几个步骤：

（1）镜像扫描服务从镜像仓库拉取镜像。

（2）解析镜像的元数据。

（3）解压镜像的每一个文件层。

（4）提取每一层所包含的依赖包、可运行程序、文件列表、文件内容扫描。

（5）将扫描结果与 CVE 字典、安全策略字典进行匹配，以确认最终镜像是否安全。

当镜像仓库有几十万，甚至几百万的镜像时，如果要在 CVE 字典发生变更时就对镜像仓库的所有镜像进行扫描，那么要传输的数据、消耗的时间将是天文数字。而且几乎每天都有新的 CVE 被发现，安全策略也会不定期地更新，若每次发生这样的变更都要对镜像仓库的所有镜像发起扫描，那么这将是一件不可能完成的任务。因此，在 CVE 和安全策略发生变动时，不能扫描镜像仓库中的所有镜像，而是需要使用更有效率的扫描策略来应对这个挑战。我们知道，镜像有三个优先级：

（1）正在运行的镜像处于高优先级。

（2）最近推送的镜像处于中优先级。

（3）推送超过一定时间而未被使用的镜像处于低优先级。

针对这三种优先级使用不同的扫描策略：

（1）高优先级：每周对这些镜像进行重新扫描。

（2）中优先级：每月对这些镜像进行重新扫描。

（3）低优先级：每三个月对这些镜像进行重新扫描。

我们可以通过提供不同的扫描策略来大大减少因 CVE 的变更或策略变更而执行扫描的镜像规模，通过最优先扫描生产环境中使用的镜像来保证在线服务的安全。

4.4.3.2　自动白名单

如果在已运行的安全镜像中发现新的 CVE 且不符合安全策略，那么该安全镜像将转为不安全镜像。对于不安全的镜像，镜像策略准入控制器会阻止新的 Pod 实例的创建，以及已经存在的实例的更新。对 Kubernetes 的用户而言，若应用稳定地运行在集群中，则用户对于镜像是否安全是无感知的。镜像的安全问题只有在对应用进行升级或对 Pod 执行操作，并被镜像策略准入控制器拦截时，才会发现镜像不安全。若对应用执行操作的不是用

户，而是自动化服务或 Operator，那么应用的自动化运维会被阻断，若自动化运维与自动
扩缩容相关，那么想要在业务高峰来临时自动添加新的 Pod 来为应用扩容，则会因为准入
控制器的拦截而无法实现，从而使应用效率下降，甚至会被流量压垮而造成业务损失。

为了避免这样的事情发生，首先，我们需要为正在运行的有安全问题的镜像自动添加
带有效期的白名单。通过在 Kubernetes 集群中运行镜像哨兵（它监控集群中所有 Pod 的镜
像，并周期性地与镜像扫描服务进行交互）来获取每个镜像的安全状态。当发现新的不安
全镜像时，自动为新的不安全镜像创建包含默认有效期的白名单，如图 4-19 所示。

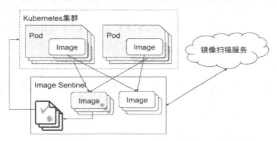

图 4-19　自动创建白名单

然后，向用户发送安全报告，及时告知用户集群中正在运行镜像的安全状态。

这样，用户就可以及时了解到目前正在使用镜像的安全状态，从而根据安全报告的内
容对存在安全问题的镜像进行针对性的修复。

5

第 5 章
多租户生产集群

基于 Kubernetes 对应用的抽象，可以将不同类型的应用通过统一的定义接入平台，这使得 Kubernetes 可以作为一个统一的云平台为各种类型的应用提供支撑。当多个用户共用同一平台时，平台运维会面临更多挑战：如何区分、管理不同的用户和用户组；如何控制各个用户、用户组的权限，确保每个用户只能访问授权的资源；如何公平、合理地分配平台的资源给不同用户，防止单个或某些用户非法侵占计算资源；如何隔离不同用户的工作负载、数据，保证数据安全、不泄露；如何确保应用的安全稳定，防止其他用户或匿名流量的非法访问。这些是所有多租户云平台所面临的共有问题。

如何让 Kubernetes 支持多租户、如何对租户的 Kubernetes 对象的访问进行管理、如何做 Kubernetes 对象隔离、如何管理租户在集群中的配额，这些是 Kubernetes 中多租户管理的必经之路。本章将对每个项目逐一展开讲解。

5.1 租　　户

租户是指一组拥有访问特定软件资源权限的用户集合，在多租户环境中，它还包括共享的应用、服务、数据和各项配置等。多租户集群必须将租户彼此隔离，以最大限度地减少租户与租户、租户与集群之间的影响。此外，集群须在租户之间公平地分配集群资源。通过多租户共享集群资源，可以有效地降低集群管理成本，提高整体集群的资源利用率。

5.1.1　多租户支持

租户管理首先需要识别访问的用户是谁，因此用户身份认证是多租户的基础。在此基础上才能进行更多的权限控制，如允许合法登录的用户访问、拒绝非法登录的用户访问或提供有限的匿名访问。Kubernetes 可管理两类用户，一类是用来标识和管理系统组件的 ServiceAccount；另一类是外部用户的认证，需要通过 Kubernetes 的认证扩展来对接企业、供应商的认证服务，为用户验证、操作授权、资源隔离等提供基础。

通过完整的认证机制，可以保证每个要访问的用户为 Kubernetes 平台的合法用户。若要确保登录的用户能做什么样的操作，则需要合适的授权机制。对于完善的授权管理，要能够精确地控制每个用户对每个资源的访问，保证每个用户只能做授权范围内的操作。Kubernetes 原生提供了极其灵活的基于角色的授权管理机制，它可以精确控制到一个账户、组对单个资源的单种请求动作，如精确定位一个用户是否可以在某个命名空间中对某个 Pod 进行 Get 操作。Kubernetes 提供两个层级的授权管理：

1. 集群级

在此层级授权的对象，可以操作非命名空间的资源与所有命名空间的资源。例如：Node、PodSecurityPolicy 等资源为非命名空间的资源，只能通过集群级的权限定义进行授权。Pod、ConfigMap 等资源为命名空间资源，当通过集群级的权限定义时，表示授权对象在所有命名空间中拥有授权的权限。

2.　命名空间级

在此层级的授权对象，可以操作此命名空间的资源，无法操作其他命名空间的资源。

完善的认证、授权机制为用户上线应用提供了充分的前提条件：认证用户登录到 Kubernetes 集群，并在授权范围内创建 Namespace、Pod、Service 等资源，完成应用的部署。

从 Kubernetes 集群提供商、基础设施层面来讲，这还远远不够。除认证、授权这些基础条件外，还要能够保证用户的工作负载彼此之间有尽可能安全的隔离，减少用户工作负载之间的影响。通常从权限、网络、数据三个方面对不同用户进行隔离：

1.　权限隔离

普通用户的容器默认不具有 priviledged、sys_admin、net_admin 等高级管理权限，以阻止对宿主机及其他用户的容器进行读取、写入等操作。

2.　网络隔离

不同的 Pod，运行在不同的 Network Namespace 中，拥有独立的网络协议栈。Pod 之间只能通过容器开放的端口进行通信，不能通过其他方式进行访问。

3.　数据隔离

容器之间利用 Namespace 进行隔离，在第 2 章中我们已经对不同的 Namespace 进行了详细描述。不同 Pod 的容器，运行在不同的 MNT、UTS、PID、IPC Namespace 上，相互之间无法访问对方的文件系统、进程、IPC 等信息；同一个 Pod 的容器，其 mnt、PID Namespace 也不共享。

我们通过完整的隔离手段保证每个用户的工作负载在集群中安全、高效地运行。对云平台而言，所有的资源并不是无偿提供的。因此，云平台要为集群的每个用户限制能够使用的集群资源。同时，云平台要公平地将资源分配到承载的工作负载中。Kubernetes 提供了原生的资源配额管理——ResourceQuota。它是基于命名空间的配额管理，通过定义 ResourceQuota 对象来限制每个命名空间中可支配的资源。

Kubernetes 通过 Role 和 RoleBinding 来管理每个命名空间中的访问权限，如定义命名空间的管理员，授权用户各种资源的操作权限等；通过 PodSecurityPolicy 和 RoleBinding

来完成用户与用户、用户与控制平面的特殊权限隔离,如云平台为每个用户组定义特定的 selinux 域,保证每个用户、组的工作负载都在特定的域中,完全隔离其他用户的嗅探,以及容器隔离被攻破的情况下对用户数据的额外的一层保护;通过 NetworkPolicy 来定义每个用户、组的工作负载彼此之间的可达性,保证用户的工作负载彼此之间没有非授权的访问,且可通过定义来允许特定实例访问。

在多租户的支持中,通常企业通过使用 Kubernetes 原生的命名空间的各种隔离机制来完成租户的落地,这样用极小的代价就可以完成租户的管理,下面介绍几个常用的隔离机制:

(1)创建一个租户的命名空间。

(2)为命名空间配置管理员权限,并授权给租户的原始用户。

(3)生成租户专属的 selinux 域,并绑定到该命名空间。

(4)根据集群策略,配置租户的默认 NetworkPolicy,以控制访问命名空间的流量。

(5)在命名空间中分配默认的资源配额。

5.1.2　Kubernetes 多租户有限支持

Kubernetes 命名空间作为多租户的解决方案,可以快速完成租户上线和应用部署。在实际应用环境中,会因为应用的复杂程度、租户需求的多样性而遇到不同的瓶颈。

对小平台、小企业而言,应用通常比较单一,使用命名空间这种隔离方案,将所有的应用、服务、授权放在单一的命名空间中,可以满足基本需求。对于中、大型企业,应用的多样性和复杂程度不可同日而语,若使用命名空间作为隔离方案,将不得不面临运维瓶颈:在单命名空间中维护多个不同类型、不同目的的应用。对单个应用的运维而言,通过 Kubernetes 的模型修改和定制,即可完成应用的升级、微调等。若一个命名空间中部署几个、几十个不同的应用,则在应用运维时,必须谨慎地检查每一个配置文件、每一个模型依赖关系,以确保对单个应用的运维不会影响到同一个命名空间中的其他应用。租户与 Kubernetes 的应用场景如图 5-1 所示。

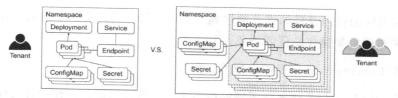

图 5-1　租户与 Kubernetes 的应用场景

以下是部分 Kubernetes 官方文档对命名空间的描述：

> Namespaces are a way to divide cluster resources between multiple users (via resource quota).
>
> In future versions of Kubernetes, objects in the same Namespace will have the same access control policies by default.
>
> It is not necessary to use multiple Namespaces just to separate slightly different resources, such as different versions of the same software: use labels to distinguish resources within the same Namespace.

我们可以通过 Kubernetes 的命名空间达到以下目的：

（1）对用户做隔离。

（2）为用户分配配额。

（3）为资源定制访问策略。

（4）部署相似的应用或单个应用的不同版本。

一个命名空间通常用于单个应用、单个服务。对于多应用、多服务的场景，根据命名空间的定义，不太适合部署在同一个命名空间中。在实际环境中的大型的、复杂的应用，通常会包含数个、甚至数十个组件和微服务，继续将所有的组件和服务部署在同一个命名空间中，并不是一个很好的选择。若将所有组件部署在单个命名空间中，则用户必须做到以下几点：

（1）为每个组件、微服务的资源配置单独的访问策略，保证每个组件的开发、运维人员不会意外地触及其组件而导致事故。

（2）为每个组件、配置打上特定的标签，使得组件之间通过标签即可完成分辨，减少误触。

（3）声明组件的资源及资源彼此的依赖关系，使得开发人员和运维人员在做操作时可以通过依赖关系确定要操作的资源清单。

（4）基于 Kubernetes 进行资源管理的二次开发等。

若将所有的组件和服务部署在不同的命名空间，就可以很方便地管理每个组件、服务的部署和运维，而不用担心对单个组件操作时会影响其他的组件，如图 5-2 所示。

在实际的企业环境中，除大型应用外，还包括团队管理和多应用管理。通常一个团队会同时负责多个应用的开发和维护。从相关性来讲，这些应用可能是彼此不相关的、相互独立的，也可能是一个应用的有依赖关系的不同组件。从应用的生命周期来讲，有的是团队从头到尾开发的、拥有完整生命周期管理的应用，有的是从其他团队转接过来的、做后续开发和维护的应用。

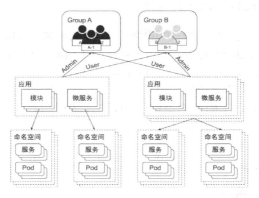

图 5-2　Kubernetes 复杂场景示例

因此，在应用的管理方面，不仅仅要考虑应用部署的问题（是部署在同一个命名空间，还是不同的命名空间），还要考虑应用的权限管理问题（要及时地、动态地调整每个命名空间的访问控制、权限管理、组管理等）。若将一个企业作为一个租户部署在 Kubernetes 的单个命名空间中，必定会面临上述多应用管理的问题，引入额外的管理成本和维护成本，以及基于供应商、云平台进行二次开发的成本。因此，使用 Kubernetes 提供的基于命名空间的租户隔离机制，已经无法满足实际应用场景的需求。

5.1.3　Kubernetes 租户扩展

由于 Kubernetes 原生没有租户的定义，若直接使用 Kubernetes 原生的命名空间作为租户的隔离单元，必定会引入额外的应用管理的复杂度，并将二次开发、扩展的工作转嫁给 Kubernetes 平台的用户：租户要建立自己的一套应用管理、授权、部署体系，来对接 Kubernetes 原生 API（或云平台基于 Kubernetes 抽象的另一层 API），并在 Kubernetes 基础上添加额外的授权管理、网络管理等。

租户是一个抽象的定义，落实到 Kubernetes 中，租户对应于一系列的资源定义如下：

（1）命名空间：命名空间属于且仅属于一个租户。

（2）权限定义：定义内容包括命名空间中的 Role 与 RoleBinding。这些资源表示目前租户在归属于自己的命名空间中定义了什么权限、授权给了哪些租户的成员。

（3）特殊权限授权：特殊权限指集群级的特定资源定义——PodSecurityPolicy。它定义了一系列工作负载与基础设施之间、工作负载与工作负载之间的关联关系，并通过命名空间的 RoleBinding 完成授权。

（4）网络策略：基础设施层面为保障租户网络的隔离机制提供了一系列默认策略，以及租户自己定制的用于租户应用彼此访问的策略。

（5）Pod、Service、PersistentVolumeClaim 等命名空间资源：这些定义表示租户的应用落地到 Kubernetes 中的实体。

在 Kubernetes 中，租户对应于一组拥有相同权限定义的用户，一系列 Kubernetes 的命名空间，以及命名空间中的各种资源。对 Kubernetes 供应商而言，要提供租户的支持，还需要提供完整的租户定义的管理：

- 租户管理：管理租户资源，并管理租户下的所有成员。

- 租户命名空间管理：管理租户创建的命名空间。

- 租户权限管理：为租户提供完整的权限管理，默认为租户的管理员账户授予命名空间的全部权限，由各租户管理员自己管理其他租户成员的权限。

- 租户网络管理：管理租户的网络策略，对于同一租户的不同命名空间，可以互相访问。对于不同租户的不同命名空间，要保证完全的网络隔离。

- 租户配额管理：管理租户的各项 Kubernetes 资源配额，提供默认的配额，并保证租户在各个命名空间消费的资源总额不超过租户的配额。

Kubernetes 供应商有各自的租户管理方案，通常将租户的管理方案作为单独的服务暴露到平台的各个服务中。Kubernetes 提供了一套灵活的资源发现、模型定义和扩展机制，可以动态地发现新增的资源，并对新发现的资源进行服务。这为供应商提供多租户支持打开了一扇窗。

Kubernetes 供应商或云平台只需在租户服务中暴露出一个符合 Kubernetes API 标准的服务接口，即可通过 API Service 对象和 Service 对象将租户服务聚合到标准的 Kubernetes API Server 中，如图 5-3 所示，且可通过 Kubernetes 的命令行工具 kubectl 进行交互。

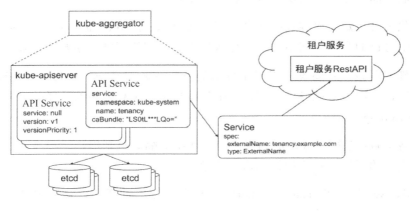

图 5-3　聚合租户服务

通过引入租户来管理租户在 Kubernetes 中的资源，扩展原生 Kubernetes 对租户支持的不足，从而将租户从命名空间的桎梏中解脱出来：

（1）租户同时管理多个命名空间，避免一个租户与一个命名空间的单向绑定。

（2）租户根据应用的需求，创建多个命名空间，并将不同的应用组件拆分到各命名空间中，将部署从命名空间中解耦，避免由于变更一个组件而带来牵连或"雪崩"。

（3）租户在每个命名空间中创建不同的 Role 和 RoleBinding，为不同的用户授予不同的权限，从而简化最终用户的权限管理，减少二次开发的成本。

（4）租户可以自由管理租户的配额，将租户的配额分配到各命名空间中，既保证租户的配额不会被单个命名空间耗尽，又保证配额管理的灵活性。

对 Kubernetes 供应商或云平台而言，除了提供上述面向租户的核心功能，还要提供租户的成员管理、权限管理、工作负载的安全和隔离等，具体体现在以下 5 个方面：

（1）为租户创建工作组，并初始化租户管理员为初始化组成员。

（2）在租户的命名空间中授予租户管理员全部权限，保证初始阶段的访问控制。

（3）为每个租户创建特定的 PodSecurityPolicy，并授予平台默认的最小集合，且租户彼此之间除系统内核外没有任何共享资源（对特殊场景下需要使用基于 Kata 或其他技术的轻型虚拟化技术做更高级的隔离）。

（4）为每个租户动态创建网络策略，保证在租户的所有命名空间中的工作负载彼此可达，租户之间不可访问。

（5）根据配额策略为每个租户创建默认配额，满足企业的配额管理需求。

Kubernetes 支持多重扩展：聚合器扩展、Custom Resource Definition（简称 CRD）扩展。利用聚合器扩展可以直接对接企业已有平台的所有数据，完成已有租户的无感支持。利用 CRD 扩展则是通过扩展 Kubernetes 的资源模型来实现的，相对于聚合器扩展，CRD 在性能、扩展、对接方面有更强的灵活性。

下面来看一个扩展出的租户实例，实现代码如下：

```yaml
apiVersion: tenancy.example.com/v1alpha1
kind: Tenant
metadata:
  name: datacloud
  # ....
spec:
  groupRef:
    apiVersion: tenancy.example.com/v1alpha1
    kind: Group
    name: datacloud_admin
  owner: armstrong
  # ....
  namespaces:
  - apiVersion: v1
    kind: Namespace
    name: datacloud-compute
  - apiVersion: v1
    kind: Namespace
    name: datacloud-storage
  - apiVersion: v1
    kind: Namespace
    name: datacloud-portal
  # ....
```

在租户的定义中，有租户的基本信息、工作组，以及租户的命名空间。在工作组信息中，定义了该租户的成员信息。工作组示例代码如下：

```
apiVersion: tenancy.example.com/v1alpha1
kind: Group
metadata:
 name: datacloud_admin
 # ....
spec:
 owner: armstrong
 admins:
 - armstrong
 members:
 - jesse
 # ....
```

通过租户和工作组的定义，可自顶向下完成租户的管理：命名空间、权限、配额、应用、服务、访问控制等。

5.2 认　　证

认证是访问所有服务的第一步，用于验证当前的访问者是否为合法用户，包含用户的身份校验与有效校验。Kubernetes 原生支持多种认证方式，在实际应用环境中要选择合适的认证方式对用户进行认证。在真实的多租户环境中，除了考虑认证的功能，还需要考虑在大规模部署的情况下认证模块的性能和稳定性，找出认证的瓶颈，并选择合适的解决方案。本节将对 Kubernetes 认证进行展开，并逐步引申到实际的应用环境中，讲解如何解决在实际环境中遇到的问题。

5.2.1　Kubernetes 认证

Kubernetes 原生支持三类认证对象：用户、组和服务账户。用户代表真实的人或企业认证系统中的系统账户；组既可以是真实的外部认证系统提供的组，也可以是 Kubernetes 原生的、内部定义的组（比如 system:serviceaccounts 组、system:authenticated 组等）。Kubernetes 将用户作为外部系统（相对 Kubernetes 而言）管理的资源，因此在 Kubernetes

中支持用户作为认证类型，但不将用户的管理纳入 Kubernetes。ServiceAccount 是存在于 Kubernetes 中的虚拟账户，由 Kubernetes 控制平面签发，它也是一个 Kubernetes 对象，可以通过 Kubernetes APIs 或 kubectl 命令行进行管理。

通过认证，Kubernetes 获取当前请求发起者的详细信息：

（1）发起者的名字。

（2）发起者的唯一 ID。

（3）发起者归属哪些组（Group）。

（4）发起者的其他附属信息。

如图 5-4 所示，Kubernetes 原生提供了多种认证方式，每种认证方式都是通过插件的形式添加到 API Server 中的，通过不同的标识位与配置文件在 API Server 启动时激活。下面列举几个主要的认证方式：

（1）ServiceAccount 认证。

（2）ServiceAccount TokenRequest 认证。

（3）客户端证书认证。

（4）用户名、密码认证。

（5）known Token 认证。

（6）Bootstrap Token 认证。

（7）Webhook Token 认证。

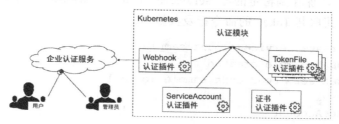

图 5-4　Kubernetes 认证

Kubernetes 的主要认证方式及部分特性对比如表 5-1 所示。

表 5-1 认证方式

认证方式	配置方式	认证方式	灵活性
客户端证书认证	API Server 启动参数： --client-ca-file=[ca-file]	使用 X509 CA 对客户端证书进行认证，从证书中的 common name 获取客户端名称，从 organization 字段获取 group 信息	可以通过 CertificateSigningRequest 进行申请、审批，支持任意的客户端审批
Known Token 认证	API Server 启动参数： --token-auth-file=[token-file]	文件中包含一组已知账户的用户 Token 及用户的基本信息（用户名、组名）	静态配置，任何变更都需要更改 Token 文件，且需要重启 API Server
用户名、密码认证	API Server 启动参数： --basic-auth-file=[user-basic-auth-file]	文件中包含用户名、密码，以及用户的组信息	静态配置，任何变更都需要更改 basic auth 文件，且需要重启 API Server
Bootstrap Token 认证	API Server 启动参数： --enable-bootstrap-token-auth	Token 由 ID 和 Secret 组成。ID 与 kube-system 下的 bootstrap-token-[ID] 的 Kubernetes Secret 绑定，验证 Secret 中包含的信息：有效期、用户名、归属组等	动态签发，通常与 kubeadm 紧密配合，用于启动集群和注册节点。与 Node Authorization 相关
Webhook Token 认证	API Server 启动参数： --authentication-token-webhook-config-file --authentication-token-webhook-cache-ttl（可选，默认 2 分钟有效期）	通过 Webhook 对 Token 进行认证，将 Token 发送到 Hook Server 进行认证	动态认证，与 Kubernetes 平台松耦合，认证发生在 Hook Server 端

ServiceAccount 是 Kubernetes 原生支持的动态认证。ServiceAccount 控制器收集 ServiceAccount 的命名空间、名称、UID 等信息，并由携带集群 ServiceAccount 私钥的 JWT Signer 签发 Token，保存到特定的与 ServiceAccount 绑定的 Secret 中。下面是具体创建 ServiceAccount 及获取其 Token 的命令行及其输出：

```
$ kubectl create serviceaccount sample
serviceaccount/sample created
$ kubectl get serviceaccount sample -o yaml
apiVersion: v1
kind: ServiceAccount
metadata:
  name: sample
  namespace: sample
  # ....
secrets:
```

```
- name: sample-token-9jxjc
$ kubectl get secret sample-token-9jxjc -o yaml
apiVersion: v1
data:
  ca.crt: LS0tL****LS0K
  namespace: amlhbnFsaTE=
  uid: 2c848676-9193-4c03-b088-4dfb4f83234a
  token: ZXlKaGGJH***1dfd2t3
kind: Secret
metadata:
  annotations:
    kubernetes.io/service-account.name: sample
    kubernetes.io/service-account.uid: 2c848676-9193-4c03-b088-4dfb4f83234a
  name: sample-token-9jxjc
  namespace: sample
  # ....
type: kubernetes.io/service-account-token
```

Kubernetes 认证插件在认证时，根据插件的不同、Token 的不同、秘钥位置的不同，会有不一样的认证过程。认证可以根据 Token 携带的信息量与设计分为如下两种：

1. 在线认证

需要与外部服务实时交互完成认证。通常认证 Token 中包含少量的内容，由认证服务提供认证 Token 所代表的用户上下文。

2. 离线认证

不需要与外部服务实时交互，通过特定的规则即可完成认证。认证信息通常包含足够的信息，包含用户完整上下文，或通过特定的规则得到完整的用户上下文。

对于 ServiceAccount、客户端证书、Known Token、用户名密码等认证方式，Kubernetes 通过本地完成认证过程，这些认证使用固定的认证规则与配置完成认证，属于离线认证。由于用户和组的信息保存在外部服务和系统中，所以用户和组的认证需要通过 Webhook 的方式对用户进行认证，属于在线认证。

5.2.2　用户认证

用户是企业中真实存在的人或系统账户，每个企业都有自己的用户管理平台及认证方式。有的使用 LDAP 认证，有的使用 Active Directory 认证。在具体的认证实施过程中，根据不同的应用场景，提供不同的实现方式：有的使用用户名、密码，有的使用 OAuth，有的使用多因素认证（Multiple-Factor Authentication），等等。Kubernetes 官方文档中有明确的描述，Kubernetes 并不直接对用户进行管理，所有的用户由依赖外部服务进行管理，可以通过扩展的方式与企业认证系统对接，以减小企业集成、运维的成本。因此，对用户认证应使用 Webhook 认证。

Webhook 是与企业认证平台集成的最重要手段。它属于 Token 认证，配置于 API Server 中。Webhook 认证的位置与过程如图 5-5 所示，API Server 收到请求时，从 header 中解析出 Token，然后将 Token 打包到 TokenReview 中，发送给企业 Token 认证服务，认证服务验证该 Token 并返回认证结果。认证结果中包含认证是否通过、是否出错、用户名、用户组、附属信息等。

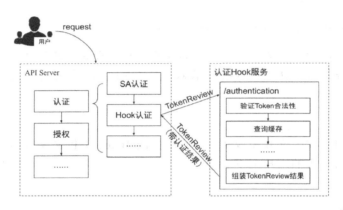

图 5-5　Webhook 认证的位置与过程

认证系统只需要实现一个 RestAPI，在 API Server 的配置中添加--authentication-token-webhook-config-file 指向认证系统服务即可完成 Kubernetes 认证对接：认证系统接收 TokenReview 的 request 并返回一个带认证结果的 TokenReview。Kubernetes 认证 Hook 的对接请求示例如下：

```
$ curl -XPOST --data 'xxxxxx' https://authentication.example.com/
authenticationhook
{
  "kind": "TokenReview",
  "apiVersion": "authentication.k8s.io/v1beta1",
  "spec": {
```

```
    "token": "eyJhbGciOiJSUzI1NiIsImtpZCI6IiJ9.eyJpc3Mi****"
  },
  "status":{
    "authenticated": true,
    "user": {
      "username": "tom",
      "groups": [
        "tom_admin",
        "system_admin",
        "system:authenticated"
      ]
    },
  "extra":{
      "iss": ["example.com"],
      "exp": ["1586016275"],
      "iat": ["1585973075"],
      "nbf": ["1585973075"]
  }
  }
}
```

5.2.3　高负载认证实践

Kubernetes 中所有的请求都会走认证、授权、准入控制等流程，最终请求到达后端并读取、写入数据。在单集群或少量集群时，Webhook 服务可以完成认证过程。在多集群、海量用户的场景中，每个控制平面都会与企业认证服务进行对接，如图 5-6 所示，认证请求并发量非常大，认证时间会随着集群的增加、工作负载的增加而延长，甚至超过 Webhook 服务能够承载的极限或认证时间超过 API Server 端配置的 TTL。对 Kubernetes 控制平面而言，如果 Webhook 认证服务无法再提供认证服务，那么将直接导致所有 Kubernetes 集群控制平面不可用。

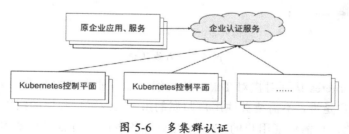

图 5-6　多集群认证

也就是说，Webhook 认证服务成为一个单点失败的问题。因此，需要权衡在线认证和离线认证两种方案。下面对在线认证和离线认证进行对比，如表 5-2 所示。

表 5-2　在线认证和离线认证的对比

	在线认证	离线认证
认证精确度	高	低
认证性能	低	高
实现复杂度	低	高
Token 复杂度	低	高

在线认证，可以使用任意类型的 Token 作为认证凭据，只要认证服务能够识别且可以返回认证结果即可，所有认证的上下文保存在认证服务中。在线认证可以精确地体现出一个用户的详细信息，任何用户的变更、组的变更、Token 的废除等都可以精确验证。

相对于在线认证，离线认证对 Token 的要求要更高一些，它需要包含用户的基本信息和组信息，才可以满足基本的 Kubernetes 离线认证的需求。除基本信息外，还要保证离线认证 Token 的合法性。图 5-7 展示了一个简要的离线 Token 模型，该模型使用私钥签发 Token，使用公钥验证 Token 的合法性。离线认证相对于在线认证有一个比较明显的缺陷：它无法体现出签发 Token 后在用户、组上发生的变动，例如：离线 Token 无法体现出在签发 Token 后用户和组发生的变动、权限变更，以及 Token 被废除。

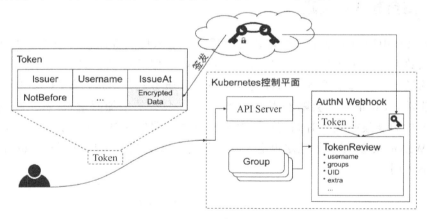

图 5-7　离线认证

纯粹的 Kubernetes 认证对接对 Token 的离线认证有非常高的要求，多租户认证的主要内容是 Token 用户是谁，不需要关注用户归属的组（因为用户归属的组由 Kubernetes 的租户组提供）。因此，只需保证用户的 Token 是合法签发的、包含用户基本信息即可，组的信息可以通过认证插件动态添加。

通过离线认证，将 Token 认证从中心认证服务分散到所有的 Kubernetes 集群中，每个集群有一个认证服务来承担当前集群的用户认证，从而有效地避免了由于多集群、海量并发而导致认证服务单点失败的问题。

5.3 授　　权

授权是限定访问与信息安全或计算安全相关的资源的访问权限，通常通过授权策略来管理。Kubernetes 管理的是 Kubernetes 对象，授权本身也被抽象为对象，也是通过 Kubernetes 对象进行管理的。Kubernetes 使用 API Server 授权 API 请求。它根据所有策略评估请求的各个属性来决定允许或拒绝请求。一个 API 请求的所有内容必须被某些策略允许才能继续，否则拒绝。

Kubernetes 授权验证时，会审查请求的以下属性：

（1）user - 认证时提供的 user 字段。

（2）group - 认证时的用户所属的组。

（3）API request verb - API 请求时的动作，包含 get、list、create、update、patch、watch、proxy、redirect、delete 和 deletecollection。

（4）Resource - 正在访问的资源或名称。

（5）Subresource - 正在访问的子资源。

（6）Namespace - 正在访问的对象的名称空间。

（7）API group - 正在访问的 API 组。

（8）Kubernetes 还提供了其他非资源相关的 API，也需要授权访问。

（9）/api、/apis、/healthz 等。

Kubernetes 提供了多种授权方案，每种方案有其特性与适用范围。

5.3.1　Kubernetes 授权

5.3.1.1　节点授权

节点授权是一个 Kubernetes 为集群组件 kubelet 专门定制的授权方案。在 Kubernetes 中，应用的实例最终运行在具体的 Kubernetes 节点上，kubelet 作为 Kubernetes 在节点上的 Agent，根据 Kubernetes 的 Pod 的定义，从 API Server 获取 Pod 相关的所有资源（Pod 的定义、Secret、ConfigMap、PersistentVolumeClaim 等），且 kubelet 要在节点上将各个资源根据定义组装起来，最终形成一个真正的应用实例运行起来。因此，kubelet 在节点上对 Kubernetes 的资源有完整的访问权限。

从系统层面来讲，kubelet 拥有绝对的访问权限，它甚至可以访问 Kubernetes 上的一切资源。权限大，意味着当 kubelet 发生证书、Token 泄露时，整个 Kubernetes 控制平面的一切安全都将沦为空谈。为了更大限度地保障集群的安全，Kubernetes 专为 kubelet 设置了节点授权，如图 5-8 所示。

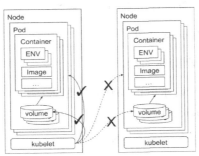

图 5-8　节点授权

Kubernetes 通过节点授权动态地根据调度到节点上的 Pod 来授权 kubelet 访问的资源，使得 kubelet 只能访问一定范围的资源，而不能访问整个集群的资源。一个节点的 Kubelet 无权限访问其他节点上的资源。授权的资源包括 Service、Endpoint、Node、Pod、Secret、ConfigMap、PVC 等，此外，还有一些特殊的与节点绑定的资源，如 TokenReview、CertificationSigningRequests 等。

5.3.1.2　基于属性的访问控制

基于属性的访问控制（Attribute Base Access Controler，即 ABAC）定义了一种访问控

制范式，其中通过使用将属性组合在一起的策略，将访问权限授予用户。ABAC 属于静态策略，通过配置文件将策略预先定义好，在 API Server 启动时载入策略，并根据后续的请求进行策略匹配及授权验证。

ABAC 通过定制 user、group、APIGroup、Namespace 等属性，来为一个用户或一组用户定义权限，定义示例代码如下：

```
{"apiVersion": "abac.authorization.kubernetes.io/v1beta1", "kind": "Policy",
"spec": {"user":"scheduler", "namespace": "*", "resource": "bindings" }}
    {"apiVersion": "abac.authorization.kubernetes.io/v1beta1", "kind": "Policy",
"spec": {"user":"kubelet", "namespace": "*", "resource": "pods", "readonly":
true }}
```

ABAC 策略的配置文件通过 API Server 启动参数配置，在 API Server 启动后无法做变更。

5.3.1.3　基于角色的访问控制

基于角色的访问控制（Role Based Access Control，即 RBAC）是一种基于角色来管理对计算机或网络资源的访问的方法。权限是单个用户执行特定任务的能力，例如查看、创建或修改文件。RBAC 是一种动态授权策略，通过使用 rbac.authorization.k8s.io API 组来定义授权策略。

RBAC 的核心是通过定义 Role、RoleBinding 来完成授权策略的定义。Role 通过定义在什么资源上能够做什么样的操作来声明权限，Role 的示例代码如下：

```
apiVersion: rbac.authorization.k8s.io/v1
kind: Role
metadata:
  name: pod-reader
  namespace: example
rules:
- apiGroups:
  - ""
  resources:
  - "pods"
  verbs:
  - "get"
  - "list"
  - "watch"
```

RoleBinding 将 Role 绑定到目标对象上完成授权。在授权时，Kubernetes 支持给三种类型的对象授权：User、Group、ServiceAccount，RoleBinding 的示例代码如下：

```
apiVersion: rbac.authorization.k8s.io/v1
kind: RoleBinding
metadata:
  name: pod-reader
  namespace: example
roleRef:
  apiGroup: rbac.authorization.k8s.io
  kind: Role
  name: pod-reader
subjects:
- apiGroup: rbac.authorization.k8s.io
  kind: User
  name: Tom
- apiGroup: rbac.authorization.k8s.io
  kind: Group
  name: pod-watcher
- apiGroup: rbac.authorization.k8s.io
  kind: ServiceAccount
  namespace: example
  name: default
```

Kubernetes 提供了集群级别和命名空间级别两个层级的角色定义。集群级别的角色定义为 ClusterRole、ClusterRoleBinding；命名空间级别的角色定义为 Role、RoleBinding。集群级别的 ClusterRole 表示在集群级别声明的权限，该权限可以在 ClusterRoleBinding 中使用，也可以在命名空间的 RoleBinding 中使用。命名空间的 Role 的定义由于只能对单命名空间可见，所以只能供 Role 所属的 RoleBinding 来使用，它们之间的引用关系如图 5-9 所示。

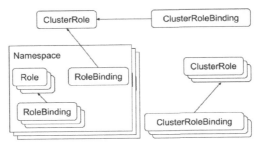

图 5-9 Role、Binding、ClusterRole、ClusterRoleBinding 的引用关系

ClusterRoleBinding 的授权对象在集群级别拥有与其关联的 ClusterRole 所定义的权限，RoleBinding 的授权对象在 RoleBinding 所归属的命名空间中拥有与其关联的 Role 或 ClusterRole 所定义的权限。在上面的 RoleBinding 示例代码中，一个名为 Tom 的 User 在 example 命名空间中，被授予了 Get、List 和 Watch Pod 的权限。若将 Role 和 RoleBinding 的定义分别更改为 ClusterRole 和 ClusterRoleBinding，则授权的三个目标在集群级别拥有对应的权限，它们可以读取任意一个命名空间中的 Pod 信息。

RBAC 属于动态授权管理，根据定义的 Role、ClusterRole、RoleBinding、ClusterRoleBinding 动态地、实时地进行权限验证。

5.3.1.4　Webhook 鉴权

Webhook 鉴权是对 Kubernetes 授权模块的延伸。Kubernetes 默认提供的节点授权、ABAC、RBAC 是针对 Kubernetes 本身进行授权与验证的，这对 Kubernetes 对象管理而言已经足够用。若在实际 Kubernetes 环境中，需要对非标准 Kubernetes 资源进行管理，或需要额外授权逻辑，则需要通过外部服务进行权限验证，Webhook 提供的扩展能力可满足此场景的需求。

当系统进行授权时，API Server 会向 Webhook 发起一个 Payload 为 SubjectAccessReview 的 POST 请求，Webhook 授权服务需要验证这个 Payload，并将验证结果添加到 SubjectAccessReview 的 Status 中。

要实现一个 Webhook 授权服务，只需要提供一个接收并返回 SubjectAccessReview 的 API 即可。Kubernetes 的鉴权结果包含三项内容：是否通过、是否拒绝、具体原因。当明确肯定通过或拒绝时，按照通过或拒绝来回答，当两个结果都是"否"时，表示不发表意见。当配置多个授权认证时，如图 5-10 所示，控制平面会依次调用每个授权认证。当所有的授权认证均不发表意见时，Kubernetes 将对请求进行拒绝处理。

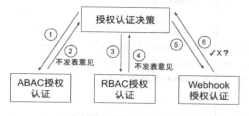

图 5-10　授权认证过程

一个 SubjectAccessReview 的内容样例 Payload 代码如下：

```json
{
  "apiVersion": "authorization.k8s.io/v1beta1",
  "kind": "SubjectAccessReview",
  "spec": {
    "resourceAttributes": {
      "namespace": "example",
      "verb": "get",
      "group": "multitenancy.extension.io/v1alpha1",
      "resource": "account"
    },
    "user": "tom",
    "group": [
      "system:authenticated",
      "cluster-ops"
    ]
  }
}
```

Webhook 答复有三种：肯定、否定、不发表意见。每种答复的结果都由特定的字段来确定。错误的发表意见会引起服务发生奇怪的授权行为或意外的拒绝。表 5-3 展示了 SubjectAccessReview 返回不同结果时的内容。

表 5-3　Webhook 答复

肯定	否定	不发表意见

{
  "apiVersion": "authorization.k8s.io/v1beta1",
  "kind": "SubjectAccessReview",
  ....
  "status": {
    "allowed": true,
    "denied": false,
    "reason": "tom is authorized by webhook to access account in multitenancy.extension.io/v1alpha1"
  }
}
	{
	  "apiVersion": "authorization.k8s.io/v1beta1",
	  "kind": "SubjectAccessReview",
	  ....
	  "status": {
	    "allowed": false,
	    "denied": true,
	    "reason": "tom is not authorized by webhook to access account in multitenancy.extension.io/v1alpha1"
	  }
	}
		{
		  "apiVersion": "authorization.k8s.io/v1beta1",
		  "kind": "SubjectAccessReview",
		  ....
		  "status": {
		    "allowed": false,
		    "denied": false,
		    "reason": "no opinion from webhook server"
		  }
		}

5.3.2　租户授权

Kubernetes 由内到外提供了完善的授权管理，从内部 agents 组件，到 User、Group、ServiceAccount，都可以精确管理每个资源、每个对象的访问权限。在实际的企业内部或云平台上，用户通常不是独立存在的，而是隶属于一个部门或组织，如果通过 Kubernetes 的默认 RoleBinding 来对每个用户的权限进行管理，往往需要管理员通过频繁更改命名空间级别的 RoleBinding 来添加或删除人员，从而完成权限的变更，这会给日常运维带来巨大的开销。

在多租户的 Kubernetes 集群中，可以将权限授权到租户组上，租户与组之间的关联关系由外围系统或租户组来维护。管理员只需调整组内成员即可完成权限的变更。

除权限变更外，在实际的 Kubernetes 环境中，一个租户通常会部署多个应用，为了便于应用的管理和运维，租户会将这些应用部署在不同的命名空间中，并为每个命名空间分配不同的组。管理员在管理时只需调整对应的组员，即可完成每个应用的授权管理。

管理员的权限管理是多租户权限管理的入口，命名空间的创建与管理同样处于关键位置，每创建一个新的命名空间，必须保证租户的管理员组存在于新创建的命名空间中，如图 5-11 所示。Kubernetes 并没有提供这样的功能，默认的命名空间的 Role 及 RoleBinding 是空白的，这意味着新创建的命名空间是匿名的，任何用户、ServiceAccount 都无法访问其中的资源，必须由拥有集群级别的管理员来授权。集群管理员授权时，需要确定授权给哪个租户的管理员、管理员组。

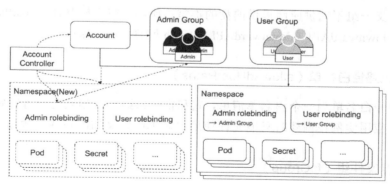

图 5-11　多租户新命名空间授权

因此，多租户环境中的命名空间的创建，不是由租户直接发起的，而是从租户发起的。

当租户在租户对象中声明新的命名空间后，集群租户控制器会为租户创建新的命名空间，并自动将租户的管理员组作为命名空间的管理员添加到 RoleBinding 中，完成租户命名空间的创建，以及管理员的授权。管理员根据需要授权给其他成员全部权限，或者一部分权限。

5.3.3 特殊权限管理

在 Kubernetes 中，除通用的 Kubernetes 资源的授权外，还有一类特殊的、与 Kubernetes 资源没有直接关系，而与具体应用实例运行环境及每个应用实例能够使用什么样的资源息息相关的特殊权限：

1. 特权（privileged）

特权是在应用运行时所拥有的权限，等同于在宿主机上使用 root 运行应用，应用可以做任何更改，甚至直接更改宿主机上的配置，比如：更改宿主机的名称、网络配置，等等。

2. 宿主机的网络（hostNetwork）

使用宿主机的网络配置（而不是使用默认的 Kubernetes）为实例（Pod）单独设置的网络空间。实例和宿主机共享网络空间。

3. 挂载盘（volume）

挂载盘定义一组不同供应商提供的盘的类型，比如：宿主机路径（hostPath）、虚拟盘（emptyDir）、downwardAPI（downwardAPI）、ceph 网盘（cephfs）等。

4. 宿主机路径白名单（allowedHostPaths）

宿主机路径白名单为一个白名单清单，它和宿主机路径盘相互配合进行定义。当定义了白名单后，应用实例在创建时只能允许使用白名单中定义的路径或包含前缀的路径。

5. 挂载盘文件组（fsGroup）

挂载盘文件组用来补充某些挂载盘中的组。

6. 运行时只读文件系统（readOnlyRootFilesystem）

运行时只读文件系统定义是否以只读的方式挂载根目录。

7. 以什么身份运行应用（runAsUser, runAsGroup, supplementalGroups）

定义应用在运行时必须以什么样的身份来运行应用。

8. 是否限制提升权限到 root（allowPrivilegeEscalation, defaultAllowPrivilege Escalation）

该权限定义了是否允许应用运行时更改用户的 ID（user ID），是否启用特殊的权限，调用一些需要以 root 身份来获取上下文或内容的命令，比如 ping 命令。

这些特殊权限没有独立的 Kubernetes 对象来管理，而是在 Pod 中通过不同字段来定义的。例如：hostNetwork 是在 Pod 中用于定义是否使用宿主机网络环境的配置；hostPath 是 Volume 的一种，它在 Pod 的 Volume 部分来使用；allowedHostPaths 是 hostPath 类型的 Volume 在使用宿主机上的挂载路径，等等。这些特殊权限不是在授权验证部分生效的，而是在 Admission 阶段对 Pod 各个相关的字段进行验证后生效的。Kubernetes 将这些特殊权限抽象到 Pod 安全策略（PodSecurityPolicy，即 PSP）对象中。

如图 5-12 所示，当创建 Pod 时，PSP 准入控制会收集并验证 Pod 中包含的与 PSP 相关的上下文：使用什么样的网络、挂载什么样的盘、挂载什么路径、使用什么身份运行，等等。当 Pod 使用的所有资源全部被某个 PSP 覆盖且允许时，Pod 被允许，否则 Pod 被 PSP 注入控制拦截。

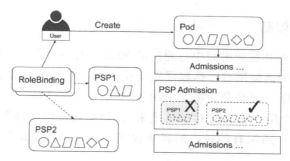

图 5-12　PSP Admission

Kubernetes 使用 RBAC 来管理 PSP：通过定义一个与具体 PSP 绑定的、使用 PSP 专用

verb 的 Role/ClusterRole 来定义 PSP 的权限，然后通过正常的 RoleBinding/ClusterRoleBinding 来将该特殊权限授权给目标账户、组、ServiceAccount。通过 ClusterRole 来定义 PSP 权限的示例代码如下：

```
apiVersion: rbac.authorization.k8s.io/v1
kind: ClusterRole
metadata:
  name: psp-hostnetwork
rules:
- apiGroups:
    - policy
  resources:
    - podsecuritypolicies
  verbs:
    - use
  resourceNames:
    - hostnetwork-psp
```

5.3.4 特殊权限应用

特殊权限的授权是通过 RBAC 来管理的，通常一个应用会随着迭代、运维等在不同的时间需要不同的特殊权限。原来一个应用不需要任何特殊权限，迭代后，由于需要挂载盘来保存一些临时数据，所以需要增加虚拟盘（EmptyDir）权限；虚拟盘的数据每次都需要重新载入，而载入时间又有限制，所以需要增加持久化网络盘的权限，等等。因此，我们需要一个特殊权限的管理机制来保障特殊权限的授权、回收和更新。

5.3.4.1 PSP 的限制

我们先来看一下 PSP 管理机制中与通用的 RBAC 的不同点：当授权一个 PSP 时，必须一次性将创建 Pod 所需的所有特殊权限定义在一个 PSP 中。如果定义的 PSP 中没有包含 Pod 所需的所有权限，而是分为多个 PSP 来定义不同的权限，那么可以通过 RBAC 的方式最终授权给同一个用户从 RBAC 的角度来看，这个用户已经拥有了所需的所有特殊权限。而 PSP 不同：用户所拥有的最终的特殊权限，不是所有的权限的并集，而是相互独立的。

表 5-4 展示了两组独立的 PSP、两个分别使用两个 PSP 定义的特殊权限的 Pod，以及创建 Pod 的结果。从中可以看出，当 Pod 只使用其中某个 PSP 定义的权限时，是可以成功

创建的。

表 5-4　Pod 使用单 PSP 定义的权限

hostNetwork PSP	hostPath PSP
apiVersion: extensions/v1beta1 kind: PodSecurityPolicy metadata: 　name: default-hostnetwork spec: 　hostNetwork: true 　# .... 　volumes: # no hostPath 　- downwardAPI 　- secret 　- ...	apiVersion: extensions/v1beta1 kind: PodSecurityPolicy metadata: 　name: default-hostpath spec: 　allowedHostPaths: 　- pathPrefix: /tmp 　　readOnly: true 　# .... 　volumes: 　- hostPath 　- ...
apiVersion: v1 kind: Pod metadata: 　name: hostnetwork-pod 　namespace: example spec: 　containers: 　- image: nginx:latest 　　name: nginx 　hostNetwork: true	apiVersion: v1 kind: Pod metadata: 　name: hostpath-pod 　namespace: example spec: 　containers: 　- image: nginx:latest 　　name: nginx 　　volumeMounts: 　　- name: tmp 　　　mountPath: /tmp 　　　readOnly: true 　volumes: 　- name: tmp 　　hostPath: 　　　path: /tmp 　　　type: Directory
$ kubectl create -f hostnet.pod.yaml pod/hostnetwork-pod created	$ kubectl create -f hostpath.pod.yaml pod/hostpath-pod created

当一个 Pod 同时使用表 5-4 中定义的特殊权限时，会被拒绝。示例代码与结果如表 5-5 所示

表 5-5　Pod 使用多个 PSP 定义的权限

hostNetwork + hostPath Pod
apiVersion: v1 kind: Pod metadata: 　name: hostpath-pod 　namespace: example spec: 　containers: 　- image: nginx:latest 　　name: nginx 　　volumeMounts: 　　- name: tmp 　　　mountPath: /tmp 　　　readOnly: true 　hostNetwork: true
volumes: 　- name: tmp 　　hostPath: 　　　path: /tmp 　　　type: Directory
$ kubectl create -f hostpath.hostnet.pod.yaml Error from server (Forbidden): error when creating "hostpath.hostnet.pod.yaml": pods "hostpath-hostnet-pod" is forbidden: unable to validate against any pod security policy: [spec.volumes[0]: Invalid value: "hostPath": hostPath volumes are not allowed to be used spec.securityContext.hostNetwork: Invalid value: true: Host network is not allowed to be used spec.containers[0].volumeMounts[0].readOnly: Invalid value: false: must be read-only spec.securityContext.hostNetwork: Invalid value: true: Host network is not allowed to be used spec.volumes[0]: Invalid value: "hostPath": hostPath volumes are not allowed to be used]

5.3.4.2　解决方案

为解决 PSP 的限制，可以借鉴编译镜像所用的设计方案：通过集群默认的 PSP Base 和一层层特殊权限叠加，得到一个最终的特殊权限的并集，并授权给目标 User、Group、ServiceAccount，如图 5-13 所示。

我们以本节开始的例子（Pod 同时使用两个 PSP 定义的特殊权限无法被成功创建）重新看一下这个问题是如何被解决的：在例子中，一个是 hostPath 类型的 volume 及/tmp 路径的只读权限，一个是 hostNetwork。通过上述解决方案，可在集群中为该目标账户生成一个专属的 PSP，并将 PSP 授权到该账户上，从而得到一个既具有 hostPath 的 volume，又具有 hostNetwork 的特殊权限，最终成功创建出同时使用两种特殊权限的 Pod。

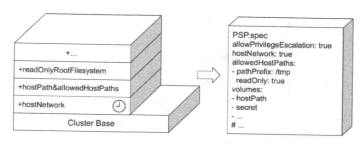

图 5-13 特殊权限叠加

这个解决方案会引发一个问题：这些特殊权限是如何跟踪的？又是如何授权到账户上的？

在 Kubernetes 集群中，每个租户只能在允许的特殊权限范围内创建 Pod，当 Pod 在使用没有授权的特殊权限时，会被 PSP Admission 拦截，并报出类似于案例中同时申请 hostNetwork 和 hostPath volume 的错误。此时，租户需要向集群供应商或集群管理员联系，以获取需要的特殊权限。对供应商或集群管理员来讲，必须跟踪每个特殊权限的申请，确认其是短期的还是长期的、什么时候撤销授权，等等。每个特殊权限，都和集群本身、集群节点、甚至其他租户的数据息息相关。例如：申请了 hostNetwork 的权限后，就可以跟踪到宿主机上的所有流量信息，若其他客户使用了非加密的通信，那么这个拥有 hostNetwork 的客户就可以监听到所有的明文信息，从而获取其应用的所有流量信息，甚至包含不小心泄露的用户名和密码。

对特殊权限必须慎之又慎，当申请特殊权限时，除了要做完整的审核、授权、跟踪，还需要保证在授权到期后，及时从用户的特殊权限中撤销对应的权限，以避免逾期的权限泄露。

除避免逾期的权限泄露外，还需要注意，在 Kubernetes 中已经创建的 Pod 不可更改。这意味着当授权特殊权限之后，这些拥有特殊权限的 Pod 将长期运行在 Kubernetes 中，它们已经是权限泄漏点，如何管理这些泄漏点，及时敦促租户将这些特殊 Pod 进行下线处理，最终强制驱逐泄漏点的 Pod，是 Kubernetes 平台必须要做到的。在特殊权限到期后，有专用的控制器来驱逐使用了特殊权限的 Pod，如图 5-14 所示。

Kubernetes 平台需要跟踪特殊权限、跟踪每个 Pod、跟踪 Pod 的所有者，且需要有能力通知用户在特殊权限逾期一段时间后驱逐有特殊权限的 Pod。为此，需要扩展 Kubernetes 以支持这些操作。此处，我们的关注点为：如何管理特殊权限。

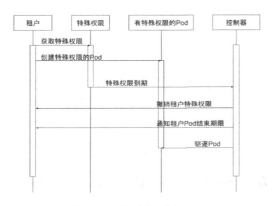

图 5-14　特殊权限与 Pod

为管理特殊权限，可以在 Kubernetes 中使用 CRD 扩展一个模型来跟踪每个特殊权限申请，该模型名称为 PodSecurityPolicyRequest，简称 PSPR。它拥有我们需要的所有能力：

（1）申请账户或账户组。

（2）声明要申请的特殊权限。

（3）声明特殊权限的有效期。

（4）声明逾期阈值。

除上述必需的功能外，还需要有能力描述：

（1）是否已经被管理员审批。

（2）是否已经逾期。

（3）是否归档。

下面是一个为 monitor-admin 申请挂载宿主机/tmp 目录权限的 PSPR 的例子：

```
apiVersion: security.extension.io/v1alpha1
kind: PodSecurityPolicyRequest
metadata:
  name: hostpath-pspr
  namespace: example
spec:
  group: monitor-admin
  expiration: "2020-05-30T00:00:00Z"
  drainThreshold: "240h"
```

```
psp:
  allowedHostPaths:
  - pathPrefix: /tmp
    readOnly: true
  volumes:
  - hostPath
status:
  phase: Archived
```

如图 5-15 所示，通过 PSPR、集群的 Base PSP，特殊权限控制器动态地计算每个租户的最终的 PSP，并授权到租户。

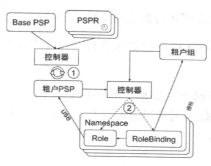

图 5-15　特殊权限授权

通过这样的设计，可以将解决方案中的每一个特殊权限层映射到相应的 PSPR 上，控制器根据账户收集所有的 PSPR，并基于集群的 Base 做特殊权限合成，最终授权到申请账户上。每当有 PSPR 逾期时，控制器重新做计算，合成去除逾期特殊权限的 PSPR，更新到客户拥有的 PSP 中，收回逾期的特殊权限。

5.4　隔　　离

隔离是将不同租户的工作负载进行不同程度的隔离，保证租户与租户、租户与集群之间不受影响。根据隔离范围可分为集群隔离、节点隔离和容器隔离。

集群隔离，是指将不同租户运行在不同的 Kubernetes 集群中，租户独享一个 Kubernetes 集群。在这样的隔离中，租户独享集群中的计算、存储、网络等资源。这种特殊的隔离在这里不再展开讨论。

节点隔离，是指在单个 Kubernetes 集群中为某个（或多个）租户配置特定的节点池，这个（或这些）租户独享这个节点池中的所有计算、存储资源，以及部分网络资源。在节点隔离中，允许租户拥有特定的特殊权限（比如：hostNetwork、hostPath 等），从而可以满足应用的特殊需求。

容器隔离，是指运行在同一个节点上的不同工作负载之间的隔离。与节点隔离相比，容器隔离的颗粒度更小。在容器隔离中，由于工作负载共享了宿主机的操作系统内核，因此需要使用多种隔离机制，使得同一个宿主机上的不同工作负载之间共享计算、存储、网络 I/O、硬盘 I/O 等资源，同时保证它们之间的隔离与公平竞争。

根据流量的不同隔离方式可分为物理网络隔离和虚拟网络隔离。

物理网络隔离，是指将不同租户的工作负载运行在不同的硬件网络环境中，通常与集群隔离共同出现。

虚拟网络隔离，是指在同一个集群中将不同租户的工作负载划分在各自的网络环境中，同一租户的不同工作负载之间可以互相访问，不同租户的工作负载之间无法互相访问（哪怕是运行在同一个节点上）。

5.4.1　节点隔离

节点隔离是将不同租户的工作负载运行在不同的节点之上，以保证租户之间不共享节点，从而达成租户与租户之间不受影响。Kubernetes 提供 Taints 和 Toleration 的机制，来保证特定的节点只能为特定的工作负载或租户使用。Taints 与 Toleration 及 NodeSelector 相互配合，可保证租户的工作负载能够运行在各自的节点之上。

Taints 是节点的一项属性，它表示这个节点上有瑕疵，在调度器选择节点时，如果这个节点有瑕疵，且要调度的 Pod 没有容忍这个瑕疵，则这个节点在调度时会被过滤掉，从而保证没有容忍这个瑕疵的 Pod 无法调度到这些节点之上。Toleration 是 Pod 的一项属性，它用于表示能够容忍什么样的瑕疵，从而可以运行在有这些瑕疵的节点上，在 Pod 调度时，会将能够容忍的瑕疵的节点包含在候选节点中，对于无法容忍的瑕疵的节点，仍然会被过滤掉。

有一点需要注意，由于 Pod 上配置了 Toleration，所以在调度时会针对 Toleration 对节点进行过滤，过滤的同时会将没有瑕疵的节点也包含在内，因此在添加了 Toleration 之后无法保证 Pod 会被调度器调度到特定的节点，还需在 Pod 上添加 NodeSelector。

　　Pod 的调度过程如图 5-16 所示。在调度过程中，根据 Pod 的各项配置一层一层过滤不合适的节点，最终在得到的一批合适的节点中选择一个节点作为 Pod 调度的目标节点。

　　Taints 有两种强制等级，一个等级是不允许调度（NoSchedule），表示在调度 Pod 时，如果 Pod 没有容忍这些瑕疵，则不会调度到这些节点上。这个层级是非强制的，也就是说，这个机制对于不通过调度器的 Pod 来说是不生效的。比如早期的 DaemonSet 创建的 Pod，是由 Kubernetes 的 Controller Manager 创建的，在创建时已经带上了节点字段，或者租户在创建 Pod 时直接指定了要调度的节点。在这种情况下，虽然 Pod 没有 Toleration，但是可以运行在有 Taints 的节点上。另一个等级是不允许执行（NoExecute），表示对不容忍节点上特定的瑕疵的 Pod 不允许运行，且 Pod 会被驱逐。

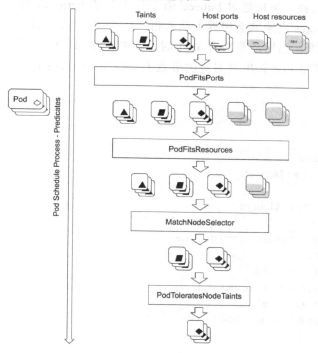

图 5-16　Pod 的调度过程

　　下面代码中描述了两个瑕疵，一个瑕疵是对不容忍 node.example.com/dedicated 瑕疵的 Pod 不允许调度，另一个瑕疵是对不容忍 node.example.com/gpu 的 Pod 不允许执行。

```
apiVersion: v1
kind: Node
metadata:
```

```
    labels:
      dedicated: generic
  name: node1.example.com
spec:
  providerID: openstack:///ac1a86f0-fd44-4861-afd1-f3fd61c69da7
  taints:
  - effect: NoSchedule
    key: node.example.com/dedicated
    value: gpu
  - effect: NoExecute
    key: node.example.com/gpu
```

Taints 是节点属性，可以通过 kubectl 命令行或者 Kubernetes 的 Node API 来进行动态更新。通常 Kubernetes 供应商会根据上线的租户、节点类型动态地添加、更改 Taints，以满足上线租户的需求。当用户要部署 Pod 时，需要在 Pod 的定义中添加符合特定节点的 Tolerations，才能够将 Pod 调度到对应的节点上。带 Tolerations 的 Pod 示例代码如下：

```
apiVersion: v1
kind: Pod
spec:
  containers:
  - name: nginx
    image: nginx:latest
    # ....
  restartPolicy: Always
  tolerations:
  - key: node.example.com/dedicated
    value: gpu
  - effect: NoExecute
    key: node.example.com/gpu
    operator: Exists
    tolerationSeconds: 900
  # ....
```

Toleration 是 Pod 的属性，当 Pod 创建完成后便不可更改。Taints 有两个等级，两个等级的效果也不同。同样的，Pod 上配置的 Toleration 也有两个等级：容忍不允许调度、容忍不允许执行。在容忍不允许执行这个层级上，Kubernetes 支持额外的语义：可定义容忍不允许执行的时长。表示当节点上添加了不允许执行的 Taints 之后，Pod 可以容忍对应的时长继续运行在节点之上，到达时间之后会被 Kubernetes 驱逐出节点。

通常特定的应用上线后，就可以长期将应用运行于有特定 Taints 的节点上。

需要注意的是，基于 Taints 和 Toleration 的节点隔离，在无额外配置的前提下，无法完全杜绝租户刻意添加特定的 Toleration 将工作负载强行运行在特定的节点上。为防止节点资源被滥用，Kubernetes 在 Namespace 级别提供了 scheduler.alpha.kubernetes.io/defaultTolerations 和 scheduler.alpha.kubernetes.io/tolerationsWhitelist 两个 Annotation。当用户创建 Pod 时，Kubernetes 会将用户 Pod 的 Toleration 和 Namespace 的默认 Toleration 合并，只有当合并后的 Toleration 均属于白名单时，才允许创建。系统管理员可以通过回收 Namespace 来创建和更新权限，以实现完全控制节点隔离。

5.4.2　容器隔离

Kubernetes 是一个基于容器的调度平台，容器是 Kubernetes 上运行的应用最终落地的实体。在多租户环境中，单个 Kubernetes 节点上可能同时运行着不同租户的不同工作负载，保存着各租户的业务数据。容器的隔离与安全是 Kubernetes 保障多租户工作负载安全和数据安全的根本。为保障容器安全，Linux 提供了多个层次的隔离：UTS、IPC、PID、Network、Mount、User，通过容器的各种隔离机制，让运行在容器内部的进程感觉它是运行在一个完全独立的环境中。下面介绍 5 种常用的隔离机制：

1.　Mount Namespace 隔离

不同的容器具有不同的 Mount Namespace，互相看不到对方的根文件系统，通过 /proc/mounts 也仅仅能看到本容器的 mount 信息，无法通过获悉主机和其他容器的目录来进行访问，即使是同一个 Pod 的容器，也只能通过卷来进行数据共享，以及通过 Mount Namespace 的隔离来保证容器数据的安全性。

2.　PID Namespace 隔离

每个容器都有自己独立的 PID Namespace，在容器内（或者在/proc 目录下）通过 ps 只能看到本容器的进程信息，无法获知主机和其他容器的运行进程及进程的相关信息，例如启动参数、运行的环境变量等，因此也无法给主机或者其他容器的进程发送 SIGKILL、SIGTERM 等信号，也就无法确保进程的安全。

3.　IPC Namespace 隔离

运行在独立的 IPC Namespace 中，在容器内无法获知其他容器的 IPC 信息，进而组织容器间通过 IPC 直接进行通信。

4. Network Namespace 隔离

每个 Network Namespace 都有独立的网络设备、IP 地址、路由表、/proc/net 目录等，通过 Network Namespace 可以将不同 Pod 的容器网络隔离开来。

5. UTS Namespace 隔离

不同 Pod 的容器通过 UTS Namespace 可以获取自己独立的主机名和域名，从而将所有 Pod 的容器作为一个独立的节点而不仅仅是作为一个主机上的进程。

Kubernetes 的基本调度单元是 Pod，为了让同一个 Pod 的不同容器之间能够进行通信，Kubernetes 对容器的隔离做了特殊的定制：同一个 Pod 的不同容器之间共享 IPC 和 Network。通过这样的共享机制，可以让同一个 Pod 的不同容器之间通过 SystemV 信号量或 POSIX 共享内存并进行进程间通信，同时也可以通过 localhost、127.0.0.1 进行容器间网络通信。

除通过 Namespace 隔离来保障容器间的进程和数据安全外，在资源使用方面，容器通过 CGroups 对每个容器能够使用的资源进行限制，以保证在同一个节点上运行的其他工作负载的容器不会因为某个容器过度消耗资源而受到影响。

Kubernetes 在默认提供各种容器的隔离机制的同时，还提供特殊渠道——通过在 Pod 上添加特定的声明来打破容器间的隔离。下面是 Kubernetes 提供的四个打破不同 Pod 容器间隔离的机制：

1. spec.hostNetwork

当这个值为 true 时，Pod 共享主机 IPC Namespace，从而可以查看和监控主机上的网络流量。

2. spec.volumes

通过定义 hostPath 类型的卷来使用主机上的文件系统，从而可以在多个 Pod 中使用同一个目录来实现跨 Pod 文件共享。

3.　spec.shareProcessNamespace

当这个值为 true 时，同一个 Pod 的不同容器之间可以看到彼此的进程，从而可以跨容器协作，例如，通过一个包含 shell 工具的容器对一个不包含 shell 的容器进行 debug。

4.　spec.containers[].securityContext.privileged

当这个值为 true 时，容器在以 privilege 的模式运行，该容器中的用户相当于宿主机上的 root 用户，可对宿主机进行各种操作。

Kubernetes 中的能够打破容器隔离的配置中，除 shareProcessNamespace 外，其他配置均为特殊权限，由 Pod 安全策略（PSP）来管理，想要获得任何特殊权限，都需要通过 RBAC 来授权。在 5.3 节特殊权限管理部分已经有详细的描述，这里不再赘述。

5.4.3　网络策略隔离

在同一个 Kubernetes 集群中，所有的 Pod 网络默认互相连通，Pod 可以接收来自任何其他 Pod 的网络请求。但在某些场景下，比如多租户的集群中，需要禁止不同租户的 Pod 彼此访问。对于不同安全性要求的应用，也需要在网络层面进行隔离。Kubernetes 引入了网络策略（NetworkPolicy）对象定义隔离需求，基于此对象，用户可以设定谁能访问哪些 Pod。网络策略核心包含如下四个定义：

1.　podSelector

podSelector 定义了一组键值对儿，选取标签与之相匹配的 Pod。下面的示例代码中选择了标签包含 "role=db" 的所有 Pod，如果 podSelector 为空，则选择当前 Namespace 的所有 Pod。

2.　policyTypes

该策略类型定义了目标策略对儿是入站流量生效、出站流量生效，还是双向流量生效，默认为入站流量生效。

3.　Ingress

每个 NetworkPolicy 可以包含一组白名单入站规则，每条规则允许已匹配来源和端口的入站流量通过。例如，下面的示例代码中定义了一条规则，允许 from 中定义的三种来源以 TCP 访问 6379 端口。

4．Egress

每个 NetworkPolicy 可以包含一组白名单出站规则，每条规则允许已匹配目标和端口的出站流量通过。例如，下面的示例代码中的规则，允许以 TCP 访问 10.0.0.0/24 子网任意 IP 地址的 6379 端口。

```
apiVersion: networking.k8s.io/v1
kind: NetworkPolicy
metadata:
  name: test-network-policy
  namespace: default
spec:
  podSelector:
    matchLabels:
      role: db
  policyTypes:
  - Ingress
  - Egress
  ingress:
  - from:
    - ipBlock:
        cidr: 172.17.0.0/16
        except:
        - 172.17.1.0/24
    - namespaceSelector:
        matchLabels:
          project: myproject
    - podSelector:
        matchLabels:
          role: frontend
    ports:
    - protocol: TCP
      port: 6379
  egress:
  - to:
    - ipBlock:
        cidr: 10.0.0.0/24
```

```
ports:
- protocol: TCP
  port: 5978
```

Kubernetes 定义了 NetworkPolicy 对象，该对象从语义层面定义了网络隔离的模型定义。其实现需要网络插件的支持，目前主流的插件有 Calico、Cilium、Kube Router 等，本书只对 Calico 做简单介绍。

图 5-17 展示了 Calico 与 NetworkPolicy 相关的网络插件架构，主要包含 Calico kube-controllers 和 Calico-Node。

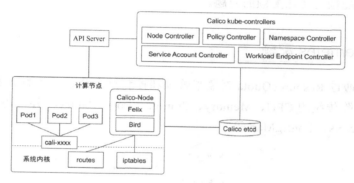

图 5-17　Calico NetworkPolicy 相关的网络插件架构图

Calico 在部署时可以将数据源配置为 Kubernetes，与 Kubernetes 核心组件共用 etcd。也可以部署独立的 etcd，使得 Calico 依赖的数据库与 Kubernetes 独立，以减少对核心组件的影响。

Calico kube-controllers 是一个可选组件，其最主要的职责是协调两个数据库，当用户向 API Server 创建 NetworkPolicy 对象以后，kube-controllers 会将 Namespace、Endpoint、NetworkPolicy 和 ServiceAccount 中的相关信息同步到 Calico etcd 中。如果 Calico 未配置独立的 etcd，则这些控制器无须工作。

Calico-Node 部署在每个节点上，其中 Felix 组件负责监控 NetworkPolicy 的变化，并负责配置本机的 iptables filter 规则。为避免对主机上非 Kubernetes 创建的端口的影响，Calico 只管理符合其命名规范（以 cali 开头）的网络端口。Calico 的这个设计引入了一个限制：它对网络规则的支持依赖于其配套的 CNI 插件。

5.5　配　　额

云平台通常会为用户分配一定额度的资源，若想要使用更多资源，则需要额外申请。对 Kubernetes 平台同样如此，Kubernetes 通过配额（ResourceQuota）来管理每个命名空间（Namespace）的资源。本节将介绍 Kubernetes 配额管理，以及在多租户的 Kubernetes 集群中如何解决租户配额与特殊配额的问题。

5.5.1　Kubernetes 配额

Kubernetes 通过 ResourceQuota 对象来管理和控制每个命名空间的资源，如图 5-18 所示。管理的资源除传统的 CPU、Memory、Storage、Load Balancer 外，还包括 Kubernetes 的对象 Pod、Secrets、ConfigMap 等。

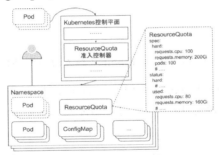

图 5-18　配额准入控制

Kubernetes 的配额管理基于命名空间。当创建命名空间时，集群管理员或配额控制服务会配置一定额度的 ResourceQuota。在传统的以虚拟机作为基础的云平台中，给租户分配一定额度的 CPU、Memory、Storage 等，所有的资源都是等价的，租户根据自己的需求来消费这些资源。Kubernetes 对不同的资源做了细分：对 Pod、CPU 及 Memory 资源定义了单独的 ResourceScope；对存储（Storage）、服务（Service）、配置（ConfigMap、Secret）等资源，则使用与传统的云平台相同的策略。

下面具体介绍 Kubernetes 对支持的各种资源是如何分类的。

（1）Storage 资源、Secrets、ConfigMap、Service 等以数量单位进行管理，例如：一个

Namespace 中分配了 100 个 Secret、50 个 ConfigMap、100GB 的存储等，当 Namespace 中消费对应类型的资源时，会消耗对等数量的 Quota。

（2）根据 Pod 的资源需求将配额分为两种：BestEffort、NotBestEffort。资源需求部分为空的 Pod 为 BestEffort Pod。相反，在资源需求部分定义了 CPU、Memory 的 Pod 为 NotBestEffort Pod。这一组状态是互斥的，在 Namespace 中分配 Quota 时，需要使用两个 ResourceQuota 对象来分配这两种资源。

（3）根据 Pod 是否定义了有限生存时间将配额分为两种：Terminating、NotTerminating。这两种类型的 Quota 根据 Pod 是否定义了 activeDeadlineSeconds 字段的值进行区分。如果定义了大于 0 的值，则表示 Pod 的生存时间只有对应的时长，超过时长之后会自动被 kubelet 删除（通过 Evict 的方式）。定义了该字段的 Pod 会消费 Terminating 的 ResourceQuota；没有定义该字段的 Pod 会消费 NotTerminating 的 ResourceQuota（或没有定义这两个类型的 ResourceQuota）。ActiveDeadlineSeconds 通常与 Kubernetes 的 Job 搭配使用，以指定在有限时间内完成任务，或重新发起任务。

Kubernetes 通过 ResourceScope 对资源进行细分，每种 ResourceScope 只对特定的目标资源生效：

（1）BestEffort：仅对 Pod 资源生效，示例如表 5-6 所示。

（2）NotBestEffort、Terminating、NotTerminating：针对 Pod、CPU、memory、requests.cpu、requests.memory、limits.cpu、limits.memory 资源生效，示例如表 5-6 所示。

表 5-6　NotBestEffort ResourceQuota 和 BestEffort ResourceQuota 的示例

NotBestEffort ResourceQuota	BestEffort ResourceQuota
apiVersion: v1 kind: ResourceQuota metadata: 　name: high-qos-pods 　namespace: example spec: 　hard: 　　limits.cpu: "2" 　　limits.memory: 4Gi 　　pods: "4" 　　requests.cpu: "1" 　　requests.memory: 2Gi 　scopes: 　- NotBestEffort	apiVersion: v1 kind: ResourceQuota metadata: 　name: besteffort-pods 　namespace: example spec: 　hard: 　　pods: "4" 　scopes: 　- BestEffort

Kubernetes 使用 ResourceQuota 可以管理所有在 Kubernetes 上运行的工作负载：创建 Pod 时，需要有 BestEffort 的 Pod 的 ResourceQuota，或 NotBestEffort 的 Pods、CPU、Memory 的 ResourceQuota；当创建 ConfigMap、Secrets、Storage 时，需要有对应的通用的 ResourceQuota。

Kubernetes 的 CPU、Memory 与虚拟机的 CPU、Memory 的定义不同，Kubernetes 将这两种资源在消费时进行 requests/limits 区分。当 Pod 在定义两种资源时，若资源的 requests 和 limits 相同，则表示这是一个 guaranteed 类型的 Pod，调度时找到拥有请求数量的可用资源的节点并调度它，且保证有对应数量的资源。当两个值不同时，表示这个 Pod 是 Burstable 类型的。在进行 Pod 调度时，根据请求的资源来调度，在 Pod 运行时，可以消费到 limit 定义的资源。这两种资源 requests/limits 定义的区别在于：当节点资源紧张时，kubelet 会根据优先级来驱逐 Pod，优先驱逐 BestEffort 的 Pod，然后是 Burstable 的 Pod。Kubernetes 对 Pod 还有一层特殊的定义：Pod 以一定的优先级运行在集群中，多种不同优先级的 Pod 运行在同一个节点上，当节点的资源紧张时，kubelet 会根据 Pod 的优先级淘汰一部分低优先级的 Pod 以保障高优先级的 Pod 运行。因此，Kubernetes 的 ResourceQuota 对 Pod 的优先级通过 PriorityClass 进行了特殊的支持。

下面是一个定义在 critical 优先级的配额示例：

```
apiVersion: v1
kind: ResourceQuota
metadata:
  name: high-qos-pods-critical
  namespace: example
spec:
  hard:
    limits.cpu: "2"
    limits.memory: 4Gi
    pods: "4"
    requests.cpu: "1"
    requests.memory: 2Gi
  scopes:
  - NotBestEffort
  scopeSelector:
    matchExpressions:
    - operator : In
      scopeName: PriorityClass
      values: ["critical"]
```

我们可以通过添加 PriorityClass 的 scopeSelector 的方式来定义有优先级的 Pod。在创建 Pod 时，若 Pod 在 priorityClassName 中使用了相同的优先级，则会消费此 ResourceQuota，具体地，Pod 使用 priorityClassName 的示例代码如下：

```
apiVersion: v1
kind: Pod
metadata:
  name: critical-nginx
spec:
  containers:
  - name: nginx
    image: nginx
    resources:
      requests:
        memory: "1Gi"
        cpu: "1"
      limits:
        memory: "2Gi"
        cpu: "2"
  priorityClassName: critical
```

5.5.2　高阶配额

在 Kubernetes 集群中，尤其是大规模集群，通常会存在不同类型的节点，有的提供 GPU 计算，有的提供大容量存储，有的提供超大内存，等等。每种节点都有各种特征以满足多样化应用的需求。命名空间中的配额是匿名的，可以被 Pod 随意消费。Kubernetes 的调度器同样没有专门的调度方案对这些有倾向性的 Pod 进行调度，导致资源利用不充分，或产生错误的调度资源，从而使应用无法运行或运行低效。

Kubernetes 提供的 Taints 和 Toleration 可避免用户将 Pod 调度到特定的机器上，但是在默认配置下，Kubernetes 没有对 Toleration 进行限制而导致的一个潜在的结果是，其他用户可以添加对应的 Toleration 以将自己的 Pod 部署到原本不允许部署的节点上，如图 5-19 所示。虽然 Kubernetes 提供了一种白名单机制来限制每个命名空间能够使用什么样的 Toleration，但是并没有限制多少工作负载可以使用这样的 Toleration。这意味着只要允许，就是全部允许。同时 Kubernetes 有一个不完善的地方：当创建带有 Toleration 的 Pod 时，表示这个 Pod 能够容忍特定 Node 上的 Taints，但是并不会影响 Pod 被调度到其他没有 Taints 的节点上。因此，在部署 Pod 时，需要与 Pod 的 NodeSelector 相配合，以确保 Pod 被调度到特定的节点上。

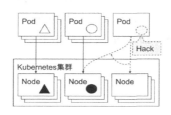

图 5-19　Taints 与 Toleration

Kubernetes 在配额上提供了一个高级功能 PriorityClass，用以定义每个 Pod 的优先级。此外，在 ResourceQuota 上可以通过 scopeSelector 来定义对应的优先级。有了优先级之后，就可以在集群上部署不同优先级的 Pod，以满足在资源充分利用的同时，保障高优先级的应用正常运行。

我们可以通过 PriorityClass 为集群定义优先级，并将不同优先级的 ResourceQuota 分配到有对应优先级需求的命名空间中供 Pod 消费。实质上通过 ResourceQuota 的优先级，从侧面实现了实名制配额。在 Namepace 中，每个 Pod 只能通过消费对应优先级的配额才可以部署，甚至不同的 PriorityClass 拥有相同的优先级。Kubernetes 可以通过添加多优先级来对集群有限的资源进行合理超卖，从而允许用户在同一批节点中部署低优先级的应用，并消费未被使用的资源，当高优先级应用有需要时将低优先级的应用驱逐，从而有效提高集群资源的利用率。

为了使集群中不同类型节点的资源不被盗用，通常的做法是为每种类型的节点部署一个 Kubernetes 集群，通过多 Kubernetes 集群的方式来管理用户，当用户要用特定的资源时，需要到对应的集群中申请资源。然而对多用户而言，用户对具体集群无感知，无法有针对性地选择集群，而可感知的是已购买、已拥有的资源类型、资源量。因此，通过多集群的方式解决不同类型的节点的配额支持并不是一个可行的方案，或对用户友好的方案。要解决这样的问题，可以对不同节点的资源进行分类和切分。

考虑到集群中应用优先级、节点多样性、多租户配额管理、不同类型配额划分等因素，我们可以将集群资源从多个维度进行切分。下文将探讨如何从应用优先级、节点多样性两个维度来实现多租户资源共享的生产实践。

5.5.2.1　资源横向切分

资源的横向切分是指将资源划分出不同的优先级。若集群中的所有节点只提供默认优先级的计算资源，则整个集群的资源是平面的。经过横向切分，可将集群的节点划分出不同的优先级，从而将集群的资源转化为立体的资源，资源的横向切分如图 5-20 所示。

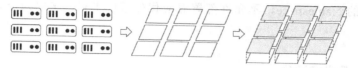

图 5-20　资源的横向切分

单个 Kubernetes 集群部署完成后，集群的容量是一个确定值，能分配的总配额同样是确定的。在分配资源时，当配额全部分配结束后，这个集群的可分配额度为 0，若再对外分配，即为超售。出现超售时，如果所有用户按照拥有的配额来部署 Pod，那么所有用户的总配额将超出集群的总可用额度，必然导致晚部署的超出集群额度部分的 Pod 无法被调度。在传统的云平台中，超售是一直存在的：云平台假设并不是所有的用户都用尽自己的所有资源。基于这样的一个假设，通过历史使用记录来评估一个合理的超售范围，保证在绝大部分情况下不会出现资源不够用的问题。在资源耗尽前，通过增加集群容量的方式应用峰值资源需求。

通过超售可以提高资源利用率、降低成本，同时能够通过动态添加集群容量解决峰值需求。但它将产生一个负面影响：集群容量在不停地增加。每次增加容量时，能够超售的额度也扩大了，引入更多的超售，待下次集群容量紧张时再次增加集群容量。然而，单个 Kubernetes 集群能够支持的节点数量是有限的，不可能无限增加集群的容量。达到集群容量上限后，将遇到运维的瓶颈，因为需要确定要将哪些用户的哪些应用从集群中迁出。

因此，将 Kubernetes 资源横向切分出不同优先级，通过保证高优先级、超售低优先级的方式进行配额管理，在集群资源紧张时，高优先级应用可以抢占低优先级应用的资源，从而保证高优先级的资源总是可用的，低优先级的应用在高优先级应用退出后重新回到集群中恢复运行。图 5-21 展示了高低优先级在不同场景下在同一批节点上的运行状态的转换。

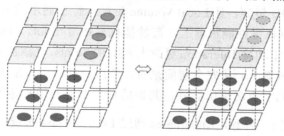

图 5-21　高低优先级在不同场景下在同一批节点上的运行状态的转换

Kubernetes 通过 PriorityClass 对资源进行横向切分。Kubernetes 除支持横向切分外，ResourceQuota 的准入控制器还提供了额外的一层特殊的支持：对没有申请对应优先级的 ResourceQuota 的 Namespace，不允许部署对应优先级的 Pod。这也为资源纵向切分做了准备。

5.5.2.2 资源纵向切分

资源纵向切分是指将集群中有相同类型、相同目的的节点提供的资源进行归类。若集群中所有的节点类型相同，则可以通过默认的配额管理将资源分配给各用户。若集群中存在不同类型的节点，或配置了不同的节点，则在用户申请资源时，可以有选择地根据应用、服务的需求申请不同类型节点上的资源。下面举一个例子，将两组不同类型的节点对应的资源纵向切分为两组不同类型的资源，如图 5-22 所示。

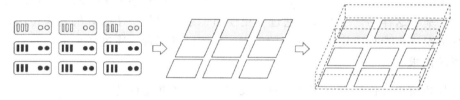

图 5-22　资源纵向切分

通过原生 Kubernetes 的 Taints 和 Toleration 来区分节点，对用户而言是一种不友好的行为，因为它要求用户在部署应用时，要知道集群的 Taints 信息、Node 的标签信息，并且要让用户在部署应用时在每个 Pod 上配置特殊的 Toleration 及 NodeSelector 来完成 Pod 的调度，这无疑强行提高了用户对云平台的使用门槛。同时，对云平台而言也存在潜在的危险，因为云平台需要让用户了解云平台的节点信息，更多地对用户暴露出内部信息。同样地，用户可以通过本节开头描述的自行添加 Toleration、NodeSelector 的方式将工作负载运行在特殊的节点上，甚至是其他用户的节点上。比如：申请 Local Volume 资源，默认云平台提供的资源为 HDD 资源，且 Local Volume 资源运行在通用的节点上，有一些 SSD 的 Local Volume 资源运行在高性能机器上，高性能机器通过 Taints（local-volume=ssd）将节点隔离起来。这时用户主动将 Toleration 更改为 SSD 的 Taints，且添加上对应的 NodeSelector 将 Pod 调度到高性能机器上。从安全层面来看，节点信息对用户来说应该是黑盒子，用户除能了解 Pod 被调度的节点名称信息外，其他的信息都应对用户透明。

在 5.5.2.1 节中我们了解到，Kubernetes 通过 PriorityClass 对资源进行了横向切分，且能够通过合适的准入控制器的配置来保障没有申请对应优先级的命名空间无权消费对等优先级的配额，相当于对命名空间中的配额施行了实名制，有的配额在 High 优先级，有的配额在 Critical 优先级。如果在节点的纵向切分中能够利用 PriorityClass 与 ResourceQuota 的功能，便可以得到绝对有效的纵向切分：

（1）对每种节点提供一个特定的 PriorityClass。

（2）每个 PriorityClass 与节点的 NodeSelector 进行绑定。

图 5-23 给出了优先级与节点绑定的示例：两种不同类型的节点定义了两个不同的 PriorityClass，每个 PriorityClass 通过特定的 nodeSelector 绑定到对应组的节点上。两个 PriorityClass 的定义如表 5-6 所示。

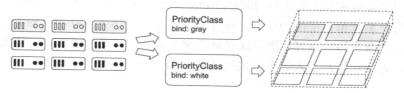

图 5-23　优先级与节点绑定

表 5-7　与节点绑定的 PriorityClass 定义

Gray Nodes PriorityClass	White Nodes PriorityClass

apiVersion: scheduling.k8s.io/v1
kind: PriorityClass
metadata:
　annotations:
　　bind.example.com/nodeSelector: |-
　　　{
　　　　"matchLabels": {
　　　　　"type.node.example.com": "gray"
　　　　}
　　　}
　name: gray-nodes
value: 1000000
globalDefault: false
description: "this priority class bind to gray nodes"
	apiVersion: scheduling.k8s.io/v1
	kind: PriorityClass
	metadata:
	　annotations:
	　　bind.example.com/nodeSelector: |-
	　　　{
	　　　　"matchExpressions": [
	　　　　　{
	　　　　　　"key": "type.node.example.com",
	　　　　　　"operator": "In",
	　　　　　　"values": [
	　　　　　　　"white"
	　　　　　　]
	　　　　　}
	　　　　]
	　　　}
	　name: white-nodes
	value: 1000000
	globalDefault: false
	description: "this priority class bind to white nodes"

通过在 PriorityClass 中添加一个特定的 NodeSelector 来将 PriorityClass 和 Node 进行绑定，之后只需在集群调度器中识别扩展出的 Annotation 并对节点进行过滤，即可拿到最终要部署的节点。Kubernetes 调度器的定制可以通过编写 Predicates 来添加调度逻辑，也可以通过 SchedulerExtender 来扩展，这里不做赘述，读者可以自行查阅 Kubernetes 官方文档。

将节点与 PriorityClass 进行绑定后，所有的节点从匿名状态转为实名状态，每个节点可以提供一种或多种优先级的资源；所有的配额从匿名配额转为实名配额，每个配额都会与特定的一组节点绑定。当用户没有申请配额时，将无法部署任何 Pod。当用户没有申请对应优先级的配额时，将无法部署 Pod 到特定节点。

通过使用 PriorityClass 设计与 NodeSelector 设计，完美地解决了 Taints + Toleration 模式无法阻止用户刻意抢占资源的问题，同时可以为用户提供更友好的配额管理：云平台提供特定的可选资源供用户选择，用户选择资源类型并购买，最终消费时仅需指定要消费哪种资源即可，无须让用户介入云平台底层的任何细节。

5.5.2.3　高阶配额分配

通过结合横向切分和纵向切分，我们将一个集群的计算资源根据优先级、节点类型从平面的配额转变为立体的配额。配额分配也从原来的单层配额分配转为定向配额分配：指定配额优先级，以及节点类型。分配完成后，一个 Namespace 中将存在很多针对计算资源的配额。

表 5-8 展示了两组不同优先级、不同节点上分配的配额，一组是在 high-mem 类型的机器上拥有 critical 优先级的配额，一组是在 CPU 类型的机器上拥有 high 优先级的配额。

表 5-8　PriorityClass 与配额绑定

PriorityClass	ResourceQuota

apiVersion: scheduling.k8s.io/v1
kind: PriorityClass
metadata:
　annotations:
　　bind.example.com/nodeSelector: |-
　　　{
　　　　"matchLabels": {
　　　　　"type.node.example.com": "high-mem"
　　　　}
　　　}
	apiVersion: v1
	kind: ResourceQuota
	metadata:
	　name: critical-notbesteffort
	　namespace: example
	spec:
	　hard:
	　　cpu: 10
	　　memory: 20Gi
	　　pods: "4"

（续表）

PriorityClass	ResourceQuota
name: critical-high-mem value: 2000000 globalDefault: false description: "critical priority on high-mem nodes"	scopes: - NotBestEffort scopeSelector: 　matchExpressions: 　- operator : In 　　scopeName: PriorityClass 　　values: ["critical"]

apiVersion: scheduling.k8s.io/v1
kind: PriorityClass
metadata:
　annotations:
　　bind.example.com/nodeSelector: |-
　　　{
　　　　"matchLabels": {
　　　　　"type.node.example.com": "gpu"
　　　　}
　　　}
　name: high-gpu
value: 1000000
globalDefault: false
description: "high priority on gpu nodes"
	apiVersion: v1
	kind: ResourceQuota
	metadata:
	　name: high-notbesteffort
	　namespace: example
	spec:
	　hard:
	　　cpu: 20
	　　memory: 40Gi
	　　pods: "8"
	　scopes:
	　- NotBestEffort
	　scopeSelector:
	　　matchExpressions:
	　　- operator : In
	　　　scopeName: PriorityClass
	　　　values: ["high"]

一个 Namespace 中拥有多种 NotBestEffort 的 ResourceQuota，每一种 ResourceQuota 绑定在特定优先级、特定节点上。一个 Namespace 可以拥有同一组节点的不同优先级的配额，也可以拥有不同组节点上同一个优先级的配额。

从水平方向看，这些配额有很多层优先级，每一层代表一个优先级的配额，高优先级和低优先级的 Pod 同时运行在集群中，消费不同优先级的配额，如图 5-24 所示。

从竖直方向看，这些配额分布在集群的不同类型的节点上，每种类型的节点提供特殊属性供不同资源需求的 Pod 运行。Pod 运行在不同类型的节点上，以满足应用的需求或充分利用节点提供的特性，如图 5-25 所示。

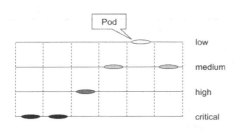

图 5-24　集群 Pod、配额分布左视图

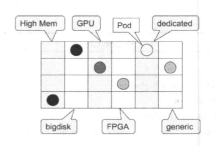

图 5-25　集群 Pod、配额分布俯视图

5.5.3　租户配额

Kubernetes 提供了一套灵活的、基于命名空间的配额管理机制，来管理每个命名空间中可消费的资源。当命名空间中的配额无法满足应用的需求时，需要租户购买，或向资源管理团队申请更多的资源，并分配到命名空间中。对少量租户、少量应用而言，这样的管理机制可以满足需求。

在实际生产的应用场景中，一个团队可能会同时开发和维护多个应用，这些应用可能部署在不同的命名空间中，以隔离应用元数据的干扰，降低运维成本。比如两个毫不相干的应用，若部署在同一个命名空间中，那么两个应用的 Deployment、ConfigMap 等会混合在一起，在对其中一个应用进行运维时，运维人员需要同时了解两个应用的上下文，并且要精确地对其中一个应用进行配置，这无疑提高了运维的门槛。

同样地，在做应用开发时，通常会有功能开发环境、功能测试环境、模拟测试环境、集成测试环境等，这些环境是针对同一个应用的。若将所有的配置都部署在同一个命名空间中，不仅需要做应用的配置，同时要保证同一个命名空间中不同环境的隔离。部署在不同的命名空间可以有效地减少不同应用、同一个应用的不同环境的紧耦合，隔离应用和环境之间的干扰，降低运维成本。

因此，应用团队会根据应用、服务的需要动态地添加、删除命名空间。如果以命名空间作为基本的配额管理的颗粒度，那么应用的开发、运维与资源管理团队将会紧紧耦合在一起。任何应用的变更都需要应用团队提交申请和审批，这会大大增加配额管理的成本，降低团队开发的效率。因此，需要从 Kubernetes 原生的、以 Namespace 为单位的配额管理，上升到以云平台的租户为单位的配额管理，如图 5-26 所示。

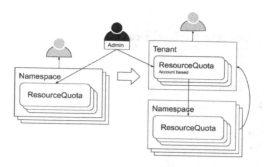

图 5-26　租户配额

租户配额表示一个租户在 Kubernetes 集群中拥有的配额，它隶属于租户，由租户根据应用的需要分配到租户拥有的命名空间中。一个租户有多种配额，分别代表不同类型的配额，如：BestEffort 的 Pod 的配额，NotBestEffort 相关的 CPU、Memory、requests.cpu、requests.memory 等，以及与计算资源无关的 ConfigMap、Secrets、Deployment 等。

通过租户配额可以更有效地管理命名空间、管理各命名空间的配额，与云平台的配额管理解耦。当租户需要更多配额时，可以购买更多的配额，或向资源管理部门申请更多的配额。云平台只需保障租户得到应有的配额（通过免费或付费的方式），而无须介入命名空间的管理，也无须介入命名空间级别的配额的管理。如图 5-27 所示，租户可以自行创建新的命名空间，并根据租户的配额自行在命名空间中分配。

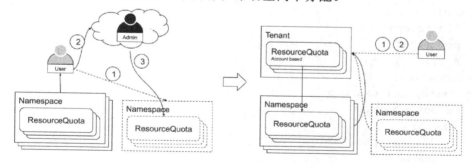

图 5-27　新建命名空间配额分配（左：命名空间配额，右：租户配额）

Kubernetes 官方不提供任何用户的管理和租户的管理，我们在 5.1 节讲述了租户及租户的样例，这里我们略去如何通过 Kubernetes 的 Custom Resource Definition 来扩展出租户配额，直接提供一个租户配额的样例，来描述租户配额，具体示例代码如下：

```
apiVersion: multitenancy.extension.io/v1alpha1
kind: TenantResourceQuota
```

```
metadata:
  name: example-notbesteffort-f6zx62fd
  # ...
spec:
  tenant: example-tenant
  resourceQuotas:
    hard:
      limits.cpu: "10"
      pods: "10"
      # ...
    scopes:
    - NotBestEffort
allocation:
- namespace: example
  resourceQuotas:
    limits.cpu: "5"
    pods: "5"
    # ...
  status:
    hard:
      limits.cpu: "10"
      pods: "10"
      # ...
    used:
      limits.cpu: "5"
      pods: "5"
      # ...
    allocation:
    - namespace: example
      resourceQuotas:
        hard:
          limits.cpu: "5"
          pods: "5"
          # ...
        status:
          limits.cpu: "3"
          pods: "3"
          # ...
```

　　租户通过 TenantResourceQuota 从云平台获取配额，获取的配额在 Spec 的 ResourceQuota 部分体现，通过 Allocation 分配到租户的各个命名空间中使用。租户新创建的命名空间中没有任何资源，需要租户主动分配配额后方可部署应用。

5.5.4　租户配额实践

5.5.4.1　多租户集群资源切分

通过对 Kubernetes 集群计算资源进行横向、纵向切分，可以将集群的资源从平面单优先级转为立体多优先级，将集群的不同类型的节点实名化，并绑定在不同优先级上（可拥有相同优先级的值）。通过水平切分，可以将集群划分为高优先级、低优先级的资源，允许低优先级的应用消费高优先级没有用完的资源，以提高资源利用率。

然而，并不是资源的分层越多越好。切分过多，在租户申请和购买资源时，会增加租户的学习成本。同样，对云平台来说，分层越多，需要维护的分层也越多，集群会出现频繁的高低应用切换，或低优先级的应用从来没有机会被调度。因此，通常计算资源会切分为三到四层，比如：集群基础设施层、高优先级层、低优先级层，以及通用层。多租户集群资源切分如图 5-28 所示，对于纵向切分，可按照节点类型、目的不同而进行切分。

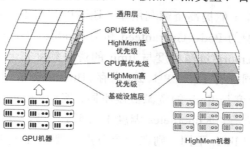

图 5-28　多租户集群资源切分

在集群切分中，基础设施层是 Kubernetes 集群中核心组件运行所在的层，该层的 NodeSelector 对所有类型节点无差别选择，这些资源不对租户开放，用于保障核心组件、控制平面正常运行。比如，集群的 Addon 组件、监控组件、Log 收集组件、网络组件等。高优先级、低优先级、通用层对租户开放，其中，高优先级和低优先级有严格的节点绑定，它们绑定在特定的节点类型中，以提供不同优先级的资源。在申请资源后，Pod 只能运行在特定类型的节点上。通用层与基础设施层类似，它的 NodeSelector 对所有节点无差别选择，区别在于，通用层的优先级最低，消费通用层配额的 Pod 运行时，可以被部署到任意类型的节点上，当这些节点上有更高优先级的应用有需求时，它们会被驱逐到其他节点上。

5.5.4.2　多租户配额分配与部署

对 Kubernetes 集群资源进行切分，能够使集群提供很多种不同类型的资源。租户获得的配额分配在各种类型的节点、优先级上。在多租户集群中，每个租户都有自己的配额。从集群层面来看，如果所有租户的配额能够覆盖集群的所有节点类型和配额优先级，那么集群的潜在资源利用率就会越高。企业内部的租户会根据应用的需求申请配额，通常申请的配额除了包含刚性需求的配额，还需要包含运维 Pod 预留的配额，而这部分配额通常处于闲置状态。同样地，对可动态水平扩展的应用而言，在申请配额时，会按照峰值的配额加上一定的缓冲配额以保证应用在业务达到峰值时依然能够对外正常提供服务，而在业务量的波谷时，只有少量业务实例在运行，会有很多空闲的配额，这将降低数据中心的资源利用率。

下面我们以 10%的运维配额来举例，一个有 5000 个节点的集群，在高优先级全部分配完毕后，有约 500 个节点处于空闲的状态。若分配低优先级配额、部署低优先级的 Pod，便可充分利用这部分高优先级应用未使用的空闲资源，提高集群的整体资源的利用率。当有高优先级的应用开始运维时，低优先级的 Pod 会被 Evict，运维结束后资源再次处于空闲状态，低优先级的 Pod 再次恢复运行。

高低优先级的配额除了能提高资源利用率，还可以利用不同类型的 Pod 做到更多。在部署 Pod 时，有两种类型的 Pod：Guaranteed 和 Burstable。Guaranteed 表示在创建的 Pod 中，request 的 CPU、Memory 资源额度与 limit 的资源额度完全相同，例如：request 有 1 个 CPU、2G 内存，limit 同样有 1 个 CPU、2G 内存。Burstable 表示在创建的 Pod 中，request 的 CPU、Memory 资源额度与 limit 的资源额度不同，例如：request 有 1 个 CPU、2G 内存，limit 有 4 个 CPU、8G 内存。Kubernetes 调度 Pod 时，根据 Pod 的 request 的资源来调度 Pod，若 Pod 的 request 和 limit 不同，则在一个节点上调度的 Pod 的 limit 的总和可以超过节点的资源总量，通过 Burstable 的 Pod 可以有效提高节点 Pod 的密度。

在私有云平台中，由于节点与应用均为内部控制，所以可以有效控制每组类型的节点上的能够部署的应用。若有两个应用的资源消费时间模型互补，则可以将这两种应用混合部署在同一组类型的节点上，提高节点的资源利用率。例如：白天的实时应用与夜间的跑批应用在资源消费模型上属于事件模型互补类应用，这两种应用通过 Burstable Pod 的方式部署在同一个类型的一组节点上，资源的 request 和 limit 通过 1:2 的比例分别申请 50%节点的资源，消费 100%的节点资源。这样在白天业务达到峰值时，批量业务处于波谷节点，资源全部由实时应用 Pod 消费；在夜间业务低谷时，资源转为被跑批应用的 Pod 消费，从而有效提高了集群的资源利用率。这些资源部署可以由私有云的资源管理部门调配完成。

6

第 6 章
网络接入方案

假设我们在 Kubernetes 集群内部发布了一个服务，一个来自集群外部的客户端尝试访问该服务，那么我们来看一下，请求从客户端到服务器端都需要解决哪些网络问题：

（1）域名解析，把域名解析成 IP 地址，一般是一个虚拟 IP 地址。

（2）虚拟 IP 地址路由，把虚拟 IP 地址路由至对应的负载均衡服务器。

（3）网段转换，将集群外部网段的数据包转换成集群内部网段的数据包。

（4）SSL 卸载和七层负载均衡。

表 6-1 展示了大家熟知的 OSI 7 层网络模型，虽然针对网络分层的争论一直在进行，但该模型通常被作为网络的指导原则。当我们探讨网络接入时，可以基于各个层级的特性来构建不同方案。在理解 Kubernetes 实现机制之前，有必要对网络技术做一个基本的了解，这样能够明白 Kubernetes 在解决哪些问题。

表 6-1 OSI 7 层网络模型

层　　级	功　　　　能
7. 应用层	高级 API，比如资源共享，远程文件传输
6. 表现层	转换网络层和应用层数据，包括字节编码，数据压缩和加密解密
5. 会话层	管理通信会话，比如保持会话功能
4. 传输层	数据片段（Data Segment）的可靠性传输
3. 网络层	管理多节点网络，包括寻址、路由和流量控制
2. 链路层	基于物理网络节点之间的 Data Frame 的可靠性传输
1. 物理层	基于物理介质传输和接收比特流

6.1　数据中心基础架构

技术是在不断地迭代和演进中走向成熟的，网络基础架构也不例外。在互联网刚刚兴起的时代，计算网络的组建以工作在链路层的交换机为主，主要目的是解决大量计算节点之间的互联互通需求。在链路层设备之上配置基于网络层协议的路由设备，连通不同子网，随着网络规模的扩大，数据中心网络大多演进成如图 6-1 所示的三层网络架构，网络设备根据类型和职责分为接入层、汇聚层和核心层。

接入层（Access Layer）交换机在数据中心往往会置于机架顶部，被称为 Top of Rack Switch（或者 ToR Swtich），其特点是接口多、交换效率较高、配置简单、价格便宜，这类设备负责计算节点和存储节点的接入。

汇聚层（Aggregation Layer）交换机负责连接接入层设备，它承担接入层和核心层桥梁的职责，其存在的主要原因是，接入层设备往往量很大，上行接口较多，上行链路在汇聚层聚合后，再接入核心层，可以减少对核心层接口的需求。相比接入层，汇聚层设备提供更少的接口和更高的交换速率，往往是一些相对高端的交换设备。汇聚层同时需要承担策略配置、安全保证、隔离等职责，防火墙、负载均衡器等设备由汇聚层接入网络。通常汇聚层是链路层设备和网络层设备的分水岭，汇聚层以下是链路层设备，汇聚层以上是网络层设备。当接入层设备较多时链路层网络可以被切分成多个相互隔离的虚拟网络（VLAN），以避免"广播风暴"等问题。

核心层（Core Layer）通常为进出数据中心的网络包提供高速转发，为多个汇聚层提供连接。核心层工作在 OSI 的网络层，为整个网络提供可靠的、高效的核心交换。为保证可靠性，一般核心层设备采用双机冗余备份，为保证其高效性，往往会采用成本较高的高速交换设备。

如图 6-1 所示，三层网络有两个比较明显的缺陷。

第一，数据传输效率与源和目标的所在位置相关，"东西流量"（横向）要跨越多层路由器，延迟较高，而且源和目标在不同物理位置带来的网络延迟可能不相同。第二，对基础网络来说，为提升网络的可靠性，所有的设备和链路都需要配置成冗余模式。但是，当链路层设备的某个端口接收广播数据包时，会将该数据包复制并发送到该设备的所有其他接口。依此类推，如果在一个基于链路层协议的网络中出现环路，那么广播包会被无限复制传播，导致设备过载，直至网络瘫痪。为避免环路出现，可以使用链路层网络设备的一个非常重要的协议——生成树协议（Spinning Tree Protocol，或者 STP），该协议将某个交换机设置为根，生成一个无环路的树，所有不在该路径的设备端口均被阻塞，除非主端口或设备出现故障，否则不参与数据交换。该协议有效地避免了广播风暴，但显而易见，大量阻塞的端口无法参与数据传输，会造成严重的网络设备浪费，并且限制了数据中心的网络吞吐能力。

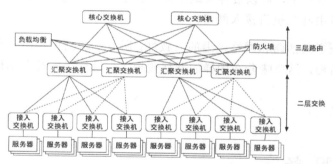

图 6-1　三层网络架构

传统业务基本是单体应用，流量以"南北流量"（纵向）为主，三层架构契合此类流量的特征。随着业务复杂性的提高，单体应用的复杂性也随之升级，系统配置也变得愈加复杂。业界没有停止寻找解决方案的脚步，从早期的模块化编程到 SOA，到微服务架构，再到当下的服务网格。一个个巨大的系统被拆解成成百上千的子系统，这些子系统又形成了一个基于网络通信的彼此合作的生态系统。流量从南北向变成了东西向，数据中心网络架构演进为基于路由交换技术的叶脊网络。

从图 6-2 不难看出，叶脊网络的一大优势是全连通的物理链路，即 Mesh 架构，此架构的特点是，所有叶交换机（TOR switch）都与所有脊交换（EOR switch）机相连。所有叶交换机与任何其他叶交换机都经过一个脊交换机，也就是跨机架的网络传输都只需要恒定的一跳，这使得东西流量的网络传输时间变得恒定，不像三层架构下，传输时间会因源和目标所处的位置不同而不同。

图 6-2　叶脊网络

借助功能强大的路由协议，比如 BGP，可以实现基于等价多路径的多活网络路径。其显著特点是，所有链路都参与数据传输，网络带宽相比三层网络架构更具优势。网络可靠性的极大提升，使得任何脊交换机出现故障时，网络传输都能因为有其他链路可用而不受影响。网络扩展非常简单，可以很容易地增加叶交换机或脊交换机。叶脊架构下的负载均衡、防火墙等设备由叶交换机接入网络。

叶脊为了保证多条活路和网络延迟的一致性，所有叶交换机和所有脊交换机是直接互联的，形成网格结构，这意味着在同样的网络规模下，叶脊模式需要的硬件设备更多，成本更高。

6.2　域名服务

在 20 世纪 90 年代初期的互联网初创阶段，网站多以静态 HTML 页面为主，附加一小部分动态脚本。此时网站规模较小，并发请求数量也很低，网站多以单实例服务器形式部署。通过配置 DNS 服务器，可以将网站的域名（Full Qualified Domain Name）映射到服务器 IP 地址。

DNS 的全称是 Domain Name System，它本质上是一个键值对（Key-Value pair）的存储和查询系统。DNS 支持多种记录类型，比如 A Record、CName、SRV Record 等，Key 和 Value 存储的内容跟记录类型有关。比如地址记录（A Record）存储的是域名和 IP 地址的映射关系，CName 存储的是别名和地址记录中域名的映射关系。

　　域名服务承担的是电话簿的角色,就像当你想打电话给某人时,你无需记住对方的电话号码,只需从地址簿查询这个人的电话号码,直接拨打即可。当用户要访问某网站时,也无需记住以一串数字组合成的 IP 地址,而只需通过浏览器访问该网站域名。浏览器首先检查本地浏览器缓存,如本地尚无该域名缓存,则浏览器向接入网络的域名服务器发起域名解析请求,域名服务器根据预先配置好的地址映射,返回服务器地址给浏览器。

　　通过 dig 命令可以分析域名解析的整个过程,下面解析 dig example.com 在 Linux 上的完整结果,该结果主要分为六个部分:

　　第一部分是查询参数和结果统计信息,该段显示 dig 请求通过命令行方式查询 example.com,并且成功返回一个查询结果。

```
; <<>> DiG 9.9.4-RedHat-9.9.4-72.el7 <<>> example.com
;; global options: +cmd
;; Got answer:
;; ->>HEADER<<- opcode: QUERY, status: NOERROR, id: 35674
;; flags: qr rd ra; QUERY: 1, ANSWER: 1, AUTHORITY: 2, ADDITIONAL: 2
```

　　第二部分是查询内容,该请求显示我们在查询 example.com 的 A 记录,即地址记录。

```
;; OPT PSEUDOSECTION:
; EDNS: version: 0, flags:; udp: 4096
;; QUESTION SECTION:
;example.com.          IN   A
```

　　第三部分是 DNS 服务器的答复,结果显示 example.com 有一个 A 记录。对于有多个地址记录的域名,这里会返回多个 IP 地址。103655 是 TTL(Time To Live 的缩写)值,表示缓存时间,即 103655s 之内不用重新查询。请注意,这个值的大小直接影响基于 DNS 寻址构建服务发现的功能。

```
;; ANSWER SECTION:
example.com.          103655  IN  A   93.184.216.34
```

　　第四部分是 example.com 的授权域名服务器(Name Server),即哪些服务器用于管理 example.com 的 DNS 记录。

```
;; AUTHORITY SECTION:
example.com.          99980   IN  NS  a.iana-servers.net.
example.com.          99980   IN  NS  b.iana-servers.net.
```

　　第五部分是域名服务器对应的 IP 地址,由于 Name Server 同时配置了 IPv4 和 IPv6 的地址，所以我们看到结果返回了 A 记录（IPV4 的地址记录）和 AAAA 记录（IPv6 的地址记录）。

```
;; ADDITIONAL SECTION:
b.iana-servers.net. 36  IN  A      199.43.133.53
b.iana-servers.net. 371 IN  AAAA   2001:500:8d::53
a.iana-servers.net. 371 IN  A      199.43.135.53
a.iana-servers.net. 371 IN  AAAA   2001:500:8f::53
```

第六部分是 DNS 服务器的一些传输信息。本机的 DNS 服务器是 192.168.0.10，查询端口是 53（DNS 服务器的默认端口），回应信息长度是 192 字节。

```
;; Query time: 1 msec
;; SERVER: 192.168.0.10#53(192.168.0.10)
;; WHEN: Fri Oct 04 02:32:20 -07 2019
;; MSG SIZE  rcvd: 192
```

从上述返回结果，我们即可了解完整的 DNS 工作原理。当 dig 命令开始发起域名解析请求时，请求首先被发送至主机默认的域名服务器，上面的例子是 192.168.0.10。该地址是系统的默认域名服务器，域名服务器本地如果没有此地址的记录，则请求会被转发至上游域名服务器。上游域名服务器也可以有自己的上游，通过此配置，域名服务器可以提供链式查询。当所有上游服务器都无法解析某域名时，该请求会被转发至根预先配置的域名服务器（Root Server）。请仔细看上面代码的返回结果，每个返回的域名最后都有一个 "."，这是因为实际上所有域名的尾部都有一个根域名。比如 example.com 的实际域名是 example.com.。根域名服务器会将请求转发至对应的顶级域名服务器（Top Level Domain Server，比如.com，.cn 都有自己的顶级域名服务器），以及次顶级域名服务器（Second Level Domain），再由他们把请求转发至对应的授权域名服务器，由授权域名服务器进行解析。具体解析过程如图 6-3 所示。

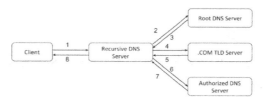

图 6-3　域名解析过程

通常操作系统、浏览器均有缓存 TTL，如果浏览器已经缓存了该网站与 IP 地址的有效映射关系，那么浏览器会跳过域名解析阶段直接把请求发给已缓存的目标地址。这种缓存机制的意义有两个，一方面可以减少同一客户端在某段时间内因多次解析请求给域名服务器带来的压力，另一方面，域名服务器是支持递归查询的，每一个域名服务器都可以配置上游域名服务器，当域名查询失败以后，该查询请求会被转发至上游服务器。直到根域名服务器，如果没有缓存机制。则整个域名解析过程会变得非常低效。

缓存机制带来的负面影响是，在 TTL 内，当服务器的 IP 地址发生变更时，客户端会通过缓存继续访问上一次返回的地址，从而导致此窗口期内的服务访问全部失败。DNS 支持多种记录类型，比如 A record 是将域名映射至一个或多个 IP 地址的记录类型，通过多地址映射记录，DNS 可以实现基于轮询（Round Robin）的基本负载均衡。

如果一个应用的并发请求数量不高，并且对可用性要求也不高，那么基于 DNS 的访问是一个不错的选择，甚至在某些场景下是最优选择，因为此方式不会引入额外的网络跳转。但是对于可用性较高的应用，域名服务器无法满足生产需求，具体原因如下：

（1）缓存机制会导致下游客户端访问无效服务器。

- 上游服务器地址变更后，DNS 的更新有延迟。
- 有些 DNS 的实现不处理 TTL，有可能返回本该失效的地址。
- 有些应用无视 TTL，只要 DNS 返回结果就永久保存，不再轮询。

（2）DNS 只支持基本的轮询策略，该策略的问题是，上游服务器有多副本，且每个实例的处理速度不一致，这使得当有海量并发请求时，某些较慢的处理节点可能会堆积大量的待处理请求，从而导致应用程序无响应，甚至宕机。

（3）由于 DNS 缓存的设计缺陷，在 TTL 周期内，某客户端的请求总会被转发至同一个上游服务器，如果有人进行恶意攻击，那么只需很低的成本就能把服务器压垮。

域名服务器不具有健康检查的功能，当某个实例出现宕机、无响应等故障时，域名服务器是无感知的，请求还会继续转发至此实例。

6.3 Linux 网络基础

6.3.1 理解 Linux 网络协议栈工作机制

本书不会对路由协议做过多讲解，但对任何分布式系统而言，网络是将众多设备整合在一起，形成一个庞大生态的基础。对基于 Linux 的分布式系统而言，了解 Linux 的网络协议栈工作原理，有助于了解整个分布式系统的运作机制。从网络层面来看，Kubernetes 就是 Liunx 的扩展。不仅如此，众多云平台都把自己定位为数据中心操作系统（DCOS），也就是依托于云平台，整个数据中心是一个完整的操作系统。

以点带面，我们先看一下 Linux 是如何处理数据包的。当网卡收到一个与其 MAC 地址相同的 Ethernet Frame 时，会直接通过 DMA 把数据包放入 RAM 预先分配的内存块中，紧接着对 CPU 发送中断请求。CPU 在接收中断请求以后，按照网卡接收队列中的地址描述符读取数据，并把数据交给上层协议栈进行处理。

不同的数据队列对应不同的 CPU Core，相应的 CPU Core 会直接访问数据所在的内存块，对数据进行校验。比如，是否是发给当前主机的，校验和是否正确，如果校验不通过，则数据包会被丢弃。当校验通过后，系统会确认数据包的大小，然后调用 Netfilter Hook 函数对数据包进行处理。Netfilter 提供了通用和抽象的接口，允许用户自定义数据包的处理规则，包括过滤、修改、地址转换等操作。经过这一系列处理后，数据包将被转发至其他设备，或者用户进程所在的 CPU Core 被唤醒，并将数据从操作系统内核拷贝至用户空间，供应用使用。

Netfiter 是一个基于用户自定义的 Hook 实现多种网络操作的 Linux 内核框架。Netfilter 支持多种网络操作，比如包过滤、网络地址转换、端口转换等，以此实现包转发或禁止包转发至敏感网络。

针对 Linux 内核 2.6 以上版本，Netfilter 框架实现了 5 个拦截和处理数据的系统调用接口，它允许内核模块注册内核网络协议栈的回调功能，这些功能调用的具体规则通常由 Netfilter 插件定义，常用的插件包括 iptables、ipvs 等，不同插件实现的 Hook 点（拦截点）可能不同。另外，不同插件注册进内核时需要设置不同的优先级，例如默认配置下，当某个 Hook 点同时存在 iptables 和 ipvs 规则时，iptables 会被优先处理。

Netfilter 提供了 5 个 Hook 点，系统内核协议栈在处理数据包时，每达到一个 Hook 点，都会调用内核模块中定义的处理函数。调用哪个处理函数取决于数据包的转发方向，进站流量和出站流量触发的 Hook 点是不一样的。

内核协议栈中预定义的回调函数有如下五个：

（1）NF_IP_PRE_ROUTING：接收的数据包进入协议栈后立即触发此回调函数，该动作发生在对数据包进行路由判断（将包发往哪里）之前。

（2）NF_IP_LOCAL_IN：接收的数据包经过路由判断后，如果目标地址在本机上，则将触发此回调函数。

（3）NF_IP_FORWARD：接收的数据包经过路由判断后，如果目标地址在其他机器上，则将触发此回调函数。

（4）NF_IP_LOCAL_OUT：本机产生的准备发送的数据包，在进入协议栈后立即触发此回调函数。

（5）NF_IP_POST_ROUTING：本机产生的准备发送的数据包或者经由本机转发的数据包，在经过路由判断之后，将触发此回调函数。

6.3.2　iptables

针对上述 5 个回调函数的每一个 Hook 点，都有一个对应的系统自定义的规则集（iptables Chain）：

（1）PREROUTING

（2）INPUT

（3）FORWARD

（4）OUTPUT

（5）POSTROUTING

当 Hook 函数被调用后，规则集中的规则会被解析，并对相应的数据包做处理。Netfilter框架中的 iptables 插件如图 6-4 所示。

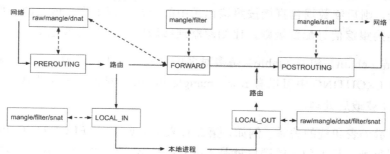

图 6-4　Netfilter 框架 iptables 插件

规则集可以互相嵌套，用户可以将自定义的规则集或者具体规则添加在默认规则集中。

针对不同的 Hook 点，根据对数据包的处理目的不同，规则又被分为不同的表，包括 filter、nat、mangle、raw、security 等，用来存储不同目的的处理规则。例如，filter 表处理的是是否允许包继续向前的规则，多用来做防火墙规则；nat 表存放的是网络地址转换规则，多用来实现负载均衡等数据包转发功能。下面具体介绍四种表：filter、nat、mangle、raw。

- filter

根据数据包的 IP 地址、端口等信息来决定是接收还是丢弃该数据包，多用于防火墙规则的配置。

- nat

用于实现网络地址的转换规则。当包进入协议栈时，nat 中的规则决定是否修改及如何修改数据包的源、目的 IP 地址及端口信息，以改变包被路由时的行为。该表通常用于将数据包路由到无法直接访问的网络。

- mangle

用于修改数据包的包头。例如，可以修改数据包的 TTL，增加或减少数据包经过的跳数。该表还可以打（只在内核内有效）标记，后续的表或工具处理的时候可以使用这些标记。标记不会修改数据包本身，只是在数据包的内核数据结构体上做修改。

- raw

操作系统对网络连接的处理是有状态的，针对每个已创建的连接，源 IP 地址、目标 IP 地址、端口及连接状态都会被保存在系统的连接跟踪（Connection Tracking）表中。在操作系统内核处理数据包时，首先会检查连接跟踪表，对于同一个数据流，若存在有效的连接跟踪记录，则后续数据包直接按照该记录中的规则进行处理。该表的主要功能是，允许用户根据连接跟踪信息配置规则，比如忽略连接跟踪表中的有效记录。

iptables 链（chain）和表（table）是多对多的关系，在不同的 Hook 点，可以有不同的表，比如，PREROUTING 中可以有 raw、mangle 和 nat 三种表，其优先级也不同，raw 最先被处理，nat 被最后处理。

表 6-1 展示了表和链的关系。例如，第二行表示 raw 有 PREROUTING 和 OUTPUT 两个链。具体到每列，从上到下的顺序就是 Netfilter Hook 被触发时，不同链被调用的顺序，即表的优先级。

nat 被细分成 dnat（修改目的地址）和 snat（修改源地址），以更方便地展示它们的优先级。另外，我们添加了路由决策点和连接跟踪点，以使得整个过程更完整、全面，如表 6-1 所示。

表 6-1　iptables 支持锚点

table/chain	PREROUTING	INPUT	FORWARD	OUTPUT	POSTROUTING
raw	支持			支持	
mangle	支持	支持	支持	支持	支持
dnat	支持			支持	
filter		支持	支持	支持	
snat		支持		支持	支持

在了解了 chain 和 table 之间的关系后，我们再来了解一下规则的细节。

规则主要分为两个部分，match 和 target。match 定了匹配规则，匹配系统非常灵活，还可以通过 iptables extension 扩展其功能。规则可以匹配协议类型、目的或源 IP 地址、目的或源端口、目的或源网段、接收或发送的接口（网卡）、协议头、连接状态等。这些条件综合起来能够组合成非常复杂的规则，用以区分不同的网络流量。

target 定义了当规则匹配后采取何种动作。下面的示例代码功能是向 INPUT 链的末尾插入一条规则：如果数据包遵守 TCP 并且目标端口是 80，则接收此数据包。

```
iptables -A INPUT -p tcp --dport 80 -j ACCEPT
```

6.3.3　ipset

IP 集合是 Linux 内核的一个框架，它允许管理员通过 ipset 命令配置一系列 IP 的集合。同时根据类型的不同，IP 集合可以存储 IP 地址、网段、TCP/UDP 端口号、MAC 地址、interface 名的不同组合。

ipset 的引入使 iptables 规则得到简化。把要处理的 IP 地址及端口放进一个集合后，对这个集合设置一条 iptables 规则即可取代原来成百上千条规则。使用 ipset 来配置规则有如下好处：

- 可以存储多个 IP 地址和端口，并且只需一条 iptables 规则即可进行流量转发或过滤，iptables 规则变得简单、易维护。

- 动态更新 ipset 地址即可达到更新 iptables 规则的目的，而无需更新 iptables 表本身，大大提升了规则更新效率。

- iptables 在进行规则匹配时，从规则列表中从头到尾逐条进行匹配。ipset 将计算复杂度从 O(n)变成 O(1)。

下面是一些 ipset 的维护示例：

- 创建基于 subnet 的 ipset：

```
ipset create myset1 hash:net
ipset add myset1 1.1.1.0/24
```

- 创建存储 IP 地址的 ipset：

```
ipset create myset2 hash:ip
ipset add myset2 1.1.1.1
```

- 创建存储 IP 地址和端口的 ipset：

```
ipset create myset3 hash:ip,port
ipset add ipset3 1.1.1.1,80
```

- 添加 iptables 规则：

```
iptables -I INPUT -m set --match-set myset src -j DROP
```

6.3.4　IPVS

IPVS 是一个基于传输层的负载均衡和数据转发的内核模块，Linux 2.6 及以上内核版本自带 IPVS。与 iptables 类似，IPVS 提供了用户态工具（ipvsadm）及内核接口（netlink）管理规则。与 iptables 不同，如图 6-5 所示，IPVS 只实现了 LOCAL_IN、LOCAL_OUT、FORWARD 这三个 Hook 点。

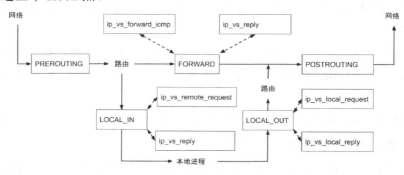

图 6-5　Netfilter 框架中的 IPVS 插件

1. Hook 点 LOCAL_IN

在 Hook 点 LOCAL_IN 上，IPVS 挂载了两个回调函数 ip_vs_reply4 和 ip_vs_remote_request4。前者主要用于 NAT/Masq 转发模式，其核心处理函数为 ip_vs_out，用于处理系统回复给外部客户端的报文，包括修改源或目标 IP 地址等。后者的核心函数为 ip_vs_in，用于处理由外部客户端进入 IPVS 系统的报文，如果没有可用的连接，则使用调度函数进行调度处理，创建连接结构。

2. Hook 点 LOCAL_OUT

与前一节的 NF_INET_LOCAL_IN Hook 点不同，此处的 NF_INET_LOCAL_OUT 的 Hook 点用于处理 IPVS 本机发送的报文。前者用于处理外部客户端进入 IPVS 系统的报文。

在 Hook 点 NF_INET_LOCAL_OUT 上，IPVS 挂载了两个函数 ip_vs_local_reply4 和 ip_vs_local_request4，其中前者的优先级高于后者。前者的核心函数为 ip_vs_out，主要用于 nat/Masq 转发模式，以及 nat 地址的修改。

函数 ip_vs_local_request4 的核心函数为 ip_vs_in，其负责处理由本机应用层进入 IPVS 系统的报文的调度和发送。

3. Hook 点 FORWARD

在 Hook 点 FORWARD 上，IPVS 挂载了两个函数 ip_vs_forward_icmp 和 ip_vs_reply4，其中前者的优先级高于后者。前者 ip_vs_forward_icmp 的核心处理函数为 ip_vs_in_icmp，用于处理外部进入 IPVS 系统的 ICMP 报文，将其调度到对应的真实服务器上。

函数 ip_vs_reply4 的核心函数为 ip_vs_out，主要用于 nat/Masq 转发模式，以及 NAT 地址的修改。对于真实服务器回复的报文，其目的地址为外部客户端的地址，非 IPVS 系统的虚拟地址，所以报文将进入 Hook 点进行 SNAT 转换，将源地址转换为 IPVS 的虚拟地址。

如表 6-2 所示，在 IPVS 中由外部客户端到 IPVS 内部的报文为 Request；而由 IPVS 内部回复到外部客户端的报文为 Reply。所以，Hook 函数的命名中带有 request 的函数都对应 IPVS 核心函数 ip_vs_in；而 Hook 函数命名中带有 reply 的函数都对应 IPVS 的核心函数 ip_vs_out。

表 6-2 IPVS 核心函数

HOOK	函　　数	核心函数	Priority
NF_INET_LOCAL_IN	ip_vs_reply4	ip_vs_out	NF_IP_PRI_NAT_SRC - 2
NF_INET_LOCAL_IN	ip_vs_remote_request4	ip_vs_in	NF_IP_PRI_NAT_SRC - 1
NF_INET_LOCAL_OUT	ip_vs_local_reply4	ip_vs_out	NF_IP_PRI_NAT_DST + 1
NF_INET_LOCAL_OUT	ip_vs_local_request4	ip_vs_in	NF_IP_PRI_NAT_DST + 2
NF_INET_FORWARD	ip_vs_forward_icmp	ip_vs_in_icmp	99
NF_INET_FORWARD	ip_vs_reply4	ip_vs_out	100

6.4 负载均衡

什么是负载均衡？顾名思义，就是将网络请求分发至多个后端服务器的过程。负载均衡的目标是，资源使用最大化，吞吐量最大化，响应时间最小化，避免单个后端服务器过载。相比单计算节点，基于负载均衡的多组件能够提高软件的可靠性和可用性。负载均衡通常涉及一系列专用的软件或硬件，比如多层交换机、DNS 服务器等。

负载均衡从概念层面理解是一种数据转发技术，它为一组应用服务器绑定一个虚拟 IP 地址，并把这个虚拟 IP 地址和后端提供服务器的真实服务器产生关联，当用户访问该虚拟 IP 地址时，负载均衡器按照既定规则将请求转发至真实服务器。

早期的应用多是单体应用，一个应用服务器承载整个网站的功能。随着功能越来越复杂，并发请求越来越高，需要对系统进行扩展以满足需求，扩展主要可分为纵向（垂直）扩展和横向（水平）扩展。

纵向扩展是对单个实例而言的，当应用服务器配置的 CPU 数量、内存容量、磁盘空间不足时，往往需要纵向扩展。

横向扩展是指通过创建更多服务实例来共同承担访问压力的扩展方式。

我们通过负载均衡技术可以解决以下问题。

- 分担并发压力，提高应用的总体处理性能，增加吞吐量。单个实例能支持 100TPS 的应用服务，100 个实例理论上可以提供 10 000TPS 的应用服务。

- 提供故障转移，实现高可用。单个实例往往因为硬件故障或者软件 bug 导致不可用，基于负载均衡的多副本部署方式可以保证某些实例出现故障时，仍然有可用实例提供服务，从而保证整个应用的可用性。

- 通过动态地添加或减少服务器数量，调整网站的伸缩性。

- 安全防护，现在的负载均衡组件基本都提供 SSL 卸载功能，使得应用可以得到有效的安全防护。

- 在负载均衡设备上做一些过滤规则黑白名单等处理。

- 负载均衡器可以提供日志和可观察性的支持。

6.4.1　负载均衡的实现机制

随着互联网的发展，以及架构的演进，越来越多的应用开始有水平扩展的需求，如何有效地分流用户请求，提供高可用的分流方案变得越来越重要。负载均衡技术应运而生，蓬勃发展。

在 20 世纪 90 年代，负载均衡主要以硬件形式存在，有些知名厂商，生产专用负载均衡设备，为企业应用接入提供支撑。此时的负载均衡设备提供公共流量汇聚和接入的功能，即来自互联网的请求经过负载均衡器转发至可信的数据中心，因此很多负载均衡器同时承载了数据包过滤等安全方面的职责。

在数据中心内部，往往通过域名解析等低成本的方案做服务之间的服务发现和网络通信。这在互联网初期是可行的，因为当时的应用大多是单体部署模式，架构并不复杂，如图 6-6 所示。通常不同的应用配置在不同的专用主机服务器上，这些服务器的 IP 地址是固定的，即使某台机器出现故障，也只能手工替换硬件设备，同时配置保留不变。

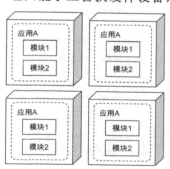

图 6-6　单体系统部署模式

随着业务的复杂性日益增加，单体应用的维护成本越来越高，单体应用被拆分为微服务，应用架构逐步转变为微服务架构（Microservice，实际上是一种优化了的 SOA 架构）。为满足此种应用架构，云计算应运而生。应用被拆解成多个子系统，每个子系统又被拆解成数个甚至数千个实例。

微服务架构的部署模式如图 6-7 所示，单体应用模块化，每个模块拥有独立资源需求、生命周期和部署模式，原来的单体应用转变成由成百上千个子系统相互调用形成的生态系统。这种模式的优点是系统的不同组件之间耦合度低，系统的可维护性高。但缺点是系统的复杂性高，原来单体系统的本地调用，都变成了网络调用。为了保证整个系统的可用性和可靠性，所有的子系统都需要为自己负责。

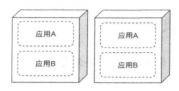

图 6-7　微服务部署模式

由于网络的不确定性，不同子服务之间的访问控制和流量转发变得愈发复杂，理解网络传输的原理和方法也变得尤其重要。可以说在分布式系统中，网络是核心，理解了网络就理解了微服务。

图 6-8 展示了数据包如何在各个网络层进行组装。网络请求一般是由用户或应用程序发起，请求发起后，用户数据首先在应用层面进行封装，依据用户请求的动作、访问的目标等信息增加包头，形成完整的应用数据包。数据包在传输过程中会被操作系统分别增加传输层、网络层、链路层的包头，这些包头信息包含请求源和目标信息，再经由操作系统和各种网络设备在网络中传播。

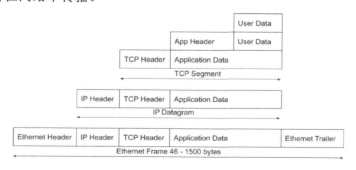

图 6-8　数据包的组装原理

以 HTTP 请求为例，假设用户打开手机浏览器，输入 http://example.com 试图访问该网站。我们假定寻址过程已经完成，并且获取了服务器地址 1.2.3.4，寻址过程已经在域名解析部分说明，这里不再赘述。浏览器作为客户端，首先会尝试与 example.com 的服务器进行 TCP 握手，也就是向 1.2.3.4 发送 sync 包，收集 IP 地址作为该数据包的源 IP 地址，源端口一般采用随机端口，目标地址是 1.2.3.4，目标端口是 80。

此时浏览器对 example.com 发起一个 GET 请求，并进行应用层面的数据包组装。网站的访问请求是一个标准的 HTTP request，它由包头和包体组成。此时包体为空，包头如下面代码所示，GET 表示 HTTP 请求的方法，"/"表示访问路径，HTTP/1.1 表示协议和版本。

```
> GET / HTTP/1.1
> Host: google.com
```

应用组装好数据包以后，尝试发起 HTTP 请求，将此请求包发给服务器。此时操作系统会介入，在 HTTP 包外封装 TCP 包头，包头里面包括源端口，一般是随机端口和目标端口，针对 HTTP 请求默认端口是 80。在 TCP 包外面再封装 IP 包头，包头主要包括源 IP 地址和目标 IP 地址，在 IP 包的外面会再增加 ethernet 包头。作为一个完整的 ethernet 数据包转发出去，数据包的组装细节如图 6-9 所示，包头分别对应我们常说的 IP 头、TCP 头、HTTP 头。

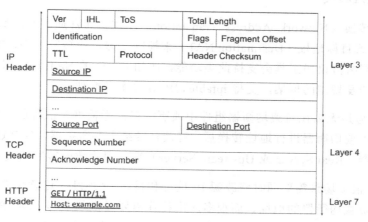

图 6-9　数据包的组装细节

6.4.2　负载均衡的技术实现

从服务提供方来看，网络数据包的结构和内容是一致的，想要实现负载均衡，将请求转发到多个上游服务器，可以通过改写网络数据包源目标地址来实现。根据网络协议的不同，有多种负载均衡实现方案。

6.4.2.1　基于网络层协议的负载均衡

基于网络层协议的负载均衡依赖于路由策略。系统处理数据包时，根据数据包中的源 IP 地址和目标 IP 地址选取下一跳路由器进行数据转发。等价多路径（Equal Cost Multiple Path，ECMP）是一种路由策略，该策略可以为下一跳定义多个等价的最佳路径。基于此种策略，流量可以分发给多个网络路径。此协议对数据中心网络拓扑和设备有特殊需求。

6.4.2.2　基于传输层协议的负载均衡

基于网络传输层的属性（比如 IP 地址、端口等信息）和既定规则进行数据包转发。传输层做数据包转发的技术手段有多种，基于传输层的负载均衡转发数据的技术手段也最丰富。由于众多应用层协议都是基于 TCP/UDP 的，所以基于传输层协议的负载均衡一般能支持众多的应用协议。下面介绍两种负载均衡实现方式。

1.　网络地址转换

网络地址转换（Network Address Translation，NAT）通常通过修改数据包的源地址（Source NAT）或目标地址（Destination NAT）来控制数据包的转发行为，如图 6-10 所示。通常传输层的网络协议栈工具会支持此类功能，比如 Linux 的 Netfilter 就是一个允许用户自定义数据包转发规则的框架，支持 iptables/IPVS 等多种插件。

NAT 的优势是无需在负载均衡器组件中侦听端口，无需维护额外的 TCP 连接，所有的网络包经过负载均衡器进行地址转换后，直接转发给上游服务器。TCP 连接维护在客户端和真实服务器（Real Server 或 Upstream Server）端，因此数据转发的效率较高。

但 NAT 在很多场景需要同时修改源 IP 地址和目标 IP 地址，这意味着真实的源 IP 地址会被改写成负载均衡器的地址，而很多应用往往需要提供基于客户端 IP 地址进行访问控制、日志归类等功能，这些功能因为失去了客户端 IP 地址而失效。

NAT 通常依赖操作系统内核，默认的内核框架只能提供有限的功能，如需提供更多功能，则需要改写内核模块。

硬件负载均衡器会向上游服务器发起非常多的并发连接，通常默认的 65 545 个端口是不足以支持这么多的并发连接的。因此，负载均衡器会配置多个专门用来做 NAT 的原始 IP 地址，或者叫 SNIP。假设配置 10 个 IP 地址，那么总的可用端口就是 655 350 个。

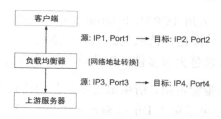

图 6-10　网络地址转换

2. 新建 TCP 连接

为记录原始客户端 IP 地址，负载均衡功能不仅需要进行数据包的源目标地址修改，同时要记录原始客户端 IP 地址，基于简单的 NAT 无法满足此需求，于是衍生出了基于传输层协议的负载均衡的另一种方案——TCP/UDP Termination 方案。如图 6-11 所示，与 NAT 方案不同的是，TCP/UDP termination 方案需要负载均衡器启动进程，基于 TCP/UDP 侦听既定端口。当客户端需要与服务器交换数据时，客户端直接与负载均衡器内的此进程建立连接并发送数据。此进程接收数据后，选择上游服务器，重新建立连接并转发数据。

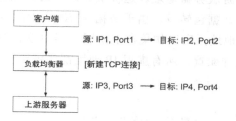

图 6-11　新建 TCP 连接

TCP/UDP Termination 方案的优点是，在转发给上游服务器的数据包中，可以在 TCP Option 中附加原始客户端 IP 地址，上游服务器只需从 TCP Option 中读取特定信息即可获取客户端 IP 地址。但此方案需要负载均衡器和上游服务器事先约定 TCP Option 的格式，并且同时支持读写 TCP Option，对应用软件有比较高的要求。

另外，与 NAT 方案不同，此时客户端到负载均衡器，负载均衡器到上游服务器是两端连接的，因此配置变得更复杂了。比如 TCP 的滑动窗口、超时时间等需要同时配置在负载均衡的入口和出口端。

TCP/UDP Termination 方案需要额外的应用程序来处理，市面上大部分主流代理软件都支持该方案，常见的有 Nginx、HAProxy，以及后起之秀 Envoy。

无论采用 NAT 方案还是采用 TCP/UDP Termination 方案，数据包的进（Ingress）和出（Egress）都是走一样的路径，即任何请求包的响应包都是原路返回的。在通常的网络应用中，应用的响应包往往比请求包大很多倍，因此响应包对带宽的占用较大。

为降低对负载均衡器的带宽占用，衍生出更多负载均衡技术，如大家所熟知的直接路由（Direct Routing，DR。也可以称为 Direct Server Return，DSR）技术。此技术的主要特征是，请求包和响应包的传输路径不一致，只有请求包经过负载均衡，响应包绕过负载均衡（通过默认网关直接返回给客户端），负载均衡器的带宽占用显著降低。

实现 DSR 的主要方式有基于链路层协议的负载均衡和基于隧道技术的负载均衡。

6.4.2.3　基于链路层协议的负载均衡

该方案要求所有上游服务器与负载均衡器在同一个链路层可达的网络中。如图 6-12 所示，负载均衡器在收到一个网络客户端请求后，依照既定的负载均衡算法选取上游服务器，不再依赖改写目标 IP 地址和目标端口进行包转发，而是改写数据包的二层包头，将目标 MAC 地址改写成上游服务器地址。这样负载均衡器无须解析数据包的 IP 头或 TCP 头，基于链路层即可进行数据包转发。由于数据包 IP 头中的目标地址依然是负载均衡器虚拟 IP（如途中的 IP2）地址，所以如果在上游服务器中没有 IP2 配置，则该数据包会被操作系统丢弃，为满足此种配置，所有虚拟 IP 地址都要绑定在上游服务器中。

图 6-12　链路层数据转发

上游服务器的配置，会在后面的章节中展开讲解。

当上游服务器收到数据包时，因为数据包的源 IP 地址是客户 IP 地址，目标 IP 地址是虚拟 IP 地址，所以当上游服务器处理完处理请求后，将请求的源地址与目标地址互换，即可得知响应数据包的目标地址是原始客户端 IP 地址。因此，响应包可以通过默认网关直接返回（无须经过负载均衡器）给客户端。通常互联网响应包的大小是请求包的数倍甚至数十倍，DSR 的优势是响应包不再占用负载均衡带宽，因此会大大降低负载均衡配置的数量。

　　DSR 模式的缺点是配置复杂，真实服务器和上游服务器要配置在一个链路层网络中，这违背了云原生的无状态原则，因此带来了额外的配置和维护成本。另外 DSR 的响应不使用负载均衡器，因此在负载均衡器上只有请求包，这给流量监控和故障排查都带来了挑战。

6.4.2.4　隧道技术

　　负载均衡中常用的隧道技术是 IP over IP，其原理是保持原始数据包 IP 头不变，在 IP 头外层增加额外的 IP 包头后转发给上游服务器。上游服务器接收 IP 数据包，解开外层 IP 包头后，剩下的是原始数据包。同样的，原始数据包中的目标 IP 地址要配置在上游服务器中，上游服务器处理完数据请求以后，响应包通过网关直接返回给客户端。

　　隧道技术与链路层数据转发技术都是基于 DSR 的，隧道技术的优势是基于 IP 地址，因此不要求上游服务器和负载均衡器在一个二层域中，配置相对简单。但从数据传输效率上看，由于涉及封包、解包，所以相比链路层数据转发而言，效率会低一些。

6.4.2.5　基于应用层协议的负载均衡

　　传输层负载均衡器已经满足了基本的数据转发需求，无论从功能层面还是数据层面来看都有不错的表现，但这足够了吗？

　　假如你是一名互联网公司的架构师，需要构建一个大型网站，基于微服务思想，这个网站一定不是大型单体应用，而是多个有着独立生命周期、资源需求、部署需求的微服务。你要将这些微服务整合起来，提供一个统一的域名，根据用户请求的不同网络路径转发至不同的后台服务。这需要配置应用层转发规则，即不仅要根据用户请求的 IP 端口信息转发流量，还要解析用户请求的应用层信息，比如通过 HTTP 请求头中的 Host、Context Path 或 Header 来决定转发至哪个服务。

　　为提高公司网络系统的整体效率，应用开发部门应只关注业务逻辑开发。为保证网站的安全性，对外提供的服务应该基于 TLS/HTTPS，这意味着网站安全应该交给基础架构层解决。负载均衡组件需要支持 TLS Termination，TLS 的侦听应该在负载均衡器上进行，这样用户通过 TLS 请求访问负载均衡器的某个虚拟 IP 地址时，负载均衡器中的进程需要解析用户请求、解密数据包，并建立新的连接，通过 HTTP 或其他协议访问真实服务器。

　　应用层负载均衡器支持丰富的改写规则，比如改写协议（比如从 HTTP 更改为

HTTPS）、改写访问路径、改写 HTTP 头等。

微服务架构下，系统往往是异构的，微服务之间的协议也不尽相同，随着应用层协议越来越强大，从 HTTP1 到 HTTP2，到 GRPC，数据传输效率获得了极大提升，这同时给负载均衡技术带来了额外的挑战。假设应用层的负载均衡关联了多台使用 HTTP2 协议的真实服务器，则 HTTP2 的连接复用特性使得同一个客户端的所有请求都会被转发至同一个后端。我们无法控制客户端的行为，这很可能会导致某个上游服务器过载，而其他服务器几乎没有请求。因此，针对 HTTP2、GRPC 这类应用，必定需要支持 HTTP2、GRPC 协议的负载均衡，而这类协议是应用层协议，必然需要应用软件来承担这一职责。

基于应用层的负载均衡器，支持一个应用层进程处理所有进出的数据包，并按照应用层逻辑进行转发。应用层进程意味着灵活性非常强，我们可以基于这类应用层软件实现几乎一切流量控制方面的需求，如熔断、限流、错误注入、日志、跟踪等。

为满足应用层负载均衡器的需求，我们要额外维护应用层软件，其性能、稳定性、配置更新和版本升级等都将带来额外的维护成本。

6.4.3　负载均衡的部署模式

负载均衡组件根据不同的目的及不同的应用场景，有不同的部署模式。

6.4.3.1　集中式负载均衡

一般在互联网和数据中心边界，需要有负载均衡配置连通来自互联网的请求及数据中心提供的服务。这种负载均衡机制往往采用专门的负载均衡设备，集中式配置，具有如下两个主要功能：

- 网络地址转换。通常，客户端在一个网段（比如公网地址），而服务在另一个网段（比如数据中心的私有地址）。两者处于相互隔离网段，无法直达，因此，需要某些地址转换技术，将请求从一个网段转换至另一个网段。

- 攻击防御。处于边缘的负载均衡器在很多时候会承担较大恶意或非恶意的流量，因此，需要有一定机制保护自身或后端服务器。通常的自我保护是基于配置策略的，针对某类流量进行访问控制。

集中式负载均衡器的优点是部署相对简单，管理成本和问题的排查难度相对较低。其存在的主要问题是单点故障问题，即所有服务调用都要经过负载均衡器，当服务数量和调用量过大时，负载均衡器容易发生故障，这对整个系统的影响是灾难性的。另外，负载均衡器在服务消费方和服务提供方之间增加了额外的网络跳转，有一定的性能开销。

6.4.3.2 进程内负载均衡

进程内负载均衡方案将负载均衡功能以内嵌的类库的形式集成到服务消费方进程中，该方案也被称为客户端负载方案。服务注册中心（Service Registry）配合支持服务自注册和自发现：服务提供方启动新实例时，首先将服务实例地址注册到服务注册中心。当服务消费方要访问某个服务时，客户端通过内置的负载均衡组件向服务注册中心查询目标服务地址，并从注册中心返回的地址列表中，以既定负载均衡策略选择一个目标服务地址，并向目标服务地址发起请求。

进程内负载均衡是一种分布式负载均衡模式，负载均衡和服务发现能力被分散到每一个服务消费者的进程内部，同时服务消费方和服务提供方之间采用直接调用方式，没有额外网络跳转造成的延时，性能比较好。另外，该模式避免了在集中式负载均衡模式下，流量集中导致的负载均衡器网络带宽瓶颈和单点故障问题。

该方案的缺点是，负载均衡组件以类库的形式内嵌在应用中，若企业内有基于不同编程语言的异构系统，则需要为每种语言和平台开发不同的负载均衡软件。当客户端跟随服务调用方发布到生产环境中时，如果要对客户库进行升级，则服务调用方必须修改代码并重新发布。

6.4.3.3 独立进程负载均衡

独立进程负载均衡是针对进程内负载均衡模式的不足而提出的一种折中方案，原理与进程内负载均衡类似。独立进程负载均衡将负载均衡和服务发现功能从进程内移出来，从内嵌在应用中的类库变成主机上的一个独立进程。

该模式下，服务调用方与负载均衡进程进一步解耦，无需为不同语言开发客户库，负载均衡组件的升级不需要服务调用方修改代码。其代价是部署较复杂、环节多，出错时调试排查问题不方便。

6.4.4 负载均衡策略

负载均衡策略是指当处理某种请求时，负载均衡组件如何选取上游服务器的算法。算法不同，负载均衡的效果也不同。在部署生产应用时，需要仔细考量各种场景可能带来的问题，选取相应的策略。在低负载场景下，算法对应用的影响不大，然而当请求负载较高时，若流量分配不平均，会使某些后端服务器过载。当部分服务实例因过载而不可用时，后续请求会被转发至正常工作的服务实例上，进而引发连锁反应使整个应用不可用。接下来，我们介绍几个常用的负载均衡策略。

1. 随机（Random）

随机选取后端服务器目标的优势是算法简单，负载均衡器无须记录转发状态。在高并发场景下，请求转发至哪个后端服务器是完全随机的，在运气不好的情况下，容易导致多数请求随机至同一后端。

2. 轮询（RoundRobin）

按顺序选择后端服务器，在理想状态下能够很好地满足生产应用的需求。但生产系统中经常会出现不同实例的响应速度不一致的情况。在容器世界中，同一计算节点往往运行了多个不同的服务。虽然容器提供了一定程度的资源隔离，但依然无法避免多个应用进程彼此产生性能影响。比如，多应用同时读写一块磁盘会导致性能下降。受此影响，某个特定的应用的实例会比同一应用的其他实例响应速度慢。在高负载场景下，这种不均衡会导致部分实例过载，进而影响应用的可用性。

3. 最小连接（LeastConnection 或 LeastRequest）

负载均衡器永远选择并发连接最少的后端服务器。针对之前描述的场景，如果某些服务实例受邻居影响响应速度变慢，那么在接收相同数量的请求时，这些实例总会有较多未处理完成的请求而保持较多并发连接。因此，对于新的请求，负载均衡器会检查所有节点的并发请求，将请求转发至那些处理速度较快而并发请求相对较低的实例中。该配置是多数生产应用的推荐配置。但是其同样有风险，会造成错误配置的放大效果。假设某个后端服务器错误地挂载到某个虚拟 IP 地址后端，而用户访问虚拟 IP 地址时，如果转发至正确的后端服务器，则需要 2s 的时间处理业务逻辑。而当请求转发至错误后端时，很可能该后端没有请求对应的处理程序而返回"404"错，由于没有经过任何的业务环节，所以"404"的返回是瞬时的，并且相应请求对应的连接会被释放，从而导致负载均衡器下次选择目标服务器时会选择有问题的实例。可见，在这种算法下，错误的配置会被放大很多倍，很可能因为一个错误实例的挂载而导致大部分请求无法被处理。

4. 一致性哈希（ConsistentHash）

根据数据包的某些特征，通常针对 N 元组信息（比如源 IP 地址、目标 IP 地址、源端口、目标端口、协议等）进行哈希计算，不同的哈希值对应不同的后端服务实例。该策略的优势是，同一个连接的数据包 N 元组的哈希值不变，它们总会被转发至相同的后端。因此，该策略可以应用在需要会话保持的场景。

5. 权重（Weighted）

在某些场景下，我们希望对流量进行微调，需要在一个负载均衡器有多个后端服务器时，按照固定比例调整流量转发比例。该策略通常应用在多版本发布时，可以通过权重的负载均衡进行流量微调，实现多版本的灰度测试。

6.4.5　健康检查

除分散并发请求、提供应用横向扩展外，负载均衡的另一个重要作用是保证系统的高可用。对分布式系统来讲，应该假设系统必然会出现故障，为保证整体的高可用，我们需要构建一个当局部失效时不影响整体功能的系统，负载均衡技术提供了这种能力。大多数无状态应用需要满足两个条件才能做到高可用。条件一，冗余部署，永远有多个应用实例服务于业务请求；条件二，故障检查，有适当的机制检查出无法正常工作的后端实例。

通常，基于负载均衡的故障检查简单地说就是连通性检查（ping check），包括网络连通性的检查、端口连通性的检查，以及具体路径的检查。与 Kubernetes Pod 的 TCP、HTTPGet 类型的 Readiness Probe 和 Liveness Probe 类似，都是基于相应的网络协议进行连通性测试。区别是，Pod 的 liveness probe 是由 kubelet 触发的，而负载均衡器的健康检查是从负载均衡器发起的，其测试结果不仅体现了后端服务实例的健康状况，也体现了整个网络链路的连通性。

6.5　Kubernetes 中的服务发布

至此，读者应该对应用发布有了比较深入的了解。那么应用发布以后，用户如何访问应用所提供的服务呢？从客户端发出请求，到请求经过网络路径转发至服务端，经历了哪些环节呢？我们从比较简单的集群内服务开始谈起。

Kubernetes 提供了对负载均衡和 DNS 的支持，使得运行在 Kubernetes 集群上的应用，可以非常便利地发布服务。

Kubernetes 提供了基于 Service 和 Ingress 的负载均衡技术，使得 Kubernetes 用户可以通过创建相应的 Spec 来完成服务发布。

Kubernetes 提供了针对 Service 的域名服务，使得在发布服务后，每个服务都自动获得域名，调用方可以按照既定的命名规则访问这些服务。

接下来，我们会深入分析每一个组件的实现机制，Kubernetes 如何提供基于这些组件的网络方案，以及生产系统中出现的问题。

Service 是 Kubernetes 最核心的对象之一。

云原生是 Kubernetes 追求的主要目标之一，云原生的本质特征是无状态，对大部分无状态应用来讲，PodIP 不是其关键属性。每次 Kubernetes 处理用户新建的 Pod 实例时，都通过调度器将其调度在不同节点，分配不同的 PodIP。也就是说，同一个应用的 PodIP 是可变的。那么作为服务调用方，就无法通过 PodIP 访问服务，一旦 Pod 被重建，原有的 PodIP 可能会将这些具有动态可变 IP 地址的应用实例，以相对静态的方式发布出去。调用方可能来自集群的内部，也可能来自集群的外部。

很多 Pod 网络插件的实现方式是将 PodIP 作为私有 IP 地址，Pod 与 Pod 之间的通信是在一个私有网络中，因此要将 Pod 中运行的服务发布出去，必然需要一个服务发布机制。

Kubernetes Service 提供了基于传输层网络的服务发布，接下来，我们通过简单的部署案例来分析 Kubernetes 如何对服务提供服务发现，又是如何实现负载均衡的。

我们先来看一个无状态的应用实例在 Kubernetes 中是如何部署多副本的，示例代码如下：

```
apiVersion: apps/v1
kind: Deployment
metadata:
  name: nginx-deployment
  labels:
    app: nginx
spec:
  replicas: 3
```

```
    selector:
      matchLabels:
        app: nginx
    template:
      metadata:
        labels:
          app: nginx
      spec:
        containers:
        - name: nginx
          image: nginx:1.7.9
          ports:
          - containerPort: 80
```

上面代码中的 Deployment 对象定义了三个 Pod 副本，并为这三个副本定义了统一的标签。创建该 Deployment 对象后，可以用 kubectl 命令查询其定义的 Pod 副本，查询结果如下：

```
kubectl   get   po   -l  app=nginx   -o=custom-columns=NAME:.metadata.name,
IP:.status.podIP
NAME                                                IP
nginx-deployment-5754944d6c-2frw7        10.1.1.23
nginx-deployment-5754944d6c-hnw27        10.1.1.21
nginx-deployment-5754944d6c-wrwwg        10.1.1.22
```

注意，PodIP 是在调度后动态分配的，若 Pod 重建，则 PodIP 会发生变更。

6.5.1　创建服务

服务定义有两个重要属性：Service Selector 和 Ports。为降低 Kubernetes 对象之间的耦合度，Kubernetes 允许将 Pod 对象通过标签（Label）进行标记，并通过 Service Selector 定义基于 Pod 标签的过滤规则，以便选择服务的上游应用实例。对于 Deployment 对象，Service 选择所有标签中包含 app:nginx 的 Pod 作为上游服务器。Ports 属性中定义了服务的端口、协议目标端口等信息，具体代码如下：

```
apiVersion: v1
kind: Service
metadata:
  name: nginx-service
spec:
```

```
    selector:
      app: nginx
    ports:
    - protocol: TCP
      port: 80
      targetPort: 80
```

当 Kubernetes API Server 接收创建对象的请求并保存至 etcd 后，API Server 中的 Repair 控制器会检查 Service 对象，并为该对象设置默认属性。针对上面的 Service，我们查询创建后的服务状态，即可查看被 API Server 自动赋予的属性。首先，Service type 被设置为 clusterIP，这说明 clusterIP 是服务的默认类型。其次，clusterIP 被设置为 10.99.71.179，该 IP 地址是服务在集群内部的虚拟 IP 地址，供来自集群内部的客户端访问。配置了默认值的 Service 的实现代码如下：

```
apiVersion: v1
kind: Service
metadata:
  name: nginx-service
spec:
  clusterIP: 10.99.71.179
  ports:
  - port: 80
    protocol: TCP
    targetPort: 80
  selector:
    app: nginx
  sessionAffinity: None
  type: ClusterIP
status:
  loadBalancer: {}
```

当 Service 的 selector 不为空时，Kubernetes Endpoint Controller 会侦听服务创建事件，创建与 Service 同名的 Endpoint 对象。selector 能够选取的所有 PodIP 都会被配置到 addresses 属性中。如果此时 selector 所对应的 filter 查询不到对应的 Pod，则 addresses 列表为空。默认配置下，如果此时对应的 Pod 为 not ready 状态，则对应的 PodIP 只会出现在 subsets 的 notReadyAddresses 属性中，这意味着对应的 Pod 还没准备好提供服务，不能作为流量转发的目标。

每个 IP 地址都有对应的 Pod 信息，包括 Pod 所在节点、Pod 的 metadata 属性，以及版本信息。每个 IP 地址都有对应的 Pod 信息，包括 Pod 所在节点、Pod 的 Metadata 属性，以及版本信息。如果 Pod 配置了 Readiness Probe 或 Liveness Probe，那么 Kubernetes 会对 Pod 进行周期性健康检查，Pod 的就绪状态和运行状态会根据健康检查的结果进行更新。但并非 Pod 的所有变更都会被 Endpoint Controller 所捕获，因为与状态无关的变更，跟流量转发无关，如果所有事件均被处理，则 Endpoint Controller 会处于永远忙碌的状态。相反，只有当 Pod 的状态发生变更时，Endpoint Controller 才会处理变更事件，并记录当前的版本信息。Endpoint 对象包含三个就绪 IP 地址，具体代码如下：

```
apiVersion: v1
kind: Endpoint
metadata:
  name: nginx-service
subsets:
- addresses:
  - ip: 10.1.1.21
    nodeName: minikube
    targetRef:
      kind: Pod
      name: nginx-deployment-5754944d6c-hnw27
      namespace: default
      resourceVersion: "722191"
      uid: 8a3390ae-2f8e-47bf-b8dd-70fae7fb0d32
  - ip: 10.1.1.22
    nodeName: minikube
    targetRef:
      kind: Pod
      name: nginx-deployment-5754944d6c-wrwwg
      namespace: default
      resourceVersion: "722147"
      uid: c845ae6b-8efb-4e45-8872-b067ac69907a
  - ip: 10.1.1.23
    nodeName: minikube
    targetRef:
      kind: Pod
      name: nginx-deployment-5754944d6c-2frw7
      namespace: default
      resourceVersion: "722207"
      uid: d3a0a05d-179f-426b-b52b-4c5e5bab5836
  ports:
  - port: 80
    protocol: TCP
```

从上面代码中的 Endpoint 信息可以看到，Endpoint 本身是一个关联 Service 和 Pod 的对象，如图 6-13 所示，Endpoint 和 Service 通过命名规范关联在一起，与 Service 产生关联的 Endpoint 永远与其同名。Endpoint 中的端口和地址信息与 Service Selector 过滤出的 Pod 地址和端口信息一致。

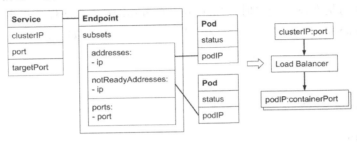

图 6-13　Endpoint

6.5.2　服务的类型

Kubernetes 提供了灵活的服务发布方式，用户可以通过 ServiceType 来指定如何发布服务，具体的服务的类型有如下三种：

1. clusterIP

Service 的默认类型，服务被发布至仅集群内部可见的虚拟 IP 地址上。在 API Server 启动时，需要通过 service-cluster-ip-range 参数配置虚拟 IP 地址段，API Server 中有用于分配 IP 地址和端口的组件，当该组件捕获 Service 对象并创建事件时，会从配置的虚拟 IP 地址段中取一个有效的 IP 地址，分配给该 Service 对象。

clusterIP 在不同的 kube-proxy 模式下的配置方式也不同，在 iptables 模式下，该虚拟 IP 地址不与任何设备绑定，其存在于每台节点上的 iptables 规则中。在 ipvs 模式下，该虚拟 IP 地址会绑定至 kube-proxy 维护的 dummy interface 中，但不响应 ARP，这意味着 clusterIP 类型的服务地址的 ping 请求都会失败。

clusterIP 类型的服务为集群内部客户端提供访问入口，通常在集群外部不可访问。

2. nodePort

在 API Server 启动时，需要通过 node-port-range 参数配置 nodePort 的范围，同样的，

API Server 组件会捕获 Service 对象并创建事件，即从配置好的 nodePort 范围取一个有效端口，分配给该 Service。nodePort 的默认范围为 30 000～32 000，也就是默认只有 2000 个有效端口。但操作系统有其默认源端口的范围，比如 Linux 的默认源端口为 32 768～60 999，可见 nodePort 有效地规避了默认源端口的范围。如果集群规模较大，需要较多 nodePort，则需要统一筹划，通过修改参数来调整端口范围，避免跟系统源端口重复，从而导致 nodePort 监听失败。

查看 Linux 的默认源端口示例如下：

```
$ cat /proc/sys/net/ipv4/ip_local_port_range
32768    60999
```

当服务被定义为 nodePort 类型后，每个节点的 kube-proxy 会尝试在服务分配的 nodePort 上建立侦听器接收请求，并转发给服务对应的后端 Pod 实例。

通常 Kubernetes 节点处于外部可达网络，nodePort 类型的服务能够使外部客户端通过节点 IP：nodePort 访问集群内发布的服务。但由于 nodePort 范围是 30 000～32 000，都是非标准大端口，所以可能需要额外的防火墙配置。另外，计算节点都有因为硬件或软件错误导致的不可达，因此节点 IP 地址也是不可靠的，在生产系统中发布服务时，通常需要 LoadBalancer 类型的服务。

3. LoadBalancer

企业数据中心一般会采购一些负载均衡器，作为外网请求进入数据中心内部的统一流量入口。在规模较小时，负载均衡配置可以完全由人工完成，随着集群和企业应用规模的增长，人工配置不再满足需求。早期的云平台提供了一定程度的自动化，比如 Openstack 的 LoadBalancer as a Service（LBaaS），允许其用户通过调用 LBaaS API 配置负载均衡器。

对 Kubernetes 用户而言，这一过程变得非常简单：只需定义一个 LoadBalancer 类型的 Service。针对不同的基础架构云平台，Kubernertes Cloud Manager 提供支持不同供应商 API 的 Service Controller。如果需要在 Openstack 云平台上搭建 Kubernetes 集群，那么只需提供一份 openstack.rc，Openstack Service Controller 即可通过调用 LBaaS API 完成负载均衡配置。

Service Controller 的主要职责是监控 Service 和 Endpoint 的变化，如果捕获到 Service 创建的事件，则调用负载均衡 API 完成以下配置：

- 负载均衡器调度。对于规模较小的集群，单个负载均衡器已经足够，但是对于较大规模的集群，单个集群可能需要多个负载均衡设备，ServiceController 应该有能力基于设备状态、负载、配置情况选择最佳负载均衡器。

- 虚拟 IP 地址分配。通常负载均衡器会被预分配特定的虚拟 IP 地址段，并要求 Service Controller 在为用户创建的 Service 完成负载均衡器调度以后，为其分配虚拟 IP 地址。

- 负载均衡器配置，包括 LoadBalancer VIP 创建、LoadBalancer Pool 创建及 LoadBalancer Member 挂载。因为 Kubernetes 的 Pod 网络是私有网络，所以集群外部的网络设备是无法直接访问 Pod 的。因此在负载均衡配置中无法将 PodIP 挂载为成员，Kubernetes 采用了间接处理的方法。对于 LoadBalancer 类型的服务，Kuernetes 会为其分配 nodePort，也就是说，访问任意一台节点对应该服务的 nodePort，流量都会被转发至该服务的后端 Pod 中。Node 网络是对外可达的，因此，ServiceController 在挂载成员的时候，默认将当前集群的所有节点 IP：nodePort 挂载为 LoadBalancerPool 的成员。

当集群外部用户访问该服务的 VIP 地址时，请求会被路由至负载均衡器，负载均衡器会查询有效的上游服务器地址，因为 ServiceController 将节点 IP 地址和 nodePort 作为成员挂载，因此请求会按照既定算法（比如轮询）转发至其中一台节点上与该服务对应的 nodePort 中。再经由节点的 iptables/ipvs 规则转发至目标 Pod 中。

以上配置的转发路径如图 6-14 所示。

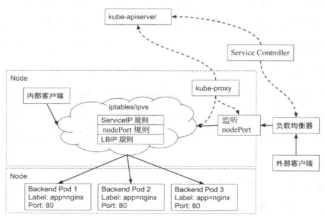

图 6-14　LoadBalancer 类型的服务的负载均衡实现

社区需要支持开放平台,因此,其提供的方案往往是最具扩展性和适应性的,但不一定是最佳方案,社区提供的方案存在如下问题:

- 当集群规模较大时,假设节点数为 5000,将所有节点挂载到 LoadBalancer Pool 上是不现实的,这会使得负载均衡的配置文件变得非常大,配置效率降低,由于节点状态变化而导致的更改频率更高。

- 要同时维护 Service Controller 和 kube-proxy 两个控制平面,以及负载均衡设备和基于 iptables/ipvs 的操作系统内核两套数据平面,管理成本非常高。

- 数据转发要经过负载均衡设备和第三方节点,转发效率较低。

- 集群规模较大时,iptables/ipvs 规模会限制集群支持的最大服务数量。

若容器网络复用基础架构网络,即 Pod 网络运行在 Underlay 模式,那么 Pod 网段不再是私有网段,PodIP 可以被负载均衡设备直接访问。对于这种集群,负载均衡器无须从 nodePort 绕一圈,PodIP:ContainerPort 可直接作为成员挂载至 LoadBalancer Pool,Underlay 网络的负载均衡配置如图 6-15 所示,Node IP 地址和 nodePort 不再参与配置和数据转发,当外部客户访问服务时,请求先经路由抵达负载均衡设备,再被转发至后端 Pod,与 nodePort 服务类型相比,数据转发效率高。

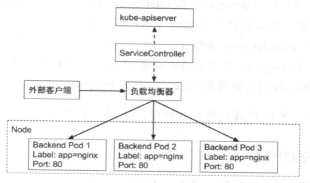

图 6-15 Underlay 网络的负载均衡配置

当然,Underlay 网络的负载均衡配置在生产化过程中也有其需要考虑和解决的问题。我们知道,在 Kubernetes 集群中,Pod 是一个比 Node 变更更频繁的对象,Pod 会被频繁地创建和删除。任何对部署的创建发布、版本变更、扩缩容、节点失败导致的 Failover 等,都会引起 Pod 的重建。另外,Pod 中运行的应用可能会出错,Pod 本身的状态可能会在 ready 和 notReady 之间频繁转换。这些场景都会使 Service 对应的 Endpoint 中的地址频繁变更,从而导致 ServiceController 频繁更改负载均衡设备，而负载均衡设备的资源大部分是留给数据转发平面的，控制平面只占用很少的 CPU，频繁变更会导致负载均衡设备响应慢，变更生效慢。我们要对 Service Controller 做大量优化，包括限流、熔断、批量处理请求等，以满足生产系统的需要。

6.5.3　基于 kube-proxy 实现的流量转发

Endpoint 将 Service 和 Pod 进行关联之后，Kubernetes 就可以依据这些信息创建负载均衡并提供流量转发。接下来，我们深入探讨其实现机制。

在 Kubernetes 集群的每个节点上都运行着两个重要的组件：

- kubelet，控制 Pod 的生命周期。

- kube-proxy，控制流量转发。

kube-proxy 的实现机制与其他控制器类似，其本身是一个控制回路（Control Loop），该 Control Loop 监听 API Server 中 Service 和 Endpoint 发生的变更，并针对这些信息在其所运行的节点上创建转发规则。kubelet 作为控制 Pod 生命周期的组件，只需关注被调度到其所运行主机的 Pod 信息。kube-proxy 与 kubelet 不同，其关注集群的所有 Service，以及对应的 Endpoint 变更，并根据这些信息改写本机的 iptables 或 ipvs 规则。这意味着，当前集群中所有节点的 iptables/ipvs 规则完全一致，每台机器上的规则都包含了整个集群的完整负载均衡配置，kube-proxy 使得 Kubernetes 集群基于内核模块形成了一个分布式负载均衡器，并使所有集群内的流量转发都基于这些转发规则来完成。

Kubernetes 支持多种流量转发的后台插件，不同的插件可应用于不同的场景。

6.5.3.1　用户空间代理

Kubernetes 在早期版本中提供了基于 golang 编写的用户空间代理，该应用运行在用户态，所有数据的转发都需要经过用户态，因此，转发效率低，资源开销大。在后续的版本中，对于安装了标准 Linux 的节点，用户空间代理不再是最优模式。

用户空间代理实现的是 6.3.2.1 节中的新建 TCP 连接方式的负载均衡器，kube-proxy 自身承担负载均衡的职责，接收所有的请求，再由它选择后端 Pod 实例，重新建立 TCP 连接，并负责把请求的所有数据拷贝至新的 TCP 连接中。

但是对非标准 Linux 节点和需要应用用户空间代理的某些功能依然可启用此模式。用户空间代理模式启用时，需要配置 proxy-port-range 参数，用来启动服务侦听端口。

kube-proxy 监控 Service 和 Endpoint 的变化，会进行下面的逻辑处理：

- 针对某个 Service 对象，分配一个 proxy port。kube-proxy 侦听该端口，并把请求转发至 Endpoint 中对应的 PodIP 中。

- 修改 iptables 规则，当某个网络请求的目标 IP 地址为该服务的 clusterIP 时，转发至该服务对应的 proxy-port 中。

- 用户空间代理的数据转发行为是 kube-proxy 处理的，因此其转发策略非常灵活。比如，在转发数据时，kube-proxy 会尝试对后端的 Endpoint 创建新的连接。当连接超时失败时，它会继续尝试下一个有效端点，而重试的超时时间也是由 kube-proxy 控制的，并且逐渐增加。

用户空间代理模式如图 6-16 所示，为简化整个数据的转发流程，这里忽略了容器内部网络协议栈的处理。

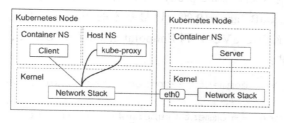

图 6-16　用户空间代理模式

当来自容器 Network Namespace 的客户端要访问部署于另一台节点的服务器时，请求首先会发送至主机网络 Namespace（通常是通过 Veth Pair）中，请求在主机网络协议栈处理时，iptables 规则生效，该请求被转发至本机 kube-proxy 所侦听的 Proxy Port 中，数据被拷贝至用户态，经过 kube-proxy 的转发再转发至后端 Pod 所在的节点。

图 6-16 很直观地展示出，在数据转发过程中，由于 kube-proxy 的存在，所有的请求数据要从内核态拷贝至用户进程，数据拷贝的开销是比较大的，因此用户空间代理的转发性能比较低。

如果有一种办法能够在内核网络协议栈处理数据的时候，直接将其转发至目标节点，那么额外的空间切换和数据拷贝的开销都可以避免。

对于 iptables 的导流行为，我们会在下一章重点描述。

6.5.3.2　iptables

为避免用户空间代理的开销，自 1.1 版本起，iptables 取代 userspace 作为 kube-proxy 的默认实现，此模式基于 iptables 进行数据转发，相较用户空间代理而言，所有数据包的转发处理都在主机内核完成，因此具有较高的性能。

iptables 的工作原理在 6.1.3 节已经讲解完毕，相信读者对操作系统网络协议栈处理数据包的过程已经有了比较清晰的了解。当 kube-proxy 在 iptables 模式下工作时，会对主机的 iptables 进行改写，其目的是当用户访问服务的 clusterIP、nodePort、LoadBalancerIP 地址时，能够通过 iptables 的规则匹配完成数据转发。

与 Kubernetes 的其他控制器类似，在 kube-proxy 启动后，iptables 也会启动一个主控制循环。每个节点的 kube-proxy 在运行之后，都会跟 API Sever 建立长连接，监控两个与流量转发相关的对象：Service 和 Endpoint。当这两个对象发生变更时，kube-proxy 会调用 iptables 命令配置转发规则。kube-proxy 会针对服务的所有访问入口配置流量，包括 clusterIP、nodePort、LoadBalancerIP 等。以最基本的 clusterIP 为例，转发规则主要分为两大类：Service chain（KUBE-SVC-）和 Endpoint chain（KUBE-SEP-）。以下代码展示了一个典型的配置流程细节：

```
    -A PREROUTING -m comment --comment "kubernetes service portals" -j
KUBE-SERVICES
    -A OUTPUT -m comment --comment "kubernetes service portals" -j KUBE-SERVICES
    -A POSTROUTING -m comment --comment "kubernetes postrouting rules" -j
KUBE-POSTROUTING
    -A KUBE-MARK-DROP -j MARK --set-xmark 0x8000/0x8000
    -A KUBE-MARK-MASQ -j MARK --set-xmark 0x4000/0x4000
```

这段代码的功能是：初始化默认的 iptables 规则在系统默认的 PreRouting、Output 和 PostRouting 三个 Hook 点插入自定义的转发规则集合链。

iptables 的规则主要包括两个部分：规则匹配和对应的动作。在 Service 创建成功以后，要为每个端口定义如下规则：

1. 匹配条件（Matching Rule）

若请求的目标 IP 地址是该服务的 clusterIP 或 LoadBalancerIP，或者请求的目标端口是该服务的 nodePort，则直接执行数据包处理规则。

2. 数据包处理规则（Action）

（1）如果该服务没有定义 Selector，或者 Selector 选不到有效就绪的 Pod，那么 Endpoint 中不会有任何有效的 IP 地址。如果该服务没有对应的有效后端 Pod，则数据包处理规则为：拒绝所有发送至该服务访问入口的请求。

（2）为访问该服务的特定数据包添加内核标记 0x4000，PostRouting 联众会以此标记为依据来决定是否对数据包做 IP 地址伪装。

（3）如果该服务有对应的有效后端 Pod，则为该服务的端口创建一个 iptables 链，命名规范是 KUBE-SVC-[端口名+协议的哈希值]，并把处理逻辑写入该链。

kube-proxy 会为 Endpoint 中的每一个有效地址创建相应的转发规则，命名规范为 KUBE-SEP-[端口名+协议+Endpoint 的哈希值]。

对于 Endpoint 链，同样需要理解匹配条件和数据包处理规则。

1. 匹配条件（Matching Rule）

（1）如果一个服务设置了 sessionAffinity，则 iptables 匹配规则为 recent，就是说，同一个客户端发出的请求总会被转发至相同的 backend 中。

（2）如果一个服务没有配置 sessionAffinity，则 iptables 需要依次计算每个 Endpoint 的规则。iptables 的匹配规则为 random，probability 为就绪地址索引数除以就绪地址总数（index/readyAddresses 数量）。以三个就绪地址的 Endpoint 为例，iptables 会创建三条转发规则，IP 地址的命中率依次为 33%、50%、100%。iptables 的规则匹配是顺序执行的，也就是说，在做数据转发时，先匹配第一条（命中率为 33%）规则，如果命中，则直接转发。否则，执行第二条（命中率为 50%）规则，如果命中则转发，否则，匹配最后一条（命中率为 100%）规则。依靠此匹配规则，iptables 实现了将流量匹配到多个目标的目的。

2. 数据包处理规则

Endpoint 的执行动作非常直观，也是 iptables 的核心规则。当上面的匹配条件都满足以后，数据包的目标 IP 地址被修改为服务对应的后端 Pod 的地址，目标端口被修改为服务对应的后端 Pod 的端口。至此，数据转发完成。

以 6.5.1 节的 Nginx-Service 服务为例，在完成 kube-proxy 的配置以后，与该服务相关的 iptables 规则如下：

```
    -A KUBE-SERVICES ! -s 10.1.0.0/14 -d 10.99.71.179/32 -p tcp -m comment
--comment "default/nginx-service:http cluster IP" -m tcp --dport 80 -j
KUBE-MARK-MASQ
    -A KUBE-SERVICES -d 10.99.71.179/32 -p tcp -m comment --comment
"default/nginx-service:    cluster    IP"   -m   tcp   --dport   80   -j
KUBE-SVC-GKN7Y2BSGW4NJTYL

    -A KUBE-SVC-GKN7Y2BSGW4NJTYL -m statistic --mode random --probability
0.33332999982 -j KUBE-SEP-64P2SCQ2QLOQ33S6
    -A KUBE-SVC-GKN7Y2BSGW4NJTYL -m statistic --mode random --probability
0.50000000000 -j KUBE-SEP-C4ZOBUZNBGBH2OMI
    -A KUBE-SVC-GKN7Y2BSGW4NJTYL -j KUBE-SEP-UPCMDRAOTVMXD6YX

    -A KUBE-SEP-64P2SCQ2QLOQ33S6 -p tcp -m tcp -j DNAT --to-destination
10.1.2.182:80
    -A KUBE-SEP-C4ZOBUZNBGBH2OMI -p tcp -m tcp -j DNAT --to-destination
10.1.2.198:80
    -A KUBE-SEP-UPCMDRAOTVMXD6YX -p tcp -m tcp -j DNAT --to-destination
10.1.2.201:80
```

如果是从本机的 Pod 发起，并且要转发至其他主机的请求，数据包首选经由 OUTPUT 链处理，然后经由协议栈的 PostRouting 链处理。kube-proxy 被初始化后，所有经过 PostRouting 链的数据包都要被 Kube-Postrouting 处理，而 Kube-Postrouting 链中只有一条规则，如果数据包被打了标记 0x4000/0x4000，则执行 IP 伪装（Masquerade）。也就是说，用本机的 IP 地址修改数据包的原始 IP 地址，示例代码如下：

```
    -A KUBE-POSTROUTING -m comment --comment "kubernetes service traffic
requiring SNAT" -m mark --mark 0x4000/0x4000 -j MASQUERADE
```

在 PostRouting 中判断是否需要进行 IP 伪装的唯一条件是，数据包是否包含内核标记 0x4000/0x4000。当客户端和目标服务器不在同一节点时，通过把原始 IP 伪装成节点 IP 将请求转发出去，以完成跨节点的网络传输。添加内核标记的条件如下：

- 若 kube-proxy 启动参数配置了 masqueradeAll，则为所有数据包添加标记。

- 若 kube-proxy 启动参数配置了 nodeCIDR，则当请求的源 IP 地址不属于集群子网时，为数据包添加标记。

- 为所有基于 externalIP 访问的数据包添加标记。

- 针对 OnlyNodeLocalEndpoints 属性为 false 的服务，为所有基于 LoadBalancer 虚拟 IP 地址或 nodePort 访问的数据包添加标记。

　　了解完 iptables 配置细节，我们再来看一下当请求发起后，规则匹配的总体流程是怎样的。图 6-17 是某节点的 iptables 转发流程图，假设从本机 Pod 发起请求，访问 nginx-service 的 clusterIP。本机 Pod 是本地进程，请求在经过容器网络的 Namespace 转发至主机网络的 Namespace 后，依次交由 OUTPUT 链、kube-services 链进行处理，我们根据 kube-service 链的匹配规则检查包头，若该请求包的目标地址为 Nginx-Service 的 ClusterIP，则该请求会被转发至 Kube-SVC 链进行处理，最终按 33%、50%、100% 的概率顺序匹配 dnat 规则，将请求转发至三个后端 Nginx Pod。在转发之前的 PostRouting 会将请求的源 IP 地址修改为主机 IP 地址。整个数据包处理的过程及转发路径可参考图 6-17 的实线部分。

　　当一个外部客户通过节点 IP 地址与服务 nodePort 访问该服务时，网卡收到数据包后，将数据包交由主机内核处理，由于请求来自节点外部，所以 PreRouting 会被触发，kube-service 链作为 PreRouting 的跳转目标，会被立刻执行。内核首先匹配所有的目标为 ClusterIP 的规则，由于请求的目标 IP 地址是主机 IP 地址，任何一条 ClusterIP 规则都匹配不到，所以交由最后一条 kube-nodeports 链进行处理。

　　在处理该链中的数据包时，内核会逐一匹配 kube-nodeports 链中 nodePort 的匹配规则。当 Nginx-Service 对应的 nodePort 规则匹配成功后，数据包交由 Kube-Sep 链进行处理。整个数据包处理的过程及转发路径可以参考图 6-17 中靠左的虚线部分。

　　iptables 最初是一种为系统管理员提供用户态编辑数据处理规则的工具。管理员可以方便地改写防火墙或数据转发规则而无须重新编译内核，其设计并未考虑海量规则的场景。Kubernetes 提供了自动化的方案，对于单一 Service 的一个端口，ClusterIP 相关的转发规则就已经在十条左右，对于 nodePort、loadBalancerIP、externalIP 等诸多访问入口，每个 Service 的转发规则可高达数百甚至数千条。这限制了集群的规模，因为 iptables 规则在超出 10 000 条时，效率就会大幅降低，尤其是早期的 Kubernetes 版本，当 iptables 规则超出 20 000 条后，kube-proxy 刷新 iptables 规则时 CPU 就可能发生软死锁（Soft Lockup）的情况。

　　iptables 是顺序解析和执行的，当集群规模较大时，海量的 iptables 规则会降低数据转发的效率。另外，iptables 设计之初是用来提供防火墙功能（数据包包过滤）的，Kubernetes 的防火墙配置也是基于 iptables 实现的。

在功能层面，当一个 Endpoint 有多个就绪地址的时候，其负载均衡完全按照命中几率自上而下逐条匹配规则，解析效率非常低，而且流量转发至哪个上游服务器是不确定的，无法支持灵活的负载均衡策略，所以当流量较大时，可能会出现负载不均衡，导致应用 Pod 过载或者服务器宕机。

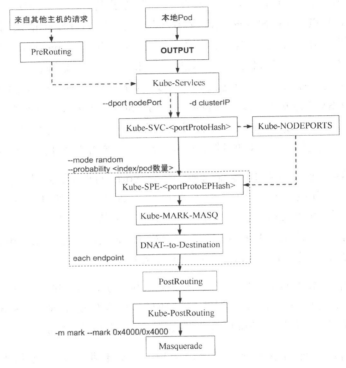

图 6-17　某节点的 iptables 转发流程图

6.5.3.3　IPVS

为解决上述 iptables 的性能问题，社区引入了 kube-proxy 的 IPVS 模式，IPVS 模式在 Kubernetes v1.8 中引入，并在 Kubernetes v1.9 中进入了 beta 版。相较 iptables，IPVS 提供了更多的功能支持和更强的性能：

- 支持多种负载均衡策略：RoundRobin、LeastConnection、WeightedRequest 等。

- 在规则较多时，IPVS 相较 iptables 有更高的转发性能。有测试数据显示，在 10 000 个 Service 的规模下，IPVS 的转发效率是 iptables 的两倍。

在 IPVS 模式下，kube-proxy 按照以下步骤为每个 Service 配置规则：

第一步：在主机上创建一个 dummy interface，默认设备名为 kube-ipvs0。

第二步：kube-proxy 创建 ipset，并向这些 ipset 中添加与服务对应的 IP 端口信息。然后，创建 iptables 规则，以辅助流量转发。ipset 的成员及其作用如表 6-4 所示。

表 6-4　kube-proxy 维护的 ipset 列表

set 名	成员	作用
KUBE-CLUSTER-IP	clusterIP + port	指定 masquerade-all=true，或 clusterCIDR 时，做 IP 伪装
KUBE-NODE-PORT-TCP	nodePort type Service TCP port	为访问 nodePort 端口的 TCP 包做 IP 伪装
KUBE-NODE-PORT-UDP	nodePort type Service UDP port	为访问 nodePort 端口的 UDP 包做 IP 伪装

kube-proxy 为每个 Service 做如下规则配置：

（1）把相应的 IP 端口信息加入不同 ipset：

```
ipset list KUBE-CLUSTER-IP
10.99.71.179,tcp:80
```

（2）把服务 clusterIP 绑定至 kube-ipvs0：

```
13: kube-ipvs0: <BROADCAST,NOARP> mtu 1500 qdisc noop state DOWN group default
    link/ether 22:f0:8b:fa:7f:9f brd ff:ff:ff:ff:ff:ff
    inet 192.168.0.1/32 brd 192.168.0.1 scope global kube-ipvs0
       valid_lft forever preferred_lft forever
```

这样做的原因是，IPVS 与 iptables 在 PreRouting 的地址转换不同，IPVS 实现的是 LOCAL_IN Hook 点，路由判决在进入该 Hook 点之前已经发生，如果目标 IP 地址不属于该节点，则数据包会被丢弃。clusterIP 绑定 kube-ipvs0 后，内核在处理数据包时，先判断目标 IP 地址是否是本机的有效 IP 地址。如果是，就继续处理数据包。

（3）为每个 clusterIP 创建 IPVS Virtual Server，遍历 Service 对应的 Endpoint 中的就绪地址和端口信息，绑定 Real Server。与 iptables 相比，IPVS 的一大优势是，在多个上游服务实例场景下，负载均衡规则无须再按照 33%、50%、100%的顺序依次配置和解析，IPVS 支持多种负载均算法，在配置规则时只需把有效的 Endpoint 地址加入 IPVS Destination 中，无须再为每个目标计算命中概率。负载均衡算法可以在启动 ipvs 时进行配置，相关代码如下：

```
ipvsadm -L -t 10.99.71.179:80 -n
Prot LocalAddress:Port Scheduler Flags
```

```
       -> RemoteAddress:Port         Forward Weight ActiveConn InActConn
TCP 192.168.0.1:443 rr
       -> 10.1.2.182:80              Masq    1      3          0
       -> 10.1.2.198:80              Masq    1      1          0
       -> 10.1.2.201:80              Masq    1      0          0
```

（4）由于 IPVS 未实现 POST_ROUTING Hook，所以它需要 iptables 配合完成 IP 伪装等功能。在 IPVS 模式下，服务的主要信息都被放入了不同的 ipset 中，针对 IP 伪装这类 action 统一的规则，只需一条 iptables 规则就能完成整个集群的规则配置，相关的配置代码如下：

```
// Masquerade all OUTPUT traffic coming from a service ip.
// The kube dummy interface has all service VIPs assigned which
// results in the service VIP being picked as the source IP to reach
// a VIP. This leads to a connection from VIP:<random port> to
// VIP:<service port>.
// Always masquerading OUTPUT (node-originating) traffic with a VIP
// source ip and service port destination fixes the outgoing connections.
-A KUBE-SERVICES -m comment --comment "Kubernetes service cluster ip + port
for masquerade purpose" -m set --match-set KUBE-CLUSTER-IP src,dst -j
KUBE-MARK-MASQ
```

IPVS 作为专业的负载均衡组件，与 iptables 相比能支持的集群规模更大，配置和转发性能也有更好的表现。目前 IPVS 社区的版本已经成熟，很多已知 bug 已经修复，可以在大规模集群中使用。

6.5.4 Service 高级特性

6.5.4.1 健康检查

有些 Kubernetes Service 无须配置属性，这些 Service 只会将就绪 Pod 地址加入负载均衡转发列表，而 Pod 是否就绪是通过 Readiness 探针来判断的。当用户定义了 ReadinessProbe 后，kubelet 会定期向 Pod 发起监控检查请求，如果健康检查通过，则 Pod 就绪，网络组件将该 PodIP 加入转发列表，否则报告 Pod Readiness 探测失败，记录失败信息，并在达到失败阈值后，将就绪 Pod 地址从负载转发列表中移除。Kubernetes Service 利用 PodReadiness 探针做健康检查有利于简化系统设计、降低管理成本，但如果在负载均衡组件或 Pod 所运行的节点中出现网络分区，那么 kubelet 所做的健康检查结果是无法获得的。

6.5.4.2　失效转移和扩容缩容

在传统云平台中，失效转移和扩容缩容都需要投入较高成本开发的功能。用户通过 Replicas 可以将运行的应用实例按需进行扩容缩容。当 Pod 运行的节点失效时，Kubernetes 会主动将该节点运行的 Pod 驱逐到健康节点，而新的实例会被自动加入 Service 的转发列表中。

6.5.4.3　自定义 Endpoint 的服务

当用户创建服务并定义 selector 后，Endpoint Controller 会创建与服务同名的 Endpoint 对象，并根据 Pod 状态来维护 Endpoint 对象中的 address 和 notReadyAddress。

如果服务没有定义 selector 属性，则该服务会被 Endpoint Controller 忽略。此时用户有机会手工创建不被 Kubernetes 管控的 Endpoint 对象，并维护 Endpoint 中的地址。通过此方法可以将不在 Kubernetes 中管理的应用实例发布成 Kubernetes Service，比如运行在集群外部虚拟机中的 Web 服务。

由于没有 Endpoint Controller 参与管理，Kubernetes 无法获取 Endpoint 中每个实例的状态，所以要想维护不同实例的 ready 或 not ready 状态，需要自定义一个 controller 来更新状态。

6.5.4.4　publishNotReadyAddresses

为避免异常 Endpoint 对服务规则刷新的影响，我们需要一种不关心 Pod 状态就能发布服务的能力。

Service 有一个属性 publishNotReadyAddresses，在该属性被设置为 true 以后，只要 Pod 不是处于 running 状态，该 Pod 对应的 IP 地址在 Endpoint 中就会被标记为就绪，也就是无论 Pod 的状态是否为 ready，都会参与流量转发。

该属性应用在什么场景呢？假设某个 Pod 中的应用进程有问题，比如初始化失败导致异常退出，kubelet 的默认策略是无限次地尝试将其重新拉起。这使得 Pod 状态在就绪和非就绪中间无限转换，如果该应用发布了服务，Endpoint Controller 会不断地更新 Endpoint 状态。这对单个 Pod 没有什么影响，但当整个集群出现海量类似情况时，整个集群与此状态相关的控制器都会繁忙起来，包括 Endpoint Controller、Service Controller、kube-dns、kube-proxy 等。尤其是 kube-proxy 部署在每个节点上，大量 Endpoint 变更推送至每个节点意味着巨量的网络传输。

在 PodIP 可全局路由的集群中，如果 Service Controller 绕过 nodePort，直接将 PodIP：ContainerPort 挂载为负载均衡目标成员，那么我们要对负载均衡设备执行大量配置操作，很可能会导致设备过载。如果服务的 publishNotReadyAddresses 设置为 true，Endpoint 状态不再变更，那么当 Pod 变得不可用时，Service Controller 不再更改负载均衡配置，而是依赖于负载均衡设备的健康检查将出现问题的成员在转发列表中剔除。

6.5.4.5　EndpointSlices

Endpoint 是关联 Service 和 Pod 的中间对象，当某个 Service 对应的 backend Pod 较多时，Endpoint 对象就会因保存的地址信息过多而变得异常庞大。Pod 状态的变更会引起 Endpoint 的变更，Endpoint 的变更会被推送至所有节点，从而导致持续占用大量网络带宽。此外，Endpoint 的变更使得每个节点上的 kube-proxy 需要重新计算和配置 Endpoint 对应的所有 IP 地址的转发规则，造成不必要的 CPU、网络资源消耗。

为提升 Endpoint 的配置性能，自 Kubernetes 1.16 开始，社区引入了 Endpointslice 对象，用于对 Pod 较多的 Endpoint 进行切片，切片大小可以自定义。例如，一个 Service 包含 5000 个 backend Pod，EndpointSlice Controller 会创建 5 个 EndpointSlice 对象，每个对象包含 1000 个 IP 地址。此时，如果有一个 Pod 状态发生变化，只会影响部分转发规则。EndpointSlice 用相对复杂的模型和控制逻辑提升了转发规则的配置性能，下面给出一个 EndpointSlice 的示例，其中记录了 IP 地址信息、该地址的 Pod 信息，以及 Pod 运行的节点所处的物理位置，具体代码如下：

```yaml
apiVersion: discovery.k8s.io/v1beta1
kind: EndpointSlice
metadata:
  name: example-abc
  labels:
    kubernetes.io/service-name: example
addressType: IPv4
ports:
  - name: http
    protocol: TCP
    port: 80
endpoints:
  - addresses:
      - "10.1.2.3"
```

```
conditions:
  ready: true
hostname: pod-1
topology:
  kubernetes.io/hostname: node-1
  topology.kubernetes.io/zone: us-west2-a
```

6.5.4.6 ServiceTopology

负载均衡最佳实践中有一条原则是：所有成员都是等价的。因此，kube-proxy 在配置完多个 Endpoint 后，某个特定用户请求可能被转发至任意的 Pod 上。

但事实上，即使集群采用相同的硬件搭建，并且所有 Pod 的计算能力一致，同类网络请求的响应时间也会因 Pod 所处的物理位置不同而不同。

本章开篇介绍了不同的数据中心网络架构，一个网络调用的延迟受客户端和服务器所处位置的影响，两者是否在同一节点、同一机架、同一可用区、同一数据中心，都会影响参与数据传输的设备数量。通常，同一节点的网络调用不受网卡和带宽的影响，同一可用区的延迟小于 1ms，跨数据中心的网络延迟可能大于 10ms。

在分布式系统中，为保证系统的高可用，往往需要控制应用的错误域（Failure Domain），比如通过反亲和性配置，将一个应用的多个副本部署在不同机架，甚至不同的数据中心。

Kubernetes 提供通用标签来标记节点所处的物理位置，下面代码从多个维度描述了节点所处的位置。

```
topology.kubernetes.io/zone: us-west2-a
failure-domain.beta.kubernetes.io/region: us-west
failure-domain.tess.io/network-device: us-west05-ra053
failure-domain.tess.io/rack: us_west02_02-314_19_12
kubernetes.io/hostname: node-1
```

自 Kubernetes 1.17 开始，Service 引入了 topologyKeys 属性，你可以通过如下设置来控制流量：

- 当 topologyKeys 设置为["kubernetes.io/hostname"]时，调用服务的客户端所在节点上如果有服务实例正在运行，则该实例处理请求，否则，调用失败。

- 当 topologyKeys 设置为["kubernetes.io/hostname", "topology.kubernetes.io/zone", "topology. kubernetes.io/region"]时，若同一节点有对应的服务实例，则请求会优先转发至该实例。否则，顺序查找当前 zone 及当前 region 是否有服务实例，并将请求按顺序转发。

- 当 topologyKeys 设置为["topology.kubernetes.io/ zone", "*"]时，请求会被优先转发至当前 zone 的服务实例。如果当前 zone 不存在服务实例，则请求会被转发至任意服务实例。

6.6 DNS

Kubernetes Service 通过虚拟 IP 地址或者节点端口为用户应用提供访问入口，然而这些 IP 地址和端口是动态分配的，如果用户重建一个服务，其分配的 ClusterIP 和 nodePort，以及 LoadBalancerIP 都是会变化的，我们无法把一个可变的入口发布出去供他人访问。与通常的互联网应用类似，Kubernetes 提供了内置的域名服务，用户定义的服务会自动获得域名，而无论服务重建多少次，只要服务名不改变，其对应的域名就不会改变。

域名服务是 Kubernetes 集群服务发现的基础，CoreDNS 虽然作为 Kubernetes 插件存在，但其重要性与核心组件不遑多让，如果没有 CoreDNS，Kubernetes 集群的很多组件就无法正常工作。要了解 CoreDNS 的工作机制，我们就要了解 CoreDNS 如何配置，客户端如何配置，以及如何发起域名解析请求。

CoreDNS 包含一个内存态 DNS，以及与其他 controller 类似的控制器。如图 6-18 所示，CoreDNS 的实现原理是，控制器监听 Service 和 Endpoint 的变化并配置 DNS，客户端 Pod 在进行域名解析时，从 CoreDNS 中查询服务对应的地址记录。CoreDNS 为不同类型的 Service 创建的 DNS 记录也不同。

1. 普通 Service

通常，ClusterIP、nodePort、LoadBalancer 类型的 Service 都拥有 API Server 分配的 ClusterIP，CoreDNS 会为这些 Service 创建 FQDN 格式为 $svcname.$namespace.svc. $clusterdomain: ClusterIP 的 A 记录及 PTR 记录，并为端口创建 SRV 记录。

2. Headless Service

顾名思义，无头，是用户在 Spec 显式指定 ClusterIP 为 None 的 Service，对于这类 Service，API Server 不会为其分配 ClusterIP。CoreDNS 为此类 Service 创建多条 A 记录，并且目标为每个就绪的 PodIP。

另外，每个 Pod 会拥有一个 FQDN 格式为 $podname.$svcname.$namespace.svc. $clusterdomain 的 A 记录指向 PodIP。

3. ExternalName Service

此类 Service 用来引用一个已经存在的域名，CoreDNS 会为该 Service 创建一个 CName 记录指向目标域名。

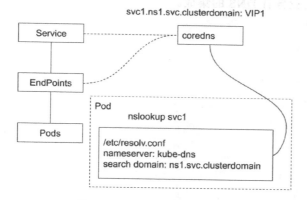

图 6-18　CoreDNS 实现原理

CoreDNS 完成域名配置后，要查询其中配置好的域名信息，则需要完成调用方的 DNS 配置。Kubernetes Pod 有一个与 DNS 策略相关的属性 DNSPolicy，默认值是 ClusterFirst，在此模式下，Pod 启动后的/etc/resolv.conf 会被改写，所有的地址解析优先发送至 CoreDNS。改写后的 resolv.conf 的内容如下：

```
$ cat /etc/resolv.conf
search ns1.svc.cluster.local svc.cluster.local cluster.local
nameserver 192.168.0.10
options ndots:4
```

nameServer 指向的地址为在 kubelet 启动参数中配置好的 kube-DNS 的服务地址。当 Pod 发起域名解析请求时，该请求会被发送至 192.168.0.10 这个地址，而这个地址保存的是当前集群中所有服务的 FQDN 和 ClusterIP 的对应关系，因此，客户端只需查询 svc1.ns1.svc.clusterdomain，即可获得 ns1 下的 svc1 的 ClusterIP。

search domain 和 ndots 是为短名查询服务的配置，ndots 的作用是当针对某域名发起查询请求时，系统会判断域名中包含的 "." 的数量，如果不足配置数量，则会将用户输入的查询域名依次附加 seach domain 中的配置，生成新的 FQDN 进行查询。比如用户解析是 svc1，系统会自动将 svc1 转换成 svc1.ns1.svc.cluster.local 进行查询。通过这样的机制，用户查询服务长名和短名的结果是一样的。

需要注意的是，CoreDNS 是 Kubernetes 集群插件，实现的是服务和服务 ClusterIP 的域名配置，它提供的域名服务仅对集群内部客户端生效。对于有很多负载均衡设备和大量 LoadBalancer 类型 Service 的场景，需要自定义 DNS provider，以实现与 CoreDNS 相同的业务逻辑，以及与企业自有 DNS 的集成。

7

第 7 章

API 网关和服务网格

通过创建 Service，用户可以为应用发布一个固定的访问入口，基于 Eviction、ReplicaSet 和 Service 的故障转移机制能够确保在应用实例出现故障时，将其从转发列表中剔除，当服务实例扩容后，新的就绪实例会被加入转发列表中。

Service 支持的四层网关主要承担网络接入的职责，它通过对负载均衡设备的整合，实现了外部客户端到集群内部的路由和网络转换。但因其工作在四层，只提供了最基础的流量转发功能，因此对高级网络协议的支持就显得有些不够用了。

Service 支持 TCP 和 UDP 协议。Service 支持常见的 TCP 或 HTTP1.X 应用毫无问题。但是对一些支持连接复用的应用协议，比如 HTTP2 或 GRPC，就显得力不从心了。这类应用协议的特性是，当上游服务器接收并响应一个客户端请求时，连接不会立即断开，客户端和服务器端之间会保持一个长连接，只要是同一个客户端发送来的请求，都会被转发至同一个上游服务器中。Service 在 TCP 协议层对应用层协议无法感知，如果用标准的 TCP Service 来发布 GRPC 协议应用，就会导致同一个客户端的所有请求都转向同一个上游服务器，从而失去负载均衡的调整能力。

四层负载均衡限制了当用户访问某服务时，只能按照 IP：Port 二元组进行访问，而大多数服务都运行在标准端口上，因此不同的服务需要用不同的 IP 地址来区分，也就是说需要占用大量的虚拟 IP 地址。如果是基于硬件负载均衡设备实现流量接入，则大量的虚拟 IP 地址意味着需要更多的硬件设备和更高的成本。而微服务架构下，一个大型网站，后面是数十、数百、乃至数千个微服务，这些微服务共享主域名，需由七层负载均衡器根据不同的访问路径转发至不同的后端服务。

越来越多的网站支持个性化功能，一个网站往往会将用户划分到不同的分组，针对不同的分组展现的功能也不一致。这就要求负载均衡软件能够依据不同的 HTTP Request Header 转发至不同的服务，或同一服务的不同版本。

随着安全需求的不断提升，大部分互联网应用都需要提供基于 HTTPS 协议的服务。例如，使用谷歌 Chrome 浏览网站时，如果网站未基于 HTTPS 协议，且需要用户提交表单，就会被 Chrome 标记为"安全威胁网站"。另外，应用开发人员需要关注业务逻辑而不是安全防护，因此，证书的签发和管理、过期续签、加密算法等交由开发人员管理的成本是非常高的。而且在同一域名挂载多个后端服务的场景下，域名证书是统一管理的，交由多个后端服务开发人员并不合适。

健康检查是负载均衡的一个重要功能，负载均衡组件也负责将健康检查不通过的上游实例从转发列表中剔除。Service 的四层负载均衡由网络协议栈处理，不具备轻量级剔除上游服务器的功能，只能配合其他健康检查组件，如果发现某个上游实例不能正常工作，则需删除相应的转发规则，这类操作开销较大。

而将 API 网关挂载到负载均衡后端，二者配合，即可同时完成网络地址转换、负载均衡和高级路由的功能。在二者组合的配置下，用户请求可经过负载均衡再经由 API 网关将请求转发至用户 Pod。

7.1 API 网关

API 网关的流行得益于近几年微服务架构的兴起，原本一个庞大的业务系统被拆分成许多粒度很小的系统进行独立部署和维护。这种模式势必会带来更多的跨系统交互，企业微服务的规模也会成倍增加，不同微服务之间的依赖关系变得更复杂。如不对微服务之间的依赖关系进行管理，不同子系统的耦合复杂度也会呈指数级上升，这给微服务的生命周期管理和版本变更管理带来极大的挑战。基于 API 网关，可以将微服务之间的直接依赖转化为对 API 网关的依赖，从而降低耦合关系。

如图 7-1 所示，API 网关是为一组微服务提供统一 API 访问的组件，基于不同的场景，其承担的职责从单纯请求转发到安全保证、流量控制、可观察性等高级功能。其协议转换功能使得散落部署的异构的微服务系统在 API 层面统一起来。API 网关本质上是一组专门用于网络请求转发的应用服务实例，作为集群的入站流量入口，API 网关将各系统对外暴露的服务聚合在一起，所有要调用这些服务的系统都需要通过 API 网关进行访问，基于这种方式，网关可以对 API 进行统一管控，例如认证、鉴权、流量控制、协议转换、监控等。

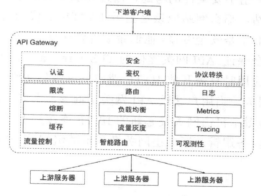

图 7-1　API 网关功能概览

API 网关的一个挑战是，其提供的是一组微服务的 API 封装，当开发人员增加或删除微服务时，API 网关必须被更新，这使得 API 网关的更新越轻量越好。在进行 API 网的关技术选型时，更新的时效性和支持微服务的量级是最重要的衡量指标。在 Kubernetes 集群中，API 网关的创建是相对灵活的，可以为集群搭建全局的 API 网关，也可以为某个 Namespace 中的所有服务提供一个独立网关。而 API 网关接入服务的数量越多，其承受的压力也越大。

API 网关所涵盖的功能范围可归纳为以下几点：

1. 智能路由

智能路由是一组微服务的唯一访问入口，负载均衡是 API 网关的最基本的功能，用户访问统一的 API 网关入口，再基于请求 Header 进行"L7 规则"匹配，并由 API 网关选择上游服务，以及状态健康的实例。基于路由和负载均衡这两个基本功能，API 网关就可以提供高级的灰度发布功能，管理人员可以通过设置规则将请求转发至应用的不同版本。

2. 安全保证

微服务架构下，微服务和微服务之间的通信均通过网络调用来完成。作为服务提供方，除了提供基本服务接口，还需要保证所提供的服务不被滥用，因此，认证、授权等安全控制是 API 网关需要考量的第二个重点，API 网关的集中部署和统一管理特性使得其能够以较小的代价提供统一认证授权功能，供不同微服务进行集成。

发布互联网服务时，出于安全性的考虑，通过要求发布的服务必须是安全协议。比如你要管理一个互联网网站，那么网站应该是基于 HTTPS 协议加密传输的。此外，微服务开发者往往是业务专家而不是安全专家，他们希望专注于业务开发，减少安全方面的投入，或者完全不需要考虑安全保证。API 网关提供的 TLS Termination 功能正是为这种场景而生的。应用开发者在部署应用时只需开放 HTTP 端口。该服务注册到 HTTPS 网关上时，对外提供的就是 HTTPS 服务。当用户通过 API 网关访问该服务时，HTTPS 请求首先被 API 网关处理，加密请求被解密，再由网关发起新的 HTTP 连接到上游服务器。通过此种配置，业务开发人员只需关注业务逻辑，证书由网关及负责的组织统一管理。

3. 流量控制

在大型微服务系统中，微服务之间的依赖关系可以非常复杂。假设某微服务 A 的上游服务 B 出现了故障，如果处理不当，A 很可能受到牵连，而 A 服务的调用方可能也会受到牵连。极端情况下，单个服务故障可能会导致整个生态系统不可用。为避免此情况的发生，每个微服务都需要考虑两件事：如何自我保护，以及如何不把上游"压垮"。限流规则可以使微服务设置自己能接收的最大请求数，超出的请求会被直接返回，保护自己不被过量请求压垮。熔断规则使得微服务可以设置自己访问上游服务的最大并发数，防止把上游压垮，缓存机制可以进一步减少对上游请求的压力。

4. 可观测性

API 网关作为流量入口，可以提供统一的日志、Metrics 和 Tracing 解决方案。

5. 可管理性

在公司中如果有某个技术组件需要升级，那么需要和每个业务线的人员进行沟通，通常沟通的周期超长，但是如果有了统一的网关，那么升级是很快的，因为提供服务的组件是集中部署和管理的，服务的接入成本低，组件管理成本也较低。

API 网关离不开控制平面（Control Plane）组件和数据平面组件（Data Plane）。在网络管理领域中，控制平面组件是指控制数据如何转发的组件。Kubernetes 管理组件、API网关的模型抽象和对应的控制器组成了控制平面组件。业界基于 Kubernetes 的成熟控制平面组件方案包括轻量级的 API 网关方案 Kubernetes Ingress、VMWare Contour 及 Istio。这些组件可以自动化生成反向代理软件的配置文件，完成数据转发。反向代理软件包括Nginx、HAProxy、Envoy 等，它们用于转发网络请求，因此被称为转发平面（Forwarding Plane）组件或者数据平面组件。

以社区的 Ingress 为例，Kubernetes 中定义 API 网关的路由转发功能的对象是 Ingress，其实现需要配合 Ingress 控制器和对应的代理软件。社区对常见的反向代理软件 Nginx、HAProxy、Envoy 等均有支持，但功能各有差别。其定位是 Kubernetes 集群的轻量级 API网关，图 7-2 展示了其在转发路径上与 Service 的差别。

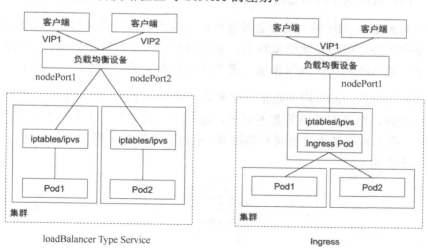

图 7-2　Service 和 Ingress 差别

7.2 服 务 网 格

API 网关作为微服务的入口，其本身的可用性几乎决定了所有微服务的可用性。为保证整个系统的高可用，必须保证 API 网关的高可用。通常的 API 网关是多实例部署的，在 API 网关之上还需要通过负载均衡提供虚拟 IP 地址，以保证统一入口。在此种部署模式下，微服务和微服务之间有调用关系，所有调用关系都经过 API 网关，最终的调用链如图 7-3 所示。基于 API 网关的数据转发如图 7-3 所示，这里只展示了 4 个微服务之间的 3 次调用，可以看出任何服务到服务之间的调用都要从调用方通过负载均衡器到 API 网关再到目标服务。此种模式存在如下缺点：

- 额外的网络跳转，通常应用的部署模式是，一个业务流的所有相关的微服务会部署在同一集群中，这样微服务之间的调用在同一集群或数据中心内部的网络中就完成了，业务会有更低的网络延迟。然而 API 网关的存在，使得所有的微服务调用从集群内部先转发到负载均衡器，再到 API 网关，最后转发给目标服务。这些额外的跳转增加了网络延迟和超时出错的概率。

- 负载均衡器和 API 网关的设备及管理成本投入。所有流量都要经过负载均衡器，如果微服务之间的传输流量较大，那么对负载均衡设备的需求也会很大，因此需要更多的 API 网关来负载流量。更多的设备带来了更多的管理成本。

- 错误域的控制。API 网关是集中部署的，是整个集群的通用服务。如果 API 网关出现故障，则所有微服务都不可用，这几乎是致命的。因此，在生产系统实践过程中，我们需要考虑对错误域的控制。有时需要根据不同的业务域切分 API 网关，以减小影响。

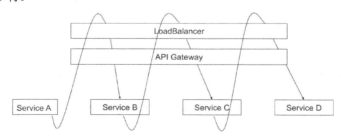

图 7-3　基于 API 网关的数据转发

那么如何优化部署以减少对 API 网关的依赖呢？答案是，使用服务网格。服务网格是一个可配置的、低延迟的网络架构，与 API 网关的功能有很多共通性，两者都需要处理服务发现、请求路由、认证、鉴权、限流、监控，等等。两者也有区别。服务网格的目标是管理微服务之间的通信，而 API 网关的目标是管理外部客户到服务之间的通信。第 5 章我们探讨过，随着微服务架构的兴起，单体应用在不断地被拆分，越来越多的网络流量从南北转向了东西。API 网关模式下，微服务和微服务之间的调用关系都是南北向（纵向），而服务网格的目的就是将这类南北流量转向东西（横向）。为减少网络延迟及对集中式负载均衡器的依赖，我们需要做的就是将集中式负载均衡分散开来，变成分布式负载均衡，这其实就是服务网格的本质。我们可以把 kube-proxy 理解成为一种四层的服务网格实现，它实现了分布式负载均衡的功能。

从负载均衡的角度看服务网格，所谓服务"网格"就是流量网格化，在每个服务进程旁边部署一个负载均衡组件，当服务之间发生网络调用时，负载均衡组件截获所有请求和响应，作为代理层负责服务发现和数据传输，其数据转发路径如图 7-4 所示。

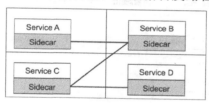

图 7-4　服务网格数据转发路径

如表 7-1 所示，API 网关与服务网格的功能在大多数时候可以互补，通常需要两者配合来完成一个完整的业务功能。

表 7-1　API 网关与服务网格的功能对比

API 网关	服务网格
处理南北流量	处理东西流量
将服务发布至集群（或私有网络）外部供外部客户端访问	集群内部服务之间互访
将外部请求转换成内部请求	内部服务代理
针对某一业务功能发布可供访问的 API	处于应用和网络之间，业务功能内部微服务之间

随着服务网格的规模和复杂性的增长，服务网格的管理也变得愈加复杂。服务网格的功能包括服务发现、负载均衡、失败回复、故障注入、指标上报、入职采集和监控。服务网格同时要满足复杂的业务和运行需求，比如 A/B 测试、"金丝雀发布"、限流、访问控制、点对点认证等。一个更完整的服务网格架构如图 7-5 所示，可见所谓服务网格，就是把

API 网关的功能下发，作为 Sidecar，存在于用户进程旁边。Sidecar 与 API 的功能一致，但分散在集群中的所有计算节点，这样服务到服务之间的东西流量不再需要经过 API 网关，只需将请求转交给 Sidecar，由 Sidecar 做请求路由和负载均衡，然后直接发起向上游服务器的连接。从数据传输层面看，集中式负载均衡功能被分散到了所有 Sidecar，而每个 Sidecar 承担的职责与 API 网关一致。通过这样的方式，服务网格将东西流量和南北流量统一管理起来。

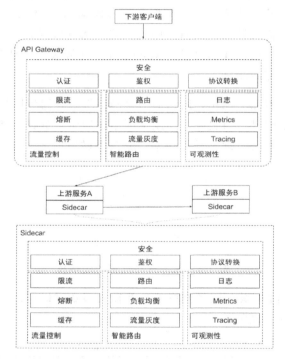

图 7-5　服务网格架构

7.3　深入了解 Envoy

无论是 API 网关还是服务网格，数据平面组件都是其核心，数据平面组件承担着加载网络配置、接收请求、过滤转发请求的职责。Envoy 作为业界最成熟的数据平面组件，被众多成熟的流量管理项目采用。只有深入理解 Envoy，才能理解网络配置如何在数据平面组件生效，网络请求如何能够被高效处理和转发，也才能理解数据转发、API 网关和服务网格的本质。

Envoy 公司倡导在微服务架构下，应用的业务逻辑和网络传输应解耦，网络对应用应透明，网络控制逻辑应尽可能由网络传输组件即 Envoy 处理。应用甚至无需关心超时、重试等逻辑，这些控制逻辑均由 Envoy 完成。重要的网络参数可在应用运行时、不影响业务的前提下灵活变更，将网络和应用逻辑解耦，使得微服务之间出现网络调用问题时，排查代价显著降低。

事实上，业界已经存在的成熟微服务架构（如 Spring Cloud），在数据转发层面的设计已经有些服务网格的影子。比如服务提供方可基于 Eureka 注册服务实例，服务消费方依赖 Ribbon 做客户端负载均衡。当消费方发起网络调用时，其通过本地的负载均衡组件查找服务提供方的健康实例，并直接发起网络调用。

基于 Envoy 的微服务架构与 Spring Cloud 相比，有其显著的优势：

1. 组件单一

Envoy 承担了所有数据平面组件的职责，避免了不同功能维护不同项目的情况，Spring Cloud 使项目很容易陷入开发运维成本高、功能组件不活跃、无法满足需求的境况。

2. 与应用开发语言无关

Spring Cloud 是一个出色的微服务框架，它可以整合 Netflix OSS 的多个组件实现服务发现、限流、熔断等功能。但该框架是面向 Java 语言的，一旦采用，就会把整个系统的技术栈与 Java 语言绑定在一起。而现在的微服务框架推崇的一条指导原则是，系统是可以异构的，应该始终采用最适合的语言。而不同语言的微服务的框架不同，能实现的功能不同，彼此之间也是孤立的。Envoy 作为 Sidecar 实现流量管理，能够将不同语言和框架整合起来。

3. 独立进程

任何开发并维护过大型 SOA 架构系统的人都知道，在 Spring Cloud 这种将控制逻辑作为类库编译进应用程序的部署模式下，版本升级非常困难。Envoy 作为独立进程，其升级可以是独立于应用进程的，因此 Envoy 的升级可以对应用透明。

4. 提供广泛的协议支持

对于 Kubernetes 这类开放式平台，广泛的协议支持意味着其能承担更多类型应用的 API 网关功能。

Envoy 可支持四层协议，它提供了插件化的 Filter Chain 机制，使得其 TCP 代理行为可扩展，并且自带常用插件完成 TCP 代理、HTTP 代理、TLS 客户端认证等功能。

HTTP 是现代应用通信中最重要的协议，因此，Envoy 支持额外的 HTTP 过滤层。HTTP 插件的可扩展性使得 Envoy 能够完成缓存、限流、路由转发等高级功能。

在处理 HTTP 时，Envoy 同时支持 HTTP1.1 和 HTTP2，这使得对协议的选择非常开放，你可以任意组合客户端和服务器的协议版本。

在处理 HTTP 时，Envoy 的路由子系统可以依据路径、请求包头、内容类型、运行时属性值等转发和重定向请求。

Envoy 支持 gRPC 的负载均衡，由于 gRPC 是应用协议，所以传统的网络层负载均衡无法满足真正的平衡负载的目的。Envoy 作为应用层软件，可以实现真正的 gRPC 负载。

Envoy 支持业界流行的 NoSql DB，如 MongoDB、Dynamo DB。

5. 发现机制和动态配置

这是 Envoy 首创的，引领业界技术变革的新模式，也是 Envoy 在云原生背景下迅速壮大的最重要原因。其与传统反向代理软件需要读取配置文件并重启进程、更新配置不同，Envoy 允许配置管理服务器，只要管理服务器中的配置发生变更，这些变更都会被 Envoy 的 xDS 发现并自动加载。这种低开销的动态配置加载方式，使得 Envoy 配置无需保存在本地，其本身变成了无状态应用，且动态更新成本非常小，完美地契合了云原生的应用场景。

6. Envoy 支持主动和被动健康检查

主动健康检查与 Pod Readiness Probe 类似，可以配置基于网络三层、四层或者七层的健康检查规则，也就是检查 IP 连通性，检查端口是否侦听或者某个固定的 HTTP Get 是否能正常返回。有人可能不理解，为什么有了 Pod 的 Readiness Probe，还需要做健康检查。Pod 网络的 Readiness Check 是由 kubelet 发起的，能测试的网络连通性只是主机网络 Namespace 到运行在本机的 Pod 这一段，而无法检查出整个网络链路的连通性。当 Envoy

运行在 API 网关模式下时，用户应用与网关通常不在同一台主机上，健康检查测试的是整个网络链路的连通性。被动健康检查是对主动健康检查的补充，当某个上游实例持续返回错误时，会被 Envoy 自动从转发列表中剔除。

7. 功能丰富

由于 Envoy 是一个独立的代理进程而非类库，所以它能承担高级负载功能。除了各种负载均衡算法，Envoy 还支持自动重试、熔断、限流等高级负载均衡功能。

8. 可观察性强

可观察性是衡量一个代理软件的重要指标，当数据平面出现故障时，需要迅速定位并解决问题。Envoy 支持指标上报、日志、链路追踪等功能，可以适应不同场景的问题定位分析及监控。

7.3.1　Envoy 发现机制

Envoy 的动态服务发现机制是其在众多数据平面组件中迅速壮大成为事实标准的主要原因之一。基于服务发现机制，Envoy 进程无需重启即可加载新的配置，这满足了云原生平台中一切都是快速变化的假设。在 Envoy 出现之前，任何数据平面组件都是以读取静态配置文件的形式完成配置加载的。当配置文件发生改变时，数据平面组件需要重启以完成配置变更。而在 Kubernetes 平台中，配置是时刻都在发生变化的，比如某个应用的未捕获异常可能会使 Pod 不断重启，这将导致网络配置不停地变更。若每次变更都需要数据平面组件重启加载，就会严重影响数据平面组件的可用性。

Envoy 另辟蹊径，开创了动态加载配置的先河，允许在配置文件中指定发现服务器（xDS Server）。Envoy 会向该配置地址发起请求并获取配置清单，无需进程重启即可完成配置加载。

在 Envoy 针对流量规则的配置中，涉及如下几个重要对象。

- Listener：Listener 是一个可供下游客户端连接的网络地址，通常是 IP 地址和端口的组合。

- Route：Route 是 Envoy 中的路由规则，常见的有七层路由规则，通过访问路径和 HTTP Header 进行规则匹配，并转发至某上游服务器。

- Host：上游服务器。

- Cluster：一组逻辑相似的上游服务器的组合。

在下面代码中，Listener 的监听地址是 0.0.0.0，监听端口使用 80，这表示 Envoy 会在本机的所有 IP 地址上监听 80 端口并接收请求。Listener 的下层配置是 filter_chains，学过设计模式的人都知道，这是一种链式处理请求的模式，一个 filter 处理完会交由下一个 filter 处理，直到所有 filter 处理完成，而 http_connection_manager 是这个链中唯一配置的 filter。这个 http_connection_manager 是 Envoy 处理 HTTP 请求的过滤器，它主要用于七层路由转发。http_connection_manager 首先会进行请求包头中的域名匹配，此处 domains 被设置为 example.com，这表示请求包头中的 Host 必须设置为 example.com，否则就会被该路由规则拒绝。http_connection_manager 中 routes 的匹配规则是 prefix: "/"，这表示当访问路径以"/"开头时，请求需要被转发至 cluster1。然后，该请求会被转发至唯一目标服务器（127.0.0.2:80）上。

```
static_resources:
 listeners:
 - name: listener_0
   address:
    socket_address: { address: 127.0.0.1, port_value: 80 }
   filter_chains:
   - filters:
     - name: envoy.http_connection_manager
       config:
        stat_prefix: ingress_http
        route_config:
          name: local_route
          virtual_hosts:
          - name: local_service
            domains: ["example.com"]
            routes:
            - match: { prefix: "/" }
              route: { cluster: cluster1 }
        http_filters:
        - name: envoy.router
 clusters:
 - name: cluster1
   type: STATIC
   lb_policy: ROUND_ROBIN
   hosts: [{ socket_address: { address: 127.0.0.2, port_value: 80 }}]
```

静态配置是指 Envoy 每次从磁盘中读取配置，当配置更新时，需要修改配置文件、重启 Envoy 进程，并加载新配置。静态配置产生的 Envoy 进程重启开销过大，且违背了 API 网关指导原则中的轻量级加载变更的原则。因此，静态配置文件通常用于加载 Envoy 的引导配置。而在引导配置中，指定服务发现地址，使 Envoy 有能力动态拉取后续变更。因此，这些对象的后续配置变更都可以通过相应的发现服务从管理服务器中读取出来，Envoy 支持下列发现服务：

- Cluster Discovery Service (CDS)：集群发现服务。在 Kubernetes 集群环境中，对应 Service 对象的动态发现。

- Endpoint Discovery Service (EDS)： 服务实例发现服务。在 Kubernetes 集群环境中，对应 Endpoint 对象的动态发现。

- Route Discovery Service (RDS)：路由规则发现服务。不同的控制平面实现不同的 Kubernetes 对象，如 Contour 的 HTTPProxy、Istio 的 VirtualService。

- Listener Discovery Service (LDS)：监听器发现服务。不同的控制平面实现不同的对象，如 Istio 的 Gateway。另外，访问控制等过滤器也是由 LDS 发现机制推送至 Envoy 的。

- Secret Discovery Service (SDS)：Secret 发现。用于动态加载证书，对应 Kubernetes 的 Secret，这些 Secret 通常用来保存网关证书。

- Health Discovery Service (HDS)：健康发现服务。该 API 将允许 Envoy 成为分布式健康检查网络的成员。中央健康检查服务可以使用一组 Envoy 作为健康检查终点，并报告状态，从而缓解"N^2健康检查问题"，这个问题指的是其间的每个 Envoy 都可能需要对其他 Envoy 逐一进行健康检查。

- Aggregated Discovery Service (ADS)：聚合发现服务。上述不同的服务发现可以彼此独立运行，而一个完整的 Envoy 配置依赖于多种服务发现机制的组合。聚合发现就是将上述数个发现机制组合起来，基于一次 gRPC 交互，获取多种服务发现的结果，以提升整体配置更新效率。

下面是一个完整的动态配置示例，该示例中只配置了一个静态资源 xds_cluster，它指向 Envoy 的管理服务器，地址是 127.0.0.1:5678。所有的 Envoy 资源都是动态资源，全部从 xds_cluster 获取。示例代码如下：

```
dynamic_resources:
```

```
    lds_config:
      api_config_source:
        api_type: GRPC
        grpc_services:
          envoy_grpc:
            cluster_name: xds_cluster
    cds_config:
      api_config_source:
        api_type: GRPC
        grpc_services:
          envoy_grpc:
            cluster_name: xds_cluster
  static_resources:
    clusters:
    - name: xds_cluster
      type: STATIC
      load_assignment:
        cluster_name: xds_cluster
        endpoints:
        - lb_endpoints:
          - endpoint:
            address:
              socket_address:
                address: 127.0.0.1
                port_value: 5678
```

管理服务器需要按照约定格式返回响应，LDS 返回结果如下：

```
version_info: "0"
resources:
- "@type": type.googleapis.com/envoy.api.v2.Listener
  name: listener_0
  address:
    socket_address:
      address: 127.0.0.1
      port_value: 10000
  filter_chains:
  - filters:
    - name: envoy.http_connection_manager
      typed_config:
        "@type":
type.googleapis.com/envoy.config.filter.network.http_connection_manager.v2.H
```

```
ttpConnectionManager
        stat_prefix: ingress_http
        codec_type: AUTO
        rds:
          route_config_name: local_route
          config_source:
            api_config_source:
              api_type: GRPC
              grpc_services:
                envoy_grpc:
                  cluster_name: xds_cluster
        http_filters:
        - name: envoy.router
```

RDS 返回结果如下：

```
version_info: "0"
resources:
- "@type": type.googleapis.com/envoy.api.v2.RouteConfiguration
  name: local_route
  virtual_hosts:
  - name: local_service
    domains: ["*"]
    routes:
    - match: { prefix: "/" }
      route: { cluster: some_service }
```

CDS 返回结果如下：

```
version_info: "0"
resources:
- "@type": type.googleapis.com/envoy.api.v2.Cluster
  name: some_service
  connect_timeout: 0.25s
  lb_policy: ROUND_ROBIN
  type: EDS
  eds_cluster_config:
    eds_config:
      api_config_source:
        api_type: GRPC
        grpc_services:
          envoy_grpc:
            cluster_name: xds_cluster
```

EDS 返回结果如下：

```
version_info: "0"
resources:
- "@type": type.googleapis.com/envoy.api.v2.ClusterLoadAssignment
  cluster_name: some_service
  endpoints:
- lb_endpoints:
  - endpoint:
      address:
        socket_address:
          address: 127.0.0.2
          port_value: 1234
```

Envoy 将上述发现服务的返回结果进行组合并动态加载，该配置就在 Envoy 中生效了。在 Kubnernetes 集群中，Envoy 的所有控制平面的实现原理是一致的，就是为 Envoy 构建一个管理服务器，基于 Kubernetes 中的配置规则和服务状态构建来自 Envoy 的 XDS 请求的返回结果，以完成 Envoy 的规则配置。

7.3.2 Envoy 架构

了解了 Envoy 的配置及动态配置行为，接下来我们要探讨，动态配置是如何生效的，以及 Envoy 内部的架构和运行机制是什么。图 7-6 是 Envoy 架构。

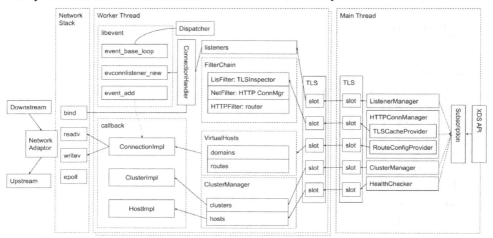

图 7-6　Envoy 架构

接下来我们会探讨 Envoy 的线程模型、配置更新、连接处理和过滤器。

7.3.2.1　线程模型

Envoy 采用单进程多线程模型。

- 主线程用于管理服务器本身的启动和终止、所有 xDS API 的处理（包括 DNS、健康检查（health checking）和通常的集群管理）、running、监控刷新（stat flushing）、管理界面，以及通用的进程管理（signals、hot restart）。在这个线程中发生的所有事情都是异步和非阻塞的（non blocking）。通常，主线程用于协调所有不需要大量 CPU 完成的关键功能。

- 为了更好地利用主机资源进行数据处理，Envoy 默认为每个 CPU Core 创建一个工作线程（可以通过--concurrency 参数进行控制），每个工作线程运行一个无阻塞的事件循环，并读取配置信息、监听端口、接收新的连接、为每个连接实例化过滤栈，以及处理这个连接生命周期的所有 I/O。

- Envoy 写入的每个文件都有一个独立的 block 的刷新线程。这是因为使用 O_NONBLOCK 在写入文件系统时会发生阻塞。当 Worker 线程需要写入文件时，这个数据实际上被移动至 in-memory buffer 中，最终会被 File Flusher 线程刷新至文件中。Envoy 的代码会在一个 worker 试图写入 memory buffer 时锁住所有 worker。

在默认情况下，各个工作线程之间没有协调线程，主线程和工作线程基于 Event 和 Callback 机制完成。Envoy 的事件处理复用了 libevent 的 event_base，ImplBase 派生出 FileEventImpl、SignalEventImpl 和 TimerImpl 三种类型的事件。处理事件的类叫作 Dispatcher，一个 Dispatcher 的 event_loop 不断侦听事件并调用 Callback 函数响应事件。核心功能有网络事件处理、定时器、信号处理、任务队列、代码对象的析构等。Dispatcher 内部创建了一个任务队列，将所有 callback 加入队列，同时创建一个 Timer 并调用一个函数，在函数内循环处理队列中的任务。

7.3.2.2　配置更新

Envoy 将主线程的职责和 worker 线程的职责完全分开了，因此，在主线程完成复杂处理的同时，要使每个 worker 线程高度可用。主线程用于处理 Envoy 过程中的所有管理/控制平面功能，主线程进程执行某些操作是一种常见模式，此外，需要将处理结果更新至每个工作线程，工作线程不需要在每次访问时尝试加锁。

在启动默认配置并读取动态配置以后，Envoy 在初始化阶段会创建 ListenerManager、TLSCachingDataProvider、RouteConfigProvider、ClusterManager 和 HealthChecker，这些组件通过 XDS API 向管理服务器获取相应的 Envoy 配置。

ListenerManager 在从订阅中获取 Listener 配置以后，将该 Listener 配置信息存入主线程 ThreadLocalStore 中的相应 slot 下。

集群管理器（Cluster Manager）在 Envoy 中用于管理已知上游的集群，并负责创建每个上游主机最终一致的视图，包括发现服务的主机和健康统计。下面介绍一下健康检查器和 CDS/SDS/EDS/DNS。

- 健康检查器（Health Checker）用于主动健康检查，并将健康检查的统计结果返回给集群管理器（Cluster Manager）。

- CDS/SDS/EDS/DNS 用于决定集群的成员关系，一旦状态改变就会将健康检查结果返回给集群管理器（Cluster Manager）。

Envoy 的每个线程会分配一块内存空间来承担线程本地存储（ThreadLocalStore）职责，主线程会为 Listener、Route、Cluster 分别创建不同的 slot 来存储配置信息。在主线程收到状态变更以后，它将创建一个状态为只读的快照，并将其保存到对应的 TLS slot 中，然后发送至每一个工作线程。在下一个静止期中，worker 线程将更新存在 TLS 中的快照。

工作线程可以从 TLS slot 中读取数据，并检索其中可用的线程本地数据。在 I/O 事件需要确定主机如何实现负载均衡时，负载均衡器（Load Banlancer）将会查询 TLS 中存有的集群状态信息。

此工作机制并不复杂，主线程数据发布至工作线程时不需要任何锁，而是通过将指向只读全局数据的共享指针存储到每个 worker 上。因此，每个 worker 具有该数据的引用计数，该计数在工作时不会递减。仅当所有 worker 查询和读取新的共享数据时会将原数据摧毁，这与 RCU 相同。这种无锁的线程协调机制保证了 Envoy 的整体高效。

7.3.2.3　连接处理

当某个连接被监听器接收以后，这个连接的整个生命周期都与该 Worker 线程绑定。这样设计的目的是，线程与线程之间无须交互，每个单独的工作线程在处理数据包时就像单线程程序一样，大部分时间无须申请和等待锁，这种线程模式能够保证 Envoy 的高性能。

当工作线程接收 XDS 配置变更以后，ListenerManager 会解析配置，并按照配置信息启动端口侦听，侦听完成后将文件描述符传给对应的 listenCallback 方法。端口监听有两种模式，默认模式下，只有一个线程侦听端口，侦听结束后的 socket 会被多个工作线程共享。另外，当 Listener 配置为 reusesocket 时，Linux 允许一个进程的多个线程侦听同一端口，在此模式下的所有工作线程的职责是一致的。

所有工作线程需要独立接收每个监听器上的连接，并且依赖 kernel 实现多线程之间的 CPU 负载均衡。对于大多数场景而言，内核负载均衡表现都很好。但是对于 HTTP2、gRPC 等长连接类型的协议，Envoy 需要强行在多线程之间重做负载均衡，因为操作系统总是尝试复用之前的连接。Envoy 支持为每个监听器配置不同的负载均衡策略，当多个 CPU 处理一个监听器请求时，用该策略将处理的请求分散在多个 CPU 上。比如，当 CPU 配置为 exact_balance 后，Envoy 会检查当前所有 worker 中 Connection Handler 正在处理的连接数，并且总是选择连接最少的工作线程处理新请求。

ListenCallback 的 onAccept 方法会在有监听新 socket 文件描述符时被调用，该方法会调用 libevent 类库，监听文件描述符。libevent 是一个针对文件描述符特定事件进行 callback 处理的开源类库，该类库非常适应 Envoy 这种多线程并发高速处理数据包的应用场景。libevent 会通过 epoll 监控 socket 文件描述符，当文件描述符有读事件产生以后，会调用 ConnectionImpl 的 onReadReady 函数，该函数会通过系统调用读取 Socket Buffer 中的数据，解析该请求包头，通过 RouteMatcher 判断该请求应该交由哪一个 Cluster 处理，再通过 Cluster 中的 Hosts 健康状态和负载均衡算法，决定最终选择哪个上游服务器。接着发起对上游服务器的连接，完成请求转发。

7.3.2.4　过滤器

Envoy 通过过滤器模式处理网络请求，如图 7-7 所示，当 Envoy 在构建监听器时，默认会注册多种过滤器。当 Envoy 接收来自客户端的请求后，该请求包首先会交由 FilterChain 进行处理，只有 FilterChain 处理完成的请求，才会进行路由判决，再转发至上游服务器。

基于网络层和传输层网络协议的过滤器，默认支持 Client Certs 的 TLS 认证、角色的访问授权等功能。

在 HTTP 模式下，Envoy 支持基于应用层协议的路由子系统，通过访问路径、数据包头、内容类型、运行时变量等信息进行路由判决，根据配置规则决定将请求转发至哪个上游服务器。此外，基于应用层协议的过滤器提供了缓存、限流等高级功能。

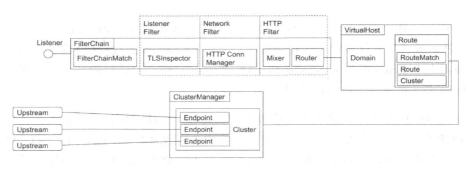

图 7-7　Envoy 过滤器

通常，在分布式系统中，基于客户端的分布式熔断对吞吐的控制都是非常有效的。但在个别场景下，需要在服务器端进行全局限流。例如，A 服务调用 B 服务时，即使 A 在调用时限制了熔断策略，但当 A 的实力数量发生大量变更（比如进行了紧急扩容）时，依然可能会由于过量请求而导致 B 服务过载。因此，有必要在 B 服务设置全局限流策略，Envoy 集成了一个全局 gRPC 速率限制服务以满足此需求。

安装了过滤器的 Envoy，在监听器上新建连接的时候，就会调用速率限制服务。配置中会指定一个特定的域和描述符来设置速率限制。这种方式对监听器上的每秒连接次数进行了限制，从而实现了在监听器中进行速率限制的目标。

7.4　Ingress

7.4.1　功能概述

Kubernetes 提供了 Ingress 用于定义高级路由的功能，借助 Ingress Spec，可以定义一个 https 网关。事实上，Kubernetes Ingress 只定义了一套模型规范，不同代理软件都开发了自己的 Ingress Controller，Ingress Controller 的主要功能就是将 Ingress Spec 转换成代理软件的配置文件，并自动加载。Ingress 配置文件示例代码如下：

```
apiVersion: networking.k8s.io/v1beta1
kind: Ingress
metadata:
  name: tls-example-ingress
spec:
```

```
tls:
- hosts:
  - sslexample.foo.com
  secretName: testsecret-tls
rules:
- host: sslexample.foo.com
  http:
    paths:
    - path: /
      backend:
        serviceName: service1
        servicePort: 80
```

在发布一个 HTTPS 网关之前，用户需要做以下操作：

（1）创建 Pod，运行业务代码。

（2）创建 Service，发布服务，Service 类型必须是 ClusterIP，其主要作用是通过 Label Selector 选择相关 Pod。

（3）创建 Ingress，Ingress Controller 根据如下定义配置反向代理软件，完成流量转发。

- 定义 host，也就是访问该应用的域名，将该域名配置进反向代理软件中的 hostFilter，如果请求 Header 的域名跟该 host 不匹配，则请求会被拒绝。

- 定义申请证书，将证书的 key 和 cert 保存在 secret 中，并且在 Ingress 中指定 secretName，Ingress Controller 负责将该证书上传至反向代理软件并配置好 Https Listener

- 定义转发规则，比如"/"指向 service1，表示在反向代理软件中配置 L7 匹配规则，所有请求都应被转发至 service1 对应的 Pod IP 中。

社区 Ingress Controller 以插件形式存在，如默认的 Ingress 插件是基于 Nginx 实现的，其中包含 Ingress Controller 控制器和 Nginx 组件，Ingress Controller 负责读取 Ingress、Service 和 Endpoint 配置，解析和生成 Nginx 配置文件，并调用 nginx reload 命令重启 Nginx 并加载新配置。Kubernetes Endpoint 变更是非常频繁的，通过进程重启使配置更新、生效意味着较重的开销，这两个因素综合作用，使得 Nginx Ingress Controller 很难支持生产应用的高可用需求。

Ingress 提供应用层流量转发，反向代理软件以 Pod 的形式运行在 Kubernete 集群中。

这说明 Ingress 处理的是请求进入集群以后，集群内部的流量转发。集群外部的请求如何进入集群仍然依赖网络地址转换或者隧道技术，通过 LoadBalancer 类型的 Service 进行定义和实现。

Ingress 依赖不同反向代理软件实现流量管理，引入额外的组件意味着维护成本更高。

其他流行的反向代理软件 HAProxy、Envoy 等，也都有自己的开源 Ingress Controller 插件。但 Ingress 有其局限性，这使得 Ingress 社区的演进缓慢，大量需求无法被满足。

7.4.2　Ingress 的挑战

分布式系统中的流量管理是一个复杂的命题，Ingress 实现了 Kubernetes 中最基本的流量管理功能，但其无法满足更高级的需求，具体体现在以下几方面：

- 缺少证书自动化管理。Ingress 要求用户从第三方获取证书，并手工将证书放入 secret 中，然后由 ingress controller 上传并安装。虽然业界有 ingress 与 letsencrypt 的整合方案，但这意味着需要维护更多组件，并且很多公司有自己的证书签发中心，整合会使成本增加。

- 缺少域名管理自动化。社区的 Ingress 适应场景是大量服务复用同一个域名，因此社区建议为 Ingress Host 手工创建 DNS 记录。而在生产化过程中，这一过程需要自动化。

- 缺少对多协议、多端口的支持。

- 缺少对通用场景的支持。比如，蓝绿部署、负载均衡策略。

- 模型无法统一。Ingress 从 Kubernetes 第一个版本引入到现在依然无法固化到生产版本，根本原因是流量管理极其复杂，牵扯的需求多种多样，很难统一。比如，Ingress 目前支持 Context Path 的转发规则，但不支持 HTTP 头的匹配，不支持 rewrite 规则，不支持多协议和多端口，不支持限流等。如何将复杂的业务抽象成标准模型是业界难题。而基于 Ingress 提供这些功能需要充分利用 Annotation，比如，Ingress Spec 不支持 rewrite 规则，那么就需要扩展 Annotation，在 Annotation 中增加对 rewrite 规则的支持。这使得 Annotation 越来越复杂，难以维护。

社区的共识是停止基于 Ingress 的设计和开发工作，并提出了一组隶属于 Service API 的模型抽象，其理念是以多个对象描述 API 网关流量管理的多样需求。这些对象包括 GatewayClass、Gateway、HTTPRoute、TCPRoute 等，用来分别描述 API 网关的监听器、转发规则等。但目前该组对象还在概念设计阶段，因此本文不做展开。另外，这些概念事实上与 Istio 对象的设计理念不谋而合，而 Istio 经历了多个版本的演进，对于流量管理的实现已经比较成熟。

7.5　Contour

Contour 是 VMWare 公司主导的一个开源的 Kubernetes Ingress Controller，其采用 Envoy 作为反向代理和负载均衡组件，Contour 提供了 API 网关的模型抽象和配置管理。Contour 的主要功能是将 Kubernetes 集群中运行的应用发布至集群外部供用户访问。

Contour 基于轻量级模型，支持动态管理多个用户的 Ingress 流量。Ingress 的另一个问题是，Ingress 在配置转发规则时，目标 Service 需要与 Ingress 在同一 Namespace 中，无法跨 Namespace 复用，这使得 Ingress 被固化在某个 Namespace 中。在实际的生产部署中，不同的微服务通常被组织在不同的 Namespace 中，而多个 Namespace 的微服务通常需要挂载到同一个 API 网关中，Ingress 原有的限制让这种跨 Namespace 的部署变得不可能，多个微服务往往要揉在一起，这给权限管理和配额管理带来了挑战，也增加了部署和运维的复杂性。

大多数 Ingress Controller 都通过扩展 Ingress Annotation 来完成复杂的路由功能，而 Contour 选择了一条截然不同的方案。Kubernetes 允许用户通过自定义资源（Custom Resource Definition）来定义自己的对象和控制器，而 Contour 抛弃了 Kubernetes 原生的 Ingress，通过 CRD 来定义更复杂的逻辑。

Contour 引入了 HTTPProxy 做为 API 网关的抽象模型，与 Kubernetes Ingress 相比，Contour 引入的 HTTPProxy 具有更大的灵活性：

- 多租户集群的支持，可以限制哪个 Namespace 设置 virtualHost 和 TLS 证书信息，其他 Namespace 可以复用同样的 virtualHost 管理 L7 规则，通过这样的分离，可以把 API 网关的管理员和用户分离开。一部分角色可以管理整个网关，一部分用户只能在现有网关上发布新的 API。

- 允许配置转发规则，并指向另一个 HTTPProxy 的 path 或者 domain。通过这种方式可以把多个 HTTPProxy 级联起来。

- 允许同一个路由规则指向多个 Kubernetes Service。通过这种规则，用户可以将多个服务，或者一个服务的多个版本挂载在同一转发规则下，实现灰度发布。

- 无须 Annotation 扩展，通过 HTTPProxy spec 即可实现权重管理和多负载均衡策略。而 HTTPProxy 本身是个 CRD，其可扩展性比原生 Ingress 要好很多。

下面代码展示了一个最简单的 HTTPProxy 示例：

```
apiVersion: projectcontour.io/v1
kind: HTTPProxy
metadata:
  name: basic
spec:
  virtualhost:
    fqdn: foo-basic.bar.com
  routes:
  - conditions:
    - prefix: /
    services:
      - name: s1
        port: 80
```

HTTPProxy 可以在创建时进行校验，防止错误的配置导致流量转发错误。要知道流量转发错误无小事，作为 API 网关，几乎任何错误的配置都会有非常大的影响。HTTPProxy 可以通过 status 来汇报创建完成后的状态。

7.5.1 架构

一些反向代理只支持本地重启进程完成配置操作，对于这类软件，控制平面组件和代理软件需要部署在同一个容器内，才能在生成新配置文件以后重启加载。因为 Envoy 的管理服务器可以运行在不同主机上，与其他 Ingress Controller 不同，Contour 将控制平面和数据平面分离部署，其功能架构如图 7-8 所示。

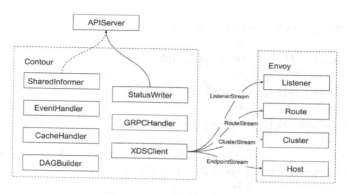

图 7-8　Contour 功能架构

Contour 本质上还是一个 Ingress Controller，它由两个组件组成：

1. Contour

作为 Envoy 的管理服务器提供配置管理功能。Contour 被部署为 Kubernetes Deployment，多个 replicas 之间通过 leaderelection 选取 leader 承担配置职责，其他 pod 处于 standby 状态。

2. Envoy

提供高性能反向代理功能。Envoy Pod 默认作为 Daemonset 部署在 Kubernetes 集群的所有节点上。Envoy 创建一个负载均衡类型的 Service，通过属性 externalTrafficPolicy: Local 约束 kube-proxy，在处理请求转发时，总是选择本地 Endpoint 来处理请求。这样部署的原因是，当用户通过负载均衡 VIP 访问 API 网关时，无论负载均衡器将请求转发至哪个节点，请求都会在目标节点本地的 Envoy 上直接处理，然后转发至目标 Pod。

在 Envoy Pod 中，Contour 作为 Init Container 在初始化阶段生成 bootstrap 配置文件并 mount 给 pod，该配置文件作为 Envoy 的启动配置文件被 Envoy 直接读取，Contour 是 Envoy 的管理服务器。当初始化完成后，Envoy 容器开始启动，它读取 Contour 写入的默认启动配置，开始从管理服务器拉取动态配置。

从 API Server 到 Contour 的信息传递是通过 Kubernetes SharedInformer 框架来完成的，与其他 Controller 类似，Contour 通过 SharedInformer 创建与 API Server 之间的长连接。它监听 Kubernetes 集群的 Ingress、Service 及 Endpoint 变化，把这些对象转换为对应的 Envoy 配置块，并以 Envoy 的格式存储在 Contour 侧的 Cache 中，相关代码如下：

```
var informers []cache.SharedIndexInformer
informers                    =                  registerEventHandler(informers,
coreInformers.Core().V1().Services().Informer(), eh)
informers                    =                  registerEventHandler(informers,
contourInformers.Contour().V1beta1().IngressRoutes().Informer(), eh)
informers                    =                  registerEventHandler(informers,
contourInformers.Contour().V1beta1().TLSCertificateDelegations().Informer(),
eh)
informers                    =                  registerEventHandler(informers,
contourInformers.Projectcontour().V1().HTTPProxies().Informer(), eh)
informers                    =                  registerEventHandler(informers,
contourInformers.Projectcontour().V1().TLSCertificateDelegations().Informer(
), eh)
```

同时，Contour 会启动 GRPCServer，并注册不同资源的请求 Handler，当请求访问对应的路径时，GRPCServer 直接将 Cache 中的数据返回，相关代码如下：

```
resources := map[string]cgrpc.Resource{
  eh.CacheHandler.ClusterCache.TypeURL():
&eh.CacheHandler.ClusterCache,
  eh.CacheHandler.RouteCache.TypeURL():     &eh.CacheHandler.RouteCache,
  eh.CacheHandler.ListenerCache.TypeURL():
&eh.CacheHandler.ListenerCache,
  eh.CacheHandler.SecretCache.TypeURL():    &eh.CacheHandler.SecretCache,
  et.TypeURL():                            et,
}
```

Contour 支持引用，一个 HTTPProxy 对象可能包含多个其他 HTTPProxy。这些对象的配置在推送给 Envoy 之前，要在 Contour 端做合并。Contour 通过引入 DAGBuilder 来管理引用关系，并将多个 HTTPProxy 合并成同一个 Envoy 配置。接收 Envoy 的 Discovery 请求后，Contour 通过 XDSClient 将配置信息推送给 Envoy，具体实现代码如下：

```
func (b *Builder) Build() *DAG {
  b.reset()
  b.computeSecureVirtualhosts()
  b.computeIngresses()
  b.computeIngressRoutes()
  b.computeHTTPProxies()
  return b.buildDAG()
}
```

从 Contour 到 Envoy 的信息推送是通过 Envoy 端的拉取完成的。Envoy 启动后，通过管理服务器 Contour 开启 GRPC 长连接，并定期拉取最新配置信息。Contour 收到请求以后将配置信息推送给 Envoy，相关代码如下：

```
func watchstream(st stream, typeURL string, resources []string) {
    m := proto.TextMarshaler{
        Compact:    false,
        ExpandAny:  true,
    }
    for {
        req := &v2.DiscoveryRequest{
            TypeUrl:        typeURL,
            ResourceNames:  resources,
        }
        err := st.Send(req)
        check(err)
        resp, err := st.Recv()
        check(err)
        err = m.Marshal(os.Stdout, resp)
        check(err)
    }
}
```

7.5.2　高级功能

Contour 支持配置 Kubernetes 原生 Ingress 对象，并且通过 annotation 实现了很多扩展功能。Kubernetes 的 CRD 对象的 HTTPProxy 的定义非常之灵活，能实现不同场景下的路由需求。

7.5.2.1　安全保证

1. 网关 TLS

很多微服务特别是公司内部服务会同时发布 HTTP 和 HTTPS 协议，当用户定义 secretName 时，Contour 遵循安全优先原则，会同时创建 Envoy 的 HTTP 和 HTTPS 端口，并且将 HTTP 端口的请求重定向（redirect）到 HTTPS 端口。用户可以通过 spec.routes.permitInsecure 属性来覆盖该行为。

生产化系统中，这类 HTTPProxy 的创建可能非常频繁，为降低运维成本，完全自动化包括了证书自动化。我们知道，Ingress 缺少完全自动化，定义一个 TLS Ingress 后，用户需要到第三方证书签发机构获取证书，手工保存至 Secret，再由 Ingress 读取。Contour 定位为 Ingress 的扩展，同样缺少证书自动化。Contour 提供了自动生成证书的工具 Certgen，当通过该工具生成证书时，Contour 本身作为证书签发中心（CA），为用户签发证书，但签发证书算法的 key 的长度是 hardcode 的。一些企业安全性的要求，不支持自签名证书。一些企业对证书的加密算法等有特定要求，在采用 Contour 作为解决方案时，需要比较多的定制化开发。另外，证书都有有效期，如何保证证书在过期之前自动 rotate，并完成证书运维自动化，也需要额外考量。利用 HTTPProxy 终结 TLS 的 API 网关的示例代码如下：

```
apiVersion: projectcontour.io/v1
kind: HTTPProxy
metadata:
  name: tls-example
  namespace: default
spec:
  virtualhost:
    fqdn: foo2.bar.com
    tls:
      secretName: testsecret
  routes:
  - services:
      - name: s1
        port: 80
```

2. 上游 TLS

对于某些安全敏感的应用（比如，保存和传输用户信用卡信息的应用），网关 TLS 是不够用的。比如，美国监管机构规定，对于包含用户信用卡（Personal Card Info）信息的应用，需要全链路 TLS，这说明客户端到网关、网关到上游服务器的通信都需要通过 TLS 进行。

要实现基于 TLS 连接上游服务器，首先要为上游服务增加 Annotation：projectcontour.io/upstream-protocol.tls: "443,https"，Contour 通过该 Annotation 获取上游服务的端口信息（哪一个端口是安全端口）。另外，HTTPProxy 允许用户指定连接上游服务的 CASecret 和 subjectName，用于在连接上游服务时进行校验。通过 HTTPProxy 定义 API 网关，并基于 HTTPS 协议连接上游服务的示例代码如下：

```
apiVersion: projectcontour.io/v1
```

```
kind: HTTPProxy
metadata:
  name: secure-backend
spec:
  virtualhost:
    fqdn: www.example.com
  routes:
    - services:
        - name: service
          port: 8443
          validation:
            caSecret: my-certificate-authority
            subjectName: backend.example.com
```

3. TLS 代理（Delegation）

很多公司的系统是基于跟域名的，这说明公司的所有应用 FQDN 都使用同一个跟域名，比如 foo.example.com 和 bar.example.com 的公用根域名是 example.com。对于这种场景，证书签发在企业安全部门允许的前提下是可以申请 wildcard 域名的。比如，申请一张签给 "*.example.com" 的证书可以使用上面两个具体域名。Contour 针对此场景有特别的支持。wildcard 证书需要保存在一个被集群管理员管理的 Namespace 中，Contour 支持 TLS Certificate Delegation 功能，允许 TLS 证书的持有者将其下发给其他 Namespace 的 HTTPProxy 使用。

TLSCertificateDelegation 资源定义 secret 的访问权限，以及哪些 Namespace 能引用 delegation 所在的 Namespace 的哪些 secret。如下代码所示，TLSCertificateDelegation 允许集群中所有 Namespace 的 HTTPProxy 引用 www-admin 中的 example-com-wildcard，HTTPProxy 通过 secretName 指明了该 secret 所在的位置。

```
apiVersion: projectcontour.io/v1
kind: TLSCertificateDelegation
metadata:
  name: example
  namespace: www-admin
spec:
  delegations:
    - secretName: example-com-wildcard
      targetNamespaces:
      - "*"
```

```
---
apiVersion: projectcontour.io/v1
kind: HTTPProxy
metadata:
  name: www
  namespace: example-com
spec:
  virtualhost:
    fqdn: foo2.bar.com
    tls:
      secretName: www-admin/example-com-wildcard
    routes:
    - services:
      - name: s1
        port: 80
```

7.5.2.2　请求路由

与 Ingress 一致，HTTPProxy 允许基本的基于路径的应用层规则转发。下面的示例代码中，用户访问 multi-path.bar.com/blog 或者 multi-path.bar.com/blog/*都会被转发至 s2。其他所有请求会被转发至 s1。

```
apiVersion: projectcontour.io/v1
kind: HTTPProxy
metadata:
  name: multiple-paths
  namespace: default
spec:
  virtualhost:
    fqdn: multi-path.bar.com
  routes:
  - conditions:
    - prefix: / # matches everything else
    services:
      - name: s1
        port: 80
  - conditions:
    - prefix: /blog # matches `multi-path.bar.com/blog` or
`multi-path.bar.com/blog/*`
    services:
      - name: s2
```

```
      port: 80
```

除了基于访问路径的规则转发，Contour 还允许针对请求包头进行匹配。如下面代码所示，HTTPProxy 定义请求包头中如果包含 x-os: ios，则转发至 s1，否则转发至 s2。

```
apiVersion: projectcontour.io/v1
kind: HTTPProxy
metadata:
  name: multiple-paths
  namespace: default
spec:
  virtualhost:
    fqdn: multi-path.bar.com
  routes:
    - conditions:
      - header:
          name: x-os
          contains: ios
      services:
        - name: s1
          port: 80
    - services:
        - name: s2
          port: 80
```

此外，HTTPProxy 还可以修改包头的规则，通过这些规则，可以添加或删除请求包和响应包的包头，示例代码如下：

```
apiVersion: projectcontour.io/v1
kind: HTTPProxy
metadata:
  name: header-manipulation
  namespace: default
spec:
  virtualhost:
    fqdn: headers.bar.com
  routes:
    - services:
        - name: s1
          port: 80
          requestHeadersPolicy:
            set:
```

```
        - name: X-Foo
          value: bar
      remove:
        - X-Baz
    responseHeaderPolicy:
      set:
        - name: X-Service-Name
          value: s1
      remove:
        - X-Internal-Secret
```

　　路径重写是一个很重要的通用需求，当我们把一个微服务发布到 API 网关时，通常需要为其定义一个访问路径，比如 www.example.com/foo。用户访问该 URL 时，HTTP 请求会包含 host: www.example.com 和 path: /foo 两个包头，而请求经过 API 网关进行路由匹配以后，默认情况下这两个包头的值不会被修改，因此，该请求被转发至上游服务器后，上游服务器需要处理/foo 这个路径，如果该路径没有相应的处理句柄，就会返回 404。而通常上游应用的开发和 API 注册是两个独立的环节，大部分应用在开发时不会考虑也不应该考虑 API 网关中的访问路径。因此，在注册至 API 网关时需要通过配置规则来改写路径。HTTPProxy 支持在请求转发至上游服务器之前改写 URL 路径。下面给出一个改写规则的示例，如果访问路径以/v1/api 开头，则路径会被改写为/app/api/v1，否则会被改写为/app，具体代码如下：

```
apiVersion: projectcontour.io/v1
kind: HTTPProxy
metadata:
  name: rewrite-example
  namespace: default
spec:
  virtualhost:
    fqdn: rewrite.bar.com
  routes:
  - services:
    - name: s1
      port: 80
    conditions:
    - prefix: /v1/api
    pathRewritePolicy:
      replacePrefix:
      - prefix: /v1/api
```

```
      replacement: /app/api/v1
    - prefix: /
      replacement: /app
```

可以把 Contour 看成 Envoy 对流量转发的轻量级封装，Contour 支持 Envoy 支持的大部分流量转发功能。Contour 还可以通过简单的 Spec 来定义流量镜像超时控制、负载均衡算法、健康检查，等等。

7.5.2.3　多租户支持

从上面的功能特性可以看出，HTTPProxy 与 Kubernetes 原生 Ingress 相比扩充了很多功能。此外，HTTPProxy 的更强大的功能还体现在跨 Namespace 协作中。

HTTPProxy 允许将系统配置分散到多个 HTTPProxy 实例中，不同实例间可以通过 Inclusion 互相引用。

Inclusion，顾名思义，允许一个 HTTPProxy 对象包含另一个对象，并且可以选择从父对象继承属性。Contour 读取 Inclusion 关系树，并在将其转换成 Envoy 配置之前合并到一个大的内部对象中。更重要的一点是，相互包含的 HTTPProxy 不一定非要在一个 Namespace 中。

每个 HTTPProxy 树都从根节点开始，根节点用于定义一个具体的虚拟主机（Virtual Host）。每个根 HTTPProxy 都需要定义一个 virtualhost 属性，用来描述虚拟主机的域名、TLS 配置等。

根节点引用的 HTTPProxy 不能再定义 virtualhost 属性，一个根对象不能直接或间接引用其他对象。这种机制允许根 HTTPProxy 的管理员只定义一部分转发规则，而把另外一部分转发规则交付给其他 HTTPProxy 来控制。这对跨业务部门合作维护统一 API 网关有非常大的作用，比如某个团队负责 API 网关的管理，该团队定义根 HTTPProxy，维护 DNS 和 TLS 证书，设定一部分自己发布的应用的转发规则。同时引用其他 Namespace 的 HTTPProxy，其他 Namespace 很可能由不同团队负责开发和管理，其他团队只需更新自己的 Namespace 下的 HTTPProxy 即可将应用发布至 API 网关。

下面给出了一个多团队协作的 HTTPProxy 的示例代码，根对象定义在 Default Namespace 中，由集群管理员负责，该团队定义了自己的路由规则，任何访问都指向当前 Namespace 的 s1，凡是请求路径中以/service2 开头的都交由 Marketing Namespace 中名为 blog 的 HTTPProxy 处理，这相当于网站管理员可以把网站的不同路径的管理权限下发给不同的团队，每个团队在此基础上可以定义自己的转发规则，也可以下发给子团队。这样通过对象级联就完成了访问路径的多租户权限管理。

```yaml
apiVersion: projectcontour.io/v1
kind: HTTPProxy
metadata:
  name: namespace-include-root
  namespace: default
spec:
  virtualhost:
    fqdn: ns-root.bar.com
  includes:
  - name: blog
    namespace: marketing
    conditions:
    - prefix: /service2
  routes:
    - services:
      - name: s1
        port: 80
---
apiVersion: projectcontour.io/v1
kind: HTTPProxy
metadata:
  name: blog
  namespace: marketing
spec:
  routes:
  - conditions:
    - prefix: / # matches /service2
    services:
      - name: s2
        port: 80
  - conditions:
    - prefix: /blog # matches /service2/blog
    services:
      - name: blog
        port: 80
```

7.5.2.4　优势和挑战

Contour 是由 Envoy 公司参与开发的轻量级 Ingress 解决方案，对 Kubernetes 原生 Ingress 做了很好的扩展，满足了原来 Ingress 不能完成的基于 HTTP Header 的 L7 规则匹配、HTTP Header 修改、URL 重写等功能。轻量级是其绝对优势，Contour 的架构简单、代码量少，其本身就是一个简单的 Ingress Controller，因此易于掌控和维护。Contour 作为 Envoy 的管理服务器，基于 XDS API 将配置更新并推送给 Envoy，是轻量且高效的配置方式。

控制平面和数据平面分离的部署模式使得错误能够被更好地隔离，控制平面出现问题时，数据平面不受影响。Contour 的有效代码在 5 万行左右，控制平面简单使得问题排查迅速。

轻量级意味着覆盖的功能范围优先，从功能层面看 Contour 的定位是一个针对 Web 应用的接入网关，而且只针对请求路由和一些简单的 API 网关功能，具体体现在以下几方面。

- Contour 本身是一个轻量级 Ingress 解决方案，因此，功能开发的中心还是如何部署和发布 API 网关，而不是一套完整的运维解决方案。

- 缺少多协议支持，只支持 HTTP、HTTPS 和 TCP，而缺少其他常用协议比如 HTTP2、GRPC 的支持，不是一个通用的解决方案。

- 不支持自定义网关接口，默认用 443 端口进行 HTTPS 侦听，用 80 端口进行 HTTP 侦听，有些应用比如 elasticsearch 可能需要在多个不同端口开启 HTTPS，Contour 无法支持此类应用。

- Contour 的模型抽象不够完整，需要依赖在外部对象增加 Annotation 来完成某些功能。比如，需要为 Service 增加 Annotation 并声明哪些端口在建立上游 TLS 时进行了加密。

- 缺少证书自动化方案，包括证书颁发、到期续签等。

- 缺少 Envoy 已经支持的、API 网关需要的一些高级功能。包括限流、熔断、 JWT Token 的认证、权限控制、Tracing，等等。

直白地讲，Contour 是一个裁剪过的 API Gateway，其本身是一个对 Kubernetes Ingress 的扩展。如果你需要一个轻量级 API 网关处理基于 HTTP 和 HTTPS 的请求，那么 Contour

是一个很实用的解决方案。但是如果你需要追求生产化通用的解决方案，那么 Contour 缺失了很多功能，你需要自己构建其缺失的能力，或者采用功能更丰富的解决方案——Istio。

7.6 Istio

行业中的一个普遍现状是，根据不同的业务特性，选择不同的部署和管理平台，比如以 Web 应用为主的云平台、以数据为导向的大数据平台、以离线作业为主的批处理平台。孤立的平台导致重复投入，运维成本和管理复杂度较高。

Istio 是谷歌主导的流量管理软件，是一个非常"有野心"的软件。是谷歌在 Kubernetes 集群上为完成服务治理闭环布的局。Istio 非常庞大，API 网关的所有需求在 Istio 中都有涉及。Istio 追求的是大一统的开放式解决方案，其终极目标是无论业务特性如何，都能接入开放平台。Istio 能够将多种不同业务混布在 Kubernetes 集群之上，充分提供资源利用率，并有效降低部署的复杂性，减少开发团队的部署压力。

从管理范畴来看，Istio 管理 API 网关，它不仅管理入站流量，还管理基于服务网格的微服务之间的流量，以及出站流量。从功能层面来看，Istio 管理数据转发，它包含一套完备的日志收集、指标上报、策略管理功能，能够通过统一的方式管理、监控和连接微服务应用。

Istio 通过通用的方式管理 API 网关和服务网格。Istio 安装完成以后，API 网关会被默认部署好，用户可以通过定义 Istio 对象将服务发布至 API 网关，并且可以根据实际场景决定应用部署是否加入服务网格。Istio 提供的功能特性包括：

- HTTP、gRPC、WebSocket 和 TCP 流量的自动负载均衡。

- 通过丰富的路由规则、重试、故障转移和故障注入，对流量行为进行细粒度控制。

- 可插入的策略层和配置 API，支持访问控制、速率限制和配额。

- 对出入集群入口和出口的所有流量自动度量指标、日志记录和跟踪。

- 通过强大的基于身份的验证和授权，在集群中实现安全的服务间通信。

7.6.1 架构

图 7-9 展示了 Istio 的架构,该架构主要由数据平面组件 Envoy 和控制平面组件 Istiod 组成。

1. 数据平面组件

Istio 采用 Envoy 作为数据平面组件。Istio 是一个配置管理引擎，通过用户输入的各种 Spec 和集群的服务状态信息配置 Envoy，并通过 XDS API 由 Istio 推送给 Envoy，Istio 提供的所有能力都由 Envoy 来实现。

Envoy 作为数据平面组件，以两种形式运行，当它以 Ingress Gateway Pod 的形式运行时，实现的是 API 网关的功能，主要实现南北流量的转发和管理功能；当它以 Sidecar 的形式运行在用户 Pod 中时，实现的是东西向流量的转发和管理功能。

2. 控制平面组件

Istio 默认安装在 istio-system Namespace 下，Istio 的主要控制组件如下：

```
$ kubectl get po -n istio-system
NAME                                    READY   STATUS    RESTARTS   AGE
grafana-79555bd8fc-tlw4q                1/1     Running   0          30d
istio-ingressgateway-7cf58496f9-472s5   2/2     Running   0          53d
istio-egressgateway-8c2fa12413-541c2    2/2     Running   0          53d
istiod-97db747cb-pbdl7                  1/1     Running   0          57d
```

在较早版本中，Istio 控制平面的每个子系统都部署成为独立的 Pod，Istio 架构看似是完美的分布式架构，但在实际运营中，过于分散的部署会导致控制平面脆弱、可用性差，且定位问题困难。自 1.5 版本开始，Istio 引入了 Istiod，其主旨是将核心模块集中部署，以简化运维，提高控制平面的性能和稳定性。

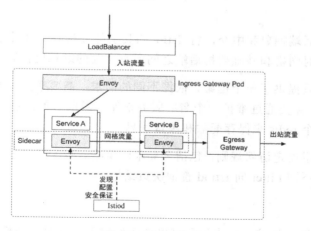

图 7-9　Istio 架构

在控制平面组件中，Istiod 整合了较早版本中的 Pilot、Mixer 和 Citadel，其主要功能如下：

- 流量管理

Istiod 进行流量管理时消费两类对象，一类是配置，即 networking.istio.io group 的所有 CRD，对应 Envoy 中的 Listener 和 Route；另一类是状态，具体是指 Kubernetes 的 Service 和 Endpoint 信息，对应 Envoy 中的 Cluster 和 Hosts。Istiod 将这两类对象合并成 Envoy 的配置信息，并通过 XDS API 推送给 Envoy。这些对象几乎能够满足所有流量管理的需求，包括请求路由、负载均衡、TLS 支持。此外，Istiod 充分暴露了 Envoy 的高级功能，包括流量镜像、超时处理、故障注入等，所有这一切都可以通过简单的 Spec 定义来完成。只有更好地了解流量和开箱即用的故障恢复功能，才可以在问题出现之前先发现问题隐患，使调用更加可靠，网络更加强大。

熔断功能是一个简单的配置，Istio 通过熔断规则进行配置，可以保证不会因为发送过多请求而导致上游服务过载。

通过简单的规则配置和流量路由，可以控制服务之间的流量和 API 调用。Istio 简化了断路器、超时和重试等服务级别属性的配置，可以轻松设置 A/B 测试、金丝雀部署，以及基于百分比的流量分割的分阶段部署等重要任务。

由于 Istiod 是向 Envoy 推送配置信息的唯一组件，所以 Envoy 支持的所有功能（包括认证、访问控制、全局限流）都需要 Istiod 参与，最终生成的配置文件也需要通过 Istiod 来推送。

- 策略控制

策略控制提供后端抽象和中介，将 Istio 的其余部分与各个基础架构后端的实现细节隔离开来，并提供对网格和基础架构后端之间所有交互的细粒度控制。

策略控制本身只提供了一个框架，依据不同的需求，需要搭建不同的 Adapt 服务，比如要做黑白名单，则需要通过维护一个名单服务来保存黑白名单信息；如果需要开启限流，则需要通过维护一个 redis 来保存配额和用量信息。

用户可以为应用设定访问规则，包括全局限流策略、服务黑白名单等。当 Envoy 在处理传输数据时，由不同 Filter 向 Istiod 查询决策结果。

- 遥测收集

Istio 强大的跟踪、监控和日志记录可以使我们深入了解服务网格部署。通过 Istio 的监控功能，可以真正了解服务性能如何影响上游和下游的功能，而其自定义仪表板可以提供对所有服务性能的可视性，使我们了解该性能如何影响其他进程。

Istio 提供了一个针对部署和服务的清晰视图，能够让用户清晰地感知一个服务对上下游的影响。通过自定义的监控看板，可以清楚地了解每一个服务的性能，以及性能对业务流的影响。

所有这些功能可以更有效地设置、监控和实施服务上的 SLO，快速有效地检测和修复问题。

- 安全保证

安全保证作为证书授权中心（Certificate Authority），可以与企业 CA 做集成，完成证书的自动签发和管理。Istio 的安全功能使得业务开发人员无须关注安全配置，只需关注应用逻辑本身。Istio 提供底层通信渠道并且管理大规模集群的认证授权和服务通信加密。有了 Istio，服务通信是默认安全的，无须修改应用代码或只需做很小的修改，就可以使不同协议和基于不同平台、语言的微服务之间进行安全通信。

Istio 通过 Kubernetes 的 NetworkPolicy 来实现服务之间的数据平面隔离，在此基础上，Istio 引入了 AuthorizationPolicy 来细粒度地控制服务之间的读写权限。

虽然 Istio 与平台无关，但将其与 Kubernetes（或基础架构）网络策略结合使用，其优势会更显著，比如，两者结合使用，将使得在网络和应用层保护 Pod 间或服务间通信的能力更强大。

由于 Kubernetes 的特性，当任何组件出现问题时，都会被 Kubernetes 尝试重新拉起；当任何节点发生故障时，Kubernetes 都会尝试在新节点上重新启动新的实例，所有 Istio 组件都天然有自动 Failover 的功能。通过设定自动扩容策略，可以在 Pod 压力较大的情况下，自动扩展多个副本。这使得整个 Istio 控制平面具有很高的可用性。

流量管理是一个复杂的命题，在 Istio 场景下，流量管理范畴既包含南北流量又包含东西流量。部署成为 API 网关和 Sidecar 的 Envoy 并无任何区别，唯一的区别是二者加载的配置不同。

7.6.2　Sidecar

假设用户创建一个 Pod B，并在 9080 端口启动一个 Web 服务，那么客户端 Pod A 可以通过 PodB IP:9080 访问该服务实例。为保证服务的高可用，在 A 和 B 之间增加负载均衡功能。从第 5 章内容我们可以知道，最简单的负载均衡机制就是为 Pod B 发布服务，A 访问 B 服务的 ClusterIP，经过 IPVS 的负载均衡将请求转发到 B。从负载均衡的角度来看，kube-proxy 实际上已经实现了一部分服务网格的功能。

但是我们还需要协议转换、认证授权框架、灵活的负载均衡策略等，kube-proxy 这个基于传输层的组件都是无法完成的。因此，我们还需要基于应用层的分布式负载均衡，这就是 Sidecar 提供的基本功能。所谓 Sidecar，顾名思义，就是在应用进程旁边运行一个专门用来做流量管理的 Envoy 进程，其生命周期依赖于用户主进程。在 Kubernetes 的世界，用户进程是以容器的方式定义的，并以 Pod 的形式运行。所以在 Kubernetes 中 Sidecar 是以 Container 的形式插入 Pod Spec 中的。那么 Sidecar 是如何在不影响用户应用开发和管理的前提下生成的，又是如何管理流量的呢？

7.6.2.1　Istio 的流量劫持机制

当用户按正常流程开发应用时，在创建 Pod Spec 之前，有如下两种注入 Sidecar Container 的方法。

1. 手动注入

Istioctl 提供了 kube-inject 命令，可以插入 Sidecar 容器。

```
istioctl kube-inject -f example.yaml
```

2. 自动注入

说到自动注入，我们又要回顾一下 API Server 的主要职责——认证授权和准入。在准入环节，可以做请求的 Validating 和 Mutating，Istio 安装时可以配置 MutatingWebhookConfiguration，该 Webhook 的配置细节如下代码所示：

```
    service:
      name: istio-sidecar-injector
      namespace: istio-system
      path: /inject
    failurePolicy: Fail
    name: sidecar-injector.istio.io
    namespaceSelector:
      matchLabels:
```

```
istio-injection: enabled
```

从字面意思理解，就是当 Namespace 打了 istio-injection: enabled 标签后，任何 Pod 创建都会激活该 Webhook，而该 Webhook 会调用 istio-system 下的 istio-sidecar-injector 服务，该服务对应的 Pod 就是上面展示的 sidecar-injector Pod，它会读取对用户输入的 Pod 信息做变形处理，插入 Sidecar。

查看注入后的结果，可以看到用户 Pod 被注入了两个容器：

（1）注入了 init-container istio-init，运行命令如下：

```
istio-iptables -p 15001 -z 15006 -u 1337 -m REDIRECT -i * -x -b 9080 -d
15090,15021,15020
```

（2）注入了 sidecar container istio-proxy，其镜像就是 Envoy。

init container 是一种特殊容器，主要负责用户在主进程启动之前的初始化工作，它会在主容器启动之前先启动，从 init container 的命令行看，它其实改写了 iptables 规则，然后退出，改写的规则如下：

```
-A PREROUTING -p tcp -j ISTIO_INBOUND
-A OUTPUT -p tcp -j ISTIO_OUTPUT
-A ISTIO_INBOUND -p tcp -m tcp --dport 22 -j RETURN
-A ISTIO_INBOUND -p tcp -m tcp --dport 15090 -j RETURN
-A ISTIO_INBOUND -p tcp -m tcp --dport 15021 -j RETURN
-A ISTIO_INBOUND -p tcp -m tcp --dport 15020 -j RETURN
-A ISTIO_INBOUND -p tcp -j ISTIO_IN_REDIRECT
-A ISTIO_IN_REDIRECT -p tcp -j REDIRECT --to-ports 15006
-A ISTIO_OUTPUT -s 127.0.0.6/32 -o lo -j RETURN
-A ISTIO_OUTPUT ! -d 127.0.0.1/32 -o lo -m owner --uid-owner 1337 -j
ISTIO_IN_REDIRECT
-A ISTIO_OUTPUT -o lo -m owner ! --uid-owner 1337 -j RETURN
-A ISTIO_OUTPUT -m owner --uid-owner 1337 -j RETURN
-A ISTIO_OUTPUT ! -d 127.0.0.1/32 -o lo -m owner --gid-owner 1337 -j
ISTIO_IN_REDIRECT
-A ISTIO_OUTPUT -o lo -m owner ! --gid-owner 1337 -j RETURN
-A ISTIO_OUTPUT -m owner --gid-owner 1337 -j RETURN
-A ISTIO_OUTPUT -d 127.0.0.1/32 -j RETURN
-A ISTIO_OUTPUT -j ISTIO_REDIRECT
-A ISTIO_REDIRECT -p tcp -j REDIRECT --to-ports 15001
```

针对外部的入站流量，iptables 的处理过程如图 7-10 所示，其处理如下：

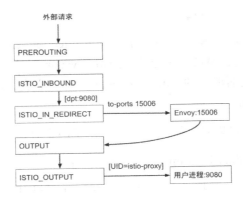

图 7-10　Sidecar 流量处理过程

（1）请求由网卡接收，交由网络协议栈处理，协议栈的 Netfilter 框架开始处理 iptables 规则。

（2）对于入站流量，首先经过 NAT 表的 PREROUTING 链，其对应的 Action 如果是 TCP，则无条件交由 ISTIO_INBOUND 链处理。

（3）ISTIO_INBOUND 只有一条规则，如果请求访问的是容器服务暴露的 9080 端口，则转交给 ISTIO_IN_REDIRECT 处理。

（4）ISTIO_IN_REDIRECT 会将所有 TCP 协议的数据转发至 15006 端口，这个端口正是 Envoy Sidecar 监听的端口，至此，流量被 Envoy 劫持完成。

（5）Sidecar Envoy 启动后，其管理服务器被配置为 Istiod 服务，Istiod 读取 Pod 信息，并生成 Envoy 的配置，通过 XDS API 推送给 Sidecar。Istio 使用 istio-proxy 用户身份运行 Sidecar，其 UID 为 1337，即 Envoy 所处的用户空间。

（6）当请求被 Envoy 劫持以后，会按照 Envoy 的配置决定转发目标，Envoy 最终决定将请求转发给本机的 9080 端口。

（7）Envoy 进程发起向本地 127.0.0.1: 9080 端口的 TCP 连接，请求交给内核协议栈进行处理。

（8）内核协议栈处理该请求。由于该请求是从本机进程发起的，所以会通过 iptables 的 OUTPUT 链进行处理。

（9）OUTPUT 将所有 TCP 数据包交由 ISTIO_OUTPUT 进行处理。

（10）ISTIO_OUTPUT 有多条规则，自上而下进行解析。该用户发起的 istio-proxy 符合第三条规则，因此 RETURN 不做任何处理直接退出。

（11）内核协议栈处理完数据，通知用户进程读取数据。至此，数据转交给了用户进程。

7.6.2.2　Sidecar 请求路由

下面来看一下 Sidecar Envoy 是如何通过路由判决来决定数据转发目标的，为简化过程，我们只看入站流量。

为处理出入站请求，Istio 首先需要创建监听器来接收请求，创建监听器的详细过程如下：

（1）在 0.0.0.0:15006 地址处创建监听器接收所有入站请求，将该监听器的 useOriginalDst 属性设置为 true，它会判断请求的原始目标 IP 地址和端口，然后将请求交由虚拟监听器处理。

（2）在容器端口创建虚拟监听器，该虚拟监听器只是 Envoy 中的 Listener 对象，并不监听物理端口（因为该端口已被用户进程监听），虚拟监听器会处理最终的路由请求。

（3）在处理入站监听器的最后一步，为简化配置，Istio 会将入站虚拟监听器合并，去掉 useOriginalDst 配置，并将虚拟监听器转换成 0.0.0.0:15006 的连接过滤器。

（4）在 0.0.0.0:15001 地址外创建监听器接收所有出站请求，将该监听器的 useOriginalDst 属性设置为 true，它会判断请求的原始目标 IP 地址和端口，然后将请求交由虚拟监听器处理。

（5）为每个可见服务的 ServiceIP 创建一个虚拟监听器，用来处理出站流量。

（6）对 HTTP 协议的监听器配置做合并，每个端口只有一个监听器监听在 0.0.0.0 地址处。

当 iptables 劫持流量到 15006 端口后，Envoy 开始处理请求，该请求访问了 9080 端口，因此，根据路由判决，该请求会被转发至 inbound|9080|http|reviews.bookinfo.svc.cluster.local 这个集群。Envoy 入站监听器的配置代码如下：

```
{
    "name":"virtualInbound",
    "address":{
        "socketAddress":{
            "address":"0.0.0.0",
```

```
                    "portValue":15006
                }
            },
            "filterChains":[
                {
                    "filterChainMatch":{
                        "destinationPort":9080,
                        "prefixRanges":[
                            {
                                "addressPrefix":"10.1.2.240",
                                "prefixLen":32
                            }
                        ],
                        "applicationProtocols":[
                            "istio"
                        ]
                    },
                    "filters":[
                        {
                            "name":"envoy.http_connection_manager",
                            "typedConfig":{
"@type":"type.googleapis.com/envoy.config.filter.network.http_connection_man
ager.v2.HttpConnectionManager",
                                "statPrefix":"10.1.2.240_9080",
                                "routeConfig":{
"name":"inbound|9080|http|reviews.bookinfo.svc.cluster.local",
                                    "virtualHosts":[
                                        {
                                            "name":"inbound|http|9080",
                                            "domains":[
                                                "*"
                                            ],
                                            "routes":[
                                                {
                                                    "name":"default",
                                                    "match":{
                                                        "prefix":"/"
                                                    },
                                                    "route":{
```

```
"cluster":"inbound|9080|http|reviews.bookinfo.svc.cluster.local",
                                   "timeout":"0s",
                                   "maxGrpcTimeout":"0s"
                            }
                        }
                    ]
                }
            ]
        }
    }
}
]
}
]
}
```

而集群 inbound|9080|http|reviews.bookinfo.svc.cluster.local 中只有本机 loopback 地址和应用端口，因此 Envoy 会向 127.0.0.1:9080 建立连接并转发请求，实现代码如下：

```
{
    "name": "inbound|9080|http|reviews.bookinfo.svc.cluster.local",
    "type": "STATIC",
    "connectTimeout": "10s",
    "loadAssignment": {
        "clusterName":
"inbound|9080|http|reviews.bookinfo.svc.cluster.local",
        "endpoints": [
            {
                "lbEndpoints": [
                    {
                        "endpoint": {
                            "address": {
                                "socketAddress": {
                                    "address": "127.0.0.1",
                                    "portValue": 9080
                                }
                            }
                        }
                    }
                ]
```

```
        }
    ]
    }
```

出站流量的处理过程与入站流量类似，Envoy 通过自动注入 Sidecar 的方式，使得这一切对最终用户透明。所以入站和出站的流量都被劫持到 Envoy，服务到服务的通信被转换为 Sidecar Envoy 和 Sidecar Envoy 之间的通信。客户端的 Envoy 用于实现路由判决、负载均衡等功能，服务器端的 Envoy 用于配合客户端完成协议升级、日志收集、指标上报，以及将入站流量转至应用端口等。

7.6.3　Ingress 网关

为解决外部客户端请求接入的问题，我们要了解 API 网关如何搭建，如何将外部流量引入集群内部的微服务中。Istio 提供了一套完备的模型来完成微服务的网关接入。

Istio 在安装完后，将一组 Ingress Gateway Pods 作为集群的默认 API 网关，当集群用户将服务发布至 API 网关时，只需要三个对象。

首先是 Gateway 对象。Gateway 定义了将微服务发布到哪个 API 网关，通过何种协议、什么端口发布出去，如果是 TLS 协议，则证书地址在哪等信息。

值得一提的是 Istio 针对 API 网关也没有提供证书自动方案，需要企业与自己认证中心整合。下面我们通过 Istio 的 Gateway 对象定义基于 HTTPS 协议的 API 网关，并通过 credentialName 引用保存在 Kubernetes Secret 对象中的证书信息，示例代码如下：

```
apiVersion: networking.istio.io/v1alpha3
kind: Gateway
metadata:
  name: bookinfo-gateway
spec:
  selector:
  - istio: ingressgateway
  servers:
  - port:
      number: 443
      name: https
      protocol: HTTPS
    hosts:
    - bookinfo.com
```

```
    tls:
      mode: SIMPLE
      credentialName: gateway-certs
```

　　然后，通过 VirtualService 对象配置转发规则，转发规则中可以配置端口匹配规则、路径匹配规则、请求包头匹配规则等。通过这些配置，用户请求被转发到目标服务。配置代码如下：

```
apiVersion: networking.istio.io/v1alpha3
kind: VirtualService
metadata:
  name: bookinfo
spec:
  hosts:
  - bookinfo.com
  gateways:
  - bookinfo-gateway
  http:
  - match:
    - uri:
        prefix: /reviews
    route:
      - destination:
          host: reviews
```

　　最后是一个可选对象 DestinationRule，顾名思义，该对象配置连接目标的规则，负载均衡算法就在该对象中进行配置，具体配置代码如下：

```
apiVersion: networking.istio.io/v1alpha3
kind: DestinationRule
metadata:
  name: reviews
spec:
  host: reviews
  trafficPolicy:
    loadBalancer:
      simple: RANDOM
```

　　至此，用户即可将自己的微服务注册至 API 网关。可见 Istio 对流量的管理模型做了更进一步的抽象，它将 API 网关、转发规则和目标规则等分离出来，各司其职，更好地遵循了 Kubernetes 设计的对象功能简单且互补的原则。这样做的优势是，对于每一个对象，

Istio 都可以通过丰富其定义来完成复杂的流量管理功能。

Gateway、VirtualService 和 DestinationRule 是 Envoy 的高级封装。Istio 模型的一个主要目标是将 Envoy 的配置功能抽象出来，封装成对用户更友好、更容易管理的表现形式。Istio 模型是对 Envoy 配置信息的抽象，本节不会把所有功能都列一遍，只分析一些流量管理常用的功能。

VirtualService 对象提供了基本的 L7 转发规则，基于请求路径（URI）和请求包头（header）的转发规则配置的示例代码如下：

```
apiVersion: networking.istio.io/v1alpha3
kind: VirtualService
metadata:
  name: productpage
spec:
  hosts:
  - productpage
  http:
  - match:
    - uri:
        prefix: /api/v1
    …
---
apiVersion: networking.istio.io/v1alpha3
kind: VirtualService
metadata:
  name: reviews
spec:
  hosts:
  - reviews
  http:
  - match:
    - headers:
        end-user:
          exact: jason
    …
---
apiVersion: networking.istio.io/v1alpha3
kind: VirtualService
metadata:
  name: ratings-route
```

```
spec:
 hosts:
 - ratings
 http:
 - match:
  - uri:
     prefix: /ratings
   rewrite:
    uri: /v1/bookRatings
   route:
   - destination:
      host: ratings
```

7.6.4　金丝雀发布和流量灰度

对绝大多数在线应用而言，其功能需要不断演进，使得系统发布的频次更高，如何保证新版本发布不出现问题是一个很大的挑战。与传统应用停机割接不一样，现代应用大都需要在线升级。保证升级不出故障，降低故障影响率的一个重要手段是金丝雀发布。Kubernetes 可以通过 Deployment 的滚动升级策略来确保一个应用在升级时，总是先升级一部分实例，当这部分实例运行正常以后再升级下一批实例。这在一定程度上降低了升级风险，但对生产应用发布来说远远不够。因为滚动升级不能很好地将新老版本的比例控制在 10%，Kubernetes 建议在版本升级时采用多个版本的 Deployment 来精确控制新老版本的比例。

另外，由于 Kubernetes Service 无法精确控制流量，所以在发布新版本的过程中，无法确定某个特定请求应该发布到新版本还是老版本。Istio 结合 Kubernetes 的多版本发布，可以完成完整的金丝雀发布、流量灰度及 A/B 测试。

假设 reviews 服务的 v1 版本是当前生产系统版本，由 1000 个 Pod 提供服务。金丝雀发布的好处是，为测试新版本，创建只需 v2 版本的 Deployment 并且副本数设置为 1，这样我们就可以精确地控制新版本实例数量。新老版本的 Pod 共有的 label 是：app=reviews，各自不同的 label 是：version=v1（新版本）及 version=v2（老版本）。以 app=reviews 作为查询条件进行查询，返回结果包含不同版本的 Pod，查询结果如下：

```
reviews-v1-59fd8b965b-cclcr  app=reviews,version=v1
reviews-v2-d6cfdb7d7-q9q6r  app=reviews,version=v2
```

reviews 服务选择共有标签 app=reviews，这样在没有版本控制时，reviews 服务会同时选择所有版本的 Pod 作为上游实例。为实现流量灰度，首先需要定义 DestinationRule，DestinationRule 中的 hosts 与服务名一致。然后将不同版本的服务切分成不同子集 subset，不同的 subset 可以通过 Pod 的 label 来区分。下面的示例代码展示了 DestinationRule 是如何基于不同 Pod 标签定义多个 subsets 的，subset v1 会选择所有（1000 个）v1 版本 Pod，subset v2 会选择新的 v2 版本 Pod。

```yaml
apiVersion: networking.istio.io/v1alpha3
kind: DestinationRule
metadata:
  name: reviews
spec:
  host: reviews
  trafficPolicy:
    loadBalancer:
      simple: RANDOM
  subsets:
  - name: v1
    labels:
      version: v1
  - name: v2
    labels:
      version: v2
    trafficPolicy:
      loadBalancer:
        simple: ROUND_ROBIN
  - name: v3
    labels:
      version: v3
```

接下来就可以在 VirtualService 对象的转发规则中设定转发目标，下面的示例代码展示了如何基于 VirtualService 进行流量切分，该示例通过带 weight 配置的多个 destination 属性将 75%的流量转向 subset v1，25%的流量转发至 subset v2。其实先的原理是，Istiod 在组装 Envoy config 时会为将 reviews 服务对应的 Envoy 拆分成两个 subcluster，每个 subcluster 只包自己 subset 中选择的 Endpoint 信息。并且按照比例设置 Envoy 中的 weighted cluster 切分流量。请注意 weighted cluster 配置的是固定比例，该配置会让 25%的固定比例请求转发至 v2，即使 v2 版本出现问题完全不可用，也会有 25%的流量转发到 v2 的 sub cluster。这意味着只要配置不改变，就会永远有 25%的请求出现故障。

```
apiVersion: networking.istio.io/v1alpha3
kind: VirtualService
metadata:
  name: reviews
spec:
  hosts:
  - reviews
  http:
  - route:
    - destination:
        host: reviews
        subset: v1
      weight: 75
    - destination:
        host: reviews
        subset: v2
      weight: 25
```

7.6.5　安全保证

在微服务发布以后，无论是通过 Sidecar 发布至服务网格，还是通过 API Gateway 发布至集群外部，如何保证发布的服务不被滥用都是下一个命题。传统的微服务模式下，每个微服务可以自己对接认证授权系统，以保证在调用真正的业务逻辑之前，调用方是可信的且有权限的。Istio 作为平台解决方案，提供了统一的认证授权机制，使得应用无须重复造轮子。平台级的统一认证授权使得不同微服务之间的权限统一管控变得可能。

7.6.5.1　认证

1. 应用实例间的认证

我们知道，Pod 在启动时，用户可以指定 ServiceAccount 作为其身份，默认 Pod 的 SA 是 default 状态。Istiod 监听集群所有 ServiceAccount，并为 ServiceAccount 生成 CA、server key 和 Certs，以及 Client Key 和 Certs。

认证的主要目的是验证身份，常见的 TLS 就是一种验证方式，通常服务提供方用 TLS 来证明自己是可信的。服务提供方也可以对客户端做证书验证，证明客户端是可信的，这就是我们常说的双向 TLS（Mutual TLS）。

双向 TLS 的开启需要在服务的提供方和调用方分别开启，默认情况下服务和服务之间不做协议转换，如果开发人员部署了一个 HTTP 服务，那么客户端到该服务使用的协议就是 HTTP。如果想启用 TLS，那么需要在服务端开启。用户通过创建 PeerAuthentication 对象，可以开启 mtls 属性，比如将 tls mode 设置为 PERMISSIVE，将服务端 Sidecar 监听器所使用的 HTTP 协议升级为 HTTPS 协议。PeerAuthentication 对象创建后，相同 Namespace 中所有 Pod 的 Sidecar 中的 Envoy 监听器都会加载 server key 和 certs，并将使用协议升级为 HTTPS 协议。具体设置代码如下：

```
apiVersio: security.istio.io/v1beta1
kind: PeerAuthentication
metadata:
  name: default
  namespace: foo
spec:
  mtls:
    mode: PERMISSIVE
```

用户还需要创建 DestinationRule，以保证从网关到上游服务器发起的连接也是 TLS 的，并开启客户端 TLS 认证。开启相应的的设置以后，istio-system namespace 下面的任何 Pod，在与上游服务器通信时都会尝试使用 TLS 协议，并向服务器端认证自己的身份，代码如下。

```
apiVersion: "networking.istio.io/v1alpha3"
kind: "DestinationRule"
metadata:
  name: "default"
  namespace: "istio-system"
spec:
  host: "*.local"
  trafficPolicy:
    tls:
      mode: ISTIO_MUTUAL
```

用户可以通过创建认证策略来开启双向认证，如何在服务端和客户端分别开启 TLS，如何生成证书，如何在证书过期之前自动 renew 并重新安装，这些问题全部由 Istio 自动管理，并且这一切对用户来说都是透明的。Istio 把复杂性封装在平台层，使用户以极小的代价完成安全升级。

2. 终端用户认证

Json Web Token（JWT）是一种在网络应用中传递用户签名信息的互联网标准，通常用于用户认证场景。JWT 由认证中心签发，认证中心通常会维护一个 Json Web Key Set（JWKS）文件，该文件中包含用于签发 JWT 的私钥及认证 JWT 的公钥。

Istio 支撑的 API 网关可以通过托管用户的 Public JWKS 实现对 JWT 请求进行验签处理，以方便用户进行开发。

JWT 包含由圆点"."分隔的三个部分：Header.Payload.Signature。JWT 中包含用户身份信息，由私钥加密，并在请求服务时发送给服务端。服务端将配置 JWKS，JWKS 中包含 kid 信息、加密算法和用来解密的公钥。服务器端在接收用户请求后，从请求包头中提取 JWT，通过 JWKS 进行解密，从而提取用户身份信息，并以此做身份认证。

Istio 允许用户创建基于 JWT 的认证策略，在认证策略中配置 JWKS Uri，这样在启动 Sidecar 后，Envoy 会获取该 JWKS 并解析用户身份，实例配置代码如下：

```
apiVersion: security.istio.io/v1beta1
kind: RequestAuthentication
metadata:
  name: httpbin
  namespace: foo
spec:
  selector:
    matchLabels:
      app: httpbin
  jwtRules:
  - issuer: "issuer-foo"
    jwksUri: https://example.com/.well-known/jwks.json
---
apiVersion: security.istio.io/v1beta1
kind: AuthorizationPolicy
metadata:
  name: httpbin
  namespace: foo
spec:
  selector:
    matchLabels:
      app: httpbin
  rules:
```

```
    - from:
      - source:
          requestPrincipals: ["*"]
```

7.6.5.2 授权

与 PeerAuthentication 类似，如果希望开启服务网格中的授权功能，则需要创建 AuthorizationPolicy，并对 Namespace Foo 中的 Pod 接收的流量进行检查。如果请求由 Default Namespace 中的 sleep ServiceAccount 发起或者从 Namespace Test 发起，请求的方法为 GET，请求路径为/info，并且请求包头中有 https://accounts.google.com 颁发的 JWT，则请求被允许，具体示例代码如下。

```
apiVersion: security.istio.io/v1beta1
kind: AuthorizationPolicy
metadata:
  name: httpbin
  namespace: foo
spec:
  action: ALLOW
  rules:
    - from:
      - source:
          principals: ["cluster.local/ns/default/sa/sleep"]
      - source:
          namespaces: ["test"]
      to:
      - operation:
          methods: ["GET"]
          paths: ["/info*"]
      when:
      - key: request.auth.claims[iss]
        values: ["https://accounts.google.com"]
```

7.6.6 策略管理和遥测

除基本路由策略等流量管理需求外，有一些复杂功能需要额外的策略配置甚至第三方组件配合完成，比如黑白名单的访问控制、全局限流等。Istio 提供了一个开放式框架，它支持多种功能，但每种功能需要一个或多个后台 Adaptor Service 配合完成。

以全局限流为例，在分布式系统中，全局限流一直是一个有挑战性的功能，其复杂性可以从以下几个方面进行探讨：

1. 限流的维度

应用的请求千差万别，全局限流一般需要从多个维度来设置规则。什么特征的请求针对哪些资源的何种操作进行限流，请求的特征可能又分为很多维度，比如用户类型、浏览器类型等。想要支持这些维度，就需要将现有请求的特征按这些维度抽取出来并进行高效存储。

2. 配额和已用额管理

不同维度的请求需要有相应的配额限制，配额管理就是在一定的时间跨度中限制请求数或限制带宽。比如 1 分钟允许 10 次请求，或者允许 1MB 数据传输。

已用额管理就是将过去的时间窗口中的已用额信息保存下来，以供限流系统做实时决策。当 API 网关或服务实例 Sidecar 中的 Envoy 进程重启时，限流信息应该能从永久存储中恢复，并继续计算。Istio 建议用户在生产系统中启用限流时，用 Redis 存储限流信息。

3. 限流的效率

分布式系统中数据的传输是网状的，而全局限流是服务级别的。如果一个服务有 100 个实例，那么每个实例的限流不是总限额除以 100 那么简单，因为每个实例分配的流量是不平均的。一个可靠的方案是集中决策，即由 Istio 及后台服务计算并预测某个请求是被允许还是被拒绝。

在开启限流后，Envoy 接收数据请求，并在转发请求之前向限流系统查询，该请求是否还有可用限流配额。这意味着任何数据包的传输都要暂停，等决策中心放行，再继续传输。

现代操作系统的内核处理数据的传输效率是非常高的，Envoy 在处理被限流请求时，暂停数据转发等待决策中心决策结果的模式，使应用的 QPS 极大降低。性能测试结果显示，一个 QPS 为 10w 的普通 HTTP 服务，在开启限流后，QPS 降到 3000 左右。目前，全局限流性能还需进一步优化。

因此，在启用策略管理之前要评估应用需要支持的并发量，如果需要高并发，那么请慎重考虑全局限流的开启。

我们在维护一个系统时，需要以下三个方面的监控信息。

1. Logs

Envoy 的访问日志记录了所有请求的来源、目标、返回值、处理时间、传输时间等，这对定位问题非常重要。访问日志的输出配置在 Envoy 的配置文件中，日志首先被输出到 Docker 标准输出中，由 Docker 的 Log Driver 收集（或者直接保存至文件系统）。然后，由统一的日志收集组件（比如 filebeat）将日志统一收集到日志管理平台（比如常用的 ELK 套件）。

2. Metrics

默认配置下，Envoy 会将请求的关键指标（请求数量、处理时长、请求包大小等）信息保存至 Promethus。Istio 对不同的协议默认收集不同的指标，如需收集自定义指标，则需开发 WASM（Web Assembly）插件。

3. Tracing

Istio 支持与多个 Tracing 系统对接，包括 Zipkin、Jaeger、Lightstep。开启 Tracing 只需在安装的时候设置启用哪个 Tracing Provider、Tracing Provider 的地址及采样比。Envoy 会对所有经过的请求打 Tracing 锚点，如果希望能看到完整的调用链，那么应用在进行服务调用时要将下列 header 传递给下一个应用：

x-request-id

x-b3-traceid

x-b3-spanid

x-b3-parentspanid

x-b3-sampled

x-b3-flags

x-ot-span-context

7.6.7　数据平面加速

随着 Sidecar 的引入，服务和服务之间的通信无须经过集中式负载均衡，而是从客户端本地的 Sidecar 做服务寻址和路由，直接到服务器端的 Sidecar 减少了一次网络跳转。但是从用户请求到 Sidecar 是一次完整的网络调用，因此请求从用户进程到 Sidecar 容器中 Envoy 进程的数据传输过程经过了内核协议栈对传输数据的处理，内核协议栈的数据处理意味着额外的 CPU 和内存资源开销。服务网格中的数据传输路径如图 7-11 所示：

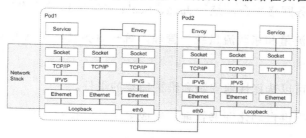

图 7-11　服务网格中的数据传输路径

从用户进程到 Envoy 进程之间的两次协议栈处理如果能避免，则能够在一定程度上加速数据传输。Linux 在网络协议栈支持一些 BPF Hook 点，这些 Hook 点可以调用从用户态动态加载的 BPF 代码。

Cilium 是一个基于 BPF 程序优化内核处理数据效率的开源项目。利用 Cilium 对数据转发进行优化的原理如图 7-12 所示，当用户进程和 Sidecar Envoy 进行网络通信时，Cilium 不干涉握手环节，因此对用户应用无任何影响。但在数据传输时，Cilium 通过 BPF 程序将网络传输变成 UNIX Domain Socket。通过这种方式，将数据的网络传输变成 Socket 数据拷贝，减少了协议栈处理数据的开销，从而提升了性能。

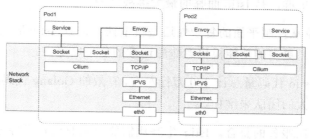

图 7-12　利用 Cilium 对数据转发进行优化的原理

7.6.8 优势和挑战

Istio 的优势很明显，它能够将南北流量和东西流量作为一个统一命题管理起来，基于同一套技术栈，将微服务架构从 API 网关演进到服务网格。Istio 已成为社区最活跃的开源服务网格项目，它具有如下诸多特性。

- 可移植性强，不仅支持 Kubernetes，也支持虚拟平台 Openstack 及 Consul。

- 跨语种的服务网格平台，统一 Java、Scala、Node.Js 等诸多语言。

- Istio 将南北流量和东西流量统一管理，统一服务网格和 API 网关的用户体验，降低运营成本。

- 功能丰富，可以选择性地安装和维护需要的组件。

- 天然安全，提供自动化证书管理，集成多种认证授权插件。

- 充分的功能支持，支持 API 网关的所有功能。

- 背后有强大的社区支持，谷歌将 Istio 作为下一代微服务治理平台，IBM、微软、华为、阿里等云计算巨头都积极参与 Istio 项目的推进和生产化。

- 丰富的社区生态，很多项目（比如 Knative）的实现基于 Istio。

作为新兴项目，Istio 管理分布式系统中最复杂的流量管理，同样面临众多挑战：

- 规模和效率。Kubernetes 支持的集群规模越来越大，几千个计算节点，数十万 Pod，数千万 Service 的生产集群越来越常见。Istio 在支持大规模集群场景方面还有很多挑战，代码需要做诸多优化。Istio 的多集群部署甚至还会让量级翻数倍，如何支持超大规模集群，是 Istio 面临的最大挑战之一。

- 复杂性。无论从控制平面的复杂性还是模型抽象来看，Istio 都比纯 API 网关 Contour 要复杂很多。更多的功能模块意味着运维的复杂度更高。

- 可维护性。Istio 代码量总计 300 万行左右，有效的 Golang 代码总计 110 万行左右，需要一个庞大的团队来维护。

- 与企业已存在服务的整合。Istio 生产化需要与企业现有服务进行整合，比如与企业 CA 的整合，与企业 Tracing 系统的整合，与企业监控平台的整合，等等。

- 存量业务的迁移。很多企业已经开发了基于 SpringCloud 等开源框架的微服务系统，此系统已经支持了诸多熔断限流、API 网关等功能，与 Istio 提供的功能重复。是否要将这些存量业务迁移到 Istio，以及如何迁移都是巨大的挑战。

- 策略控制等功能的成熟性还受到诸多质疑。自 Istio 1.6 起，该功能已经被标记为即将废弃。基于新架构体系的策略控制自 1.7 版本起回归，但何时能达到可用于生产系统的成熟度还是未知。

尽管如此，Istio 有社区的强大支持，有诸多巨头公司和大项目的背书，它能补充 Kubernetes 在流量管理层面的功能缺失，使其成为一个完整的微服务治理平台。总之，Istio 未来可期。

8

第 8 章

集 群 联 邦

Kubernetes 的一条设计指导原则是，系统复杂度应当与对象数量成正比且呈线性增长。单一集群的管理规模有上限，具体包括以下几方面。

1. 数据库存储

对象越多需要的数据库存储空间越大，目前 etcd 作为 Kubernetes 集群的后端存储数据库，对空间大小的要求比较苛刻，这限制了集群能存储的对象数量和大小。

2. 内存占用

为提高系统效率，Kubernetes 的 API Server 作为 API 网关，会对该集群的所有对象做缓存。集群越大，缓存需要的内存空间就越大。其他 Kubernetes 控制器也需要对侦听的对象构建客户端缓存，这些都需要占用系统内存。这些内存需求都要求对系统的规模有所限制。

3. 控制器复杂度

Kubernetes 的一个业务流程是由多个对象和控制器联动完成的，即使控制器遵循了设计原则，随着对象数量的增长，控制器的处理耗时也会越来越长。

4. 单个计算节点资源上限

单个计算节点的资源，不仅仅是 CPU、内存等可量化资源，还有端口、进程数量等不可量化资源。比如 Linux 支持的 TCP 端口上限是 65535，去除常用端口和程序源端口后，留给 Service nodePort 的端口数量是有限的，这限制了集群支持的 Service 的数量。

即使抛开集群规模的上限，将所有计算节点组成一个集群也并非是一个好的实践方案。因为集群的控制平面组件可能出现故障，集群规模越大，控制平面组件出现故障时的影响范围就越大。为了更好地控制故障域（Fault Domain），需要将大规模的数据中心切分成多个规模相对较小的集群，每个集群控制在一定规模。

生产应用通常需要多数据中心部署来保障跨地域高可用，以确保当其中一个数据中心出现故障，或者集群做技术迭代更新时，其他数据中心可以继续提供服务。若只使用单个数据中心，则当数据中心网络出现故障时，整个数据中心将变得不可用。从规模上讲，单数据中心的规模同样受到限制，单个数据中心受到自然环境和能源环境的限制，从而无法承载超大规模的应用。通过多数据中心，可以大大扩展集群的规模，使数据中心承载大规模、超大规模应用成为可能。

最后，私有云加公有云的混合云模式逐渐成为企业的主流架构。混合云契合多种业务需求，将不同类型的数据中心整合在一起，可以使有敏感数据的应用部署在私有云，无敏感数据的应用及面向用户的应用部署在公有云，这就在保证平台的安全性的同时，降低了网络延迟。亦可基于私有云构建业务支撑基础平台，而将公有云作为应对请求风暴（CloudBurst）等特殊场景的备用平台。Kubernetes 的可扩展性，使得其在私有云和公有云上统一运维成为可能。

多集群管理成为云平台生产化过程中需要解决的共有问题。为此，Kubernetes 引入集群联邦（Federation）管理多集群。它在 Kubernetes 集群基础之上提供了一份集中控制平面，该控制平面与普通集群类似，也有 etcd、API Server 等。集群联邦是比 Kubernetes 集群更高的抽象层，它在全局范围内描述应用的拓扑结构，并通过应用拓扑结构的模型驱动各个 Kubernetes 集群完成应用部署。通过集群联邦，可以更容易地管理多个 Kubernetes 集群，更方便地跨集群、跨地域、跨云供应商部署应用。之所以称之为集群联邦，是因为上层控制平面负责统一请求处理，多集群协调，每个成员集群自治，这正如联邦制国家的运作机制。

基于集群联邦，Kubernetes 实现了集群规模控制、故障域控制、多数据中心支持等目标。

主要体现在以下几个方面。

1. 跨集群同步资源

联邦可以将资源同步到多个集群并协调资源的分配。例如，联邦可以保证一个应用的 Deployment 被部署到多个集群中，同时能够满足全局的调度策略。

2. 跨集群服务发现

联邦汇总各个集群的服务和 Ingress，并暴露到全局 DNS 服务中。例如，每个集群都有一个负载均衡类型的服务，联邦汇总每个集群中的负载均衡器的虚拟 IP 地址，并暴露到同一个 DNS 上，通过全局的 DNS 访问入口，访问所有集群中的具体应用实例。

3. 高可用

联邦可以动态地调整每个集群的应用实例，且隐藏了具体的集群信息。当某个集群出现故障时，不需要调整应用模型定义即可将应用实例分配到其他可用集群中，最大限度地减少了该集群故障对服务造成的影响。

4. 避免厂商锁定

每个集群都是部署在真实的硬件或云供应商提供的硬件（或虚拟硬件）之上的，若要更换供应商，只需在新供应商提供的硬件上部署新的集群，并加入联邦。联邦可以几乎透明地将应用从原集群迁移到新集群而无须对应用做更改。

5. 降低延迟

在多个地区部署集群，通过地域感知的 DNS 策略将用户请求转发到距离用户最近的实例以减少访问延迟。

6. 可伸缩性

大规模、超大规模的应用已经超过了单个集群的支持极限，使用联邦可以同时将应用部署在多个集群中，大大增加了集群支持的应用规模。

7. 混合云

联邦提供了一个对底层无感知的抽象层，它隐藏了每个集群的具体信息，这些集群可以搭建在私有数据中心，也可以搭建在公有云上。

同时，集群联邦的引入增加了运维的复杂度：应用跨集群如何部署、运维、搭建网络拓扑等。若这些节点分布在不同的城市，还需要考虑不同城市之间网络的差异、延时、容灾等。这无疑增加了应用的复杂度，提高了运维的门槛。

8.1　集群联邦概览

8.1.1　集群联邦设计

集群联邦设计的核心是提供在全局层面对应用的描述能力，并将联邦对象实例化为 Kubernetes 对象，分发到联邦下辖的各个成员集群中。

集群联邦控制平面是集群联邦的核心，其通过标准 Kubernetes 对象（Namespace、ServiceAccount 等）、联邦类型配置（FederatedTypeConfig）、联邦对象（FederatedObject）在全局层面描述应用。并通过联邦控制平面的联邦集群（KubeFedCluster）、副本调度配置（ReplicaSchedulingPreference）等联邦对象，确定下辖的集群清单、副本分配策略。集群联邦的同步控制器将联邦类型的实例转换成标准 Kubernetes 对象的实例，并推送到目标集群。每个 Kubernetes 集群按照接收的 Kubernetes 对象的实例进行工作，完成应用实例的部署。最终通过域（Domain）、DNS 端点（DNSEndpoint）、服务 DNS 记录（ServiceDNSRecord）、Ingress DNS 记录（IngressDNSRecord），与外部 DNS 服务对接，完成联邦应用和服务的暴露。

集群联邦的整体架构如图 8-1 所示。

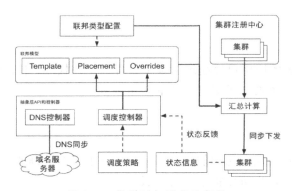

图 8-1　集群联邦的整体架构

集群联邦的控制平面的核心架构，与 Kubernetes 集群的控制平面架构基本一致。etcd 作为分布式存储后端存储所有对象；API Server 作为 API 网关，接收所有来自用户及控制平面组件的请求；不同的控制器对联邦层面的对象进行管理、协调等；调度控制器在联邦层面对应用进行调度、分配。集群联邦支持灵活的对象扩展，允许将基本 Kubernetes 对象扩展为集群联邦对象，并通过统一的联邦控制器推送和收集状态。

我们回顾一下 Kubernetes 的重要对象：Node 表示计算节点，Kubernetes 集群就是由多个 Node 组成的容器云平台。在联邦层面，联邦不是用于具体生命周期的控制，而是多集群的协调。因此，成员集群是联邦的基本管理单元，所有待管理集群均须注册到集群联邦。

在集群层面，Deployment 是描述一次业务部署的关键对象，其定义的是应用模板和副本数。而在联邦层面，需要协调的是一个业务部署的多个实例，如何分布到多个集群中以实现跨集群的高可用。事实上集群联邦从 V1 版本发展到 V2 版本，其架构和设计也经历了多个阶段。

在早期的 V1 版本中，为了保持最大的向后兼容性，集群联邦没有引入任何新的联邦对象，完全使用原生的 Kubernetes 对象，通过在 Kubernetes 对象的元数据上添加注解（Annotations）的方式来添加额外的逻辑信息（例如：副本调度控制）。在 V1 版本中，所有 Kubernetes 对象都会同步到所有下辖的集群中，这无论是对 Kubernetes 控制平面，还是对实际的集群资源使用，都有很大的压力。

联邦控制平面需要将每个 Kubernetes 对象同步到所有集群中，对同步而言，会造成额外的压力；对集群而言，每一个 Deployment、DaemonSet 等资源都会部署到每个集群中，造成一定的资源浪费，因为并不是每个集群都要部署这些资源；对集群联邦开发而言，由于没有状态跟踪，联邦平面无法感知每个集群的具体状态，需要开发特定的功能来收集下辖集群的真实状态，这使得集群联邦的开发和维护成本极高。

于是，在 V2 版本中，集群联邦不再使用原生的 Kubernetes 对象，而是使用联邦专属的一组联邦资源，以及一整套联邦层面的控制对象来完成联邦层面的控制逻辑。集群联邦 V2 提供了统一的工具集（Kubefedctl），允许用户对单个对象动态地创建联邦对象。动态对象的生成基于耳熟能详的 CRD。因此，联邦所使用的所有对象都是弱类型的，每个类型能够拥有的字段、每个字段的类型及验证方式，都可以通过更改 CRD 的定义来完成。联邦对象具体字段的基本验证逻辑，通过 CRD 的 Validation 逻辑来完成。CRD 的 Validation 的使用标准是 OpenAPI v3.0 Validation。对于复杂的验证逻辑，需要通过 Kubernetes 的 Validating Webhook 来完成。

8.1.2　集群注册中心

集群注册中心（ClusterRegistry）提供了所有联邦下辖的集群清单，以及每个集群的认证信息、状态信息等。集群联邦本身不提供算力，它只承担多集群的协调工作，所有被管理的集群都应注册到集群联邦中。

集群联邦使用了单独的 KubeFedCluster 对象（同样适用 CRD 来定义）来管理集群注册信息。在该对象的定义中，不仅包含集群的注册信息，还包含集群的认证信息的引用，以明确每个集群使用的认证信息；该对象还包含各个集群的健康状态、域名等。当控制器行为出现异常时，直接通过集群状态信息即可获知控制器异常的原因。

在早期的 V1 版本中，集群注册信息被保存在 Cluster 对象中，该对象只保存集群注册信息，而不保存认证信息，这些认证信息单独以同名 Secret 的方式存储在特定的 Namespace 中。依赖命名规范是最弱的依赖关系，如果不分析源代码，就无从获知关联关系。同样，当出现配置问题时，需要每个运维人员了解实现细节，才有能力跟踪、解决问题。此外，V1 版本中的集群对象不包含状态信息，因此无法通过对象本身获知集群的健康状况。V1 是集群联邦的原型，其极简的设计有利于快速开发，但不完整的模型设计会产生较高的运维成本。

在 V2 版本中，KubeFedCluster 除包含注册集群的 API Endpoint 外，还定义了集群使用的 Credentials 的 Secret 引用，在 Status 中同样会体现出集群的检测状态，以及集群的其他附属信息。集群注册中心的版本变化（从 V1 版本升级到 V2 版本）如图 8-2 所示。

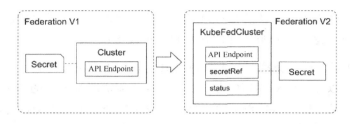

图 8-2　集群注册中心的版本变化

下面是一个 V2 版本的 KubeFedCluster 的实例：

```yaml
apiVersion: core.kubefed.io/v1beta1
kind: KubeFedCluster
metadata:
  name: "cluster1"
  namespace: kube-federation-system
  # ....
spec:
  apiEndpoint: https://API Server.cluster1.example.com
  caBundle: LS0tLS****LS0K
  disabledTLSValidations:
  - '*'
  secretRef:
    name: cluster1-vhvfw
status:
  conditions:
  - lastProbeTime: 2020-03-31T13:56:03Z
    lastTransitionTime: 2020-03-28T14:55:47Z
    message: /healthz responded with ok
    reason: ClusterReady
    status: "True"
    type: Ready
  region: China
  zones:
  - Shanghai
```

8.1.3　联邦共享逻辑

联邦对象是定义应用的载体，其核心为联邦的共享逻辑：Template、Placement 及 Overrides。Template 承载 Kubernetes 对象的定义，Placement 承载应用全局拓扑，Overrides

承载集群本地化定制。

联邦共享逻辑可以应用到任何一个联邦层面的对象之上，图 8-3 展示了共享逻辑是如何体现在 FederatedDeployment 这个联邦对象上的，以及在每个下辖集群中是如何体现的。

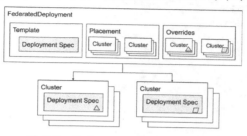

图 8-3　FederatedDeployment 实例

8.1.3.1　Template

Template 是联邦对象中定义 Kubernetes 集群对象的模板部分，它的内容为完整的 Kubernetes 对象。Template 中的内容为要部署的应用的各个组件的主题，它可以是 Deployment 对象，可以是 ConfigMap 对象，也可以是其他 Kubernetes 的对象，甚至可以是通过 CRD 扩展出的对象。

下面给出一个 FederatedDeployment 示例，其 template 部分为一个完整的普通 Kubernetes 的 Deployment，具体代码如下：

```
apiVersion: types.federation.k8s.io/v1alpha1
kind: FederatedDeployment
metadata:
 name: sample-federated-deployment
 namespace: sample-namespace
spec:
 template:
   metadata:
     labels:
       app: nginx
   spec:
     replicas: 2
     selector:
       matchLabels:
         app: nginx
     template:
```

```
        metadata:
          labels:
            app: nginx
        spec:
          containers:
          - image: nginx
            name: nginx
    placement:
    # ....
    overrides:
    # ....
```

8.1.3.2 Placement

Placement 用来配置联邦对象的目标集群，其值可以是具体的集群名单，也可以是 clusterSeletor 选择对应标签（label）的集群。当两者同时存在时，明确定义的集群名单具有较高优先级。联邦根据优先级来定义要同步对象的目标集群，如果提供了集群名单（哪怕是一个空 List），则无论 clusterSelector 提供什么内容，都会被忽略。

同步控制器根据 Placement 来确定 Template 中定义的对象要同步到哪些集群。当 Placement 发生改变时，同步控制器会解析 Placement 并将 Template 中的对象同步到新的集群中，或从已经部署的集群中删除。

下面我们给出两个具体的 Placement 使用示例，代码如下：

```
apiVersion:
types.federation.k8s.io/v1alpha1
  kind: FederatedDeployment
  metadata:
    name: sample
    namespace: sample
  spec:
    template:
      # .....
    placement:
      clusters:
      - name: cluster1
      - name: cluster2
    overrides:
      #....
```

```
apiVersion:
types.federation.k8s.io/v1alpha1
  kind: FederatedDeployment
  metadata:
    name: sample
    namespace: sample
  spec:
    template:
      # .....
    placement:
      clusterSelector:
        matchLabels:
          region: china
          zone: shanghai
    overrides:
      #....
```

如上代码所示，左侧提供了明确的目标集群，template 中的 Deployment 会同步到 cluster1 和 cluster2 两个集群中。右侧提供了 clusterSelector，选择所有包含 region=China、zone=Shanghai 标签（label）的集群。

8.1.3.3　Overrides

Overrides 用于针对每个集群进行本地化定制。在联邦资源中，Template 部分定义了要部署到每个集群中的 Kubernetes 对象，Placement 定义了要在哪些集群中部署这些对象。在同步控制器同步该对象时，以 Template 作为模板在目标集群创建 Kubernetes 对象。而在实际部署应用时，通常会通过调整不同集群中的配置模板，部署符合特定集群需求的应用，以更好地发挥网络、计算资源、存储等的优势。为了满足不同集群的个性化定制需求，可以通过添加 Overrides 覆盖不同目标集群的配置模板。

下面给出一个 FederatedDeployment 的实例，定义如下内容：

（1）template 定义的 Deployment 的副本数量为 2。

（2）placement 定义了该 Deployment 应该被同步到 cluster1 和 cluster2 两个集群中。

（3）overrides 针对 cluster2 进行了定制，将实例的数量从默认的 2 调整到 3。

联邦控制平面通过计算 overrides 得到最终要部署到 cluster1 和 cluster2 的 Deployment，并通过同步控制器将两个不同的 Deployment 部署到两个集群中。Overrides 遵循 JSON Patch 标准定义补丁，具体示例代码如下：

```
apiVersion: types.federation.k8s.io/v1alpha1
kind: FederatedDeployment
metadata:
  name: sample-federated-deployment
  namespace: sample-namespace
spec:
  template:
    # ….
    spec:
      replicas: 2
      selector:
        matchLabels:
          app: nginx
      template:
        # ….
```

```
placement:
  clusters:
  - name: cluster1
  - name: cluster2
overrides:
- clusterName: cluster2
  clusterOverrides:
  - path: /spec/replicas
    op: replace
    value: 3
```

8.1.4　联邦类型配置

在联邦资源核心定义中，Template 部分定义具体的 Kubernetes 集群对象，Template 的内容可以是 Kubernetes 集群中的任何一种类型，在对象验证中并没有限制 Template 的任何内容，因此，需要通过 FederatedTypeConfig 来描述目前的联邦资源对应 Kubernetes 集群的类型。集群联邦也通过联邦类型配置来驱动联邦对象类型注册、资源同步、资源发现、资源转换等。

下面是 Kubernetes 的 Deployment 资源在集群联邦中的类型配置的实例，其中定义了联邦资源和映射到集群的集群资源。

```
apiVersion: core.kubefed.io/v1beta1
kind: FederatedTypeConfig
metadata:
  name: deployments.apps
spec:
  federatedType:
    group: types.kubefed.io
    kind: FederatedDeployment
    pluralName: federateddeployments
    scope: Namespaced
    version: v1beta1
  propagation: Enabled
  targetType:
    group: apps
    kind: Deployment
    pluralName: deployments
    scope: Namespaced
    version: v1
```

联邦通过 FederatedTypeConfig 启动对应类型的控制器来监控联邦对象的变动,并根据联邦控制逻辑将发生变更的对象下发到每个 Kubernetes 集群中,或定期收集每个 Kubernetes 集群的对象状态反馈到联邦控制平面上。其概要逻辑如图 8-4 所示。

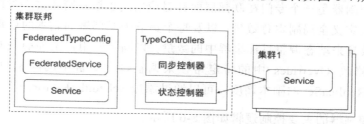

图 8-4　联邦类型配置模型驱动的概要逻辑

8.1.5　同步控制器

同步控制器是联邦控制器中将对象从联邦下发到集群的关键桥梁。它通过解析每个联邦类型对象,从对象中抽取三个核心模块——Template、Placement、Overrides,并通过解析、过滤和计算,将最终的 Kubernetes 对象推送到各个集群中。

(1)通过 Placement 和联邦中注册的集群做解析,得到要部署的目标集群。

(2)通过集群的健康状态,过滤掉不健康的集群。

(3)通过 Template+Overrides 计算出最终要部署到目标集群的 Kubernetes 对象。

同步控制器的主要控制逻辑如图 8-5 所示。

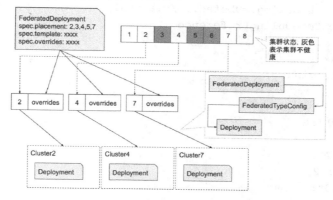

图 8-5　同步控制器的主要控制逻辑

8.1.6　副本调度控制器

副本调度控制器是一个专门在联邦层面针对应用副本进行跨集群调度的控制器。副本调度控制器通过定义全局副本总数量，以及每个集群中要部署的副本的权重、最大副本数量、最小副本数量来动态调整目标集群中的数量，以满足应用在全局的副本需求。副本调度控制器通过修改 Overrides 中的特定路径来调整每个集群中的副本数量，默认支持 Deployment 和 ReplicaSet 的副本调度，可以通过添加 SchedulerFactory 来扩展其他类型。

副本调度控制器的主要控制逻辑如图 8-6 所示。

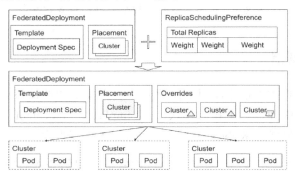

图 8-6　副本调度控制器的主要控制逻辑

副本调度控制器通过解析副本调度配置来完成调度配置中配置副本的调度策略，具体示例代码如下：

```
apiVersion: scheduling.kubefed.io/v1alpha1
kind: ReplicaSchedulingPreference
metadata:
  name: nginx
  namespace: nginx
spec:
  clusters:
    "cluster1":
      weight: 2
    "cluster2":
      weight: 2
    "cluster3":
      weight: 2
  rebalance: true
```

```
targetKind: FederatedDeployment
totalReplicas: 5
```

副本调度控制器通过总副本的数量和每个集群的权重，得到每个集群中要部署的集群数量，也可以通过同时定义每个集群副本的最小副值和最大值来确保每个集群的副本数量在特定区间。副本调度控制并非绝对严格的副本调度，因为是否自动均衡集群之间的副本数量是一个可选的控制选项。当该选项打开时，若集群之间的副本不满足副本配置的均衡性，则会减少超过最大副本数量的集群中的副本，并增加未达到要求的副本数量的集群。当该选项关闭时，已经存在的副本不会受到影响，即不存在跨集群之间的副本调度。副本调度时，会将每个集群的健康状态纳入检查，如果目标集群不可用，则在计算时忽略这些集群，在可用的集群中根据权重和副本的上下限进行分配。

最终部署到各个集群的副本数量，是通过在 Overrides 中定义目标集群的副本数量来完成的。经过副本控制器调度后的 FederatedDeployment 实例代码如下：

```
apiVersion: types.federation.k8s.io/v1alpha1
kind: FederatedDeployment
metadata:
  name: nginx
  namespace: nginx
spec:
  overrides:
  - clusterName: "cluster1"
    clusterOverrides:
    - path: /spec/replicas
      value: 1
  - clusterName: "cluster2"
    clusterOverrides:
    - path: /spec/replicas
      value: 2
  - clusterName: "cluster3"
    clusterOverrides:
    - path: /spec/replicas
      value: 2
  template:
    # ….
  placement:
    clusters:
    - name: "cluster1"
    - name: "cluster2"
    - name: "cluster3"
```

8.1.7　全局 DNS 服务

联邦支持两种 Kubernetes 资源的全局 DNS 服务：Service 和 Ingress。在 Kubernetes 集群中，可以通过 nodeport 或 LoadBalancer 暴露服务。集群联邦通过 DNSEndpoint 管理最终要暴露的 DNS，并通过 DNS 同步控制器将所有的 DNS 注册到外部 DNS 服务以提供访问。全局 DNS 服务涉及的集群、集群联邦及其关联关系如图 8-7 所示。

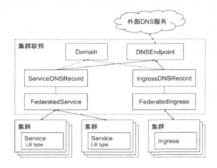

图 8-7　全局 DNS 服务涉及的集群、集群联邦及其关联关系

在全局 DNS 服务中，联邦 DNS 控制器通过 ServiceDNSRecord 控制器和 IngressDNSRecord 控制器收集所有 LoadBalancer 的 IP 地址，汇总到各自管理的两种资源（FederatedService 和 FederatedIngress）中。在创建了 FederatedService 且下辖各集群已经创建好各自的 Service 后，联邦并不会创建任何 DNSEndpoint，联邦使用 ServiceDNSRecord 作为一个与 FederatedService 的同名媒介，来汇总各集群 DNS 相关的信息。下面通过一个 ServiceDNSRecord 的示例来描述全局 DNS 服务是如何将具体 Kubernetes 集群中的服务暴露到外部 DNS 服务中的。首先来看一个具体的 ServiceDNSRecord 对象的示例代码：

```
apiVersion: multiclusterdns.kubefed.io/v1alpha1
kind: ServiceDNSRecord
metadata:
  name: nginx
  namespace: nginx
spec:
  dnsPrefix: web
  domainRef: fed.example.com
  recordTTL: 3600
```

创建 ServiceDNSRecord 后，ServiceDNSRecord 控制器会收集所有下辖集群的

LoadBalancer 类型的 IP 地址到 status 中，并根据 Domain 定义生成所有 DNS 记录。经过控制器处理后的 ServiceDNSRecord 的 status 的相关信息如下：

```
apiVersion: multiclusterdns.kubefed.io/v1alpha1
kind: ServiceDNSRecord
metadata:
  name: nginx
  namespace: nginx
spec:
  # ….
status:
  dns:
  - cluster: "cluster1"
    loadBalancer:
      ingress:
      - ip: 10.1.1.210
    region: China
    zones:
    - Shanghai
    domain: fed.example.com
```

DNS Endpoint 控制器会收集所有的 ServiceDNSRecord 和 IngressDNSRecord，并生成与名称相关联的 DNS Endpoint 对象，其中包含所有的 DNS 配置。DNS Endpoint 对象的相关信息如下：

```
apiVersion: multiclusterdns.kubefed.io/v1alpha1
kind: DNSEndpoint
metadata:
  name: service-nginx
  namespace: nginx
spec:
  endpoints:
  - dnsName: web.fed.example.com
    recordTTL: 3600
    recordType: CNAME
    targets:
    - nginx.nginx.fed.example.com.svc.fed.example.com
  - dnsName: nginx.nginx.fed.example.com.svc.fed.example.com
    recordTTL: 3600
    recordType: A
    targets:
    - 10.1.1.210
  - dnsName: nginx.nginx.fed.example.com.svc.china.fed.example.com
```

```
    recordTTL: 3600
    recordType: A
    targets:
    - 10.1.1.210
  - dnsName: nginx.nginx.fed.example.com.svc.shanghai.china.fed.example.com
    recordTTL: 3600
    recordType: A
    targets:
    - 10.1.1.210
  # ....
```

最终，DNS 同步控制器将 DNS Endpoint 中的 A record 和 CNAME 同步到外部 DNS 服务上。

8.2 集群联邦对象抽象

8.2.1 集群资源

集群资源是 Kubernetes 为描述集群及部署的应用而提供的一整套对象。应用运行的载体是容器，Kubernetes 将一组协调工作的容器作为整体进行调度管理，抽象出 Pod。Pod 运行在实体的或虚拟的硬件上，Kubernetes 将这些硬件抽象为 Node。应用有配置需求，这些配置可以是通用的配置（如暴露的端口、log 路径等），也可以是敏感信息（如用户名、密码、私钥、证书等）。为了描述应用的不同配置，Kubernetes 抽象出 ConfigMap 来管理非敏感信息，并抽象出 Secrets 来管理敏感信息。为了给应用提供访问入口，Kubernetes 提供了 Service。Kubernetes 还提供了其他类型，为应用的整个生命周期提供完整支持。图 8-8 是一个典型的包含数据存储、暴露服务的应用模型。

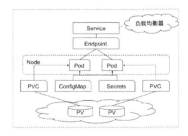

图 8-8　一个典型的包含数据存储、暴露服务的应用模型

Kubernetes 的所有对象都是它的资源。集群中的每一种资源都是为具体应用场景提供服务的。通过这些对象可以完成应用的完整描述,通过单个 Kubernetes 集群即可完成应用的部署。对单个集群而言,它有自己的局限性:它无法感知其他集群。如果一个应用需要感知其他集群的资源,则应用本身需要做出协调,即在 Kubernetes 集群之上抽象出逻辑层,通过跨集群调用来完成跨集群协调。在遇到集群维护、集群故障时,只能尽力提供服务而无法通过多集群协调来满足应用和服务的高可靠及高可用需求。

8.2.2　联邦资源

联邦资源是指在集群联邦层面用于描述跨 Kubernetes 集群部署应用的一整套资源。联邦资源相对 Kubernetes 集群资源而言,它除了提供完整的应用的描述能力,还提供了更高的抽象层,从而可以在联邦层面描述多集群的应用部署。与集群资源不同的地方在于,集群联邦是建立在集群之上的,集群联邦所有的对象模型都是通过 CRD 扩展出来的。因此,集群联邦本身需要另外一套资源来管理。通过 CRD 扩展得到的联邦资源如图 8-9 所示。

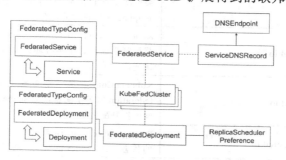

图 8-9　联邦资源

集群联邦管理多个 Kubernetes 集群,将每个集群抽象为 KubeFedCluster。集群联邦不直接管理具体应用的单个应用实例(Pod),也不对单个集群的 Deployment 进行管理,而是在更高的抽象层对多个集群的资源统一进行管理。为管理这些更高抽象层的应用,联邦抽象出联邦资源(如 FederatedDeployment、FederatedService 等)。联邦资源通过统一的抽象模型(模型包含 Template、Placement、Overrides、Status)进行管理,集群联邦通过同步控制器、状态控制器共同完成联邦应用的管理。部署在各个集群中的服务要被访问,需要有访问入口,在集群控制层面有 Service,在联邦控制层面,为了能够在全局提供统一的访问入口及服务发现,集群联邦抽象出 DNSEndpoint,通过 Service 控制器和 Ingress 控制器将每个集群的服务收集到联邦层面,并通过外部 DNS 服务暴露出来。每个集群都是动态的，同样每个集群都会出现故障，为了能够在某些集群出现故障时依然保障应用在全局层面的稳定性和可靠性，联邦需要在多个集群之间进行调度。为此，联邦抽象出 ReplicasSchedulingPreference。

在集群联邦中，默认通过 Kubernetes CRD 扩展的对象类型如表 8-1 所示。

表 8-1　通过 Kubernetes CRD 扩展的对象类型清单

clusterpropagatedversions.core.kubefed.io	ClusterPropagatedVersion 存储从联邦控制层面到集群层面的资源的版本信息。它的命名规则是 <lower-case kind>-<resource name>。如果联邦资源配置了 Generation 字段，那么版本的命名会带一个 gen:前缀，如果没有配置，则使用的版本信息是以 rv:为前缀的联邦控制平台的资源的版本信息
federatedservicestatuses.core.kubefed.io	FederatedServiceStatus 用于存储各个集群中的服务的状态信息
federatedtypeconfigs.core.kubefed.io	FederatedTypeConfig 用于存储一个联邦资源到集群资源的映射信息。它有一个与之匹配的联邦资源。这里的目标资源类型就是各个集群中创建的资源类型，内容为匹配的资源中 template 字段包含的内容
kubefedclusters.core.kubefed.io	KubeFedCluster 用于存储各个集群的基本配置信息，用于联邦控制平面向各个集群通信，包含目标集群的入口、CA、认证信息等
kubefedconfigs.core.kubefed.io	KubeFedConfig 是一个单独的配置，用于定义要运行的 federation 的各个配置，如 scope、feature、leader election、同步控制配置等
propagatedversions.core.kubefed.io	PropagatedVersion 存储各个组件的版本状态，包含 Template 的状态、Overrides 的状态，以及每个集群中的资源的状态
Dnsendpoints.multiclusterdns.kubefed.io	DNSEndpoint 包含所有的从各个集群收集的服务的入口信息，这些信息用来配置外部 DNS
domains.multiclusterdns.kubefed.io	Domain 表示从联邦注册的各个 DNS 属于哪个 Domain，最终注册的公共 DNS 都会包含该 Domain 的信息
ingressdnsrecords.multiclusterdns.kubefed.io	IngressDNSRecord 存储从各个集群中收集的 Ingress 的入口信息，用于配置公共 DNS
servicednsrecords.multiclusterdns.kubefed.io	ServiceDNSRecord 存储从各个集群中收集的 LB Service 的入口信息，用于配置公共 DNS
replicaschedulingpreferences.scheduling.kubefed.io	ReplicaSchedulingPreference 在联邦层面定义了各个集群中要部署的副本信息，从而可以由调度控制器在联邦层面控制每个目标集群中要运行的副本数量，并动态调整各个集群的副本数量

联邦资源的默认配置为联邦控制器运行的基本配置，它们共同构建了联邦的基础。有

了这些基础，API Server 才能提供集群注册、集群发现、联邦资源配置、目标集群配置、衍生配置、域名、入站流量管理、副本调度配置等基本功能。除了这些核心基本配置，还有联邦默认的配置——Kubernetes 的几个基础资源 federatednamespaces、federateddeployments、federatedclusterroles、federatedconfigmaps、federatedsecrets、federatedserviceaccounts 等。这些资源是 Kubernetes 的核心资源，用于构建应用的基本桥梁。集群联邦在搭建时已默认提供这些资源的 CRD，可以通过 fed 提供的 helm chart 一键完成部署。

8.2.3　定义联邦资源

要想定义联邦资源，可以在联邦控制平面定义新的资源以代表或匹配集群资源，从而在联邦层面管理多个集群中的资源。

在 Federation V1 中，为保证 Kubernetes 集群资源的兼容性，联邦控制平面使用原生的集群资源作为联邦资源，将所有联邦控制平面的配置全部添加到集群资源的 Annotations 中。这样可以做到百分百集群资源兼容，不需要做任何控制平面的修改即可将联邦控制平面搭建起来。通过解析每个资源的 Annotations 中的联邦配置，可以确定这些资源如何在全局进行部署。

同步控制器将资源同步到各个集群中，默认将 Federation V1 中的资源同步到所有注册集群中。由于所有的配置都在 Annotations 中，所以所有的操作都是通过附属信息来完成的。当定义新的逻辑时，这些逻辑将被再次更新到每个资源的 Annotations 中。在做版本迭代时，由于 Annotations 本身没有附带这些属性，无法确定当前正在使用的资源版本，很难做兼容性检查、数据迁移等。对联邦控制而言，并没有独立的模型来驱动联邦控制平面，所有的控制都变成通过 Annotations 的附属信息进行流程驱动，无法通过联邦层面了解每个资源在目标集群部署的结果。整个联邦的运行过程，变成在处理流程中隐藏的信息，无法直接暴露到联邦层的模型对象上。Federation V1 中配置 Deployment 的示例代码如下：

```
apiVersion: extensions/v1beta1
kind: Deployment
metadata:
  annotations:
    federation.kubernetes.io/replica-set-preferences: |-
      {
        "rebalance": true,
        "clusters": {
          "foo": {
```

```
                  "minReplicas": 1,
                  "maxReplicas": 5,
                  "weight": 10
                },
                "bar": {
                  "minReplicas": 1,
                  "maxReplicas": 10,
                  "weight": 20
                }
              }
            }
  labels:
    app: nginx
  name: nginx
  namespace: web
spec:
....
```

为了解决 ederation V1 的弊端，Federation V2 引入了一整套联邦对象来替代 V1 版本中使用原生的 Kubernetes 集群资源+Annotations 的模式，改为 FederatedTypeConfig（CRD 实例） + 联邦资源（CRD）的模式。通过建立一对联邦对象的逻辑，在联邦控制层面支持任意的集群资源，包含集群内通过 CRD 扩展的资源。图 8-10 展示了 Federation V2 对 Deployment 进行联邦化后生成的两个联邦资源：deployment.apps 和 federateddeployments. types.kubefed.io。

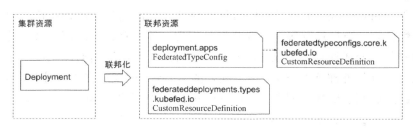

图 8-10　Federation V2 联邦资源

FederatedTypeConfig 定义了联邦资源到集群资源的映射关系，联邦资源通过使用 Template 容纳 Kubernetes 集群资源，并添加扩展——Placement、Overrides、Status 来定义资源如何分布、本地化、同步状态等。在 Federation V2 中，可以通过官方提供的 kubefedctl 命令行工具为集群资源定义联邦资源，下面我们来看一下集群联邦是如何通过 kubefedctl 命令行工具创建一个联邦层面的对象模型的：

```
$ kubefedctl enable --kubeconfig ./kubeconfig.yaml services
customresourcedefinition.apiextensions.k8s.io/federatedservices.types.ku
befed.io created
federatedtypeconfig.core.kubefed.io/services          created     in     namespace
kube-federation-system
```

FederatedService 对象模型是一个新的 CRD，它定义了 Template、Placement、Overrides、Status 及 Validation，下面是上述命令运行后得到的 FederatedService 的模型代码：

```yaml
apiVersion: apiextensions.k8s.io/v1beta1
kind: CustomResourceDefinition
metadata:
  name: federatedservices.types.kubefed.io
spec:
  additionalPrinterColumns:
  - JSONPath: .metadata.creationTimestamp
    description: |-
      ....
    name: Age
    type: date
  group: types.kubefed.io
  names:
    kind: FederatedService
    listKind: FederatedServiceList
    plural: federatedservices
    shortNames:
    - fsvc
    singular: federatedservice
  scope: Namespaced
  subresources:
    status: {}
  validation:
    openAPIV3Schema:
      properties:
        apiVersion:
          type: string
        kind:
          type: string
        metadata:
          type: object
        spec:
          properties:
```

```
        overrides:
          # ....
        placement:
          # ....
        template:
          type: object
      type: object
    status:
      properties:
        clusters:
          # ....
        conditions:
          items:
            # ....
          type: array
      type: object
    required:
    - spec
  version: v1beta1
  versions:
  - name: v1beta1
    served: true
    storage: true
```

在生成 FederatedService 这个 CRD 的同时，会生成一个新的 FederatedTypeConfig 实例，用于定义 FederatedService 与集群中 Service 的关联关系，代码如下：

```
apiVersion: core.kubefed.io/v1beta1
kind: FederatedTypeConfig
metadata:
  name: services
  namespace: kube-federation-system
spec:
  federatedType:
    group: types.kubefed.io
    kind: FederatedService
    pluralName: federatedservices
    scope: Namespaced
    version: v1beta1
  propagation: Enabled
  targetType:
    kind: Service
```

```
pluralName: services
scope: Namespaced
version: v1
```

8.2.4 联邦资源管理

联邦控制平面有很多种资源，这些资源彼此之间通过一定的关联关系来完成联邦层面的资源注册、集群注册、资源同步、健康监控、副本调度、服务发现等功能。这些资源可以归为三类：核心层资源、应用层资源，以及 DNS 服务层资源，如图 8-11 所示。

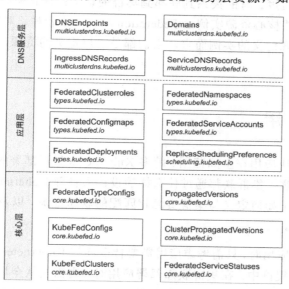

图 8-11　联邦资源层

核心层提供了整个联邦的基础。所有的控制器都是基于这些核心模型建立起来的。通过这些核心模型，联邦控制层面监控集群注册、健康检查、资源发现、同步控制、状态发现、服务发现、全局调度等。核心层的这些资源是整个联邦控制面板的根基。

应用层的所有资源都符合可扩展联邦资源的设计标准（除了 Replicas Sheduling Preferences，简称 RSP）。应用层集中了所有用户的资源，定义了所有与用户应用、服务相关的资源，如部署 FederatedDeployment、FederatedNamespace、FederatedServiceAccount 等。RSP 仅存于联邦控制层面，是专为副本动态调度而定义的资源，它默认管理 deployment、replicaset 副本的动态调度，以满足在下层集群出现故障时，及时重新均衡 Pod 在健康集群中的分布，从而满足应用的需求而不降低应用和服务的稳定性。

DNS 服务层是与服务暴露相关的一组资源，通过四个模型（如图 8-11 中 DNS 服务层所示）将联邦上创建的服务注册到外部的 DNS 服务中，从而通过 DNS 直接解析到每个集群的 Ingress/Service 的 LB 入口地址，完成对联邦层面部署的应用和服务的访问。

联邦资源的核心层、应用层、DNS 服务层都属于联邦资源定义的范畴，这些资源定义的本身由 Federation Admin 管理。比如：新增一种联邦类型，核心层、中间层的资源定义本身在集群联邦启动时已经注册。对于核心资源定义的实例，有的关系到集群的数量、影响联邦层面对实例的调度；有的关系到联邦到集群的认证；有的关系到下层集群的核心资源的映射。因此，这些核心资源实例由 Federation Admin 来管理。对应用层、DNS 服务层的具体的每种联邦资源定义的实例而言，它们都是用户定义的资源，由用户来管理。

8.3 联邦应用

集群联邦用于解决应用在全局范围、跨多 Kubernetes 集群部署的问题。通过前面两节的学习，我们已经了解了集群联邦通过什么样的设计来管理 Kubernetes 集群、联邦两个层面的各种资源，了解了如何定义与集群资源相匹配的联邦资源，以及如何在联邦控制平面完成应用的全局调度。

在单个集群部署应用时，只需考虑应用需要什么样的 Kubernetes 对象，组装这些对象，并部署到 Kubernetes 集群中；在集群联邦部署应用时，则需要从全局角度考虑应用需要多少实例、跨多少个 Kubernetes 集群、每个集群分配多少实例、自动分配策略、如何暴露服务、访问入口等。

我们可以通过编写联邦对象来部署应用，也可以先编写 Kubernetes 对象，再使用 kubefedctl 命令行工具将编写的 Kubernetes 对象转为联邦对象，然后对转换后的对象进行微调，以满足我们的需求。下面以 ConfigMap 为例编写一个 Kubernetes 对象，然后转为联邦对象，具体实现代码如下：

```
apiVersion: v1
kind: ConfigMap
metadata:
  name: config
  namespace: foo
```

```
data:
  foo: bar
```

将准备好的 ConfigMap 创建到 Kubernetes 集群中，然后通过 kubefedctl 命令得到 FederatedConfigMap。也可以通过使用 federate 子命令的--filename 选项直接对编写的 ConfigMap 文件执行 federate 操作：

```
$ kubefedctl federate cm config
I0328  15:28:31.885173     45339  federate.go:503] Successfully created
FederatedConfigMap "foo/config" from ConfigMap
```

在运行此命令时，命令行工具做了以下四件事情，生成并创建了一个 FederatedConfigMap，然后同步到所有联邦下辖的集群中：

（1）查询集群中所有的资源，确定目前要执行的 federate 操作的类型是否是集群支持的：ConfigMap 为集群支持的合法资源。

（2）查询集群中的联邦类型配置，得到 ConfigMap 映射的联邦类型为 FederatedConfigMap。

（3）根据联邦类型的定义，组装默认的 FederatedConfigMap，具体做法如下：

① 获取 FederatedConfigMap 实例。

② 将要执行 federate 操作的 ConfigMap 的内容中与集群相关的信息（如 UID、SelfLink 等）去除。

③ 将去除集群相关信息后的 ConfigMap 的内容添加到 FederatedConfigMap 的 Template 中。

④ 配置 Placement：为生成的 Placement 配置 clusterSelector 项为"matchLabels: {}"，即默认选择全部 cluster。

（4）创建 FederatedConfigMap 到集群联邦中。

我们可以通过--dry-run 选项与-o yaml 选项搭配使用来获取生成的联邦资源对象，而无须创建联邦资源到控制平面中，避免不必要的资源同步。具体命令与输出如下：

```
$ kubefedctl federate configmap config --dry-run -o yaml
---
apiVersion: types.kubefed.io/v1beta1
kind: FederatedConfigMap
```

```
metadata:
  name: config
  namespace: foo
spec:
  placement:
    clusterSelector:
      matchLabels: {}
  template:
    data:
      foo: bar
    metadata:
      labels:
        kubefed.io/managed: "true"
```

在转为联邦资源后，由于默认的 Placement 并没有设置任何 Kubernetes 集群清单，且 clusterSelector 的内容为一个空的 Map，所以它会将此对象同步到集群联邦下辖的所有的集群中。因此，通常需要先准备好联邦资源，并根据应用的部署需求调整 Placement、Overrides 等，然后创建到联邦集群控制平面中。

对于其他资源，我们也可以通过相同的方式将集群资源转为联邦资源。

8.3.1 联邦应用规划

一个应用通常由多个组件和配置组成，因此，在部署联邦应用时，与应用相关的所有组件都需要通过联邦资源部署到目标集群中。当要部署联邦应用时，通常需要考虑以下几个方面：

- 应用要在哪些集群中部署？

- 应用是否有地域亲和性？

- 应用在目标集群中分别部署多少份副本？

- 应用在不同集群之间是否有特殊定制？

- 应用是否携带状态数据？

- 应用自身是否能够解决数据的问题（数据一致性、灾难恢复等）？

- 应用是否需要对外暴露服务？

- 通过何种方式对实例进行运维？

......

有状态应用和无状态应用在联邦层面的部署有非常大的差异。对于无状态应用,主要考虑应用如何部署的问题。对于有状态应用,除了要考虑如何部署,还要考虑每个应用实例的状态管理、数据同步、数据迁移等。

通过分析应用的需求,确定要在集群联邦部署时需要的资源类型与部署细节:

- 通过分析应用本身的属性,确定部署应用需要的联邦对象,如 FederatedDeployments、FederatedConfigMap、FederatedSecret、FederatedService 等。

- 根据应用的需求,从 KubeFedCluster 中选择一批集群作为目标集群:确定每个联邦对象的 Placement。

- 根据应用的需求确定是否需要针对每个集群做本地化定制,在哪些联邦对象中需要定制。通过分析确定哪些对象需要添加 Overrides。

- 根据每个目标集群的属性(如计算能力、存储、网络等)及应用对副本的要求,确定副本的动态调度策略,即确定是否使用 RSP(ReplicaSchedulePreference)策略。对于使用 FederatedDeployments 和 FederatedReplicaSets 的副本控制方案,可以使用 RSP 对副本进行动态控制;对于使用其他副本控制的 Kubernetes 资源,例如 FederatedStatefulSet、FederatedReplicationController 等,则需要自己定制副本控制器,以满足应用的需求。

- 如果应用是有状态的,那么需要确定应用本身是否能够做数据迁移及跨集群数据迁移。如果无法做数据迁移,则要在部署应用时精确调配目标集群。如果数据可以跨集群迁移,则要考虑这些数据如何迁移,以及数据迁移的方式,通过分析数据的维护来专门定制一个有状态应用的运维组件,用于有状态应用实例的维护工作。

- 若应用需要暴露访问入口,则需要部署联邦专属的且与 DNS 相关的资源组件。这些组件需要和每个集群的服务、入口相关联,使得每个集群中的服务能够被联邦控制器收集,并配置到全局 DNS 服务器中。

8.3.2 联邦应用部署

集群应用的部署可以通过准备好的各个组件的 Kubernetes Spec 依次创建到集群中,完成应用的部署。相对于集群应用,联邦应用的部署有很大的不同。对于集群应用,所有的 Spec 都是实时地、按照命令行的执行顺序创建到集群中。联邦应用的各个联邦对象是被同步控制器异步地从联邦控制平面推送到各个集群中的，每个组件都是按一定顺序创建集群的。这意味着在联邦层面创建的 Spec 要兼容乱序创建。除了乱序的问题，对于有状态应用，还需要考虑应用的状态、数据的状态等。

联邦中的应用可以归为两类，一类是可以直接乱序创建 Spec 的应用，比如 Web Server、Nginx 等。另一类是需要有严格的操作顺序，或需要执行特定操作的应用，比如 etcd、ZooKeeper 等。对可以直接乱序创建的应用而言，这样的应用部署和集群应用的部署没有差别，只需准备好应用的联邦对象 Spec 并创建即可。

联邦应用部署如图 8-12 所示。

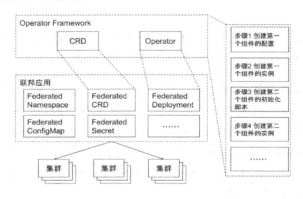

图 8-12　联邦应用部署

对于需要特殊准备、执行特定操作才可以部署的应用，应用的准备、初始化、状态同步等操作过程，可以定制到运维组件（Operator）中，应用的部署通过 Operator 来完成，从而将应用的部署转化为应用配置的部署和 Operator 的部署。Operator 将严格的顺序操作隐藏起来，暴露出一个通用的应用的部署模型，从而完成应用的部署。

8.3.3　联邦应用运维

应用运维是指在应用运行期间进行的各项操作，用以保证应用能够提供稳定、高效的服务。它包含应用上线、更新、升级、调优、下线等阶段。在 Kubernetes 集群中部署的应用，因为不用再考虑底层的硬件、网络拓扑、虚拟机（或物理机）等细节，所以在运维时关注的重点是应用本身，以及在集群中部署的拓扑结构。运维时考虑的不再是到什么样的节点进行什么操作，而是对 Kubernetes 对象进行调整，从而满足应用对性能、稳定性、存储、调度等的需求。

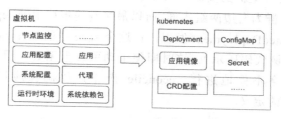

图 8-13 应用运维的改变

在 Kubernetes 中做运维，面对的是应用的各个 Kubernetes 资源的 Spec，例如 Pod、Secret、Deployment、Service、PVC 等。通过创建、删除、更新应用的各个 Spec，完成应用的部署、升级、更改配置等常规运维操作。通过有策略地对应用的各个 Spec 进行增、删、改，来完成各种高级的运维操作，比如灰度发布、蓝绿切换、试点发布等。

8.3.3.1 应用上线

应用上线是联邦应用的基本操作，它是将应用的各个 Spec 创建到联邦中，最终由联邦将资源创建到下辖的各个集群中。在 8.1.5 节中我们已经提到，集群联邦的资源同步是由同步控制器异步下发到下辖的集群中的。因此，应用的各个 Spec 的定义要能够容忍乱序执行。

在准备应用的各个 Spec 时，需要确保应用的各个 Spec 的 Placement 一致，即确定所有的 Placement 是一致的。否则，在部署应用时会因为 Spec 彼此之间所覆盖的集群不一致而导致某些集群无法创建出应用实例，或实例的行为不一致。如图 8-14 所示，最左边的集群被 Deployment 覆盖，但是没有被 Repilca Scheduling Preference 覆盖。同样的问题也可能发生在 Deployment、ConfigMap、Secret 之间。

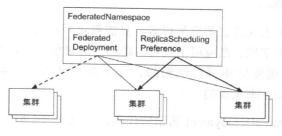

图 8-14 应用上线

在应用上线时，如果存在应用的 Spec 彼此之间覆盖的集群不一致，会导致有些实例无法创建出来，甚至有些集群的实例被意外删除。如图 8-14 所示，由于 Replica Scheduling Preference 所覆盖的集群为右边两组集群，所以最左侧的集群中的 replicas 会被强制设置为 0。而通过检查 FederatedDeployment 发现，在这个 spec 中的 Overrides 被强制添加了一条 replicas（如下面的示例代码所示）。这时即使手动更改也无效，因为 Repilca Scheduling Preference 的控制器会不停地进行 reconcile 操作，以确保应用的行为符合 Repilca Scheduling Preference 的定义。

```
$ k get federateddeployment nginx -o yaml
apiVersion: types.kubefed.io/v1beta1
kind: FederatedDeployment
metadata:
  name: nginx
  namespace: nginx
  ....
spec:
  overrides:
  - clusterName: "cluster1"
    clusterOverrides:
    - path: /spec/replicas
      value: 0
  - clusterName: "cluster2"
    clusterOverrides:
    - path: /spec/replicas
      value: 2
```

同样，如果 RSP 的定义与 FederatedNamespace 不一致，则会出现有副本的定义，但是最终的目标集群会因为没有对应的 Namespace 而无法创建实例。

8.3.3.2 应用下线

应用下线相对应用上线而言要容易得多，只需删除所有的 FederatedObjects 即可完成所有下辖集群中的应用下线。在应用下线时，联邦中的对象不会直接删除，它会等待所有的下辖集群中的对象删除完毕再自动删除。这个逻辑是通过集群联邦的 finalizer——kubefed.io/sync-controller 来实现的。

下面是一个 FederatedDeployment 的示例代码，它包含一个联邦特定的 finalizer。

```
apiVersion: types.kubefed.io/v1beta1
```

```
kind: FederatedDeployment
metadata:
  creationTimestamp: 2020-03-28T14:09:36Z
  deletionGracePeriodSeconds: 30
  deletionTimestamp: 2020-03-29T00:09:13Z
  finalizers:
  - kubefed.io/sync-controller
  generation: 7
  name: nginx
  namespace: nginx
  resourceVersion: "203216612415"
  selfLink:/apis/types.kubefed.io/v1beta1/namespaces/nginx/federateddeployments/
nginx
  uid: 9d1d4b97-015f-49b0-ac6d-082b753a8937
spec:
  overrides:
  ....
  placement:
  ....
  template:
  ....
status:
  ....
```

在调用完 delete 之后，集群联邦会观察下辖集群的资源是否已经被全部删除，如果已经被全部删除，则集群联邦会移除该 finalizer，完成该联邦资源的删除。

8.3.3.3　应用更新与升级

应用的更新与升级相对应用的上线、下线而言，会涉及应用的行为方式、功能支持、性能调优等。

通常应用的配置使用 ConfigMap 对象和 Secret 对象添加到 Pod 中。Kubernetes 对这两种对象提供两种配置更新方式：环境变量、挂载卷。使用环境变量进行的配置，在 Pod 启动时已经固定，无论具体 ConfigMap、Secret 中的内容如何更改，都不会体现到环境变量中。因此，使用环境变量的配置，在更新时需要重建 Pod。使用挂载卷进行的配置，kubelet 会挂载一个临时文件系统到容器目录中，并将 ConfigMap、Secret 的内容作为文件的方式添加到卷中。当 ConfigMap、Secret 发生更改时，kubelet 会刷新卷中的文件。因此，使用挂载卷的配置，可以直接体现更新后的 ConfigMap 和 Secret，应用可以拿到更新后的配置并热加载到应用中。对于不支持热加载的应用，则需要通过重新启动容器或者重建 Pod 来完成应用配置的更新。

对于配置的更新，需要考虑应用中的配置是通过什么方式配置到 Pod 中的。如果通过环境变量的方式配置到 Pod 中，则这个变量由于无法随着 ConfigMap、Secret 的更新而应用到容器中，所以需要重建 Pod。在联邦层面，我们无法直接对具体集群中的单个实例进行操作，因此，我们需要以另一种方式来触发实例的升级：在模板（Template）中附加配置的版本信息，这样在配置更新后 Template 部分会发生变更，从而触发下辖集群中的 Pod 的重建。下面举一个例子，通过更新 FederatedConfigMap，并在 FederatedDeployment 的 Template 中添加一个 Annotation 来触发集群中 Pod 的重建，具体实现代码如下：

```
apiVersion:
types.federation.k8s.io/v1alpha1
kind: FederatedConfigMap
metadata:
  name: nginx-config
  namespace: nginx
spec:
  template:
    data:
      certpath:
/nginx/certs/server.cert
      keypath:
/nginx/certs/server.key
      version: v2
  placement:
    clusters:
    - name: cluster1
    - name: cluster2
```

```
kind: FederatedDeployment
metadata:
  name: sample-federated-deployment
  namespace: nginx
spec:
  template:
    metadata:
      labels:
        app: nginx
    spec:
      replicas: 2
      selector:
        matchLabels:
          app: nginx
      template:
        metadata:
          annotations:
            config.nginx/version: v2
          labels:
            app: nginx
        spec:
          containers:
          - image: nginx
            name: nginx
  placement:
    clusters:
    - name: cluster1
    - name: cluster2
```

如果应用的配置通过卷的方式挂载到 Pod 中，那么在升级配置时，只需在联邦控制层面完成 FederatedConfigMap、FederatedSecret 的更新即可。如果通过环境变量的方式对应用进行配置，则除了要更新两个配置，还需要对所有集群中的 Pod 进行重建，才可以完成最终配置的更新。并且，配置和 Pod 的重建有严格的顺序。

使用两种不同的配置方式在联邦层面对应用配置进行更新的差异如表 8-2 所示。

表 8-2　配置方式与升级对比

	通过挂载卷配置	通过环境变量配置
是否更新 FederatedConfigMap、FederatedSecret	是	是
是否更新 FederatedDeployment 或其他 Pod 组合资源	否	是
是否有严格的执行顺序	否	是
集群中的 Pod 是否重建	否	是

对于联邦层面的应用配置，其最佳方式是通过挂载卷的方式进行配置。如果应用本身不支持热加载，则需要同时用环境变量的方式，通过添加附属信息来强制更新 Template 中的信息以触发应用的更新。

应用的升级相对于应用的配置更新要更复杂一些。它包含对应用的镜像升级，以及对应用的运行时、启动参数、拓扑等的更改。应用的升级会涉及 Pod 的重建、服务的更改等。在应用的升级过程中，需要考虑应用的可用性，尽量减少对应用服务的影响，尽量快速地完成；还要考虑应用的升级是兼容升级，还是不兼容升级，以确定不同的升级策略。对于兼容升级，可以使用灰度发布来完成应用的升级；对于不兼容升级，需要有版本的切换窗口，保证在版本切换的过程中只有一个版本提供服务。下面我们来看一个向后兼容的版本升级的例子。

图 8-15 展示了一个常规的灰度发布升级过程，它包括了应用从 v1 版本逐步切换到 v2 版本的完整过程。

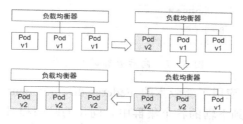

图 8-15　常规的灰度发布升级过程

对于非向后兼容的版本升级，在升级过程中必须保证新旧版本不同时运行。因此，在非向后兼容的版本升级过程中，存在服务空白窗口，应用在空白窗口时间内无法提供服务。应用版本不兼容升级的过程如图 8-16 所示。

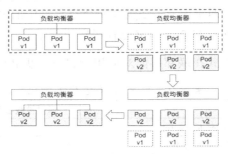

图 8-16　应用版本不兼容升级的过程

应用的运维除了版本升级，还有实例副本数量的微调、多服务的对接等。

相对集群应用的升级而言，联邦的应用升级是全局性的。当有一个新的版本的应用在联邦层面应用后，所有集群中的应用都将开始升级。对向后兼容的应用升级而言，与集群内部的升级类似，当应用了新版本之后，各个集群即可开始各自的升级，如图 8-17 所示。对于非向后兼容的应用，要停掉所有的现有版本，且要保证所有集群中都没有这样的实例，然后才可以应用新版本的实例。不兼容的版本升级更像是一次删除和重建：将所有老版本的应用实例下线，下线完成后重新上线新版本的应用。

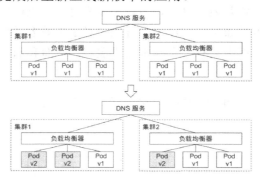

图 8-17　向后兼容的应用升级

在版本升级过程中，应用了新版本的 FederatedDeployment 后，联邦同步控制器将新版本的 Deployment 同步到下辖的各个集群中。同步的时间相对于 Pod 重建可以看作是瞬时的，多个集群同时开始做各自的 Deployment 的升级。联邦层面有状态同步，会将各个集群的升级状态汇总到 FederatedDeployment 的状态中。

8.3.4　集群联邦的局限性与解决方案

集群联邦提供了一套灵活的方案来描述一个应用在多个集群中如何部署，它既可以针对单个集群部署，又可以跨多个集群部署，还可以针对每个集群进行本地化定制。在上一节中我们详细阐述了联邦应用的运维，针对常规的运维操作进行了详细的阐述。对于集群联邦部署的应用，在部署、配置更新、应用升级等运维操作时，所有的操作过程都是全局性的。也就是说，在联邦层面的所有变更，会同时下发到下辖集群中，集群的各个控制器会立刻按照模型定义来驱动应用的更新和升级。

在实际应用环境中，应用的部署并不是一次性部署到所有的环境，而是根据应用的部署策略，一次先部署几个试点实例，做应用的灰度发布，在发布并运行一段时间以后，再对应用的其余实例按照策略进行部署。比如，发布应用时，会先在其中一个集群中升级一个或少数几个实例进行试点发布，发布完成后新旧版本同时运行一段时间以确定应用已经按照预期运行，再逐个集群做升级。若应用存在问题，则需要回滚。

在原生的集群联邦中，当要对联邦层面进行运维时，所有的操作默认是全局的。若要对单个集群进行配置和升级，则需要利用 Overrides 对单个集群的 Spec 进行定制。当单个集群出现问题时，可以及时移除 Overrides 并回滚到原来的版本。下面举一个使用 Overrides 对应用镜像进行升级的例子，代码如下：

```
apiVersion: types.kubefed.io/v1beta1
kind: FederatedDeployment
metadata:
  name: nginx
  namespace: nginx
spec:
  template:
    metadata:
      labels:
        app: nginx
    spec:
      replicas: 3
      ….
      template:
        spec:
          containers:
          - image: nginx:1.16
```

```
        name: nginx
    ….
placement:
  clusters:
  - name: cluster2
  - name: cluster1
overrides:
- clusterName: cluster1
  clusterOverrides:
  - path: "/spec/template/spec/containers/0/image"
    value: "nginx:1.17"
```

通过 Overrides 对单个集群的对象进行升级——这是官方推荐的升级方式。当需要对单个集群进行升级时，通过对比目前和目标 Spec 得到 JSON Patch 格式的补丁，然后将补丁设置到 Overrides 中。在上面的示例中，cluster1 的 Nginx 从 1.16 版本升级到了 1.17 版本，在升级的过程中，运维人员做了三件事情：

（1）准备好要升级的目标 Nginx 的 Deployment 的定义。

（2）将现有的 FederatedDeployment 的 Template 中的 Deployment 与目标定义进行对比，并生成 JSON Patch 格式的补丁。

（3）将补丁添加到 FederatedDeployment 的 Overrides 中。

对单次运维而言，可以通过定制 Overrides 的方式逐个集群完成应用的升级。最后，还需要补充额外的一步：回溯所有集群的 Overrides，收集共享的补丁，并应用到 Template 中，如图 8-18 所示。

图 8-18　回溯 Overrides

对少量集群而言，可以通过人工回溯所有的 Overrides 并合并到 Template 来完成。如果有很多集群，则需要根据策略添加 Overrides、回溯 Overrides，需要通过特定的工具或服务来完成。Overrides 使用 JSON Patch 格式，补丁的顺序不同，会导致完全不同的结果，因此，每一个集群补丁的叠加与回溯都需要有严格的策略。如果补丁相同而顺序不同，那么是无法回收的。随着应用的运维的深入和时间的积累，Overrides 积累也越来越多，必然会导致 Overrides 成为运维的一个痛点。

为实现所有集群逐个升级并减少运维的成本，可以充分利用联邦已有的功能来完成联邦应用的运维：

- 利用 Overrides 的特性，覆盖根（/）路径的模型定义。

Overrides 提供的一个功能是，可以覆盖任何已有路径上的模型定义。如果覆盖了整个根，则无论模板的定义如何变更，Overrides 中的根都会替换原有的模板。最终在同步时，模板中已经更新的内容不会同步到下层的集群中。因此，可以通过直接修改模板来完成应用的新定义，而不用担心下层的集群。

- 利用联邦的 Unstructured 的定义，扩展出新的逻辑。

在原生的联邦控制逻辑中有三个模块：Template、Overrides、Placement。通过这三个模块，可以完成联邦应用的描述。还可以通过扩展定义出第四个模块：Strategy。Strategy 用于定义联邦应用的升级。我们可以通过 Strategy 控制器来控制 Overrides 的根（/），从而控制欲与模板同步的目标集群，完成目标集群的应用升级。

下面列举一个经过扩展的联邦模型的 CRD 示例，具体实现代码如下：

```
apiVersion: apiextensions.k8s.io/v1beta1
kind: CustomResourceDefinition
metadata:
  name: federateddeployment.types.kubefed.io
spec:
  # ....
  validation:
    openAPIV3Schema:
      properties:
        apiVersion:
          type: string
        kind:
          type: string
        metadata:
          type: object
```

```
      spec:
        properties:
          strategy:
            type: object
            properties:
              policy:
                type: string
              autoPause:
                type: boolean
          overrides:
          # ....
          placement:
          # ....
          template:
          # ....
        type: object
        status:
        # ....
      required:
      - spec
  version: v1beta1
  versions:
  - name: v1beta1
    served: true
    storage: true
```

有了扩展出来的第四个模块，就可以完整地支持在联邦层面的升级需求：

- 升级时，可以选择一个集群一个集群地升级，也可以选择一个可用域一个可用域地升级，还可以选择全局升级。

- 通过扩展逻辑块（而不是 CRD）来支持所有的模型，从而减少模型的定义，同样减少了扩展模型的运维。

- 避开 Overrides 的叠加效应。

扩展前后的联邦模型对比如图 8-19 所示，这里以 FederatedDeployment（这里简称为 FD）为例来展示其变化。左侧为原生的 FD，在 Overrides 中包含各个集群的本地化定制；右侧为扩展后的 FD，其第一个 Overrides 中包含的是一个完整的在 Spec 中定义的 Kubernetes 对象，其余的 Overrides 与扩展前完全相同。

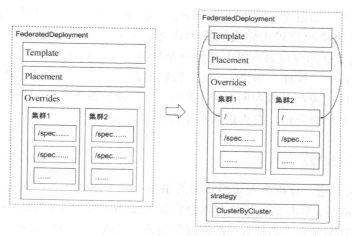

图 8-19　扩展前后的模型对比

　　下面我们继续以应用版本升级为例，来看一下升级策略模块是如何管理联邦应用的升级的。它分为三个阶段：初始阶段、单集群升级阶段、所有集群升级阶段。现在我们逐个阶段来看一下策略是如何工作的。

1. 初始阶段

　　初始阶段为所有的应用都处于 v1 阶段，所有应用的版本与联邦定义的版本相同。它的联邦定义模块与原生模块存在略微的差异——在 Overrides 部分的第一个值为当前模板的模板定义。这时，模板发生变更，下层的每个集群不受影响。初始阶段的 Spec 差异如图 8-20 所示，左边是原生模型，右边是扩展模型。

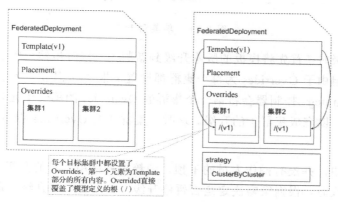

图 8-20　初始阶段的 Spec 差异

在原生模型中，如果没有对集群进行特别的定制，则默认每个集群的 Overrides 都为空，表示直接使用原生模板中定义的模型内容。相比于原生模型，扩展模型中定义了 strategy，表示这个联邦应用的升级方式为一个集群一个集群地升级。在 Overrides 部分设置了模板的所有内容，这样，如果 strategy 控制器没有启动，则无论怎样更改模板部分，都不会意外地将联邦应用发布到所有的集群中。strategy 控制器会根据控制器的定制，将模板中的内容逐个集群升级，首先进入单集群升级阶段。

2. 单集群升级阶段

strategy 控制器通过分析配置策略将新的 Template 覆盖到现有的 Overrides 的第一个元素中。当覆盖完成后，联邦的同步控制器会将新的 Template + Overrides 全部同步到目标集群中，此时策略控制器会检测是否已经完成单集群的升级，如图 8-21 所示。

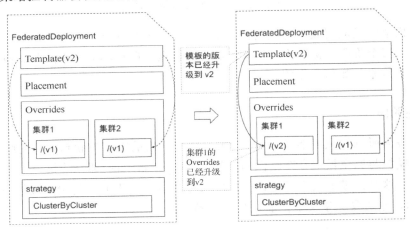

图 8-21　单集群升级

在单集群升级时，首先将模板的版本升级到新版本，这时虽然会触发联邦同步控制器做应用的部署，但由于 Overrides 为每个集群都设置了根（/）替换，所以最终并不会发生任何应用升级。Strategy 控制器会将第一个集群的 Overrides 的第一个元素升级到当前的模板所定义的版本，以完成集群 1 的升级。这时，集群 2 的 Overrides 保留 v1 版本，不发生升级。

在升级过程中，并没有操作人员的干预，纯粹根据应用本身的升级策略来定制升级。当集群 1 升级完成时，根据策略决定是否暂停升级，如果要暂停升级，则整个升级过程会在集群 1 升级完成后暂停后续的升级，然后由运维人员或者开发人员对新功能进行验证。

验证完成后可继续升级，且可以决定是继续暂停后续的集群升级，还是连续升级后续所有的集群。

3. 所有集群升级阶段

当完成所有的验证，并且所有版本都升级到相同的版本后，联邦应用的模型定义将重新回到最初的所有版本都一致的状态，即模板的版本和所有集群的 Overrides 的第一个元素都在相同的版本（V2 版本）上。此时即完成了所有版本的升级。

9

第 9 章
边 缘 计 算

云计算本质上是分布式计算和并行计算的融合，是计算资源、网络资源和存储资源大一统的管理平台。云用户无须关注基础架构的细节，只需为应用定义需要的算力和需要的存储空间等属性，剩下的作业调度、应用部署管控等由云平台来负责。

现代微服务架构体系通常将一个业务流打散成数十个到数百个基于网络调用的子系统，随着业务的增长，业务需要的计算资源规模也越来越大。为满足这些业务上耦合度较高的微服务集中部署的需求，企业的数据中心规模也变得越来越大。而集中式数据中心的一个显著的弊端是，所有服务集中部署在某一地域，这样的部署使得远程用户的请求需要经过长距离数据传输才能抵达数据中心。长距离的数据传输效率及互联网链路的不确定性，使得应用的速度和可用性无法得到保证。

另外，随着智能设备的普及，以及万物互联概念的兴起，越来越多的设备有接入互联网的需求，这些设备全部接入云端所需的网络带宽和算力是无法想象的。Gartner 预测分析报告指出，到 2022 年，50%的企业生成数据会在计算中心或云之外的位置被生成和处理。越来越多的工业控制系统会包括数据分析和人工智能能力，这个比例会从 2019 年的 5%增长到 2022 年的 20%。到 2022 年，50%的新物联网项目会用容器技术在边缘管理应用生命周期，50%的高端工业物联网网关会配备 5G 模块。接入设备的数量会猛增至 290 亿，其中 180 亿为物联网设备。

为满足如此规模的设备和数据的增长，就近计算或者边缘计算的概念被提出来并蓬勃发展。边缘计算是一种分布式计算概念，它将智能集成到边缘设备（也称为边缘节点），允许在数据收集源附近实时处理和分析数据。在边缘计算中，数据不需要直接上传到云或集中数据处理系统。

与传统的中心化思维不同，它的主要计算节点及应用分布式部署在靠近终端的设备本身、边缘节点，或者边缘数据中心，它与中心化的云计算模式相比具有显著优势：

- 计算尽可能靠近设备、靠近边缘，能有效降低网络延迟、提升应用性能。

- 数据在边缘设备处理使得需要传输到云端的数据大大减少，有效地减少了网络传输的成本。

- 安全敏感数据在边缘采集、边缘处理，无须传送给数据中心，数据在网络中的传输路径越短越安全。

- 计算将同时存在于边缘和云平台，它们之间的界线越来越难以划分，未来我们不会独立部署云和边缘，而是会创建云边一体化的完整生态。

轻量级的容器技术 Kubernetes 的兴起，能够大大推动边缘计算的演进速度。以 Kubernetes 技术为核心，可以快速构建边缘数据中心，为业务迅速扩张服务。边缘数据中心可以随业务的需求而定制，可以作为 CDN 边缘节点缓存静态数据，可以作为企业数据中心应用边缘网关做网络加速，可以作为边缘计算的控制中心，解决数据就近计算的问题。

9.1　边缘数据中心

边缘数据中心是边缘网关最核心的组件，适用于数据中心网络加速的场景。流量接入的实现依赖智能域名服务器、四层负载均衡及七层 API 网关的协同工作，而这些组件均可通过 Kubernetes 来实现。图 9-1 展示了一套边缘网关的纯软件实现方案，基于 Kubernetes 可快速构建边缘网关和边缘数据中心，以满足业务快速发展的需求。

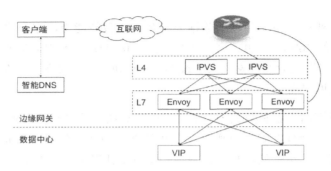

图 9-1 一套边缘网关的纯软件实现方案

9.1.1 智能域名服务（GSLB）

为满足生产应用的高可用需求，应用通常会做冗余部署。冗余部署包括单个数据中心中的多实例，以及跨地域的多数据中心部署。跨数据中心部署又分为主备模式和多活模式。比如常见的"两地三中心"，就是主备模式和多活模式的组合，该模式又分为同城主备和同城双活。同城单活模式下，如果主数据中心发生故障或灾难，业务应用可以在短时间内切换至其他数据中心。同城双活数据中心就是同一个城市部署两个数据中心同时提供服务，两个数据中心地位均等，一般是将统一业务拆分部署至两个数据中心，这样当一个数据中心出现故障，另一个数据中心依然可以提供服务。即使两个数据中心同时出现故障，还有异地数据中心可以从备份数据中恢复业务。为降低故障恢复时间，无论数据中心是否提供服务，应用都应该事先部署并测试完成，主备和多活数据中心的差别就是提供服务的数据中心数量不同。

假设某服务的高峰流量需要 100 个应用实例，那么在主备模式下，只有一个数据中心提供服务，需要部署三份总计 300 个应用实例，大部分资源在正常情况下是闲置的。而同城双活数据中心，可以把 100 个实例拆分到两个数据中心，每个数据中心 50 个，即可满足大部分场景需求。可见，参与服务的数据中心越多，越有利于提升资源利用率，降低硬件成本。针对大多数无状态应用，可以采用更激进的多活数据中心方案进行部署。而对多活数据中心来讲，如何降低网络延迟，为客户提供就近访问又是一个难题。

针对多地部署的应用，若能基于访问应用的客户端 IP 地址所属地域信息，返回物理位置接近的服务地址，则能有效地降低客户访问服务的网络延迟。智能域名服务承担的就是此职责。所谓 GSLB，就是基于服务地域属性划分流量的智能域名服务器。主要的硬件负载均衡厂商比如 Citrix、F5 都有 GSLB 设备和方案提供。对于 Kubernetes，我们也可以基于开源软件实现它的完整功能。

GSLB 在普通 DNS 基础上增加了两个主要功能：

1. 成员健康检查

标准 DNS 服务器无健康检查的功能，假设一个 A 记录有三个目标地址，当 DNS 服务器接收查询请求时，总是基于轮询策略将地址排序依次返回。假设其中有一个地址不可达或对应的服务不可用，普通 DNS 是无法感知的，它依然按照之前配置的列表继续轮询并返回结果。而支持健康检查机制的智能域名服务，可以周期性检测目标地址的健康状况，若健康检查失败，则将不健康的目标从转发列表中剔除

2. 按地域负载均衡

假设在跨地域部署模式下，某应用在三个地域有有效 Endpoint。如果像普通 DNS 一样依据轮询策略返回 DNS 目标，那么针对某一地域的客户端，只有 33%的概率返回本地 VIP。跨地域数据的传输开销很大，这样的配置使得应用性能很低，特别是在微服务架构下，一个业务流涉及数十个微服务调用，这种延迟效应被放大。GLSB 的存在使得按照地域进行负载均衡成为可能，GSLB 总是按照请求方的 IP 地址信息返回相同地域的 VIP，使得网络性能最佳。图 9-2 展示了一个多活数据中心架构下的流量管理拓扑。

要实现按地域负载均衡，首先需要识别请求方的 IP 地址的地域，其次要依据地域信息返回相应的 VIP。GSLB 本质上是一个智能域名服务器，DNS 服务器支持递归查询，因此，只需简单地配置域信息，就可以实现按地域负载均衡。

GSLB 中需要配置按地域负载均衡的所有 DNS 信息，但 GSLB 不直接面向客户端做第一层 NameServer，它只作为各个区域本地 NameServer 的上游服务器存在，并且管理特定子域名。

当一个客户端查询 GSLB 中配置的某域名时，请求总是发送至本地 NameServer。而本地如果没有对应的记录，NameServer 会遵循 DNS 的递归查询规则，向上游域名服务器发起解析请求。GSLB 收到下游 DNS 服务器发过来的查询请求时，只需要判断该请求的原始 IP 地址（下游域名服务器的 IP 地址）属于哪个地域，再将对应的本地虚拟 IP 地址返回即可。

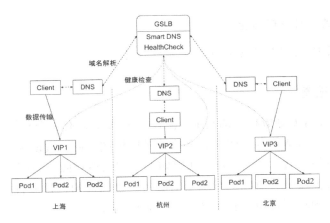

图 9-2　一个多活数据中心架构下的流量管理拓扑

目前大部分公有云都支持与 GSLB 功能类似的全局流量管理，比如 AWS 的 Route 53，就是一个 Smart DNS 实现，其因 DNS 端口是 53 而得名。还有微软 Azure 的 Traffic 也支持类似的功能。类似的全局流量管理在提供高可用生产应用和优化数据平面的场景中非常重要。

基于 Kubernetes 平台实现智能域名服务只需实现以下两个功能：

- 健康检查

在 Kubernetes 平台中，健康检查事实上可以构建在 GSLB 之外，比如 Kubernetes 的 CoreDNS 插件就会监控 Endpoint 状态，将未就绪的 Endpoint 移出转发列表。

- 就近访问

当前很多 DNS 组件（如 Kubernetes 采用的 CoreDNS）支持通过自定义插件实现域名查询功能的扩展。为实现就近访问的功能，只需编写插件，并在处理域名查询请求时，根据客户端 IP 地址返回就近的服务器地址。

9.1.2　边缘网络接入

利用全局流量管理，可以将请求就近转发至相邻地域。这对管理内部流量非常有利，因为内网流量来源可控，上下游互相调用时，请求总是从某个数据中心出发，再回到相同的数据中心。公网流量相对更复杂，即使是多活模式，数据中心也集中在某几个城市，而对提供全球业务的服务来讲，请求客户可能来自全球各地。如果数据中心搭建在杭州和上海，没有办法确定从美国发起的请求离哪个数据中心更近。对于公网流量，通常采用轮询或固定比例的策略，以便使多数据中心获得等量请求。

基于日常的直观感受，我们能知道跨地域的网络访问是非常慢的，主要有如下两下原因：

1. TCP 开销

TCP 是一种面向连接的、可靠的、基于字节流的传输层通信协议。该协议基于通信两端的协商，TCP 在建立连接时，需要三次握手。现代应用基本都基于 TLS 协议发布，在基于 TLS 协议建立连接时，在 TCP 三次握手之后，还需要经过交换加密算法等协商阶段。对于 TLS 协议，从客户端发起 TCP 握手请求到 SSL 连接建立，在这期间需要三次来回（Round Trip）。而网络信号的传输，不考虑拥塞或者失败重试等因素，其制约因素是光速，光绕地球一圈约 133ms。跨地域的网络传输一次需要 100ms 是常见的情况，单向传输需要 100ms 意味着一个 Round Trip 需要 200ms，SSL 连接建立需要 600ms，HTTP 响应需要 800ms，如图 9-3 所示。

完成握手后，TCP 在数据传输过程中会把数据流分割成适当长度（MTU）的报文段，数据包经由物理网络被传送给接收端的 TCP 层。为了确保数据包不丢失，TCP 为每个数据包添加一个序号。接收端服务器对已成功收到的包，发回一个相应的确认信息（ACK）；如果发送端实体在合理的往返时延（RoundTrip Time）内未收到确认，那么对应的数据包就被假设为已丢失并进行重传。因此，较大的数据包在传输时需要多次往返，传输延时在跨地域的长距离传输也被放大。

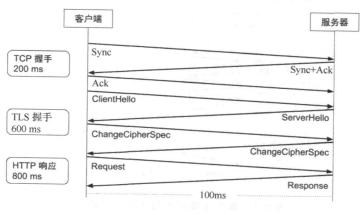

图 9-3　TLS 握手

2. 互联网路由的不确定性

互联网是由无数路由器和交换机连接起来的一张大网，从一个点到另一个点有无数的路径。通常，路由器在转发请求时都会根据请求的目标地址查询本地路由表，选择最短路径进行转发。这些网络路径跟用户所处的地理位置及运营商都有关。通过 traceroute 命令，可以查看访问某地址的完整网络路径。例如，某网站服务器在美国西部，在上海和在澳大利亚通过 TraceRoute 查询网络路径的结果是完全不一样的，甚至在澳大利亚的不同城市测试，结果也是完全不一样的。

要提高公网流量跨地域的网络传输效率，就要解决上面的两个痛点。通常的做法是在贴近用户的地域，构建边缘数据中心，对附近地域用户提供就近访问。公网流量的就近访问方案比私有流量更复杂一些，但方案类似。一种方式是使用任播（Anycast）协议，该协议可以同时将不同地域的多个物理设备宣告为同一个虚拟 IP 地址。当客户端访问该虚拟 IP 地址时，路由协议可以按照客户端到不同物理设备的网络延迟，将请求转发至距离最近的服务器。另一种方式是，不同地域的服务的虚拟 IP 地址不同，由智能域名服务提供基于地域信息的就近访问。

通过边缘网关可以提供就近访问，跨地域的客户端到数据中心的请求路径如图 9-4 所示。假设边缘网关与访问的客户在同一城市，二者之间的延迟是 10ms，边缘网关到数据中心的延迟是 100ms，那么客户端发起请求到 SSL 连接建立的整个时长会被压缩到 60ms。边缘网关到服务器这一段的网络延迟没有变，原始地址和目标地址是固定的，因此连接可以重用，通常无须再重新建立连接。因此，从客户端来看，整个请求的完整响应时间变成了 280ms，与客户端直连到服务器的响应时间（800ms）相比有了显著的提升。

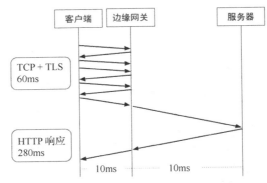

图 9-4　基于边缘网关的网络访问路径

其次边缘网关到数据中心的线路可以是专线，其网络路径不再是普通的互联网路径，不用跟其他公网流量挤在同一通道。可以通过调节滑动窗口大小、MTU 大小等减少 Route Trip 的数量，通过调节拥塞窗口等来增加并发传输数据量，从而提高整体数据传输的性能。

9.1.2.1　传输层负载均衡

在传统架构中，负载均衡器通常直接选用硬件负载均衡器，但硬件负载均衡器有诸多问题需要解决。

第一，硬件负载均衡器是以一个个硬件节点的形式存在的，通常配置静态路由、带宽有限，并且需要非常高的管理成本。比如，当某个业务突然增长时，其需要的贷款可能会增长几倍，这时整个负载均衡器的流量可能会被单个应用独占，其他应用会被压缩甚至出现不可用的状况，这时需要将过于繁忙的业务迁移到空闲设备上。随着业务进一步发展，即使独占单个负载均衡器的带宽也无法支撑业务，这个时候就需要增加更多设备，多个虚拟 IP 地址同时支持同一业务。这些流量的迁移和切分很可能会使虚拟 IP 地址发生变化，进而牵扯到防火墙的变更等，使管理压力非常大。

第二，硬件负载均衡器的配置通常是一主一备，主设备提供流量转发，备用设备保存配置，只有发生 Failover 切换成主设备时才用于流量转发，这使得有一半的设备闲置，硬件成本非常高。

第三，硬件设备的版本更新成本非常高。

第四，硬件设备在数据中心通常需要放置在单独的机架上，硬件设备从采购到上架配置到可用，通常需要长达数月的周期，无法满足快速的业务扩张需求。

而边缘网关的出现是为了实现业务的快速变更，通常从某个地区业务爆发，到边缘网关搭建完成有非常高的时效性需求，硬件负载均衡器无法满足快速扩张的需求。因此，我们需要基于软件实现负载均衡功能。

与硬件负载均衡不同，软件负载均衡的控制组件通过 Kubernetes Pod 的形式部署，数据层通过 Liunx 操作系统内核协议栈组件进行处理。比如，利用 Linux 网络协议栈的 IPVS 插件进行数据转发。在 6.1 节中我们介绍过现代数据中心底层路由协议常用 BGP 协议，基于 BGP 协议可以实现将一个虚拟 IP 地址在多个负载均衡实例中以同样的 Cost 进行路由宣告，这就构成了等价多路径的网络拓扑（Equal-Cost Multi-Path Routing，ECMP）。ECMP 是一种路由策略，它允许一个 IP 地址被路由至 Cost 相等的多个目标，支持 ECMP 的路由器转发数据时，会按照请求的 N 元组进行哈希，将请求平均分配至多条路径。

我们知道 Kubernetes 中描述传输层负载均衡的对象是 Service，对于边缘网关，同样需要一个 Service Controller 来监控 Service 对象的创建，并完成负载均衡配置。

IPVS 作为数据平面组件用于数据转发，与 kube-proxy 类似，但 IPVS 的实现与配置及 kube-proxy 相比更复杂。IPVS 只支持基于 Netlink 的本地控制，因此，控制平面和数据平面需要处于同一个 Pod 中。

图 9-5 展示了边缘网关负载均衡实现方案，该方案以 IPVS 作为数据转发组件，通过 BGP 协议实现虚拟 IP 路由宣告。

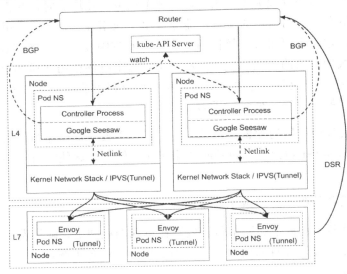

图 9-5　边缘网关负载均衡实现方案

ServiceController 需要完成的职责包括：

1. 虚拟 IP 地址分配

当用户创建 Service 对象以后，ServiceController 需要从预先配置的公网 IP 中选择一个可用的虚拟 IP 地址分配给该服务。

2. 数据转发规则配置

假设我们选择 IPVS 做数据转发组件，谷歌有一个开源项目 seesaw，其主要职责是通过 netlink 接口配置 IPVS，Service Controller 只需引入该依赖就可以直接编写控制器逻辑。该控制器逻辑需要监听 Service 和 Endpoint 信息，并调用 Seesaw 接口配置 IPVS 转发规则。

3．虚拟 IP 地址路由宣告

虚拟 IP 地址与物理设备的 IP 不一样，它没有绑定在任何物理设备上，但基于 BGP 协议和 ECMP，它能让多个设备提供同一个 IP 的数据处理。当 Service Controller 给 Service 分配 IP 并配置好 IPVS 规则以后，Controller 还需要将该 IP 从配置好的节点中宣告出去。互联网中的所有路由设备是一张网，BGP 是不同自治域中的路由设备，基于长连接，互相交换路由信息的协议。对于 Linux 主机，可以通过运行 BGP 程序，例如开源软件 bird，来模拟路由器行为。这样控制器只需与边缘路由建立长连接，成为 BGP Peer，然后将虚拟 IP 地址的路由信息写入本机路由表，该路由信息就会被同步至边缘路由器。

为控制路由器中的路由数量，BGP 对每个子网前缀都有数量限制，并且通过定义不同的 Scope 来界定路由宣告范围。为减少全局路由条目数，针对大型数据中心，需要做路由汇聚，即当为负载均衡器配置虚拟 IP 地址段时，这些虚拟 IP 地址段的汇聚路由应宣告到整个数据中心的所有路由器。当用户创建一个服务，ServiceController 为该服务分配虚拟 IP 地址并完成配置后，单个虚拟 IP 地址的路由宣告应该控制在边缘路由器与主机之间。

BGP 协议允许多个服务设备宣告同一虚拟 IP 地址，如果将负载均衡器组件扩展为多个实例，则每个实例可以以相同的 cost 宣告路由。这便使该方案成为了基于等价多路径（ECMP）的高可用负载均衡方案。当用户请求某个虚拟 IP 地址时，支持 ECMP 的路由器会按照其支持的 N 元组哈希算法，将请求平均分配到不同的负载均衡实例中。

每个实例的核心功能是负载均衡规则配置，包括以下特性：

1. N 元组哈希

基于源 IP 地址、源端口、目标 IP 地址、目标端口及协议的 N 元组哈希，对于同一个连接，总是选择同一个上游实例。如果在 IPVS 主机上按照 N 元组重新做哈希，那么无论请求被转发至哪个 IPVS 实例，都会被转发至相同的上游服务器。所有实例计算的哈希结果都一致，这样多个 IPVS 实例之间不用同步状态。当一个节点出现故障时，其他节点可将请求转发至同一个上游服务器。

2. 一致性哈希

基于 N 元组的哈希算法,会尽量将请求平分到多个上游服务器,在 Kubernetes 世界里,上游服务器以 Pod 的形式存在,扩缩容和 Failover 是常见的场景。在普通哈希算法中,目标的变动意味着大量的 Rehash,采用一致性哈希算法后,只需要将变动的部分重新哈希即可,减少了大量哈希计算的 CPU 开销。

3. Connection Tracking

Connection Tracking 是一张表,用来记录最近连接的后端选择结果,当 IPVS 模块处理数据并进行负载均衡操作时,首先查询该连接表,如果发现 N 元组已经有了对应的目标实例且该实例依然健康,那么直接复用此结果。如果不存在或者对应的实例状态不正常,则需要基于一致性哈希重新计算,计算结果会被保存在该连接表中供后面的请求数据复用。

4. 数据包封包

选择好对应的上游服务器以后,IPVS 模块开始处理数据包。内核协议栈在处理数据包时,可以采用 NAT 或者 Tunnel 两种模式,NAT 模式的缺点是用户的原始 IP 地址会丢失,这里选取更优的 Tunnel 模式,IPVS 模块会保持原始数据包不变,在原始数据包外面封装一层 IP 包头,数据包的内层包头源是客户端 IP 地址,目标是服务虚拟 IP 地址,外层包头源是 IPVS PodIP,目标是上游服务器 PodIP,使用 IP Over IP 协议发送数据给上游服务器。

5. 数据包解包

上游服务器接收 IP Over IP 数据包以后,需要对数据包进行解包处理,将外层 IP 地址头丢弃,并将内层数据包转发至提供服务的用户容器进程中。

6. 健康检查

健康检查是负载均衡的基本功能,在我们打造的软件负载均衡中也需要这个功能。Seasaw 库有 API 支持多种健康检查模式,只需在控制器中调用接口对所有上游目标做健康检查,如果某个上游服务器检查失败,则要将 IPVS 中对应的转发规则删除掉。

软件的传输层负载均衡有多种实现方式,使用操作系统自带的 IPVS 来实现是最直接、成本最低的方式。当然 IPVS 在处理数据的过程中需要依赖操作系统协议栈,转发效率并非最高。想要获取更大的流量处理能力,有很多数据平面加速技术可用,比如 DPDK 和 XDP。

9.1.2.2　应用层 API 网关

作为传输层负载均衡的转发目标,七层 API 网关需要配合完成数据转发。因为传输层负载均衡利用 IP Tunnel 配置转发规则,当它转发数据时,以 IP Over IP 协议发送的数据包作为目标,Envoy Pod 在接收请求以后,需要将 IPIP 报拆解。这需要在 Enovy Pod 中创建类型为 IPIP 的设备并绑定虚拟 IP 地址。

API 网关控制平面有两个选择,轻量级的 Contour 和大而全的 Istio。选择哪个控制平面视具体需求而定,Contour 小而精,因此维护成本较低,但缺少访问控制等基本功能。

为满足安全性需求,目前公网服务都以 HTTPS 协议发布,边缘网关的一个主要作用就是协议转换,将 HTTPS 卸载在 API 网关之上,网关向集中式数据中心重新发起 HTTP(某些安全性要求高的应用,可能需要重新开启 HTTPS)请求,以降低协议协商的开销。因此,API 网关需要实现 SSL 卸载的功能,SSL 卸载是一个需要大量 CPU 进行加密解密的过程,相比专用硬件负载均衡器而言,基于普通服务器的 SSL 卸载能力较差。如果并发请求较高导致 CPU 太忙而影响转发效率,则可以购买专门的 SSL 加速卡,或者对 API 网关的 Pod 进行横向扩展,以增加处理能力。

微服务架构网站的主站通常是数十到数百甚至上千个微服务的集合,不同微服务以不同访问路径注册在同一主域名下。同时 API 网关会有一些通用的访问控制策略,比如外网 IP 不能访问以/admin 结尾的路径等,我们可以利用 Istio 来制定访问控制策略。

Envoy 接收请求后,会按照既定的应用层转发规则将请求转发至对应的目标,对边缘网关来说,这些目标通常是处于云端的服务虚拟 IP 地址。Envoy 在接收云端处理结果以后,需要将该请求转发回客户端,因为该请求抵达 Envoy Pod 时是 IPIP 包,在操作系统卸载了外层包头以后,内层数据包包头是客户端 IP 和服务虚拟 IP 地址,Envoy 在回包时,只需将源目标地址翻转再发送数据,该响应包即可默认网关绕过 IPVS 而直接发送至客户端,此模式为大家熟知的 DSR 模式。数据传输路径如图 9-6 所示。

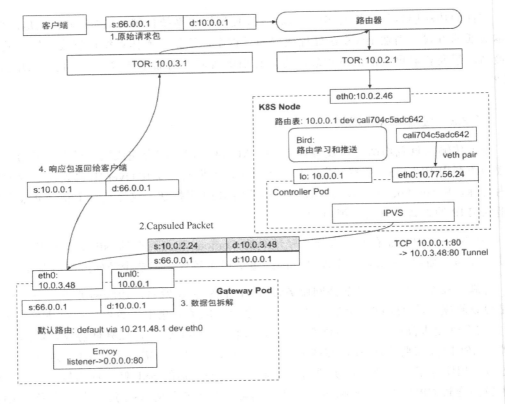

图 9-6　数据传输路径

9.1.3　规划边缘计算应用

　　有了基于 Kubernetes 的边缘数据中心和纯软件边缘网关方案，就可以基于 Kubernetes 快速构建一个完整的贴近用户的小型边缘数据中心。从基础架构、Kubernetes 组件，到以 Kubernetes Pod 形式存在的域名服务器、传输层负载均衡、API 网关，都以源代码形式保存在代码仓库中。在集群中运行的应用、要发布到 API 网关的服务、证书、转发规则等，全部以 Kubernetes Spec 的形式保存在代码仓库中。此外，运营需要的监控组件、为远程网络调用所做的网络调优配置也在代码库中保存。这使得快速构建一整套边缘数据中心成为可能，假设欧洲业务发展迅速，为提升该地域用户访问速度，只需在德国重点城市选择一个运营商，租用其数据中心几台服务器。只要硬件和基础架构网络满足基本需求，一个可以运营的边缘数据中心可以在数小时内构建出来。要知道，在引入 Kubernetes 技术之前，同样工作的耗时是三个月到半年。

Kubernetes 集群的规模扩张难度很低，这使得边缘数据中心可以随时按业务需求决定规模。边缘网关用于基本的就近流量分摊和 SSL 卸载。图 9-7 展示了边缘计算应用的典型架构和应用场景。

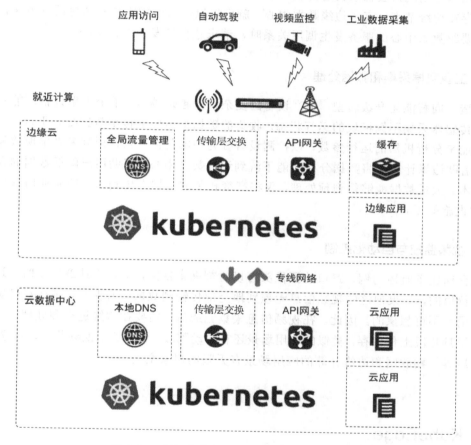

图 9-7　边缘计算应用的典型架构和应用场景

下面就图 9-7 中的部分应用场景做简要阐述。

1. 边缘网关和访问控制

9.1.2 节所阐述的边缘网络接入方案，能显著降低访问数据中心服务的网络延迟，提升用户感受。边缘网关不仅可以提升响应速度，借助应用层 API 网关的访问控制能力，还能有效过滤用户请求，将非法请求阻止在边缘，减轻云计算数据中心的网关和骨干网的压力。

2. 内容缓存

互联网应用通常会借助内容分发网络（Content Delivery Network）将静态数据、图片、视频缓存在边缘节点。有了边缘数据中心，就可以以较低的成本构建边缘缓存方案，这样只有需要跟数据中心的服务发生调用关系时，请求才会转发至数据中心。

3. 工业数据采集和数据处理

制造业向智能化升级转型，生产设备的复杂程度越来越高，单个大型设备可能有成百上千个传感器采集不同模块的运行状态。收集的数据都需要上传至数据处理平台，并借助人工智能来分析机器的运行参数，以检测设备行为中的任何异常，预测未来出现故障的可能性。借助边缘计算能将数据分析功能下沉到边缘数据中心，帮助用户降低数据的存储和传输成本。大量数据能够得到预处理，仅将高度相关的数据上传到云端或企业内部自有的 IT 基础设施即可。

4. 视频监控与自动化控制

以交通违章监控为例，路口的摄像头可以时刻采集视频，但在无违章发生时，这些视频是无价值的，如果把这些视频信息无差别地全部传输到数据中心保存，那么对带宽和存储的占用是不可想象的。因此，在视频信息采集完成后，需要在边缘进行预处理，将涉嫌违规的视频片段上传保存。类似的应用场景还有自动驾驶、无人机、视频监控、智慧城市、智能家居等，物联网和边缘计算的应用场景有无限的想象空间。

9.2　KubeEdge

边缘数据中心是云端的延伸。基于边缘数据中心的边缘应用将边缘数据中心的能力扩展到边缘设备。针对工业数据采集和智能管控的应用场景，Kubernetes 提供了一个定制化版本 KubeEdge。

其目标是建立一个开放平台，以支持 Edge 计算，将原生容器化应用程序的编排功能扩展到 Edge 上的主机，该主机基于 kubernetes 为网络、应用程序部署及云与 Edge 之间的元数据同步提供基础架构支持。

边缘云到云端的网络通常是基于 EVPN 等技术的专线网络,而边缘设备到边缘数据中心则不需要这样的专线网络。边缘网关到边缘数据中心通常是基于普通互联网的,此类网络没有生产级别的质量保证,边缘节点与控制中心可能会断网。KubeEdge 需要支持离线模式,也就是在边缘网关节点离线状态下依然能正常工作。基于 KubeEdge 部署边缘应用,可以进一步把数据采集和数据处理放在边缘侧完成,极大减少带宽需求和边缘云的资源开销,降低计算和网络成本。

KubeEdge 是随着 Kubernetes 的演进而产生的,其本质是一个基于 CRD 对象的用于边缘节点管理、边缘应用编排、边缘设备监控和管理的定制版 Kubernetes。KubeEdge 中的应用管理与在云中的应用管理体验一致,图 9-8 展示了 KubeEdge 架构。

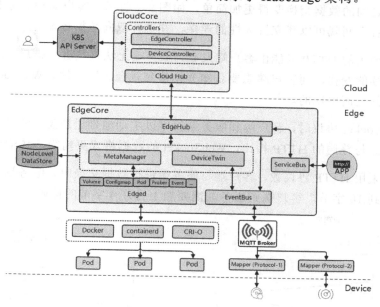

图 9-8 KubeEdge 架构

所有应用基于容器技术运行,有利于在异步和封闭环境中为应用提供完备的运行环境,并做版本管理。依托容器技术可以轻松地将现有的复杂机器学习、图像识别、事件处理和其他高级应用程序部署到 Edge。开发人员可以编写基于常规 HTTP 或 MQTT 的应用程序,对其进行容器化,然后在 Edge 或 Cloud 中的任何位置运行它们。

边缘设备映射器基于蓝牙、Modbus 等智能设备协议采集数据,并汇报至 MQTT 服务器，再经消息总线转发给消费数据的应用。

9.2.1 通信协议

因为边缘网络的复杂性，也因为 KubeEdge 需要跟不同的控制组件和不同协议的设备通信，因此 KubeEdge 所涉及的通信协议与 Kubernetes 相比要复杂得多，了解这些通信协议有利于了解 KubeEdge 的工作原理。

9.2.1.1 WebSocket

WebSocket 是一种可以在单个 TCP 连接上进行全双工通信的协议。WebSocket 使得客户端和服务器之间的数据交换变得更加简单，如图 9-9 所示，客户端和服务器只需要完成一次握手，两者之间就可以建立持久性的连接，并进行双向数据传输。

我们一直使用的 HTTP 只能由客户端发起，服务端无法直接进行推送，这就导致了如果服务端有持续的变化，而客户端想要获知变化信息就会比较麻烦。WebSocket 协议就是为了解决这个问题而出现的。

使用 WebSocket 协议时，客户端和服务端都可以主动地推送消息，消息体可以是文本或二进制数据。与普通的 HTTP 相比，WebSocket 的数据格式更精简，传输效率更高。

握手阶段采用 HTTP 协议数，客户端与服务端进行数据交换时，服务端到客户端的数据包头只有 2 到 10 字节，客户端到服务端需要加上另外 4 字节的掩码。

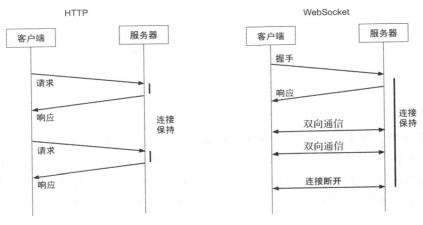

图 9-9　WebSocket 协议通信机制

9.2.1.2　QUIC

Quic（Quick UDP Internet Connection）是由谷歌提出的使用 UDP 进行多路并发传输的协议。

由于建立在 UDP 的基础上，QUIC 支持在握手的同时传输数据，也就是说，握手的额外开销可以忽略，所以在大部分情况下，只需要 0 个 RTT 就能实现数据发送。

QUIC 基于 UDP，在传输层没有拥塞控制，这一切都在应用层进行。与 TCP 类似，QUIC 每发送一个数据包后，都会等待回复一个确认包。QUIC 会对重要的数据包在确认发生丢失前就尝试重传，通常是等待较短的时间没收到确认后就马上再次发送。这样在网络中会有若干相同的数据包同时传输，只要有一个能成功抵达就完成了连接。接收方对于关键数据包的多次发送和普通数据包的超时重传，都采用相同的重复包处理机制。基于 TCP 的 HTTP/2 会受到 TCP 的头部阻塞影响，因为 HTTP/2 的多路复用中的不同流是基于 TCP 的单个子节流，一个 TCP 数据报文的丢失会阻塞所有的数据报的传输，直到重传包的到来。

QUIC 是为多路复用而设计的，当一个流的数据包丢失只影响特定的流时，其他的流可以正常地传输数据。

9.2.1.3　Beehive

在 Kubernetes 架构中，API Server 是核心组件，它本质是一个 API 网关，为所有 Kubernetes 对象提供基本操作的支持，而其他组件之间不直接通信，所有控制器都先监听 API Server 的对象变化，再进行配置。API Server 的监听和事件通知机制为整个系统提供了一个消息中间件。而 KubeEdge 因为部署在网络不可信的网络边缘，边缘节点和 API Server 可能部署在完全不同的网络位置，因此组件和组件之间再通过 API Server 进行消息传递已经变得不可信。在 KubeEdge 架构下有两个主要组件，CloudCore 和 EdgeCore。CloudCore，通常部署在离 API Server 近的位置，用于控制平面的命令下发及边缘节点和设备信息的上报。EdgeCore，通常部署在边缘节点，主要用于接收 CloudCore 发送过来的指令，控制边缘节点的 Pod 生命周期，提供消息代理、上报数据等。CloudCore 和 EdgeCore 可以通过 WebSocket 或 QUIC 服务互相通信，不再依赖 API Server。这两个组件又包含各自的子模块，子模块的通信也不再依赖 API，而是基于异步消息框架来完成各个线程之间的通信的。

Beehive 是基于 Go Channel 的异步消息框架，它用于 KubeEdge 的不同子模块之间的通信。只要不同的子模块都注册在 Beehive 框架中，它们就可以通过 BeehiveContext 进行通信。

下面介绍一下 Beehive 的消息格式、模块加载机制和消息传输机制。

1. 消息格式

Beehive 传递的消息结构体主要包含如下三个部分：

（1）Header：消息头保存消息的基本信息，比如 ID、创建时间等。

- ID：消息 ID。

- ParentID：通常是空，如果消息是一个同步请求消息的响应，那么 ParentID 就是请求消息的 ID。

- TimeStamp：消息生成时间。

- Sync：布尔型，标识该消息是同步还是异步。

（2）Route：Route 保存消息的路由信息，从哪里来、到哪里去等。

- Source：消息来源，因为 Beehive 支持不同模块之间的通信，这里保存源模块名。

- Group：消息去向，因为 Beehive 支持不同模块之间的通信，这里保存目标模块名。

- Operation：操作，代表要对目标对象做什么操作，比如是读、更新还是删除。

- Resource：定义对哪个资源进行操作。

（3）Content：消息内容定义消息的主体，比如，当消息创建 Pod 时，Context 中保存的是 Pod 的 Spec。

2. 模块加载机制

Module 是 Beehive 框架对子模块抽象的接口，接口中定义了如下方法：

```
// Module interface
type Module interface {
    Name() string
```

```
    Group() string
    Start()
    Enable() bool
}
```

beehiveContext 是 Beehive 框架中不同线程间协同工作的关键数据结构，它用于维护 ModuleConext 和 MessageContext 两个主要对象，这两个对象的定义代码如下：

```
// ChannelContext is object for Context channel
type ChannelContext struct {
    //ConfigFactory goarchaius.ConfigurationFactory
    channels        map[string]chan model.Message
    chsLock         sync.RWMutex
    typeChannels map[string]map[string]chan model.Message
    typeChsLock  sync.RWMutex
    anonChannels map[string]chan model.Message
    anonChsLock  sync.RWMutex
}
```

需要重点强调的是，ChannelContext 中维护了三个 channel Map。channels 用来保存 Module 名和发送消息的 channel 的对应关系，typeChannels 用来维护模块、模块对应的组，以及 channel 的对应关系，anonChannels 用来记录 Module 与对应的处理同步请求的响应消息的 channel 的对应关系。

Beehive 同时支持将不同模块分组，这样在发送数据时，消息可以发送至某个模块，或者某个分组的所有模块。

在模块加载过程中，Beehive 会读取其模块名、对应的群组名、分配处理数据 channel，并保存至 ModuleContext，当每个模块需要处理异步消息时，都从 MessgeContext 读取和发送。

3. 消息传输机制

当每个模块将自己注册到同一个 Beehive 以后，模块之间的通信机制就比较清晰了。

首先按照消息格式组装一个消息结构，然后调用 Send 方法将消息发送出去。该方法的实现是从 messageContext 中读取目标 Module 的消息通道，并将数据发送至消息通道。

接收消息是通过 Send 在消息通道的另一侧进行的，其实现是从 messageContext 中读取目标 Module 的消息通道，并将数据读出。

以上的消息传递是异步的，也就是说，发送方只负责将消息发送出去，无须另一侧的确认。在某些场景下，发送方需要等待接收方确认，Beehive 支持同步消息发送。

9.2.1.4　MQTT 协议

MQTT（Mosquitto）是 IBM 推出的基于 TCP/IP 的面向移动设备和传感器的轻量级消息协议。这使其适用于物联网消息传递，特别是如电话、嵌入式计算机或微控制器等低功率传感器或移动设备。MQTT 是非常流行的设备接入协议，IBM、亚马逊、微软等的 IoT 托管服务都支持该协议。Eclipse Mosquitto 是一个开源软件，起源于 IBM 的闭源项目 Really Small Message Broker（RSMB），该软件实现了基于 MQTT 协议的消息代理功能。

图 9-10 展示了 Eclipse Mosquitto 的基本通信机制，mosquitto 作为服务器（Message Broker）运行在每个需要的边缘节点上，同时客户端可以以不同身份连接到服务器，mosquitto_sub（Subscriber）作为消息订阅方订阅自己需要关注的主题，mosquitto_pub（Publisher）作为消息发布方发布消息，所有消息经过消息代理转发给 mosquitto_sub。

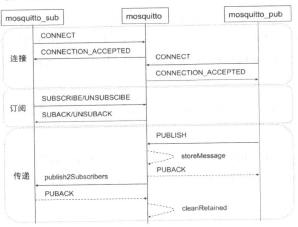

图 9-10　Eclipse Mosquitto 的基本通信机制

下面介绍一下 MQTT 协议的主题订阅和消息发布。

MQTT 协议传输的所有消息都会发布到某个主题中，主题无须事先配置即可直接发布。主题是一个以"/"分割的树状结构，这使得消息可以像文件目录一样管理。订阅者可以订阅某个主题，只有订阅主题的消息才会推送给他。消息订阅可以使用符号"+"和"#"，"+"用于单层级匹配，"#"用于剩余所有层级的匹配。比如，对于某个主题"a/b/c/d"，下面的订阅都会接收该主题的消息：

```
a/b/c/d
+/b/c/d
a/+/c/d
a/+/+/d
+/+/+/+
#
a/#
a/b/#
a/b/c/#
```

下面介绍一下 MQTT 协议的质量保证。

MQTT 协议约定了数据传输的多种 QoS，图 9-10 展现了 mosquitto 中多种 QoS 模式下数据传输的细节，不同 QoS 的主要区别是，在数据传输构成中，消息代理是否需要对数据进行持久化。在"至多一次"的模式下，无须对消息进行持久化存储；而在"至少一次"的模式下，则需要在发送消息前，将消息存储在本地。

- 至多一次：消息发布完全依赖底层 TCP/IP 网络，会发生消息丢失或重复。消息代理无须保证消息是否发送成功，也无须接收方确认，因此不需要任何持久化，也无须对发布和传递信息发送确认响应。具体消息传递路径如图 9-10 中实线箭头所示。

- 至少一次：确保消息到达，但消息重复可能会发生。消息代理在接收发布请求后，先将消息持久化，再发确认给发布方。接下来，将消息转发给接收方，等待接收方的确认响应，并将持久化的消息清除。

- 只有一次：确保消息到达一次。这一级别可用于如下情况，在计费系统中，消息重复或丢失会导致不正确的结果。此模式对消息传递质量要求更高，在消息代理中维护了接收队列和发送队列，以确保消息只发送一次。

9.2.1.5 设备通信协议

设备通信协议有两种：Modbus 协议和 Bluetooth 协议，下面将分别介绍这两种协议。

1. Modbus 协议

Modbus 是一种主从通信协议，支持多种电气接口，如 RS-232、RS-485 甚至是以太网。

特别是在 RS-485 上的广泛应用，使 Modbus 已经成为事实上的 RS-485 通信标准。目前该协议在 PLC、DCS 等各种智能仪表上得到了广泛采用。

图 9-11 展示了 Modbus 协议细节，一个主设备可以连接多个从设备，主设备和从设备之间可以通过串口或标准 TCP/IP 连接。

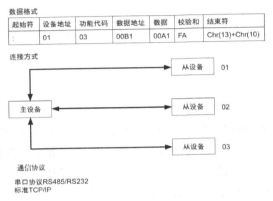

图 9-11　Modbus 协议细节

下面解释一下图 9-11 中的数据格式。

- Modbus 的 ASCII 方式起始符是一个冒号 "："。

- 设备地址要求是两个字符，比如发给 2 号站，地址为 "02"。

- 功能代码要求是两个字符，比如写命令 3，地址为 "03"。

- 数据地址是四个字符，如 00B1。

- 如果是写操作，则需要提供写入数据，默认为四个字符，比如要写入 A1，则前面补 0，实际写入数据为 00A1；如果是读操作，则数据为要读取的字节数。

- 校验和，与所有通信协议一样，需要对消息体计算校验和，以确保数据完整性，对于消息体 010300B100A1，其校验和为 FA。

- 结束符表示消息体终止，格式为 Chr(13)+Chr(10)。

串口传输方式的规范与 ASCII 类似，唯一的差别就是起始符和结束符不同，串口协议是以固定时钟周期的信号停顿标定消息的起止的。

2. Bluetooth 协议

Bluetooth（蓝牙）协议是一种基于超高频短波技术、用于近距离无线设备交换数据的通信技术。Bluetooth 波段区间位于 2.400～2.485GHz，常用于工业、科学或医疗行业，在工业物联网年代，很多工业设备元件会采用 Bluetooth 技术采集并传输数据及进行设备控制。

Bluetooth 设备间的通信采用 GATT（Generic Attributes，通用属性）协议，该协议定义了 Services、Characteristics 等概念，供低能耗 Bluetooth 设备进行数据交换。

在两台 Bluetooth 设备的连接建立以后，GATT 开始工作。如图 9-12 所示，Bluetooth 协议中，通信的双方是不对等的，分为主设备和从设备，两种设备是一对多的关系，一个主设备可以连接多个从设备。从设备，通常是被管理设备，启动 GATTServer；主设备，通常是管理设备，比如手机、平板电脑等，作为 GATTClient，发送请求到从设备中的 GATTServer。

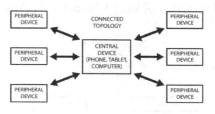

图 9-12　Bluetooth 主从设备通信

GATT 消息传递和事务处理基于三个彼此关联的对象，Profiles、Services 和 Characteristics，如图 9-13 所示。Profiles 是一种抽象，在设备中并不存在。待交换数据被打散成一个个逻辑实体，叫作 Services，每个逻辑实体包含一组或多组数据，称为 Characteristics。每一个 Services 都用一个 16 位的预定义 UUID 或 128 位的自定义 UUID 来标识，工业界为一些标准服务预留了 16 位的 ID，比如电池服务、二进制传感器、血压、设备信息等。

Characteristics 是 GATT 传输中的最细粒度的概念，代表一个基本的数据单元。与 Services 类似，Characteristics 也用 UUID 来标识，业界也有预定义的属性类型，比如电池管理 Services 中预定义的 Characteristics 有电池状态、电池

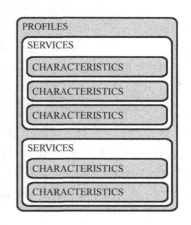

图 9-13　GATT 消息

电量水平等。Characteristics 是与 Bluetooth 在设备交互过程中最重要的数据载体和交互对象。

9.2.2　CloudCore

与 Kubernetes 一致，KubeEdge 在部署上由处于云端的管理节点和处于设备侧的边缘节点组成一个管理集群。

在了解了 Beehive 机制后，就会知道该框架下不同组件之间的通信原理，CloudCore 中不同组件的点对点通信由 Beehive 来实现。只需理解不同组件之间消息传递的顺序，就可掌握 KubeEdge 控制平面的脉络，图 9-14 展现的是 CloudCore 组件的交互关系。CloudCore 与 Kubernetes 的控制平面组件类似，它部署在云侧（通常是边缘云），主要子模块包括 EdgeController（用于边缘节点管理）和 DeviceController（用于边缘设备管理），这两个控制器监控 API Server 中的对象变化，并通过 CloudHub 与边缘节点通信。

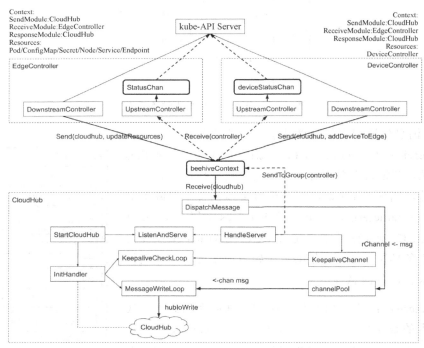

图 9-14　CloudCore 组件的交互关系

9.2.2.1 CloudHub

CloudHub 是 CloudCore 的一个模块，是 Controller 和 Edge 端之间的中介。它同时支持 Web 套接字的连接和 QUIC 协议访问。EdgeHub 可以选择一种协议来访问 CloudHub。CloudHub 的功能是启用控制器与边缘之间的通信。

一方面，CloudHub 从 BeehiveContext 读取另外两个控制器子模块发给自己的消息，这些消息的目标都是边缘节点，为每个节点维护一个 channel。CloudHub 将这些消息解析后放入对应的 channel，MessageWriteLoop 会从 channel 中获取消息，并发送给 EdgeHub。这种消息的传播路径如图 9-14 中加粗的实现箭头所示。此外，CloudHub 通过维护 KeepAliveCheckLoop 线程来处理边缘节点的心跳消息。

另一方面，CloudHub 启动 WebSocket 和 QUIC 的网络监听器并接收边缘侧发来的请求，然后解析消息的目标地址，并将消息发送至 BeehiveContext，再经 BeehiveContext 转发至控制器组件。这种消息的传播路径如图 9-14 中加粗的虚线箭头所示。

9.2.2.2 EdgeController

KubeEdge 中的 ControllerManager 用于管理集群中的各种 Kubernetes 原生对象。

EdgeController 中包含两个控制器，一个是 DownstreamController，另一个是 UpstreamController。

DownstreamController 用于维护 Pod、Configmap、Secret、EdgeNode、Service 和 Endpoint 的 Informer，监听 API Server 中对象的变化，并将用户定义的各种对象下发到边缘节点。一个典型的场景是，SyncPod 线程会监听 API Server 中 Pod 的变化，如果 Pod 是调度到边缘节点的，则组装 BeehiveMessage，并将该消息发送到 CloudHub，完成 SyncPod 的操作。

事实上 SyncPod 在解析 Pod Spec 的同时，还会读取 Pod 中的 Volume 定义，如果 Volume 是由 Configmap 或者 Secret Mount 而来的，则会将 Configmap、Secert 和 Node 的对应关系保存在本线程缓存，这样 syncConfigMap 和 syncSecret 线程在监听到 Secret 和 Configmap 时，会查找对应关系，并且将这些对象发送到对应节点。

UpstreamController 用于上述对象的状态维护，为每类对象维护了一个私有的 Status Channel，从 BeehiveContext 中读取边缘节点发送过来的状态信息，根据接收的消息对象类型不同，将其放入不同的 Status Channel 中。每个对象类型的 Channel，都有一个同步

Loop，用于解析消息及更新 API Server。

图 9-15　DeviceModel

9.2.2.3　DeviceController

KubeEdge 中引入了两个自定义对象：DeviceModel 和 Device。DeviceController（设备控制器）用于将用户定义的设备信息推送到边缘节点，并将边缘节点手机上的状态信息更新至 API Server。

如图 9-15 所示，DeviceModel 描述了设备暴露的属性和访问这些属性的方法，DeviceModel 是一个用于管理设备的可重用的配置模板。

假如 DeviceModel 定义了一个基于 Modbus 协议的温度传感器，它包含温度属性的定义，示例代码如下：

```yaml
apiVersion: devices.kubeedge.io/v1alpha1
kind: DeviceModel
metadata:
  labels:
    description: 'TI Simplelink SensorTag Device Model'
    manufacturer: 'Texas Instruments'
    model: CC2650
  name: sensor-tag-model
spec:
  properties:
  - name: temperature
    description: temperature in degree celsius
    type:
      int:
        accessMode: ReadOnly
        maximum: 100
        unit: Degree Celsius
  - name: temperature-enable
    description: enable data collection of temperature sensor
    type:
      string:
        accessMode: ReadWrite
        defaultValue: OFF
  propertyVisitors:
  - propertyName: temperature
```

```
modbus:
  register: CoilRegister
  offset: 2
  limit: 1
  scale: 1.0
  isSwap: true
  isRegisterSwap: true
- propertyName: temperature-enable
modbus:
  register: DiscreteInputRegister
  offset: 3
  limit: 1
  scale: 1.0
  isSwap: true
  isRegisterSwap: true
```

下面解释一下上面代码中的两个温度属性：temperature 和 temperature-enable。

temperature: 只读属性，从设备中读取温度值，该属性类型是 int，最大值是 100，单位是摄氏度。

temperature-enable: 读写属性，该属性用来控制是否从传感器读取温度信息，如果该属性设置为 OFF，则不采集数据。

Property Visitors 定义如何访问设备属性。下面的示例中，两个 Visitor 分别定义如何基于 modbus 协议读写设备属性，offset，limit，等设置定义了如何在 Modbus 寄存器中读取这些属性。

Device 描述了一个具体的设备实例，Device 分为 Spec 和 Status。如图 9-16 所示，Spec 是静态属性，其定义非常简单，定义该 Instance 从哪个 DeviceModel 实例化出来，设备协议是什么，应该添加到哪些边缘节点上。Twin 属性是 DeviceModel 中可写属性的一种逻辑表达，对于 DeviceModel 中的每个可写属性，在 Device 对象 Status 中都会维护一个 Twin 属性，具体定义包括属性名、用户期望状态（Desired）和实际上报（Reported）状态。用户期望状态由用户指定，代表用户希望该属性的状态如何，该属性从云侧发到边缘节点。针对每个设备，会有基于不同协议的映射器（Mapper），映射器会将期望状态转换成对应协议的命令，并发送给设备进行状态修改，如果操作成功会从设备中获取上报状态并发送回云侧。边缘侧的离线设备可以通过

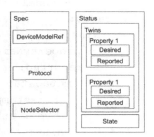

图 9-16　Device

Twin 属性来控制。Device 的示例代码如下：

```yaml
apiVersion: devices.kubeedge.io/v1alpha1
kind: Device
metadata:
  name: sensor-tag01
  labels:
    description: 'TI Simplelink SensorTag 2.0 with Bluetooth 4.0'
    manufacturer: 'Texas Instruments'
    model: CC2650
spec:
  deviceModelRef:
    name: sensor-tag-model
  protocol:
    modbus:
      rtu:
        serialPort: '1'
        baudRate: 115200
        dataBits: 8
        parity: even
        stopBits: 1
        slaveID: 1
  nodeSelector:
    nodeSelectorTerms:
    - matchExpressions:
      - key: ''
        operator: In
        values:
        - node1
status:
  twins:
    - propertyName: temperature-enable
      reported:
        metadata:
          timestamp: '1550049403598'
          type: string
        value: OFF
      desired:
        metadata:
          timestamp: '1550049403598'
          type: string
```

```
value: OFF
```

与 EdgeController 类似，DeviceController 同样有 DownstreamController，用于监听 API Server 中的 DeviceModel 和 Device 对象变化。当用户创建或更新一个 DeviceModel 时，DownstreamController 会将其更新至线程缓存中。同时 DownstreamController 会为每个边缘节点维护一个名为 device-profile-config-[nodeName]的 Configmap，用于存储每个节点的设备配置信息。当其监测到有 Device 对象创建或更新时，首先将设备信息放入线程缓存，接着读取该设备 NodeSelector 节点上用来存储设备配置信息的 Configmap，该 Configmap 的内容是对应 Node 的所有 DeviceInstances、DeviceModels、PropertyVisitors 和 Protocols，最后将该 configmap 保存到 API Server。初学者可能会不理解，既然有了 DeviceModel 和 Device，为什么要将配置信息再生成 configmap 呢？这是因为 configmap 中保存的设备清单最终会供设备映射器读取，更多细节会在 9.2.3.1 节阐述。

同时 DownstreamController 读取 Device 对象，创建边缘节点和设备的关联关系，构造 Beehive 消息体并发送给 CloudHub。CloudHub 会将消息转发至边缘节点，这些消息在边缘节点会被保存，并通过消息代理发送给映射器，再由映射器操作设备完成属性的更新。图 9-17 展现了 KubeEdge 将设备期望状态从云端推送到边缘侧的流程。

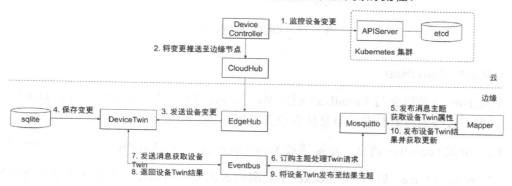

图 9-17 KubeEdge 将设备期望状态从云端推送到边缘侧的流程

UpstreamController 负责 Device 对象的状态维护，它为设备状态创建一个 deviceStatusChan，用来存放从 BeehiveContext 中读取边缘节点汇报上来的状态信息。从边缘节点上报的设备信息中的 Twin 属性会带着真实设备上报的 reported 属性，UpstreamController 负责解析上报状态属性，并将其更新至 API Server。从边缘侧将状态上报到云侧的流程与图 9-17 相比较刚好是一个反向操作。

9.2.3　EdgeCore

EdgeCore 部署在每个边缘节点中，如图 9-18 所示，主要功能是通过 CloudHub 获取云侧的资源和设备清单，将这些信息保存在本地数据库中，这样可以保证每个边缘节点在离线状态下继续工作。同时用于边缘节点服务和 Pod 生命周期管理，以及与设备之间的消息转发等。

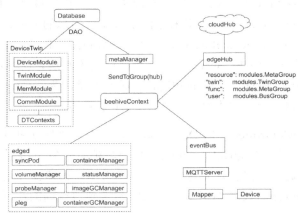

图 9-18　EdgeCore 架构细节

9.2.3.1　EdgeHub

EdgeHub 启动后会与 CloudHub 创建 WebSocket 连接，作为客户端与 CloudHub 保持连接，用于边缘侧消息转发。消息转发职责包括如下三个方面：

（1）组装 keepalive 消息，定期通过 WebSocket 发送给 CloudHub 并汇报节点状态。

（2）routeToEdge，解析 WebSocket 中获取的云侧发来的消息，并转发给边缘侧的各个子模块。CloudCore 中的 EdgeController 会监听 API Server，并将 Pod、Service、Endpoint 等信息推送过来，因此 EdgeHub 的职责就是从 WebSocket 中获取这些信息变化，并按照如下代码所示的转发规则转发给边缘侧组件，所有资源操作（如 pod 创建事件）都会转发给 MetaManager。

```
"resource": modules.MetaGroup
"twin":     modules.TwinGroup
"func":     modules.MetaGroup
"user":     modules.BusGroup
```

（3）routeToCloud，接收边缘侧其他模块发送来的目标为 WebSocket 的消息，发送给 CloudHub。

9.2.3.2　MetaManager

用于管理边缘节点上的 Kubernetes 元数据，MetaManager 只处理 Kubernetes 原生对象，设备信息由 DeviceTwin 管理。

MetaManager 是 KubeEdge 和特有的组件。云原生是 Kubernetes 追求的目标，云原生意味着节点和节点之间无差别，如果一个节点不可用，那么 evictionManager 会驱逐该节点上的所有 Pod。在 Kubernetes 集群中，计算节点是无状态组件，不保存任何数据，Kubelet 和 Kube-Proxy 监听 API Server，当有任何资源变化时，这两个组件进行本节点的 Pod 生命周期和 Service 管理。但在边缘计算场景中，边缘节点不再是用于计算的载体，其更重要的作用是管理一批边缘设备。当节点离线时，不仅不应该驱逐该节点的应用，还应该在离线状态下自主工作。同时边缘网络的可靠性比云端网络要差很多，节点离线的发生也更频繁，MetaManager 就是为了满足边缘节点离线工作而出现的。

KubeEdge 在每个边缘节点都维护一个轻量级数据库（SQLLite），用于保存 CloudCore 下发的资源信息，MetaManger 包含该数据库的 DAO 层和所有消息处理逻辑。当 CloudCore 发送任何资源操作消息给 EdgeHub 时，EdgeHub 会将这些消息转发给 MetaManager，MetaManager 第一时间将资源信息操作同步到本地数据库，这些资源的操作包括 Insert、Update、Delete 等。

当边缘侧的其他组件（比如 EdgeD）需要获取资源信息时，会发送 Query 消息到 MetaManger，MetaManger 从数据库中查询所需信息，并将结果返回 EdgeD。

9.2.3.3　EdgeD

EdgeD 是管理节点生命周期的边缘节点模块，可以把它理解为边缘化的 kubelet。它可以帮助用户在边缘节点上部署容器化的工作负载或应用程序。这些工作负载可以执行任何操作，从简单的遥测数据操作到分析或 ML 推理等。用户可以使用 kubectl 云端的命令行界面发出命令来启动工作负载。

EdgeD 事实上与 Kubernetes 中的 kubelet 类似，其 SyncPod 线程会不断从 BeehiveContext 中获取发送给自己的 Pod 信息，EdgeD 启动 Pod 生命周期管理的所有相关子模块，大部分子模块引用原生 kubelet 代码。代码功能包括接收和处理 Pod 添加/删除/修改消息、维护容器生命周期、Pod 健康检查、容器和镜像回收、状态管理、卷管理等。

9.2.3.4 DeviceTwin

DeviceTwin 用于处理 CloudCore 下发的设备元数据消息，与 MetaManager 的功能类似，包含数据访问层，可以将 Device 信息同步至数据库中。

DeviceTwin 模块用于存储设备状态、处理设备属性、处理设备孪生操作、在边缘设备和边缘节点之间创建成员资格，将设备状态同步到云及在边缘和云之间同步设备孪生信息。它还为应用程序提供查询接口。DeviceTwin 由四个子模块（即 Membership、Communication、Device 和 Device Twin）组成，同时每一个子模块都有专门的消息通道（channel）用来传递信息。

DeviceTwin 启动后会从 BeehiveContext 获取发送至 twin 的消息（这些消息来自 EdgeCore 的其他子模块），并且对消息中的 Router 进行解析，将消息封装为 DTMessage 消息体，DTMessage 消息体相当于在原始 Beehive 消息体外层又增加了一层结构体封装，记录了消息 ID、消息类型，设定处理消息的 Action，并转发至相应的处理子模块。

如果消息来自 eventbus，则按照如表 9-1 所示的规则进行转换。

表 9-1

BeehiveContext MessageRouter	DTMessage Action	转发目标
$hw/events/node/+/membership/detail/result	MemDetailResult	MemModule
$hw/events/node/+/membership/updated	MemUpdated	MemModule
$hw/events/node/+/membership/get	MemGet	MemModule
$hw/events/device/+/state/get	DeviceStateGet	DeviceModule
$hw/events/device/+/state/update	DeviceUpdated	DeviceModulew
$hw/events/device/+/state/get	DeviceStateUpdate	DeviceModule
$hw/events/device/+/twin/update	TwinUpdate	TwinModule
$hw/events/device/+/twin/update/result	TwinCloudSync	TwinModule
$hw/events/device/+/twin/get	TwinGet	TwinModule

如果消息来自 CloudCore 的 DeviceController，则按照如表 9-2 所示的规则进行转换。

表 9-2

BeehiveContext MessageRouter	DTMessage Action	转发目标
membership/detail	MemDetailResult	MemModule
membership	MemUpdated	MemModule
device/[deviceName]	DeviceUpdated	DeviceModule
twin/cloud_updated	TwinCloudSync	TwinModule

DeviceTwin 的子模块都有自己的 worker 线程，用于实现不同的功能。

MemWorker 用于处理边缘节点和设备之前的成员关系，此 worker 是 DeviceTwin 中最重的一个工作线程。当边缘节点和设备关系发生变更时，需要更新与该设备相关的所有的信息，包括设备名称和设备属性。当其接收成员关系的写请求（比如 MemUpdated 请求）时，会解析消息体，并做如下操作：

- 将设备信息保存在 DTContext 缓存中，然后将设备信息持久化到数据库。

- 如果接收的消息体中的设备的 Twin 属性不为空，则将 Twin 信息保存在 DTContext 缓存中，然后将 DeviceTwin 信息持久化到数据库。

- 如果接收的消息体中包含设备属性，则将属性信息保存在 DTContext 缓存中，然后将其持久化到数据库。

DeviceWorker 用于处理设备属性和设备状态更新。比如收到 DeviceUpdated 请求后，会解析消息体，并做如下操作：

- 读取消息体中的设备属性，并与本地 DTContext 缓存中的设备属性进行比较，计算出增加、删除及更新的属性集合。

- 将属性变化持久化到数据库中。

- 将变更后的属性信息通过 BeehiveContext 推送至 bus 模块，进而通过消息代理推送给设备映射器。

TwinWorker 负责处理设备 Twin 属性的更新。比如收到 TwinUpdate 请求后，如果消息体中的设备的 Twin 属性不为空，则将 Twin 信息保存在 DTContext 缓存中，然后将 DeviceTwin 信息持久化到数据库。

CommWorker 作为通信协调工作线程，处理 DeviceTwin 中一些与设备管理无关的消息，比如 DeviceTwin 会对上述每个子模块都进行心跳检查，心跳检查结果会由 CommWorker 上报给 CloudCore。

9.2.3.5　EventBus

Eventbus 是 KubeEdge 与设备交换消息的边界，它支持如下三种模式：

1. internalMqttMode

KubeEdge 自己需要启动 MQTTServer，GoMQTT 是基于 Golang 的 MQTT 类库，KubeEdge 调用该类库启动 MQTTServer。

2. externalMqttMode

从配置中读取外部 MQTT 服务器地址，并初始化 MQTT 客户端。在安装 KubeEdge 时，边缘节点会安装 Eclipse Mosquito，如果配置了外部 MQTT 服务器，则 KubeEdge 会将 Mosquito 作为 MQTT 服务器。

3. bothMqttMode

上述两种模式的组合，启用内部 MQTTServer，同时连接外部服务器。

Edgebus 是一个单纯的消息转发组件，默认订阅如下 MQTT Topic：

```
- $hw/events/upload/#
- SYS/dis/upload_records
- SYS/dis/upload_records/+
- $hw/event/node/+/membership/get
- $hw/event/node/+/membership/get/+
- $hw/events/device/+/state/update
- $hw/events/device/+/state/update/+
- $hw/event/device/+/twin/+
```

当设备端有消息发送给 MQTTServer 时，Eventbus 读取这些消息，如果消息以 $hw/events/device 或者 $hw/events/node 开头，则转发给 DeviceTwin，否则转发给 CloudCore。

当 DeviceTwin 和 CloudCore 发送响应消息时，Eventbus 将这些消息通过 MQTTServer 发送回设备侧。

9.2.4 设备映射器

设备映射器是用于连接和管理边缘设备的应用，是边缘节点和边缘设备的通信边界，它用于读取设备信息，通过不同的设备协议对设备进行读写操作。KubeEdge 支持通用的物联网设备协议，包括 Bluetooth、Modbus 等。KubeEdge 为不同协议提供了 Mapper 组件，用来实现基于这些协议与设备通信的目的。映射器是 MQTTServer 的另一侧客户端，其通过消息代理与 EventBus 交换消息。

用户需要在 DeviceModel 中定义某类设备属性和访问方式，并且通过定义 Device 对象来创建设备实例。当这些属性在运行时被修改后，会通过消息代理转发至映射器，再通过映射器在设备上生效。

有了设备映射器连接边缘节点和设备，从控制节点、控制应用到边缘设备的网络被打通了。图 9-19 展现了 KubeEdge 中，边缘设备的通信路径。

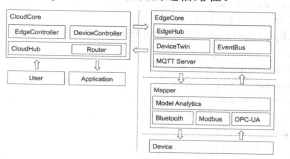

图 9-19　应用与边缘设备的通信路径

9.2.4.1　Bluetooth Mapper

Bluetooth 设备可以通过针对特定物理寄存器进行读写操作来完成控制，用户可以把一组读写操作定义为一个 Action，这个 Action 可以根据配置清单立即执行（Perform-Immediately），或者定期执行（Scheduler）。确保设备的真实状态和期望状态一致（Watcher）。

映射器在初始化时会读取两个配置文件，一个是属性映射配置文件，该文件保存了映射器 Action 操作设备的属性和操作频度，相关代码如下：

```
mqtt:
  mode: 0        # 0 -internal mqtt broker  1 - external mqtt broker
  server: tcp://127.0.0.1:1883 # external mqtt broker url.
  internal-server: tcp://127.0.0.1:1884 # internal mqtt broker url.
device-model-name: cc2650-sensortag
action-manager:
  actions:
    - name: IRTemperatureConfiguration
      perform-immediately: true
      device-property-name: temperature-enable        #property-name defined
in the device model
```

```
        - name: IRTemperatureData
          perform-immediately: false
          device-property-name: temperature          #property-name defined in
the device model
        - name: IOConfigurationInitialize
          perform-immediately: true
          device-property-name: io-config-initialize    #property-name defined
in the device model
        - name: IODataInitialize
          perform-immediately: true
          device-property-name: io-data-initialize      #property-name defined
in the device model
        - name: IOConfiguration
          perform-immediately: true
          device-property-name: io-config               #property-name defined
in the device model
        - name: IOData
          perform-immediately: false
          device-property-name: io-data                 #property-name defined
in the device model
    scheduler:
      schedules:
      - name: temperature
        interval: 3000
        occurrence-limit: 10              # if it is 0, then the event will execute
infinitely
        actions:
          - IRTemperatureData                    # Action name defined in the
action-manager section
    watcher:
      device-twin-attributes :
        - device-property-name: io-data                    # the twin attribute
name defined while creating device
          actions:                        # list of action names, defined in the
action-manager section, to be executed on the device
            - IOConfigurationInitialize
            - IODataInitialize
            - IOConfiguration
            - IOData
```

　　另一个文件是设备清单配置文件，该配置文件的数据源是 DeviceController 将

DeviceModel 和 Device 信息合并后生成的 Configmap。该文件中保存了所有设备的属性，以及属性的访问方式 propertyVisitors。因此，只需看 DeviceModel 的配置，我们就能了解该属性该如何访问，也就是对应的 Action 是什么。DeviceModel 的示例代码如下：

```yaml
apiVersion: devices.kubeedge.io/v1alpha1
kind: DeviceModel
metadata:
 name: cc2650-sensortag
 namespace: default
spec:
 properties:
  - name: temperature
    description: temperature in degree celsius
    type:
     int:
      accessMode: ReadOnly
      maximum: 100
      unit: degree celsius
  - name: temperature-enable
    description: enable data collection of temperature sensor
    type:
      string:
        accessMode: ReadWrite
        defaultValue: 'ON'
  - name: io-config-initialize
    description: initialize io-config with value 0
    type:
     int:
      accessMode: ReadWrite
      defaultValue: 0
  - name: io-data-initialize
    description:  initialize io-data with value 0
    type:
     int:
      accessMode: ReadWrite
      defaultValue: 0
  - name: io-config
    description: register activation of io-config
    type:
     int:
      accessMode: ReadWrite
```

```yaml
      defaultValue: 1
    - name: io-data
      description: data field to control io-control
      type:
        int:
          accessMode: ReadWrite
          defaultValue: 0
  propertyVisitors:
    - propertyName: temperature
      bluetooth:
        characteristicUUID: f000aa0104514000b000000000000000
        dataConverter:
          startIndex: 1
          endIndex: 0
          shiftRight: 2
          orderOfOperations:
          - operationType: Multiply
            operationValue: 0.03125
    - propertyName: temperature-enable
      bluetooth:
        characteristicUUID: f000aa0204514000b000000000000000
        dataWrite:
          "ON": [1]     #Here "ON" refers to the value of the property
"temperature-enable" and [1] refers to the corresponding []byte value to be
written into the device when the value of temperature-enable is "ON"
          "OFF": [0]
    - propertyName: io-config-initialize
      bluetooth:
        characteristicUUID: f000aa6604514000b000000000000000
    - propertyName: io-data-initialize
      bluetooth:
        characteristicUUID: f000aa6504514000b000000000000000
    - propertyName: io-config
      bluetooth:
        characteristicUUID: f000aa6604514000b000000000000000
    - propertyName: io-data
      bluetooth:
        characteristicUUID: f000aa6504514000b000000000000000
        dataWrite:
          "Red": [1]     #Here "Red" refers to the value of the property "io-data"
and [1] refers to the corresponding []byte value to be written into the device
```

```
when the value of io-data is "Red"
        "Green": [2]
        "RedGreen": [3]
        "Buzzer": [4]
        "BuzzerRed": [5]
        "BuzzerGreen": [6]
        "BuzzerRedGreen": [7]
```

9.2.4.2　Modbus 映射器

Modbus 映射器是基于 JavaScript 编写的，通过 Modbus 协议与设备通信，其功能和实现原理与 Bluetooth 映射器完全一致，不再赘述。

9.2.5　未来展望

边缘计算的出现有其必然性，它的迅猛发展是不可阻挡的趋势。Kubernetes 社区及时拥抱了这个趋势，提供了 KubeEdge 这套理想的架构框架，并针对不同设备和应用场景，提供了一套统一的边缘计算方案标准。本章介绍了两个边缘计算的方案，分别适应于数据中心网络加速和工业数据采集及处理的边缘计算场景。凡事都有兴起和成熟的过程，KubeEdge 于 2019 年成为 CNCF 孵化项目，经历的时间还非常短，与 Istio 和 Kubernetes 项目的早期类似，主要焦点还是如何解决问题。在系统设计和用户使用方面还需要进一步简化，系统在稳定性和支持规模上还需要提高。但 KubeEdge 的前瞻性对边缘计算场景整体的把控是对的，一个项目的视野和解决问题的方式能决定项目的成败，相信 KubeEdge 有华为、IBM、谷歌等大厂背书，一定会成为边缘计算的事实标准。

10

微服务架构中，有一个著名的指导理论——十二要素理论，该理论为微服务架构下的应用管理提供了十二条最佳实践指导原则。容器技术的特性使其天然符合十二要素原则，该理论可以作为基于 Kubernetes 平台的应用架构的指导意见。下面详细介绍这十二要素。

1. 基础代码

一份代码，多份部署。软件开发过程中一个常见的情况是，由于项目需求的变化，一个代码仓库的代码会被分解成多个分支，以适应不同项目的特殊需求，而这些分支随着需求的变化会分解成新的不同的分支。这种树状发散的项目分支为项目的后期管理带来了极大的成本和风险。同一个应用应该基于同一份基础代码，在不同环境下的部署的区别应该只是配置或版本不同而已。

Kubernetes 中运行的程序应遵循同样的原则，无论开发环境、测试环境、还是生产环境，都应该基于同一份代码进行构建。

2. 依赖管理

明确定义项目依赖。缺少明确的依赖声明，会导致在应用的开发、编译、运行过程中依赖错误的第三方类库或版本，进而引发不可预知的系统故障。现代开发语言往往提供完备的依赖管理，可通过声明文件明确定义依赖关系，比如 Golang 的依赖管理工具包括 godep、glide、go module 等。在源码编译时，这些依赖包会被编译至最终的可执行文件中。这有利于提升开发效率，降低项目风险。

容器技术的封装特性使得应用程序的运行环境是隔离的，任何可执行文件所依赖的系统服务或工具都必须以代码形式定义在 Dockerfile 中，应用及应用的依赖会被同时构建到容器镜像中。

3. 配置

通常，应用的配置在不同部署（预发布、生产环境、开发环境等）间会有很大差异。这类与发布环境相关的有依赖关系的应用配置应该与代码分离开来，以配置文件或环境变量的方式注入应用中。

4. 后台服务

无状态应用更易于管理，在进行分布式系统规划时，应将有状态服务与无状态服务进行分离，将有状态应用作为附加资源配置给无状态应用。比如，对一个网站应用而言，可以将数据库和无状态的 Web 服务进行拆分，数据库的访问 URL 和用户名密码应该作为配置文件配置到 Web 服务中。

5. 构建、发布和运行

构建、发布和运行是软件生命周期中最重要的三个阶段。Docker 等容器技术所倡导的一次构建、到处运行的理念是对该原则的完美实现。

6. 进程管理

以一个或多个无状态进程形式运行应用，进程应该是无状态的，任何数据不应该做本地持久化。我们不推荐基于用户会话构建业务逻辑，这样有利于对服务实例进行横向扩展和故障转移等运维管理。

7. 端口绑定

以端口绑定的形式发布服务，容器进程运行在不同的网络命名空间，彼此隔离，应用可以运行在任意端口上。当需要将应用发布供外部客户端调用时，一个常见的做法是：通过端口映射将容器内的进程映射至主机端口。

8. 并发

基于水平扩展提升系统的并发处理能力，通过运行多个应用实例并构建负载均衡，使得应用可按需伸缩，这有助于提高资源利用率，以低成本提升系统的并发处理能力。

9. 易管理

快速启动是保证应用灵活部署的前提条件，应用启动速度慢会拖慢系统扩展的能力和故障恢复的能力。当出现故障转移时，启动速度直接影响应用被影响的时间周期。优雅地中止能够保证应用进程在接收中止服务信号后，先处理请求队列中的所有请求，再中止进程，以提升系统的可靠性。容器技术鼓励以小镜像快速启动应用程序，Kubernetes 的 Pod 允许依据应用的定义来自定义优雅中止的时间。

10. 研发生产环境的一致性

容器镜像的分层文件结构和封装性，确保了其一次构建、随处运行的能力，使得研发环境中构建的容器镜像可以方便地推送至生产系统。

11. 日志

Kubernetes 以事件流的形式管理日志，方便对日志进行管理和抽象，并提供多套方案，允许基于不同组件采集、分析日志。

12. 管理进程

研发人员还需要利用代码对应用进程进行管理或者对不同版本的数据进行迁移。这些代码应该与应用程序一致，同样需要针对代码和配置进行版本管理。

容器是一个抽象的概念，操作系统及容器中运行的程序对容器通常是无感知的。容器技术和虚拟机的一个重要区别是：容器技术不模拟操作系统，缺少操作系统层面的隔离。

在容器内部执行系统命令，返回的信息大部分是主机信息，而不是容器相关的信息，这给应用落地带来了挑战。

应用落地主要有以下两方面内容：

1. 应用容器化

传统应用通常是基于物理机或虚拟机部署的，应用进程通常假定拥有其所在计算节点的所有资源。因此，某些应用会读取系统资源作为启动配置项。比如，Java 虚拟机会以操作系统内存的固定百分比作为初始堆大小。而在容器世界中，CGroup 会限制该容器能使用的最大内存，如果配置不得当，就会使得内存超出限额而被强行终止，从而导致 Java 虚拟机无法完成初始化。

2. Kubernetes 集群中的应用管理

应用的每个实例是否有独特配置或数据，决定了应用是有状态还是无状态。如果是有状态应用；则定义 StatefulSet 或 Operator；如果是无状态应用，则定义 Deployment 或 ReplicaSet。对于有状态应用，还需规划存储卷。遵循代码和配置分离的原则，配置文件不应该编译进容器镜像，如有密码证书等敏感信息，则应该定义在 Secret 中，否则定义在 ConfigMap 中。高可用保证的内容包括应用实例数、自动扩容策略、跨集群部署等。

根据上面两方面内容，可以得到最终应用需要的 Kubernetes 资源清单，然后准备各个清单中列明的 Kubernetes 对象，最终创建到 Kubernetes 集群中，完成应用的部署。

10.1　应用容器化

10.1.1　Dockerfile

构建容器镜像是应用容器化的第一步，其目的是构建运行应用程序的隔离环境，即构建容器内运行的应用所依赖的服务、中间件、配置文件、语言解析器和软件库等。Dockerfile 用于描述构建一个容器镜像的步骤，一个简单的 Dockerfile 示例如下：

```
FROM ubuntu:18.04
COPY . /app
```

```
RUN make /app
CMD python /app/app.py
```

容器镜像的构建，需要在基础镜像的基础上添加应用依赖或者用户需要的软件包，设置运行环境变量，拷贝应用程序，并指定应用运行命令。下面从五个方面进行详细讲解。

1. 基础镜像的选择

如果没有特殊的理由，则推荐使用官方发布的基础镜像，常见的基础镜像有 Alpine、CentOS、Ubuntu、RHEL 和 Fedora 等，不同的基础镜像之间在镜像大小、生命周期、C 库、安全性等方面都会有所不同，而选择合适的基础镜像，也和选择计算节点的操作系统一样，需要进行多方面的考量。

- 镜像大小

Alpine 采用了 Musl Libc 和 Busybox 来减小系统的体积和运行时的资源消耗。因此镜像才 4MB 左右大小，而 CeontOS 和 Ubuntu 的镜像大小都在几百 MB。较小的基础镜像可以减少磁盘空间的占用，并且在很多时候可以减少镜像的拉取时间。理论上，在满足需求的基础上，容器基础镜像越小越好。

- 安全

容器基础镜像的安全性是容器安全的一道重要屏障。对基础镜像的安全性持续地跟踪测试并通过专门的社区或公司做出及时修改，可以及时发现漏洞，也可以在第一时间修复紧急漏洞。安全是无止境的，需要考虑成本和收益的平衡。对大部分业务而言，开源的最新镜像 Alpine、Debian、Ubuntu 和 CentOS 就可以满足需求，而在对安全性要求比较高的场景，例如金融、机密数据业务等，可以考虑 RHEL 的基础发布镜像，或者购买 Ubuntu 的镜像支持服务。

- 软件包的丰富性

很多的应用程序会依赖于容器内安装的软件包来进行一定的操作，例如，调用 curl、nc 和 ping 等命令来做网络连接的检查。软件包的丰富性可以提供对容器业务的支持，也可以在程序运行异常时，通过 net-tools 和 coreutils 提供的工具来获取诊断信息。

但是，软件包的丰富性是以提高基础镜像体积为代价的，需要在两者之间找到平衡点，一般安装满足基本需要的软件包即可。

2. Dockerfile 编写原则

Dockerfile 的编写原则有如下三个：

- 要考虑分层的复用

在 Dockerfile 中写的每一个命令都会编译成镜像的一层（layer）。理论上缩小层级可以减少容器的镜像大小。但是如果将所有的指令写成一行，生成同一镜像层，就不能充分利用镜像分层在镜像编译存储和拉取上可以共性的优势。因此，推荐将具有共性的操作，例如 JDK、Pyython 包的安装等单独作为一层，而其他命令要尽可能合并。

在构建镜像的过程中，经常变化的内容和基本不会变化的内容要分离开来，我们称之为动静分离。把基本不会变化的内容放在下层，创建出不同的基础镜像供上层使用。比如，可以创建各种语言（例如 Golang、Java 和 Python 等）的基础镜像，这些基础镜像包含最基本的语言库。我们可以在此基础上继续构建应用级别的镜像。镜像的动静分离也会缩短连续多次构建的时间。不变化的内容所在的层在一次编译后就存在了。在后续构建过程中，可以直接使用已经存在的层，而不会重新运行一次。

- 要考虑安装包的缓存清理

在 Dockerfile 中指定安装包，需要在包安装结束后进行清理，示例代码如下：

```
RUN yum update -y && yum install -y e2fsprogs && yum install -y xfsprogs xfsdump && yum clean all
```

清理操作需要通过&&命令和安装操作命令在同一条命令中完成，而不要另外增加一条命令来执行，因为容器镜像在构建的时候，每一条命令都会形成一个镜像层。如果清理操作独立成一条指令，则会形成两个镜像层，达不到进行镜像瘦身的目的。

与安装包一样，如果有其他临时文件信息，也需要进行清理。

- 多阶段构建

多阶段构建可以在 Dockerfile 中使用多个 FROM 语句，基于 FROM 语句开始不同基础镜像的构建新阶段。我们可以有选择地将工件从一个阶段复制到另一个阶段，在最终镜像中只留下所需要的内容。多阶段构建的示例代码如下：

```
FROM golang:1.11 as builder
COPY hello.go /go/src/hello/
RUN go build -o /tmp/hello hello
```

```
FROM alpine:latest
COPY --from=builder /tmp/hello /
ENTRYPOINT ["/hello"]
```

代码运行结果是产生了 alpine 的最新镜像,并添加了 hello 可执行文件的最终镜像。多阶段构建使得我们无须在本地系统中安装 Golang 环境,也不会在本地系统中产生多余的文件。Golang 的 SDK 和任何中间层都不会保存在最终镜像中。

3. 容器运行的主进程

在容器诞生的早期,提倡一个容器对应一个进程,但是随着实践化案例的不断丰富,一个容器对应一个进程在很多场景下已经不再适用。因此,现在主要强调将提供单独服务的模块归类为一个容器,例如,将一个应用的数据库、代理、UI 等模块分别运行在不同的容器下。在这种场景下,一个服务模块可能会创建多个进程,而这些进程的启动和回收需要由容器的主进程来管理。

容器的主进程对由它启动的所有进程进行管理,主进程需要能够满足如下条件:

- 负责业务进程的启动,可以管理所有的业务进程。
- 可以接管孤儿进程和回收僵尸进程。
- 支持 SIGTERM 信号的处理,可以向子进程传播 SIGTERM 信号,优雅地结束所有子进程后,退出。

对于多进程场景下容器的主进程的选择,主要方案有 Sysvinit、Upstart、Systemd、Tini、Supervisor 等,也可以通过自定义脚本更轻量级地完成主进程的任务。

4. 控制进程/线程数量

容器可以支持多进程/线程运行,但是需要对使用的 PID 数量(也就是创建的进程/线程数量)进行控制。很多运行在物理机或虚拟机的应用,在容器化的过程中并没有考虑前后运行环境的差别,导致对类似资源的占用考虑不足。例如,进程数量、打开的文件个数、EmptyDir 卷的空间占用、容器 root 的空间使用等。当应用运行在物理机或虚拟机上时,机器的资源基本都可以提供给应用使用,而当容器化后,需要与运行在节点上的其他容器共享资源。

系统支持有限的 PID 数量,假如有容器不断地进行进程/线程的创建,就会将整个节点的 PID 资源消耗殆尽，形成 Fork Bomb。Kubernetes 支持通过 PID CGroup 对 Pod 使用的 PID 数量进行限制。当应用程序使用的 PID 超过限制时，将无法创建新的进程/线程而影响应用程序的运行。因此，应用程序需要对使用的 PID 数量进行相应的控制，确保不能超过限制。常见的问题有：在容器内发起定时任务时，并没有判断前一个任务是否还在运行就执行新的任务，当定时任务因为某些原因不能执行完成的时候，随着时间推移，进程累积会越来越多，从而占用大量的 PID。

5. 程序和配置分离

在构建镜像时，需要将应用的打包文件或者二进制文件拷贝到镜像的特定目录下，通过 Configmap、Secret、环境变量等进行运行配置，配置文件无须打包到容器内，以达到灵活修改和管理的目的。在修改配置时，无须对容器再次打包和部署，减少对容器的重启，进而减少业务的中断时间。很多开源的镜像，为了能够适配多种运行环境，倾向于将配置打包到镜像内一起发布。如果需要将此类镜像部署到 Kubernetes 集群中，则建议将配置移除并重新打包，再通过 Kubernetes 提供的对象，将配置传递给容器应用。

10.1.2　容器化带来的影响

容器化带来的最直接的影响就是容器中看到的 CPU 和内存大小是主机的 CPU 和内存大小。很多类型的应用（例如 Java 应用）会根据检测到的 CPU 和内存资源信息进行运行参数的设置，而主机的 CPU 和内存资源往往不是容器申请的 CPU 和内存资源，这类应用的容器化必须解决资源的检测问题。

以 Java 为例，早期的 Java JDK 版本并不能发现自己运行在容器之内并通过 CGroup 来获取应用的内存和 CPU 限制，而是获取了主机的 CPU 和内存资源。这样存在两个问题：

- JVM 通过发现的 CPU 个数来决定启动的线程数量，如果容器的 CPU 资源申请比较少，但是创建的线程数量却与主机的 CPU 核相匹配，那么会导致频繁的上下文切换从而产生大量开销。

- JVM 的堆大小默认是发现的内存大小的¼，如果容器的 CGroup 限制内存比该值小，那么 JVM 进程会经常发生 OOM（Out Of Memory，内存溢出）。

最理想的解决这两个问题的方案就是升级 JDK 版本，但是受限于实际应用程序的需求等，JDK 版本有时无法升级到需求的版本，所以需要有其他解决方案。

替代方案主要有：

- 查询/proc/1/cgroup 是否包含 kubepods 关键字（Docker 关键字不可靠）。如果包含此关键字，则说明是运行在 Kubernetes 之上，需要执行容器的额外逻辑。通过环境变量，将 CPU 和内存的请求传输到容器中。应用在启动之前，通过读取环境变量来设置 JVM 的线程数和堆大小等。

- 如果不想设定 JVM 的参数，则可以通过 LD_PRELOAD 加载动态库来拦截获取 CPU 和内存的系统调用，将系统调用的行为修改为读取容器的环境变量来返回 CPU 和内存信息。例如，开源的 LIBSYSCONFCPUS 就是通过拦截_SC_NPROCESSORSCONF 和_SC_NPROCESSORSONLN 的系统调用，返回读取环境变量 LIBSYSCONFCPUS 的设置值。

除应用本身需要优化外，常用的资源查看命令在容器内的使用也会有所限制。例如，top 命令、free 命令、df 命令。

1. top 和 free 命令

容器和主机并非完全隔离，容器的 proc 文件系统可以看到部分主机 proc 文件系统的信息，例如，在容器内查看/proc/cpuinfo、/proc/meminfo 文件，可以获得主机的 CPU 和内存信息。常用的 top 和 free 命令会从 proc 文件系统中采集系统运行数据，因此在容器内运行时看到的是主机的资源使用信息，而不是容器内进程使用的 CPU、内存和负载信息。

在容器内可以通过查看 CGroup 的统计来获取 CPU 和内存的使用率。

CPU 的使用率可以通过如下方式进行计算：

- 通过 /sys/fs/cgroup/cpuacct/cpuacct.usage 获取 1s 内的容器 CPU 使用时间 cpuTotalUsageDelta。

- 通过/proc/stat 算出 1s 内系统的所有 CPU 的使用时间 cpuSystemUsageDelta。

- 通过/sys/fs/cgroup/cpuacct/cpuacct.usage_percpu 或者/proc/cpuinfo 可以获知当前主机的 CPU 个数 hostCpuOnlineCoreNumber，只需获取 online 的 CPU 个数，并去掉 offline 的 CPU 个数。

- 通过(/sys/fs/cgroup/cpu/cpu.shares)/1024 来计算 CPU 的请求核数 containerCpuCoreNumber。

- 通过公式 cpuTotalUsageDelta/cpuSystemUsageDelta×hostCpuOnlineCoreNumber×

100/containerCpuCoreNumber 可以计算出 CPU 的使用率。内存的使用率可以通过 /sys/fs/cgroup/memory/memory.usage_in_bytes 和 /sys/fs/cgroup/memory/memory. limit_in_bytes 进行计算。如果想知道内存的使用情况，可以通过/sys/fs/cgroup/ memory/memory.stat 进行详细的查看。

2. df 命令

在容器中通过 df 命令查看容器磁盘根分区的使用情况，看到的可能是主机上的运行时分区或根分区的使用情况。经常见到的场景是：

- 假设容器运行时 Docker 或者 Containerd 使用了 overlayfs 作为存储驱动，那么通过 df 命令查看到容器的根分区大小，是主机上运行时分区的大小。

- 如果容器使用了 emptyDir，而且没有通过文件系统自带的 quota 属性（例如 xfs_quota）来对 emptyDir 进行限制，那么在容器内看到的会是主机上 kubelet 工作分区的情况，而该分区也是所有的容器共享，包括大小和 I/O。

由于磁盘的共享性，通过 df 命令来监控磁盘的使用情况，并不能完全反映本容器还能够使用的磁盘的情况。有些应用会通过磁盘的使用情况对数据进行控制，如果数据放在容器的根文件系统或 emptyDir 卷中，则该方法就不适用了。

对于容器根文件系统的问题，需要用户将数据写入其他外挂卷里，容器的根文件系统不推荐存储任何用户数据。emptyDir 卷的大小可以通过操作系统的 quota 属性功能（例如 xfs_quota）进行限制，这样用户可以通过 df 命令查看卷的限制大小信息，不过这并不意味着用户可以写入该大小的数据，原因是 emptyDir 卷共享了主机的磁盘分区，并没有开辟独立的空间给容器使用。

解决了容器化的运行问题，还需要考虑容器化的额外开销。容器化的额外开销主要有以下几方面：

- CGroup 带来的额外开销。与运行在物理机上相比，经过 Kubernetes Pod 启动的容器，会限制在 4 级和 5 级深度的 CGroup 上，详见 2.4.4 节中对于节点 CGroup 层级的描述。经过压测对比，有些应用甚至会有 2%左右的性能下降。

- 使用 Docker 做运行时，可以支持 json-file、syslog、journald 等多种日志驱动。向日志驱动发送日志，可以有阻塞（Blocking Mode）和非阻塞（Non-Blocking Mode）两种方式。Docker 下默认是阻塞模式，好处是不丢日志，但是如果有应用大量写日志，可能会导致应用一直处在阻塞状态，影响应用性能，甚至可能导致应用出现一些意想不到的错误。而非阻塞模式不会阻塞应用，代价就是没有发送给日志驱动的旧的日志可能被新的日志覆盖，从而导致丢失。

- 在应用 Pod 容器运行的同一节点上可能还会有其他 Pod 的容器。Pod 在被调度时是根据容器申请内存值的，而不是根据容器限制的内存值来进行调度的，并且节点上的容器可能会造成系统的内存压力。因此，与运行在虚拟机或物理机相比，应用容器的 Page Cache/Buffer 可能会更经常被清理。

- 如果 Pod 独占节点，则会有 kubelet、kube-proxy、运行时等模块带来的节点资源开销。

- 容器网络架构带来的延时和抖动。

与运行在虚拟机或物理机上的网络不同，数据访问容器需要经过路由和 Veth Pair 端口，还需要经过 iptables 或 IPVS 规则的处理，因此会产生额外的延时。数据经过 Veth Pair 时会触发软中断，如果软中断由于比较长的系统调用或者系统时钟中断执行等原因得不到及时处理，会产生意想不到的延时抖动。

10.2　应用接入的最佳实践

Kubernetes 针对应用的 Pod 来提供丰富的容器资源、容器生命周期、健康检测、容器权限等方面的灵活管理方式。从 Pod 的资源定义、Pod 的容器管理到 Pod 的优雅删除，都需要选择符合应用特点的最佳配置。

10.2.1　资源定义

容器的资源规划是应用部署的重中之重，也是应用容器化部署首先要考虑的问题。资源规划包括单个容器需要多少 CPU、内存和存储等方面的资源、Pod 数量、容器规模化部署需要的节点数量和跨机架需求等。大量的实践经验表明，详尽的资源规划可以显著提高应用的可用性。资源的规划包含多个维度，主要有以下几方面：

1. 每个应用容器的 CPU 和内存资源

不同的应用对 CPU 和内存的利用会有所不同。有些应用会固定占有一定的 CPU 和内存资源，在不同的时间段，资源的使用率差别不大。而有些应用会带有周期性的任务，在执行周期性任务的时候，资源使用会比较多，而当周期性任务执行完成后，资源的使用率就会下降很多。前者推荐部署成 Guaranteed Pod 类型，spec.containers[].resources.limits.cpu 和 spec.containers[].resources.limits.memory 设置为资源消耗的最大值加上一定的预留值。后者建议部署为 Burstable Pod 类型，spec.containers[].resources.limits.cpu 和 spec.containers[].resources.limits.memory 设置为资源使用的最大值加上一定的预留值，而 spec.containers[].resources.requests.cpu 和 spec.containers[].resources.requests.memory 设置为大部分时间的使用值，以提高节点的资源利用率。由于节点的 CPU 和内存资源都是超售的，所以当资源的 requests 和 limits 差别越大时，节点的资源超售就越厉害。如果发现相应节点的 load 值一直比较高，或者经常出现有容器出现 OOM 的情况，则超售比过高，需要增加容器的资源 requests，以减少同一个节点上能够调度的 Pod 数量。

2. 应用的存储资源

应用的存储资源包含多方面的考量：

- 存储的大小。

每个容器使用的存储的大小。

- 容器对存储 IOPS 的需求。

容器对 IOPS 的需求，是决定是否采用某些类型存储的首要依据。

- 是否需要不同的 Pod 之间共享同一个存储卷。

是否需要卷支持 RWM（Read Write Many）文件系统类型的存储，以便让运行在不同节点上的 Pod 使用同一个存储卷，而对于块类型的存储卷，则一般不支持这种应用场景。

- 使用本地存储还是网络存储。

对 IOPS 要求比较高并且渴望实现低成本的应用而言，需要使用本地存储。但是，本地存储和节点具有强相关性，如果本地存储的节点产生问题，那么数据会丢失，应用是否可以通过多备份来解决这个问题呢？另外，还需要考虑 PVC 的处理，需要把 PVC 和 Pod 进行重建，才可以在其他的节点上运行起来。

相对于本地存储，网络存储比较容易使用，需要考虑的问题也相对较少，但是也面临 IOPS 可能会比较低和成本较高的问题。

应用程序需要检测容器的根文件系统是否已被写入数据（特别是部署开源镜像的时候），如果是，需要外挂一个存储到该目录，或者修改该行为，将数据存储到其他卷内。

如果 Pod 使用了 emptyDir 卷，那么需要对存储到 emptyDir 卷的数据（例如 log）进行清理操作，否则可能会把节点空间写满，导致运行在节点上的所有容器都出问题。对 emptyDir 卷需要设置 sizeLimit，当写的数据超过 sizeLimit 后，会被 kubelet 驱逐。一般节点的根分区空间不会设置得很大，所以不建议用户通过 emptyDir 卷存储大量的数据。

3. 网络带宽需求

很多应用（例如日志搜集或者存储应用）会产生大量的网络流量，对网络的带宽要求比较高。如果与其他的应用部署在同一个节点，会影响其他容器的网络链路。因此，可以考虑用专门的节点来部署这种类型的应用。

另外，如果流量的管理使用负载均衡器（特别是硬件的负载均衡器），则需要对此类型的应用分配特定的设备，以防止大量的流量导致其他使用同一个负载均衡器的应用数据传输出现问题。

4. 应用部署的物理拓扑分布需求

对于应用的多实例，要考虑是否需要跨不同的物理拓扑进行部署。例如，常见的跨机架部署将不同的应用实例分布到不同机架的节点上，防止一个机架由于电源或者交换机的故障而导致所有的应用实例下线。因此，集群中需要有足够多的供应用部署的不同机架的机器。

另外，要考虑跨数据中心部署、异地多活，以防止某个数据中心出问题。

10.2.2 灵活定义 Pod

Kubernetes 为 Pod 提供了丰富的管理容器启动、销毁、健康检测、容器权限等方面的配置选择。当应用以 Pod 的形式部署到 Kubernetes 集群之前，需要在细节上考虑几个主要的问题：

（1）应用对初始化的要求。

在 Kuberntes 中，可以通过 Init Container 对应用进行初始化。在 Pod Spec 中可以定义多个 Init Container，并顺序完成初始化工作。当所有 Init Container 的初始化都成功完成后，业务容器才会被启动。

Init Container 可能会被重启、重试或重新执行，所以 Init Container 的代码需要是幂等的。

一些公共的初始化需求可以做成专门的 Init Container Image 提供给不同的应用使用。

（2）容器 Container 的数量规划。

一个容器只负责单独的一块功能，不同功能的模块可以单独维护和升级。

（3）容器的权限需求。

应用需要衡量对权限的需求。例如，业务运行容器需要特权权限、SYS_ADMIN 权限或者 NET_ADMIN 权限等。可以通过 Securitycontext 对 Pod 或者容器进行权限的申请。集群管理员需要通过 PSP、Cluster Role、Cluster Rolebinding、Rolebinding 来将特定权限开放给特定的 ServiceAccount、user 等。

（4）容器内 sysctl 参数的配置。

具有 Namespace 的 sysctl 参数可以通过 securityContext 进行修改。如果参数不带 Namespace，则需要在主机上进行修改。

（5）容器之间需要共享的信息。

同一个 Pod 的容器之间默认共享了 Network Namespace 和 Uts Namespace，并且支持对 PID Namespace 的共享。

用户可以通过在 Pod Spec 上设置 shareProcessNamespace:true 来设置所有容器之间共享 PID Namespace。容器之间共享 PID Namespace 后，容器不再有 PID 1 的进程。容器内的进程信息（包含/proc 下可以看到的信息，例如进程启动参数、环境变量、运行栈、打开的文件描述符等）都可以被其他容器看到。此外，通过路径/proc/$pid/root 可以访问到其他容器的文件系统。

（6）容器运行在主机的 Namespace。

目前 Kubernetes 通过权限来控制容器是否可以运行在主机的 network、IPC、PID 等

Namespace 中。当容器具有这样的权限时，就可以获取或者修改主机的相关信息。因此，权限需要被严格控制，默认情况下不对普通的应用容器开放。

（7）应用配置的传递。

用户可以选择 Configmap、Secret、Downward API 对配置进行传递。应用要根据需求选择不同的对象配置。

（8）容器的健康检查。

Kubernetes 可以通过配置探针让 kubelet 对容器执行定期诊断。用户可以定义三种类型的探针：

- livenessProbe：指示容器是否正在运行。如果存活探测失败，则 kubelet 会杀死容器，容器将受到其 restartPolicy 的影响。如果容器不提供存活探针，则默认状态为 Success。

- readinessProbe：指示容器是否准备好服务请求。如果就绪探测失败，那么端点控制器将从与 Pod 匹配的所有 Service 的端点中删除该 Pod 的 IP 地址。初始延迟之前的就绪状态默认为 Failure。如果容器不提供就绪探针，则默认状态为 Success。

- startupProbe：指示容器中的应用是否已经启动。如果提供了启动探测（Startup Probe），则禁用所有其他探测，直到它成功。如果启动探测失败，kubelet 将杀死容器，容器服从其重启策略进行重启。如果容器没有提供启动探测，则默认状态为 Success。

Kubelet 支持三种类型的探针探测方式：

- ExecAction：在容器内执行指定命令。如果命令退出时返回码为 0，则认为诊断成功。

- TCPSocketAction：对指定端口上的容器的 IP 地址进行 TCP 检查。如果端口打开，则诊断被认为是成功的。

- HTTPGetAction：对指定端口和路径上的容器的 IP 地址执行 HTTP Get 请求。如果响应的状态码大于等于 200 且小于 400，则诊断被认为是成功的。

每次探测都将获得以下三种结果之一：

- 成功：容器通过了诊断。

- 失败：容器未通过诊断。

- 未知：诊断失败，因此不会采取任何行动。

理论上如果容器中的进程能够在出问题的情况下自动退出，则不需要配置 livenessProbe，kubelet 可以根据 Pod 的 restartPolicy 自动进行处理。不过由于异常情况众多，应用程序不一定能够处理所有的异常，所以笔者建议配置 livenessProbe。

如果需要在探测成功后才开始向 Pod 发送流量，则指定 readinessProbe。当 readinessProbe 探测成功后，Pod 的 IP 地址才会和 Load Balancer 进行关联，并开始接收流量。

（9）容器生命周期的钩子。

Kubernetes 为容器的生命周期管理提供了两个钩子，用于用户对容器的生命周期进行个性化定义。

- PostStart。

PostStart 钩子在创建容器之后立即执行。但是不能保证钩子会在容器的 entrypoint 之前执行。

- PreStop。

PreStop 钩子必须在删除容器的调用之前完成。如果容器已经处于退出状态，则无法执行 preStop 钩子的调用。

用户可以定义两种钩子的执行方式：

- Exec：通过执行一个特定的命令（或者脚本）来进行信息搜集。

- HTTP：对容器上的特定端点执行 HTTP 请求。

- 容器的优雅退出

删除 pod 时，kubelet 会先发送 SIGTERM 信号给 Pod 内的容器 PID 1 进程，如果在 terminationGracePeriodSeconds 时间周期（默认为 30s）内进程没有结束，则 kubelet 会继续发送 SIGKILL 信号来中止容器的 PID 1 进程，从而实现硬退出。在容器的 PID 1 进程中，通过处理 SIGTERM 信号来实现退出前的处理，例如进行容器的反注册等清理操作，实现优雅退出。

（10）容器的 DNS。

- Kubernetes 支持的 DNS 模式

Kubernetes 会为 Service 配置 DNS，在第 5 章和第 6 章已经有详细描述。Kubernetes 也会对 Pod 分配独立的 DNS。默认情况下，Pod 的 hostname 与 Pod 名称相同。Pod Spec 有一个可选字段 hostname，该字段值的优先级比 Pod 名称高，可以用于指定 Pod 的 hostname。另外，Pod Spec 还包含 subdomain 可选字段，可以为 Pod 设置子域。假如在 Zoo Namespace 下的 podhostname 为 cat，subdomain 设置为 dog，则 Pod 具有如下的 FQDN："cat.dog.zoo.svc.cluster.local"。

如果 Headless Service 与 Pod 在同一个 Namespace 中，则它们具有相同的 subdomain，集群的 KubeDNS 服务器除了为该 Headless Service 创建一个 DNS 记录，还会为该 Pod 的完整合法主机名创建 A 记录。例如，在同一个 Namespace 中，创建一个主机名为"busybox"，子域名为"default-subdomain"的 Pod，以及一个名称为"default-subdomain"的 Headless Service，Pod 将看到自己的 FQDN 为"busybox.default-subdomain.my-namespace.svc.cluster.local"。DNS 会为该 FQDN 提供一个 A 记录，并指向该 Pod 的 IP 地址。

- DNS 的解析策略。

用户可以通过 Pod Spec 里的 DNSPolicy 字段来设置 Pod 的 DNS 解析策略。DNSPolicy 支持表 10.1 列出的几种取值。

表 10.1　DNSPolicy 的配置

Default	从节点继承 DNS 的相关配置，对节点的依赖性强
ClusterFirst	Pod 内的 DNS 使用集群中配置的 DNS 服务，简单地说，就是使用 Kubernetes 中 KubeDNS 或 CoreDNS 服务进行域名解析。如果解析不成功，就会使用宿主机的 DNS 配置进行解析
ClusterFirstWithHostNet	对于与 hostNetwork 一起运行的 Pod，应显式设置其 DNS 策略"ClusterFirstWithHostNet"
None	它允许 Pod 忽略 Kubernetes 环境中的 DNS 设置。应该使用 Pod Spec 中的 dnsConfig 字段提供所有的 DNS 设置

- DNS 的配置

当 dnsPolicy 配置为 None 时，用户必须通过设置 dnsConfig 字段来为容器提供 DNS 解析设置。dnsConfig 包含 nameservers、searchs 及 options 字段，用于在容器内生成指定的/etc/resolv.conf。

（11）容器的镜像拉取方式

Kubernetes 支持三种容器的镜像拉取方式，如表 10.2 所示。

表 10.2　镜像支持的拉取方式

imagePullPolicy: IfNotPresent	当节点上不存在镜像时，才进行镜像拉取
imagePullPolicy: Always	在每次容器启动时都会进行镜像的拉取
imagePullPolicy: Never	该设置假设镜像已经在节点上了，不需要再次进行拉取

在创建 Pod 的时候，如果不设置 imagePullPolicy，镜像的 tag 是 latest，或者不设置 tag，那么 imagePullPolicy 会被设置为 Always。如果不设置 imagePullPolicy，镜像的 tag 不是 latest，则 imagePullPolicy 会被设置为 IfNotPresent。

镜像的不同版本一般都通过 tag 进行区分，所以镜像策略使用默认的 IfNotPresent 都可以满足需求，也可以减少不必要的镜像拉取操作。不建议部署的容器使用 latest tag 或者不带 tag，因为这样很难区分当前运行的容器具体是哪个版本。不过有时出于其他方面的考虑，会使用 latest tag 的镜像进行部署。例如：Kubernetes 有些版本的升级或者节点操作系统的升级需要重启容器，如果能够在重启容器的过程中，同时完成容器镜像的升级，可以减少业务的下线次数。

10.2.3　应用配置

容器的执行文件通常与配置文件分离，减少相互耦合，以达到灵活配置的目的。Kubernetes 提供了多种对容器的应用配置进行传递的方式，包含环境变量、Secret、Configmap、Downward API 等。下面针对这四种方式进行重点阐述。

1. 定义环境变量

在定义容器的时候，可以通过 spec.container.env 来定义容器运行的环境变量。如下面代码中的 spec 所示，定义了 CONTAINER_ENV 和 APPLICATION_PURPOSE 两个环境变量。

```
apiVersion: v1
kind: Pod
metadata:
  name: test
spec:
```

```
containers:
- name: test-container
  image: busybox
  env:
  - name: CONTAINER_ENV
    value: "This is container"
  - name: APPLICATION_PURPOSE
    value: "This is for test"
```

2. Secret

应用的敏感数据（例如密码、密钥等）通过 Secret 的方式传递给容器。在容器内看到的 Secret 是指定目录下的一个文件，当 Secret 更新的时候，容器内看到的 Secret 文件也可以被更新。

3. Configmap

应用的普通配置信息（例如日志启动等级）可以通过 Configmap 的方式进行传递。与 Secret 一样，在容器内看到的 Configmap 是指定目录下的一个文件，当 Configmap 更新的时候，容器内看到的 Configmap 文件也可以被更新。

4. Downward API

Kubernetes 还支持通过 Downward API 的形式对容器传递 Pod 和容器的字段信息，而不需要通过 Kubernetes 或 API Server 来获取。DownwardAPI 将配置暴露给容器的方式有如下两种：

（1）环境变量

将获取的信息通过环境变量的方式传递给容器，示例代码如下：

```
apiVersion: v1
kind: Pod
metadata:
  name: testpod
spec:
  containers:
    - name: container
      image: busybox
```

```
      env:
        - name: NODE_NAME
          valueFrom:
            fieldRef:
              fieldPath: spec.nodeName
        - name: POD_NAME
          valueFrom:
            fieldRef:
              fieldPath: metadata.name
```

在容器启动后，可以在容器内看到环境变量 NODE_NAME 和 POD_NAME。

（2）DownwardAPIVolumeFile

同 Configmap 和 Secret 一样，以文件的方式传递给容器，示例代码如下：

```
apiVersion: v1
kind: Pod
metadata:
  name: test
  labels:
    zone: PHX
    region: us-west
  annotations:
    applicationId: 31415926
    owner: armstrong
spec:
  containers:
    - name: test
      image: busybox
      volumeMounts:
        - name: podinfo
          mountPath: /tmp/podinfo
  volumes:
    - name: podinfo
      downwardAPI:
        items:
          - path: "labels"
            fieldRef:
              fieldPath: metadata.labels
          - path: "annotations"
```

```
fieldRef:
    fieldPath: metadata.annotations
```

在容器的/tmp/podinfo 目录下，可以看到一个 labels 和 annotations 的文件，包含了 Pod 相应的 labels 和 annotations 信息。

在定义 Pod Spec 时，可以通过 fieldRef 来获取 Spec 中特定路径的信息及通过 resourcefieldref 来获取容器的资源信息，再将获取的信息通过 Downward API 的形式呈现给容器。表 10-3 列出了 Downward API 的详细的支持信息。

表 10-3 Downward API

获取方式	字段名称	字段含义	是否支持环境变量方式	是否支持 DownwardAPI VolumeFile 方式
fieldRef	metadata.name	Pod 的名字	支持	支持
	metadata.namespace	Pod namespace	支持	支持
	metadata.uid	Pod 的 UID	支持	支持
	metadata.labels['<KEY>']	Pod 的某个 label	支持	支持
	metadata.annotations['<KEY>']	Pod 的某个 annotation	支持	支持
	metadata.labels	Pod 的所有 label	不支持	支持
	metadata.annotations	Pod 的所有 annotation	不支持	支持
	status.podIP	Pod 的 IP 地址	支持	不支持
	spec.serviceAccountName	Pod 的 ServiceAccount	支持	不支持
	spec.nodeName	Pod 调度的节点名称	支持	不支持
	status.hostIP	Pod 调度的节点 IP 地址	支持	不支持
resourcefieldref	requests.cpu	CPU 的 request 值	支持	支持
	limits.cpu	CPU 的 limit 值	支持	支持
	requests.memory	内存的 request 值	支持	支持
	limits.memory	内存的 limit 值	支持	支持
	limits.ephemeral-storage	临时存储的 limit 值	支持	支持

由于 Configmap 和 Secret 具有可动态更新的特性，所以应用可以在容器内监听 Configmap 和 Secret 的变化，再将变化的值重新加载，无须重启容器即可达到修改配置的目的。目前，Kubernetes 不支持通过环境变量或 DownwardAPI 来修改配置。

10.3　应 用 管 理

10.3.1　无状态应用

Pod 定义了应用进程的运行实例，每个计算节点的 kubelet 监控调度到本节点的 Pod 并加载 Pod。若节点出现故障，驱逐控制器会驱逐该节点上运行的所有 Pod，驱逐后 Pod 消失。因此，孤立的 Pod 是不可靠的，是会随着节点故障而消失的对象。

大多数应用部署都需要一定的质量保证，需要确保运行的副本数量，以便确保应用的可用性，并保证应用处理高并发场景的处理能力；需要故障转移能力，以确保在计算节点发生故障时，应用实例可以迁移至正常节点，保证系统处理能力不受影响；需要伸缩能力，以确保在并发请求升高时，快速扩展系统能力从而保证服务质量。

Kubernetes 副本集（ReplicaSet）对这些需求提供了强有力的支撑，其本质是定义了用户期望以某特定模板创建的 Pod 的副本数量。Kubernetes 控制器会确保在节点资源足够的前提下，运行的 Pod 数量和版本与用户的期望一致。

无状态应用的特性是，应用的每个副本都是等价的，每个副本都是可替换的，且替换的过程不需要数据迁移。当计算节点出现故障时，失效节点上运行的 Pod 被驱逐，实际运行的 Pod 数量与用户期望的数量产生偏差，ReplicaSet Controller 会创建新的 Pod 以确保两者一致，此机制确保了 Kubernetes 天然具有故障转移的特性。当应用负载较高时，用户可以通过修改副本数量对应用进行扩缩容，Kubernetes 甚至支持用户基于 CPU、内存、QPS 等指标设置自动扩缩容策略。

除通过日常运维确保实例数量和扩缩容外，无状态应用的版本升级也被巧妙地解决。在早期版本中，Kubernetes 提供了 rolling-update 命令支持版本升级，例如：

```
kubectl rolling-update NAME -f FILE
```

然而当副本集有成百上千个实例时，一次版本升级的持续时间可能非常长，交互式命令很可能由于网络等原因中断，命令交互的方式很难让运维人员获得当前升级状态。命令行的方式违背了声明式系统的原则，需要对升级过程进行抽象，将其抽取成 Kubernetes 对象。

Deployment 对象是对副本集的进一步封装，用于不同版本副本集的升级和回滚，Deployment 可定义副本集的版本数量及当前版本号，以及版本升级策略。

当用户创建全新的 Deployment 对象时，Deployment Controller 会创建对应的副本集，再由 ReplicaSet Controller 创建 Pod，以完成应用部署和启动。Deployment Controller 创建副本集时，需要计算其包含的 Pod 模板的哈希值，并以该哈希值作为副本集名称的一部分。当 Pod 模板发生任何变更时，该模板的哈希值会发生变更。Deployment Controller 发现哈希值变更后，会以新的模板创建新的副本集，并逐渐增加新版本的副本数，同时减少旧版本的副本数，直到所有版本都变为新版本。这种滚动升级的机制能够确保业务在版本升级过程中（在使用得当的前提下）不会中断。

重建的策略由 minReadySeconds、maxSurge、maxUnavailable 等滚动升级策略进行控制。

- minReadySeconds。

有很多应用在进程启动后的一段时间还不能提供服务，可能还需要读取数据、构建缓存等。minReadySeconds 定义新建的 Pod 在不发生 Crash 的前提下，从创建完成到变为就绪状态的最小等待时间，该属性的作用是允许 Pod 在启动完成后，等待一段时间再开始处理用户请求，等于为应用添加了固定的就绪等待时间。

- maxSurge。

该策略用于定义在升级过程中最多可以比原先多设置的 Pod 数量。例如：maxSurage=1 表示 Kubernetes 会先启动一个新版本的 Pod，再删除旧版本的 Pod，以保证提供服务的实例数量总体不变，从而避免服务过载。

需要注意的是，为应用设置资源配额时，要考虑滚动升级过程中需要额外创建的 Pod 所需的配额。假设资源配额限制与当前运行数量一致，完全没有为升级预留资源，则滚动升级无法进行，因为没有足够的资源配额满足 maxSurge 的需求。

- maxUnavailable。

该策略用于定义升级过程中最多有多少个 Pod 处于无法提供服务的状态，这对保证业务不中断至关重要。Kubernertes 会检验当前运行中就绪 Pod 的数量，当不就绪的 Pod 数量或占比达到 maxUnavailable 时，升级暂停。此机制配合 Readiness Probe 使用，能确保少部分新版本在升级后出现故障而无法正常提供服务时暂停升级，避免出现大面积业务故障。下面是一个带有 maxSurge 和 maxUnavailable 配置的示例代码：

```
minReadySeconds: 5
strategy:
    rollingUpdate:
      maxSurge: 25%
      maxUnavailable: 1
    type: RollingUpdate
```

滚动升级策略中的 maxSurge 和 maxUnavailable 同时支持绝对值和百分比，当实例数量较多时，用百分比可确保整个升级过程按既定批次完成。这两个值越大，意味着每次升级替换的实例数量越大，升级完成就越快，同时意味着升级出现问题后的影响越大。可以通过修改 Deployment 的 Pause 属性将升级暂停，但由于升级速度与 Pod 就绪时间紧密相关，所以无法确定暂停时的升级进度。

在容器世界中，Pod 的启动速度是非常快的，通常数秒就能完成。然而应用的启动速度则不尽然，很多应用在进程启动后，还需要拉取数据，构建缓存的初始化步骤才能达到就绪状态。在完全就绪之前，该 Pod 不能处理用户请求。Readiness Probe 可以控制 Pod 在所有初始化工作完成后才变更就绪状态，该属性配合升级策略可完成应用的滚动升级。

滚动升级是灰度发布在 Kubernetes 上的实现，用户在实际应用中的灰度发布可能需要更灵活的策略。比如，先将一个实例更新为新版本，暂停发布，在对这个新版本实例进行充分的验证后，再按比例更新剩余的实例。对于这些灵活的策略，Kubernetes 未提供原生支持，但可以通过额外构建升级管理器创建一个全新版本的 Deployment，再通过控制两个版本的 Deployment 副本数量的方式进行滚动升级。

Pod 只是提供应用实例的实体，生产应用需要在此基础上构建服务，并配置负载均衡器提供服务。然而负载均衡器是由另外的组件配置完成的，并且负载均衡器的配置，特别是传统硬件负载均衡器的配置速度较慢，而负载均衡器配置无法体现在 Pod 的就绪状态中。因此，在极端情况下会出现所有 Pod 实例都已升级、PodIP 全部变化，但负载均衡器上的配置还未刷新的情况。为避免此场景造成的业务失效，需要对 Deployment Controller 做定制化增强。

需要注意的是，针对 Pod 模板发生的任何变更，包括镜像版本变更、Annotation 或 Label 的变更，Spec 中的任何变更，都会导致 Deployment 对应的 Pod 重建。Deployment 是一个双刃剑，一方面，它利用 PodTemplateHash 方便了部署，只需要将容器镜像更新至新版本，Kubernetes 即可完成一次没有业务影响的升级操作；另一方面，这限制了对 Kubernetes Pod 所做的任何变更，即使只是添加一个 Annotation 也会导致 Pod 重建，从这个层面看，Deployment 又显得过于灵活，制约了对 Pod 的任何更改。

10.3.2　有状态应用

ReplicaSet 管理的是无状态应用。所谓副本集是指应用的每个实例都是等价的，都是可以随意替换的。Kubernetes 提供 StatefulSet 管理有状态应用，其管理的每个实例都是独特的，每个实例有不同的配置、数据、网络标识等。有状态的应用管理要比无状态副本集的管理复杂一些，当 StatefulSet 中的实例被替换后，需要进行重新配置，将数据和身份标识等一并恢复。

下面是一个创建 StatefulSet 的 yaml 文件示例代码：

```yaml
apiVersion: v1
kind: Service
metadata:
  name: nginx
  namespace: default
  labels:
    app: nginx
spec:
  ports:
  - port: 80
    name: web
  clusterIP: None
  selector:
    app: nginx
---
apiVersion: apps/v1
kind: StatefulSet
metadata:
  name: web
  namespace: default
spec:
  selector:
    matchLabels:
      app: nginx
  serviceName: "nginx"
  replicas: 3
  template:
    metadata:
      labels:
```

```
        app: nginx
  spec:
    containers:
    - name: nginx
      image: k8s.gcr.io/nginx-slim:0.8
      volumeMounts:
      - name: www
        mountPath: /usr/share/nginx/html
volumeClaimTemplates:
- metadata:
    name: www
  spec:
    accessModes: [ "ReadWriteOnce" ]
    storageClassName: "my-storage-class"
    resources:
      requests:
        storage: 1Gi
```

接下来，以这个 StatefulSet 为例，我们从身份标识和数据存储两个方面来看一下 StatefulSet 在 Kubernetes 中会被如何处理。

1. 身份标识

StatefulSet Controller 为每个 Pod 编号，序号从 0 开始。示例的 StatefulSet Spec 会创建三个 Pod，名称分别为 web-0、web-1 和 web-2，任何一个 Pod 被删除后，都会有一个同名的 Pod 被重新创建。

StatefulSet 中的 serviceName 属性，可以引用一个 Headless Service 名称，其作用是为每个 Pod 创建一个独立且固定的域名，每个 Pod 都可以作为独立个体提供服务。示例中的服务可以通过域名 nginx.default.svc.[clusterdomain]来访问，每个 Pod 可以通过其对应的固定域名 web-[index].nginx.default.svc.[clusterdomain]来访问。

2. 数据存储

StatefulSet 允许用户定义 volumeClaimTemplates，Pod 被创建的同时，Kubernetes 会以 volumeClaimTemplates 中定义的模板创建存储卷，并挂载给 Pod。这样每个 Pod 就拥有了属于自己的存储空间，当 Pod 被删除时，对应的存储卷不会被删除；当 Pod 被重建时，相同的存储卷会被挂载给新 Pod。

常见的有状态应用（如 ZooKeeper、MySQL）中的每个实例的配置可能都是不同的，通常需要在初始化过程中完成配置。Kubernetes Pod 提供的 Downward API 可以将 Pod 名、PodIP 等信息传入 Pod 内部，供应用完成配置。

有些应用在初始化过程中要完成数据克隆，可以利用初始化容器进行数据拷贝。

当 StatefulSet 创建多个 Pod 时，多个实例的创建是按照从 0 到 N 的顺序创建的，只有当编号靠前的 Pod 全部就绪时，后面的 Pod 才会被创建。比如上面的例子中，只有 web-0 和 web-1 全部就绪时，web-2 才会被创建。

当 StatefulSet 进行缩容时，会从编号最大的 Pod 开始终止。只有大编号的 Pod 完全终止后，较小编号的 Pod 才会被终止。

在节点失效后，StatefulSet 的 Pod 不会被自动删除，因此 StatefulSet 没有天生的故障转移能力。

StatefulSet 的升级策略包括以下三种：

1. onDelete

该策略在更新 StatefulSet 后，并不会自动重建 Pod，手工触发旧版本 Pod 执行删除以后，新版本 Pod 才会被创建。此策略可以灵活地控制 Pod 的升级顺序，通常需要额外的自动化脚本控制升级策略。

2. 滚动升级

StatefulSet 的滚动升级策略并不像 Deployment 那样灵活，它以固定的频率从最大序号的 Pod 开始升级，并且每次只升级一个实例，只有当较大序号的 Pod 升级完成并转为就绪状态以后才会升级下一个。因此，StatefulSet 的滚动升级相较于 Deployment 更缓慢，任何 Pod 出现问题无法就绪时，升级都会被暂停。

3. 分片升级

允许设置一个 Partition 值，只有序号大于等于该值的 Pod 才会被升级。通过操作此值，可以灵活地控制每次升级的 Pod 数量。

10.3.3　Operator

StatefulSet 为每个 Pod 实例提供唯一配置、独立存储和身份标识，几类流行的有状态应用可以以较低的成本落地 Kubernetes 集群，然而现实中有状态的应用千差万别，应用部署和升级的需求也各不相同。很难用一套通用的方案来支持所有的应用。

比如，灰度发布时，能否只更新一个实例，并且在完成更新后自动暂停，等测试完成后再以灵活的策略继续；比如，Pod 的调度虽然支持亲和性和反亲和性，但能否在进行有状态 Pod 调度时，让属于同一个应用的多个实例平均分布在不同的故障域；比如，能否通过自定义的流程完成多个对象的互动。这些需求都无法通过标准的 Deployment 或 StatefulSet 来实现，以包罗万象的开放平台自居的 Kubernetes 需要一套更灵活的解决方案——Operator 应运而生。

Operator 的本质是自定义对象和控制器的组合，既然内置对象无法满足业务需求，就基于 CRD 定义扩展对象，并为该对象编写控制器。

Operator 最初由 CoreOS 开创，为了实现对 etcd 集群的管理，CoreOS 设计了 etcd Operator。下面是一个 EtcdCluster 的 yaml 定义文件示例代码，它包含 EtcdCluster 对象的定义，定义内容包括备份策略、容器镜像、副本数、部署反亲和性和版本信息等。

```
apiVersion: etcd.database.coreos.com/v1beta2
kind: EtcdCluster
metadata:
  name: etcd
  namespace: default
spec:
  backup:
    autoDelete: false
    backupIntervalInSecond: 900
    maxBackups: 20
    os:
      encryptKey: ""
      osConfig: etcd-operator-backup-openstack
    storageType: OS
  baseImage: etcd
  multiClusterPreferences:
    bootstrapCluster: "local"
    clusters:
```

```
    "local": 3
pod:
  antiAffinity: true
  labels:
    app.kubernetes.io/managed-by: etcd-operator
    app.kubernetes.io/name: etcd
    app.kubernetes.io/part-of: control-plane
    enable-proxy-agent: "true"
restore:
  backupClusterName: etcd
  storageType: OS
size: 5
version: 3.2.18
```

对象定义完成后，需要用配套的控制器来完成针对该对象的逻辑控制，比如针对上面实例中的 EtcdCluster 对象，Etcd Operator 实现的控制器会以 etcd:3.2.18 的比例创建三个实例的集群，并按照其定义的备份规则定期执行备份。Etcd Operator 实现了通过 CRD 定义 etcd 集群，并通过控制器完成 etcd 集群的完整生命周期管理，此模式展示了 Kubernetes 的强大扩展能力。

Kubernets 社区参考 Etcd Operator 的工作方式，逐渐将其抽象成一种叫作 Operator 的设计模式。Operator 模式借助 Kubernetes 提供的控制器模式进行框架开发，这些自定义的控制器就像 Kubernetes 原生的组件一样。Kubernetes 借助 Operator 变成了一个包容一切的真正意义上的开放式平台。

随着 Operator 模式的广泛应用，Kubernetes 社区开始推出方便开发的 SDK，借助 Operator，只需如下命令即可完成控制器手脚架代码的生成。

```
controller operator-sdk add controller --api-version=cache.example.com/
v1alpha1 --kind=Memcached
```

生成的 Controller 代码框架中，已经完成了对 CRD 对象的监听，相关代码如下：

```
err    :=    c.Watch(    &source.Kind{Type:    &cachev1alpha1.Memcached{}},
&handler.EnqueueRequestForObject{}, )

err    =    c.Watch(&source.Kind{Type:    &corev1.Pod{}},    &handler.
EnqueueRequestForOwner{
    IsController: true,
    OwnerType:    &cachev1alpha1.Memcached{},
})
```

Controller 同时生成了控制逻辑的代码框架，只需将控制逻辑写入 Reconcile 函数，即可实现 Operator 的业务逻辑，具体实现代码如下：

```
func  (r  *ReconcileMemcached)  Reconcile(request  reconcile.Request)
(reconcile.Result, error) {
err := r.client.Get(context.TODO(), request.NamespacedName, instance)
…
}
```

借助 Operator SDK，开发人员可以通过快速扩展实现原生 Kubernetes 未能支持的特殊业务需求。

10.4　集群应用运维

在 Kubernetes 集群中上线、下线应用是最基本的操作，可以通过命令行或 API 调用直接将准备好的 Kubernetes Spec 创建到集群中，即可完成应用的部署。Kubernetes 原生支持应用的 Pod 存活检查和可用性检查，通过检查 Pod 中的各个容器的存活状态和可用状态即可得到应用的状态。

下线应用与创建应用相反，下线应用是通过调用删除命令或 API 完成应用的下线操作。应用进程的自动重启可以通过配置 livenessProbe 来实现。只要应用配置了 livenessProbe，节点上的 kubelet 就会定期探测 Pod 中的每个 Container 的存活状态，如果探测失败且达到了配置的阈值，kubelet 就会强制终止对应的 Container，重新启动新的实例。应用是否可用、是否可以接受服务，可以通过 readinessProbe 来实现。当应用 Container 启动且执行 live 命令后，只要配置了 readinessProbe，kubelet 就会定期做可用性探测，如果探测失败或者不可用达到阈值，kube-proxy 就会自动将这个 Pod 的入口从服务中摘除，避免请求转发到不可用的实例上。

应用的配置更新涉及应用的行为方式、功能支持、配置等。通常，应用的各种配置通过 ConfigMap、Secret 方式添加到 Pod 中。ConfigMap 和 Secret 的使用有两种方式：环境变量、挂载虚拟盘。这两种方式的配置更新方式是不同的。由于使用环境变量进行的配置在 Pod 启动时已经固定，所以无论 ConfigMap、Secret 中的内容如何更改，都不会体现到环境变量中。因此，使用环境变量方式在更新配置时需要重建 Pod。使用挂载虚拟盘方式进行配置时，kubelet 会挂载一个临时文件系统到容器目录中，并将 ConfigMap、Secret 的内容作为文件的方式添加到虚拟盘中。当 ConfigMap、Secret 发生更改时，kubelet 会刷新虚拟盘中的文件。因此，通过挂载虚拟盘的方式进行配置，可以直接更新 ConfigMap、Secret，应用可以获取更新后的配置，并热加载到应用中。对于不支持热加载的应用，则需要通过重新启动容器或者重建 Pod 来完成应用配置的更新。

应用的升级相对应用的上线、下线、配置更新而言，更加复杂。它包含对应用的镜像升级、拓扑结构升级、拓扑的更改等。应用的升级涉及 Pod 的重建、服务的更改等。在应用升级的过程中，需要考虑应用的可用性，以减少耗时和对应用服务的影响。为此，需要考虑应用的升级是兼容升级还是不兼容升级，以便确定不同的升级策略。对于兼容升级，可以使用灰度发布完成应用的升级；对于不兼容升级，需要有版本切换窗口，保证在从一个版本切换到另一个版本的过程中，只有一个版本提供服务。下面，我们来看一个向后兼容的版本升级的例子，如图 10-1 所示。

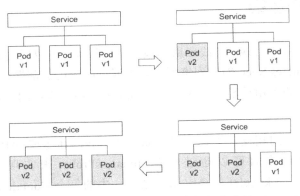

图 10-1　应用版本向后兼容灰度升级

图 10-1 是一个常规的应用版本向后兼容灰度升级的案例，它完整地展示了从 v1 版本逐步切换到 v2 版本的过程。在版本升级过程中存在 v1 和 v2 两个版本同时接受服务。首先，要升级一个实例作试点，并对新版本进行功能验证，然后，将剩余的 v1 版本逐步替换为 v2 版本。

对于非向后兼容的版本升级，在升级过程中必须保证新旧版本不会同时运行。因此，在非向后兼容的版本升级过程中存在空白窗口期，在空白窗口期内应用不对外提供服务。应用版本不兼容升级的过程如图 10-2 所示。

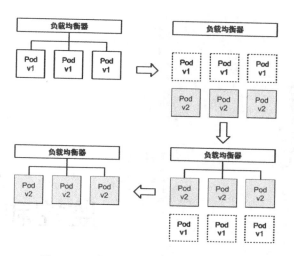

图 10-2 应用版本不兼容升级的过程

应用的运维除了版本升级，还有实例副本数量的微调、多服务的对接等。对于实例副本数量的微调，一般是通过调整 Replicas 来完成的。如果应用不是通过标准的 Kubernetes 的模型来定义的，则需要通过应用本身或额外的组件来完成。

多服务的对接是比较特殊的配置，它通常针对大流量服务进行专门设计。由于有大量的服务实例（比如超过 300 个），所以当使用一个负载均衡设备作为服务入口时，单个设备无法承载这样的流量。因此，需要使用多个设备对接同一组服务实例，多个服务同时对外提供服务。比如，单节点的平均流量达到 100MB/s，那么 300 个实例的总平均流量约为 30GB/s；单个负载均衡器的承载流量是 10GB/s，则需要至少 3 个负载均衡器才可以容纳这样的流量。

对于无状态的应用，可以通过运维策略与 Kubernetes 自带的 Deployments、ReplicaSet 等资源来完成应用的运维；对于有状态的应用，需要通过 StatefulSet 来完成应用的运维；对于更复杂的有状态应用，则需要使用定制的 Operator 来完成应用的运维。

11

第 11 章
监控和自动修复

追求纵向扩展的单体架构时代，应用部署在单个计算节点，无须复杂的监控即可应对日常运维的需求。管理员登录到服务器，CPU、内存、磁盘 I/O 等资源利用率一目了然，应用程序的健康状况、日志分析等只需简单的运维脚本即可完成。追求横向扩展的微服务时代，一个业务流由数十上百个微服务的成千上万个计算节点组成，人工监控显然已不够用，构建适宜的监控系统就成了系统运维的必要条件。有了监控，就有了"上帝之眼"，就有了洞察过去和未来的能力；没了监控，平台运维就是"盲人"，对事故的预见性为零。监控是平台生产化的必要条件，为运维提供数据支撑，培养数据驱动（Data Driven）的 AIOps 文化。

Kubernetes 本质上是一个通用平台，用户可以在平台上自由部署应用。企业一般会采用多云端解决方案，在各种基础设施上不断动态迁移应用，不仅能够减少对单一云服务平台的依赖，还能缩短故障停机时间，避免数据丢失。但这种部署方式也给实时数据抓取和应用状态监控带来了挑战。很多公司的基础设施上都运行着多个应用，因此，很难做到所有平台和协议之间的完全可见，这就会隐藏系统的瓶颈问题。如果没有稳健的监控系统，用户便无法发现应用的潜在问题。对于 Kubernetes 集群，监控的内容有哪些呢？可以从以下两个方面来描述：

- **基础平台服务的监控**

实时监控核心组件（API Server、调度器、控制器、kubelet 和 kube-proxy 等）的健康状态，用以发现用户流量和组件的 CPU、内存和网络等的使用情况之间的联系。这些数据不仅能帮助我们甄别出单个组件是否服务异常，还能帮助运维者找出性能出现瓶颈的原因，保证组件有足够的资源满足用户请求，从而进行性能调优。实时监测核心组件之间是否能协调工作，是否能够向用户提供所需服务。

- **资源负载状态的监控**

监控用户及工作节点的负载状态，包括 CPU、内存、磁盘等压力检测，企图将资源耗尽的极端行为得以提前预警。Kubernetes 允许多租户在同一集群部署。了解这些数据可以让我们知道租户之间是否相互干扰，还可以让我们知道是否需要对集群进行扩容或缩容，特别是对使用公有云的企业来说，这对控制成本非常有利。

因此，通过一个全面的监控系统来解决集群中数据的收集、分析和执行功能，能够极大地提高应用程序和服务的可用性和性能。它可以帮助你了解应用程序的性能，并主动识别影响它们的问题及它们所依赖的资源。

一般来说，监控系统的数据分为两大类：指标（Metrics）和日志（Logs）。如图 11-1 所示，监控系统负责将数据从集群中收集起来，并拥有对数据展示、处理和分析的能力。它能向其他应用程序暴露指标和日志查询的 API 接口，能够简单、轻松地扩展监控数据的应用场景。一方面，可以利用可视化工具对关键性能指标数据进行展示和追踪。另一方面，可以利用指标数据进行异常报警，或者触发自动修复和扩容。另外，可以对数据和日志进行分析，进行故障排除、深度诊断和性能调优等。如何更好地使用这两类数据，每个平台或公司需见仁见智，对系统进行充分的模块扩展。

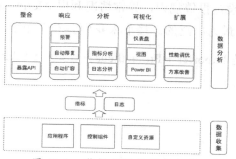

图 11-1　监控系统的构成组件

11.1 指标监控系统

不管是在数据收集层面还是数据分析层面，社区有很多相关的监控工具，成套的解决方案也不少。目前主流的监控工具集有如下几种：

- Heapster + InfluxDB + Grafana

kubelet 中内置 cAdvisor，暴露出 API。Heapster 通过访问这些 API 得到容器的监控数据。它支持多种存储方式，常用搭配是 InfluxDB。InfluxDB 是开源分布式时序、时间和指标数据库，可以用来存储涉及大量时间戳的数据。Grafana 是可视化数据统计平台，数据能以图表的形式展示。这套方案的缺点是，数据来源单一、缺乏报警功能，以及存在 InfluxDB 的单点问题，而且 Heapster 也已经在新版本中被 deprecated（被 Metrics-server 取代）了。

- Metrics-server + InfluxDB + Grafana

从 Kubernetes 的 1.8 版本开始，就由 Metrics-Server 来向 kubelet 的 cAdvisor 收取资源指标，并通过 Metrics API 在 API Server 中公开它们。这些指标可以被 kubectl top、调度器、水平 Pod 自动扩展器（Horizontal Pod Autoscaler，HPA）和垂直 Pod 自动扩展器（Vertical Pod Autoscaler，VPA）观察并利用到。

- 各种 Exporter + Prometheus + Grafana + Alertmanager

通过各种 Exporter 暴露不同维度的监控指标，Prometheus 定期向他们拉取指标数据，再用 Grafana 进行展示。设定报警规则，异常情况利用 Alertmanager 告警。这套方案目前是 Kubernetes 平台应用得最为广泛的。接下来我们会着重介绍。

如图 11-2 所示，这是 Exporter + Prometheus + Grafana + Alertmanager 的架构方案。

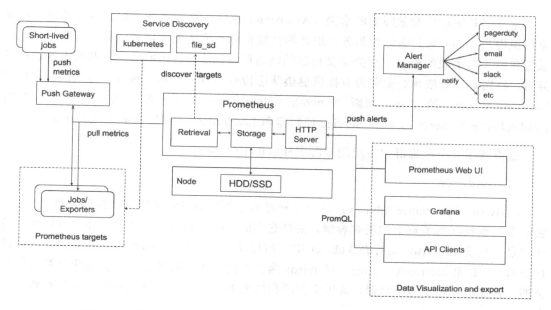

图 11-2　Exporter + Prometheus + Grafana + AlertManager 的架构方案

11.1.1　监控系统的构建

本节将分别介绍 Exporter + Prometheus + Grafana + Alertmanager 架构方案的四个模块。

1. Exporter

Exporter 是 Prometheus 的主要的指标来源。对运维人员而言，节点和容器等各类指标越齐全，对集群的监控和维护越有利，利用数据更能驱动性能和稳定性的提升。Exporter 主要可以分为如下三类：

第一类是组件主动暴露的监控数据，例如，API Server、etcd、Scheduler 和 kubelet 等都通过网络端口暴露其收集的指标数据，通常为各个组件各自的性能度量。

第二类是以 Daemonset 运行的指标收集器，它们更偏重于收集或统计度量指标。社区里有很多此类 Exporter，收集的指标数据的侧重点略有不同。

第三类是主动检测故障的断言类（Assertion）服务。这类服务会根据特定的使用场景来模拟用户行为，端到端地检测各个组件的性能指标和服务的完成性。通常需要运维人员根据自身平台承载的流量类型来定义自己的断言服务，目标是比用户更早发现组件的服务异常，特别是当所依赖的服务没有提供健康状态检查 API 接口时。例如，周期性创建使用 Network Volume 的 Pod，判断 Network Volume 服务是否正常；周期性创建类型为 LoadBalancer 的 Service，判断 Service 控制器和 LoadBalancer 供应商服务是否正常，等等。

这里列举几个在集群中常用的来源于社区的 Exporter。

（1）cAdvisor

cAdvisor（Container Advisor）是一个开源的分析容器资源使用率和性能特性的工具。它能主动查找在其节点上的所有容器，采集它们的 CPU、内存、文件系统和网络使用的统计信息。目前 cAdvisor 运行在 kubelet 中，指标暴露端口是 kubelet 的只读端口，默认是 10255，URL 是/metrics/cadvisor。cAdvisor 为客户提供了了解其容器的资源所用和性能特征的一种途径。对于每个容器，其历史资源和性能的数据对故障排除和性能调优都极具参考价值。

（2）kube-state-metrics

kube-state-metrics 监听 API Server 处各个资源对象的变化事件，并生成有关资源对象的度量。它不关注单个 Kubernetes 组件的运行状况，而是关注内部各种对象（例如 Deployment、Node 和 Pod 等资源对象）的运行状况，例如 Pod 的启动、完成和终止时间，节点可分配资源和容量等。默认指标暴露端口是 80，可通过--port 来指定，指标 URL 是/metrics。

（3）node-exporter

node-exporter 顾名思义是节点指标收集器。它是 Prometheus 开发的，以 DaemonSet 方式部署在每个节点上，负责收集节点的硬件信息和系统运行时的状态，比如当前的系统 CPU 负载、内存消耗、硬盘使用量、网络 I/O 等。如果 node-exporter 运行在容器中，需要对想要监测的节点系统目录（例如/proc、/sys 等）有访问权限，还需要在容器中挂载系统目录，并在参数中指定目录的挂载路径。默认指标暴露端口是 9100，可以通过参数 --web.listen-address 指定，默认指标 URL 是/metrics，可以通过参数--web.telemetry-path 指定。node-exporter 对我们发现潜在风险节点非常有利。当系统负载过高时，可能会导致进程响应变慢，进而影响服务的正常功能。当系统磁盘耗尽时，就可能导致 kubelet 不能响应，进而影响节点上的 Pod。对节点的运行状态的监控，能够给运维者提起预警，避免不必要的宕机事故的发生。

随着业务的增加，客户对业务稳定性要求变得更加苛刻，为了保证业务系统的稳定运行，业务逻辑的监控需求被提出来了。当业务运行出现逻辑故障时，也需要进行告警。很显然，业务逻辑的监控没有现成的工具和代码，只能根据业务逻辑自行开发。不管是什么需求，万变不离其宗，就是将业务逻辑的监测数据向 Prometheus 汇报，也就是开发监测业务逻辑的 Exporter。

2. Prometheus

Prometheus 是数据收集和分析模块之间的核心。Prometheus 主动向各个 Job 或者 Exporters 及 Push Gateway 拉取它们所暴露的各种指标数据。它只会使用主动拉取的方式收集数据，但是某些 Job 生命周期较短，可能无法等到 Prometheus 来拉取时便已消亡，这个时候就需要 Job 先将指标数据推送到 Push Gateway。Prometheus 再从 Push Gateway 拉取数据，因此 Push Gateway 就类似于一个中转站。

当 Exporter 以 Deployment 或者 DaemonSet 的形式部署在集群后，Exporter 可能会有很多个 Pod 实例，也就是说会有很多个目标 Pod。那么 Prometheus 是如何发现它们的呢？如何得知它们的指标数据路径呢？Prometheus 提供了多种服务发现选项，支持 Kubernetes（kubernetes_sd_configs）、consul（consul_sd_config）等平台。每个 Exporter 的服务发现和抓取配置等信息，都可以在 Prometheus 配置文件的 scrape_configs 中进行定义。在一般情况下，一个 scrape_configs 指定一个 Exporter。下面是 Prometheus 的配置文件中关于 node-exporter 的配置信息：

```
scrape_configs:
- job_name: 'node-exporter'
    scrape_interval: 1m
    scrape_timeout: 1m
    metrics_path:  /metrics
    scheme: http
    tls_config:
      ca_file: /var/run/secrets/kubernetes.io/serviceaccount/ca.crt
      insecure_skip_verify: true
    bearer_token_file:
/var/run/secrets/kubernetes.io/serviceaccount/token
      kubernetes_sd_configs:
```

```
   - role: node
relabel_configs:
- source_labels: [__address__]
  regex: '(.*):10250'
  replacement: '${1}:23333'
  target_label: __address__
```

node-exporter 的配置参数如下：

- scrape_interval：指标数据抓取间隔。

- scrape_timeout：指标数据抓取超时时间。

- metrics_path：获取指标的 HTTP 资源路径。

- scheme：抓取指标数据请求的协议。

- bearer_token_file：用于验证身份授权的 Bearer Token 所在文件。

- kubernetes_sd_configs：Kubernetes 平台服务发现配置信息，允许从 Kubernetes 的 REST API 检索抓取目标，并始终与集群状态保持同步。这里的 role 必须是 Endpoints、Service、Pod、Node 或 Ingress。这个例子的 role 为 node，意思是集群中的每个节点都应该有一个目标，默认地址为节点的地址，按照 NodeInternalIP、NodeExternalIP、NodeLegacyHostIP 和 NodeHostName 的地址类型排序，默认端口为 kubelet 的 HTTP 端口 10 250。

- relabel_configs：允许在抓取之前对任何目标及其标签进行高级修改。__address__ 标签为目标的 <host>:<port> 地址。在这个例子中，我们将 <host> 提出来，用 <host>:23333 代替原来的__address__标签。换句话说，Prometheus 从每个节点的 23333 端口的/metrics 路径下抓取 node-exportor 的指标。

对于使用 hostNetwork 的以 DaemonSet 部署的 Exporter，都可以采用此类配置，即使用 role=node 的基础配置，将原有的 10 250 端口替换成该 Exporter 所用的端口。

Prometheus 处还可以配置报警的规则，如果告警被触发，那么 Prometheus 会向 Alertmanager 发送告警。如下面代码所示，需要在 Prometheus 的配置文件中指定报警规则所在的文件，以及 Alertmanager 的访问地址。这里我们将 Alertmanager 部署在与 Prometheus 相同的 Namespace 上，可通过 Alertmanager 服务（Alertmanager）直接进行访问。

```
rule_files:
```

```
    - '/etc/Alertmanager/alert-rules.yml'
alerting:
    alertmanagers:
    - static_configs:
      - targets:
        - alertmanager
```

下面的代码是一个报警规则示例。如果名称中包含 master 字样的节点，且它的 node_failure_count 指标超过 10 分钟都为 1，则会触发 Master_Down 的警报。此警报级别是 Critical。

```
- alert: Master_Down
      expr: sum(node_failure_count{host=~".*master.*"}) BY (host) > 0
      for: 10m
      labels:
        component: API Server,ETCD
        severity: Critical
      annotations:
        description: '{{ $labels.host }} master node is down in cluster
{{ $labels.cluster
            }}'
        runbook: http://go/alert-master-down
        summary: Master node is down in cluster {{ $labels.region }}
```

Prometheus 还支持联邦机制，允许一个 Prometheus 从其他多个 Prometheus 中拉取某些指定的时序数据。也就是说，Prometheus 对集群联邦也有很好的支持。如图 11-3 所示，实际使用中一般会扩展成树状的层级结构。除在集群内部部署 Prometheus、Grafana 和 Alertmanger 外，在集群联邦控制平面也布置一套这样的监控系统，能够满足运维者或者用户同时对多个不同的集群进行监控和管理。特别是当服务跨集群分布时，如果某些请求服务异常，通过集群联邦的监控数据就能较为容易地找到出现异常服务所在的集群，能够帮助运维者快速定位、转移流量和排除故障。

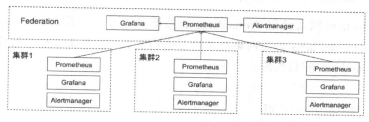

图 11-3　Prometheus 的联邦机制

下面是联邦 Prometheus 的配置示例：

```
- job_name: 'federate'
  scrape_interval: 15s
  honor_labels: true
  metrics_path: '/federate'
  params:
    'match[]':
      - '{job="prometheus"}'
      - '{__name__=~"job:.*"}'
  static_configs:
    - targets:
      - 'source-prometheus-1:9090'
      - 'source-prometheus-2:9090'
      - 'source-prometheus-3:9090'
```

集群联邦处的 Prometheus 将从 source-prometheus-1 到 source-prometheus-3 这 3 个 Prometheus 的/federate 端点拉取监控数据。match[]参数指定了只拉取带有"job=Prometheus"的 Label 的指标，或者名称以 job 开头的指标。

3. Grafana

Grafana 是一个开源的度量分析与可视化套件，通俗地说，Grafana 就是一个图形可视化展示平台，通过各种视图插件展示监控数据，例如热图、折线图、图表等。Grafana 同时支持许多不同的数据源，Graphite、InfluxDB、OpenTSDB、Prometheus、Elasticsearch、CloudWatch 和 KairosDB 都可以完美支持。它也能以可视方式定义最重要指标的警报规则，不断计算，在数据达到阈值时，通过 Slack、PagerDuty 等发送通知。Grafana 使用简单，适合速成。作为新手，能快速入手并画出实用且酷炫的 Dashboard。社区中的很多组件都提供其自身的 Dashboard 模板。Grafana 自身也针对 Kubernetes 做了一系列的 Dashboard。只需要将这些 Dashboard 导入自己的 Grafana 中即可使用，避免了重复造轮子的尴尬。

如果想让 Grafana 默认使用 Prometheus 的数据源，那么在部署 Grafana 时，可以通过环境变量告知其 Prometheus 的访问地址（如下代码所示）或者在数据源配置页（如图 11-5 所示）添加 Prometheus 的数据源。

```
- env:
  - name: PROMETHEUS_URL
    value: http://prometheus
```

图 11-5　Grafana 的数据源配置页

在新版本的 Grafana 中，日志面板（Log Pannel）进行了很多优化升级，更好地支持了日志的查询与展示。可以通过设置过滤条件查询多个日志信息，并将查询结果按时间合并和排序。因此，Grafana 也可以被用作日志管理系统的可视化工具。

现在集群规模和数量越来越多，收集的数据也飞速增长。如果监控系统突然意外宕机了，那么等系统恢复启动时，线上平台运行将处于 Blind 模式。因此，我们对监控组件的部署需采用分布式高可用部署，多个实例同时运行，以避免单点故障。当警报触发时，Prometheus 实际上会针对 Alertmanager 集群的所有实例触发警报。Prometheus 可以通过 Kubernetes API 发现所有 Alertmanager。从 v0.5.0 版本开始，Alertmanager 增加了高可用性模式。它实现了八卦协议，使 Alertmanager 集群实例与已发出的通知同步，以防止重复的通知。它是一个 AP（Availability & Partition Tolerance，可用且分区容忍）系统，作为 AP 系统，意味着可以确保至少发送一次通知。

以高度可用的方式运行 Prometheus，两个（或多个）实例需要以相同的配置运行，这意味着它们将收集相同目标的指标数据，即它们将在内存和磁盘上拥有相同的数据，并同时以相同的方式响应外界的查询请求。实际上，这并非完全正确，因为收集周期不同，记录的数据可能会略有不同。也就是说，单个请求可能会略有不同。但是对于警报评估，这种情况不会发生任何变化，因为通常仅在某些查询触发一段时间后才会触发警报。对于仪表板，应该使用粘性会话（在 Kubernetes 服务上使用 sessionAffinity），以便在刷新时获得一致的图形。

如果采用其他组件的监控系统，本身不支持高可用模式，那么可以将监控数据进行远程异地备份。当监控服务组件发生故障时，监控系统可以切换到备用实例上，自动同步备份数据。

4. Alertmanager

Alertmanager 对收到的告警信息进行处理，包括去重、降噪、分组策略、路由告警通知，例如 Email、Pugerduty 或者聊天平台（Slack）等。下面是路由策略的配置示例代码，对于 Critical 级别的 Alert，我们将通过 PagerDuty 和 Slack 同时发送警报。

```
routes:
- match:
    severity: Critical
  receiver: pager
  continue: true
- match_re:
    component: ^(Assertions|Prometheus|Grafana|Alertmanager|Monitoring)$
    severity: ^(Critical|High)$
  receiver: slack_monitoring
receivers:
- name: 'pager'
  pagerduty_configs:
  - routing_key: '0f577b0ff*253182edb'
    url: 'https://events.pagerduty.com/v2/enqueue'
    send_resolved: true
- name: 'slack_monitoring'
  slack_configs:
  - api_url: 'https://hooks.slack.com/services/T02T*S0/B0*M'
    channel: '#monitoring-alerts'
    send_resolved: true
```

当集群中某个 Master 节点宕机以后，我们将在 Slack 的#monitoring-alerts 频道收到如图 11-4 所示的 Firing 的警报。状态是 Firing 就表示这个警报已经被触发了。当警报解除以后，它会发送警报解除的信息。单击该信息，就会跳转到 Alertmanager 的网页界面，可以看到更多细节信息。

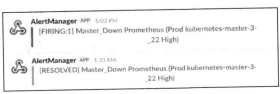

图 11-4　Alertmanager 向 Slack 发送告警的示例

如果我们发现当前这个警报是正常的，例如 Master 节点例行升级维护等，那么可以将此警报静默（Silence）。在 Alertmanager 处建立静默的规则。到来的警告都将会被检查，判断它们是否和活跃的静默规则相匹配。如果匹配成功，它们就不会将警报发送给接受者。

11.1.2　Prometheus Operator

Prometheus Operator 项目目前处于 beta 阶段。它旨在向 Kubernetes 服务提供 Prometheus 实例的更简便的部署和管理方式，使用户能够使用简单的声明式配置来配置和管理 Prometheus 实例。

在上一节我们提到，即使多个 Prometheus 实例同时运行时，也不能保证 Prometheus 的高可用。当单个 Prometheus 实例在某段时间内不能收集对象时，这个实例就会在此段时间内丢失数据。如果外界（例如 Grafana）的请求被分发到此实例，那么查询的数据将可能不完整。这就是 Prometheus Operator 的分片功能发挥作用的地方。它将 Prometheus 收集的目标分为多个组，每个组足够小以至于一个 Prometheus 实例可以收集一个组。如果可能，建议使用功能分片，例如，服务 A 的实例都被 Prometheus A 收取。为了能够查询所有数据，多个 Prometheus 实例以联合身份来散布相关数据的查询和警报。这就是 Prometheus Operator 的目标之一：完全自动化分片和联合。

Prometheus Operator 提供了一种纯粹以 Kubernetes 习惯用语表达的自定义服务监视的方法。Operator 定义了多个用户自定义资源（CRD），通过监听这些资源对象的变化来实现配置和部署 Prometheus 及 Alertmanager 的目的。Operator 本质上是一个自定义资源对象的控制器，其功能是将 Prometheus 实例的部署与它们所监视的目标的配置进行分离，使监控真正成为集群本身的一部分，并且抽象出了所使用的不同系统的所有实现细节。Prometheus Operator 定义的 CRD 有如下几个：

- Prometheus：定义一个预期的 Prometheus 的 Deployment 目标，包含数据保留时间、持久卷声明、副本数量、版本等信息。Operator 保证始终有一个 Prometheus Deployment 是满足此对象的定义。

- ServiceMonitor：声明一组 Services 对象并被监控。Operator 会根据此对象自动生成 Prometheus 的配置文件，并实时更新与应用到 Prometheus 的实例中。Prometheus 资源对象可以按其 Label 动态选择其包含的 ServiceMonitor 对象。Operator 将监听 Prometheus 资源对象和它选择的 ServiceMonitors 对象，更新 Prometheus 实例的配置，使其与集群中发生的任何更改保持同步。

- PodMonitor：与 ServiceMonitor 类似，声明一组 Pod 对象并被监控。

- PrometheusRule：定义了预期的 Prometheus 规则，包括报警和记录规则。它们会被 Prometheus 实例加载进去。

- Alertmanager：与 Prometheus 类似，定义了一个预期的 Alertmanager Deployment，包含版本等信息。Operator 保证始终有一个 Alertmanager 的 Deployment 是满足此对象的定义。

除了通过 CRD 的 Label 选择来发现目标，还能通过使用常规的 Prometheus 配置来发现监视目标。但是它非常冗长和重复，通常不适合手动编写。因此，Prometheus 运营商封装了 Prometheus 领域知识的很大一部分，仅公开了对监视系统的最终用户有意义的方面。这是一种强大的方法，可让组织中所有团队的工程师在运行监视方式时保持自治和灵活。

如图 11-6 所示，Operator 监测集群中 Prometheus、Alertmanager、ServiceMonitor 等 CRD 资源变化，根据其内的定义创建 Prometheus、Alertmanager 实例，并为相关的 Service 进行配置。

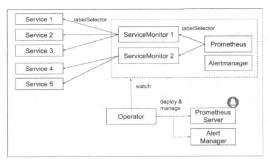

图 11-6　Prometheus Operator 工作原理

具体地，假设我们所有带有 tier=frontend 的 Label 的服务都在名为 Web 的端口上的标准 /metrics 路径下提供指标度量。我们定义一个 ServiceMonitor，其自身标签为 tier=frontend，并在 selector 中声明性地选择适用于该监视配置的所有服务，即满足标签中含有 tier=frontend 的所有 Service，具体代码如下：

```
apiVersion: monitoring.coreos.com/v1alpha1
kind: ServiceMonitor
metadata:
  name: frontend
  labels:
    tier: frontend
spec:
```

```
  selector:
    matchLabels:
      tier: frontend
  endpoints:
  - port: web
    interval: 10s
```

上面这段代码仅定义了如何监视一组服务。现在，我们需要定义 Prometheus 对象，并指定选择它要服务的 ServiceMonitor 对象。Operator 观测到 Prometheus 对象创建后，它将部署一个 Prometheus 实例，并根据匹配的（即标签中含有 tier=frontend 的）ServiceMonitor 对 Prometheus 进行配置，示例代码如下：

```
apiVersion: monitoring.coreos.com/v1alpha1
kind: Prometheus
metadata:
  name: prometheus-frontend
  labels:
    prometheus: frontend
spec:
  version: v1.3.0
  serviceMonitors:
  - selector:
      matchLabels:
        tier: frontend
```

尽管仍处于开发的早期阶段，但 Operator 已处理 Prometheus 设置的多个方面。

- 创建和消除：能够在 Kubernetes 的某个 Namespace 创建和消除 Prometheus 实例。

- 更简单的配置：只需要配置 Prometheus 的版本、存储和保留策略及副本数量即可。

- 基于 Label 寻找目标：能够根据 Label 自动寻找目标，并产生目标的配置文件。

11.2　日志管理系统

在 Kubernetes 集群中，需要记录的日志多种多样，包括系统内核日志、各种守护进程的日志，以及 Pod 容器的日志等。这些日志分散在各处，不易归档。在定位节点上出现的种种问题，无论是开发人员还是运维人员，都没有高效搜索日志内容并快速定位问题的方法。而且这些日志文件非常占用磁盘空间。为了防止日志占满节点的磁盘空间，节点上的日志需要周期性被循环删除。当节点出现某种问题时，我们需要追溯节点之前的日志，它们可能已被删除，导致问题定位无疾而终。因此，我们迫切需要一个集中式的、能够独立地搜集和管理 Pod、具有各种服务及节点日志信息的系统，并能提供良好的可视化界面进行数据展示、筛选和处理分析。目前我们有如下日志管理系统的解决方案：

- Filebeats + Logstash + Elastic + Kibana：也就是比较有名的 ELK 套件。如图 11-7 所示，每个节点上都装载了一个 filebeats 的服务，它能够监控节点上的各种日志文件，将内容实时地推送到 Logstash 中。Logstash 会对日志进行初步分析、过滤等操作，对日志形成结构化数据，并转发到 Elasticsearch 中。Elasticsearch 则提供存储、分析和搜索功能。它是基于 restful 风格、支持海量高并发的开源分布式搜索引擎。而 Kibana 则用于为日志提供展示和分析的图表。

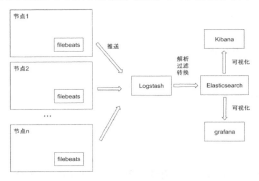

图 11-7　ELK 日志收集系统

- Fluentd + Fluentd Aggregator + Influxdb + Grafana：与前面 ELK 套件结构类似，每个节点上部署 Fluentd 进程，用于收集节点上的日志信息，并汇总在 Fluentd Aggregator 中。再由其发送给 Influxdb 进行存储，最终数据通过 Grafana 进行展示和分析。

Fluentd 是专为处理数据流设计的，使用 Json 作为数据格式。采用了插件式的架构，具有高可扩展性和高可用性，同时还实现了高可靠的信息转发。Fluentd 比 Logstash 更省资源和更加轻量级。

Influxdb 是一个时间序列的数据库，也就是说，每个事件都是带上时间戳保存的，将时间戳作为数据模型的一个基本组成部分，能够支持基于事件的查询和分析。Elasticsearch 在某些方面提供了时间序列的功能，但它的核心并不在此。它实际上是一个有时间概念的分布式查询引擎。尽管 InfluxDB 是一个相对较年轻的数据库，但它在时间序列数据方面更加专业，比 Elasticsearch 可以处理更多的写入。因此如果读者计划在数据库中记录文本数据，再按内容进行查询，则 Elasticsearch 是更好的解决方案，因为它专门研究文本数据搜索。使用 InfluxDB 进行此类日志记录和后续查询可能需要使用其他搜索引擎，这可能会导致在两个系统之间同步数据方面的其他问题。

前面提到的这些组件大多数是支持多种数据输入和输出方式的。例如 Logstash，除了 beats，还支持多种数据源的数据输入，例如 HTTP、file、log4j 等，除了 Elasticsearch，还具有其他种数据输出方式，可以将数据路由到你所需的地方，例如 syslog、Kafka、MongoDB 等；Fluentd 除了能将数据送往 Influxdb，还能将数据送往 Elasticsearch；Grafana 除了支持 Influxdb 的数据源，还支持 Elasticsearch 的数据源。这也就为日志管理系统提供了无限种可能性。因此，日志管理系统并不是仅有唯一可用的方案。存储大量的时间序列数据可能是一项艰巨的任务，需要大量的精力并研究使用哪种存储引擎。各个方案都有其优缺点，对于特定的用例，判断哪一个是正确的方案，没有一成不变的规则。

11.3　关键指标定义

监控系统的高阶应用是改善服务，进而改善用户体验。因此，我们选择度量的指标应与业务目标紧密联系。集群平台监控也不例外。随着集群规模和用户需求的增长，针对 Kubernetes 集群指标的 Exporter 越来越多，收集的指标也是繁杂交错。因此，在规划和实践中如何定义关键指标就显得尤为重要了。通过这些关键指标数据，运维工程师更容易清楚地知道系统当时是否可靠和可用，有无因素在损害平台服务，能否满足给用户承诺的性能等。下面我们介绍几个服务的关键性指标。

- SLA：服务级别协议（Service-Level Agreement）是平台与客户之间关于可衡量指标（如正常运行时间，响应能力和职责）的协议。

- SLI：服务水平指标（Service-Level Indicator ）是对平台正常运行各项指标的实际衡量，是平台服务的真实反映。为了遵守您的 SLA，SLI 必须达到或超过与客户 SLA 中所做的承诺。

- SLO：服务水平目标（Service-Level Objective）是服务由 SLI 测量出的目标值或目标范围。SLO 是平台 DevOps 团队为了满足客户 SLA 给自己制定的需要达到的目标。

SLA 帮助整个 DevOps 团队设置界限和错误预算。SLO 用于确定开发人员工作的优先级。SLI 告诉运维人员什么时候需要冻结所有启动以节省濒临出错的错误预算，以及什么时候可以放松控制。当我们在给用户做出 SLA 时，我们需要提前知道平台服务当前和预期的指标，也就是说，需要有非常清晰的 SLI 和 SLO。如果 SLI 和 SLO 含糊，过于复杂或无法衡量，它们可能会造成同样多的问题。简洁和清晰的 SLI 和 SLO 不仅能使 DevOps团队对平台服务更加了解，而且也能使团队站在客户角度来提升和优化平台业务。表 11-1列举了 Kubernetes 的关键组件的 SLO。制定 SLI、SLO 的基本原则如下：

1. 根据客户期望制定 SLO

围绕重要的使用场景制定 SLO。如果针对平台制定 SLO，那么平台的多个组件的情况对客户而言并不重要，在客户看来，最重要的是平台可以按期运行。如果针对组件制定SLO，组件的数个细枝末节的功能和处理分支也并不重要，只需要关注组件是否可以按预期运行。因此 SLI 和 SLO 需反映这一现实，不要细化到细粒度的层次，不要使事情变得过于复杂。

2. 使用 SLO，少即多

并非每个指标对客户的成功都至关重要，这意味着并非每个指标都应该是 SLO。只有最重要的指标才有资格获得 SLO 状态。

3. 并非每个可跟踪的指标都应该是 SLI

同样，从战略上选择对核心 SLO 真正重要的指标，并投入精力来有效地跟踪这些指标。

表 11-1　关键组件的 SLO 定义

组件	指标定义	期望值
平台	单个 Pod 从创建到运行的时间	99%的 Pod 所用时间小于 10s
	单个 Pod 从删除到消失的时间	99%的 Pod 所用时间小于 10s
API Server	单个资源对象的获取	99%的请求延时小于 1s
	一个 Namespace 的所有资源对象（小于 1 万个）的列举	99%的请求延时小于 5s
	整个集群所有资源对象的列举	99%的请求延时小于 30s
	API 服务的可服务时间	99.9%的时间可用
	全部请求的错误率	小于 1%

（续表）

组件	指标定义	期望值
调度器	单个不带本地存储卷的 Pod 的调度时间	99%的 Pod 小于 1s
	单个带本地存储卷的 Pod 的调度时间	99%的 Pod 小于 2s
	单个带 pvc anti-affinity 的本地存储卷的 Pod 的调度时间	99%的 Pod 小于 4s
kubelet 和容器运行时	从 Pod 被调度后到容器运行的时间	99%的 Pod 小于 4s
	从 Pod 被删除到容器停止的时间	99%的 Pod 小于 40s
	Pod 容器创建的成功率	大于 99.9%
	Pod 容器删除的成功率	大于 99.9%
网络插件	为单个 Pod 设置容器网络的时间	小于 2.5s
	为单个 Pod 删除容器网络的时间	小于 2.5s
IP 分配	为单个 Pod 分配 IP 地址的时间	小于 1s

11.4　自动修复系统

Kubernetes 平台本身是有极强的修复能力的。平台组件都是有极强的高可用性的。比如控制器和调度器采用 Leader Election 机制保障灾备实时切换。对于用户的容器，kubelet 提供各种形式的 liveness 和 readiness 探测，如果容器服务"死亡"或者"异常"，它都能检测到并重启用户服务。但是对于节点本身的各种"致命问题"，却无法被组件探测，更别提修复了。例如，守护进程 NTP（Network Time Protocol）服务关闭、CPU、内存或者磁盘损坏等硬件问题、内核死锁及文件系统损坏、运行时挂住等。Kubernetes 确实遭受了这些多样的节点问题。发生这些问题将会导致节点不可用，影响 Pod 的正常创建与服务。但是 Kubernetes 的控制平面却对这些问题一无所知。特别是对调度器而言，它会继续将 Pod 调度到这些不良节点上，新的 Pod 都会接二连三地失败。为了解决这个问题，Node Problem Detector 诞生了。它使用 Event 和 NodeCondition 将问题报告给 API Server，使调度器可以看到节点问题，从而避免将 Pod 调度到此不良节点上。同时它也可以将节点问题和指标报告给 Prometheus。当我们能够检测到节点问题时，我们就能做相应的修复措施，使得节点能够健康地返回集群中。

11.4.1　Node Problem Detector

如图 11-8 所示，Node Problem Detector 部署在每个节点上。多个 Problem Daemon（问

题守护线程）以 Goroutine 的形式运行在其内，可以通过执行特定的脚本和监视特定的日志文件，发现特定类型的节点问题，并将其报告给 Node Problem。KernelMonitor 是内核问题的守护线程，监听系统内核日志，并根据预定义的规则报告问题和指标。

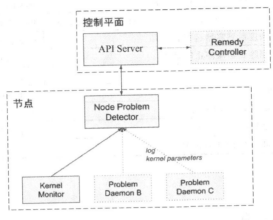

图 11-8　Node Problem Detector 架构

Node Problem Detector 可以通过设置相应的构建标记，在编译时禁用问题守护线程的类别。如果在编译时将其禁用，则将从编译的可执行文件中删除其所有构建依赖项和全局变量，在运行时不启动其后台线程。具体地，Node Problem Detector 的工作模式如图 11-9 所示。各个问题守护线程通过 IpmiSel、Smartctl、Filelo 等 Watcher 来寻找符合某些正则表达式的错误信息，或者通过执行某些脚本或命令来发现错误。

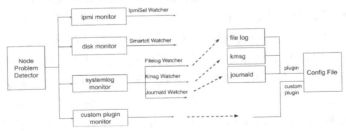

图 11-9　Node Problem Detector 的工作模式

这里总结了能够利用 Node Problem Detector 检测到的硬件问题，如表 11-2 所示（表中有部分规则项是笔者添加的），给大家提供一些检测思路。其余运行时问题，例如系统状态、Docker 等，可参看 Node Problem Detector 代码的 config 文件目录。更多可检测的问题，可根据平台的硬件和主机内核即系统版本自行添加。

表 11-2　Node Problem Detector 检测的硬件问题列表

问题	检测对象	Node Condition	问题守护线程	方法
DiskBadBlock	磁盘	DiskBadBlock	systemlogmonitor	监听日志/var/log/messages 中是否有符合下面正则的行 .*([1-9]\d{2,}) (Currently unreadable.* sectors|Offline uncorrectable sectors)
DiskKernelError	磁盘	DiskKernelError	systemlogmonitor	监听日志/var/log/messages 中是否有符合下面正则的行 (?:((?i)kernel:.*sd.*|(?i)kernel: EXT.*))((?i)error|(?i)FAILED)|(ata(\d) .*(: exception Emask))
Disk lost	磁盘	DiskLost	diskmonitor	利用 smartctl 查看 device 是否存在
Disk health	磁盘	DiskUnhealthy	diskmonitor	利用 smartctl 查看 device 的健康状态
Disk r/w failure		DiskRWFailure	diskmonitor	检查磁盘挂载点是否可读写
MceError	mce	NoMceError	systemlogmonitor	监听日志/var/log/messages 中是否有符合下面正则的行 mce: \[Hardware Error\]: Machine check events logged (?i)Uncorrected error|Machine Check Exception
Unregister netdevice	网络	NoRecoverableError	systemlogmonitor	监听日志/var/log/messages 中是否有符合下面正则的行 unregister_netdevice: waiting for .* to become free
NicLinkDown	网络	无	systemlogmonitor	监听日志/var/log/messages 中是否有符合下面正则的行 eth0: NIC Link is Down|eth0: Received ECC Err, initiating reset
CpuLockupError	CPU	NoCpuLockupError	systemlogmonitor	监听日志/var/log/messages 中是否有符合下面正则的行 (?i)kernel: BUG: soft lockup|(?i) Watchdog detected hard LOCKUP on cpu
Ipmi check error	IPMI	NoIpmiError	ipmimonitor	运行 ipmitool sel elist, 查找输出是否有符合下面正则的行 Uncorrectable ECC
Kernel Crash check	kernel	NA	systemlogmonitor	计算/var/crash 的数量

　　一开始 Node Problem Detector 以 DaemonSet 的形式部署, 但是后来我们发现此方案不妥, 特别是对于容器运行时问题的检测。当容器运行时出现某些问题时, 会导致 Node Problem Detector 的容器退出, 从而无法检测和上报该节点的问题。因此, 我们建议 Node Problem Detector 以系统服务的方式部署在节点上。

11.4.2 自动修复控制器

自动修复控制器（Remedy Controller），观察到 Node Problem Detector 发出的 Event 和更新的 NodeCondition，尝试进行一系列的补救措施，让节点能够健康返回到 Kubernetes 集群中。目前社区有一些修复方案，都只是对问题带来的影响进行了抑制和消除，比如 Draino 和 Descheduler。

1. Draino（planetlabs/draino）

根据 Label 和 NodeCondition 在可配置的缓冲时间内自动驱逐节点上的 Pod，即耗尽（Drain）节点。与提供的 Label 和 NodeCondition 相匹配的节点将被阻止接受新的 Pod。Draino 可以与集群自动缩放器（Cluster Autoscaler）一起使用。当集群中一些节点的资源未得到充分利用时，集群自动缩放器会自动调整 Kubernetes 集群的大小，终止这些节点的生命。Draino 驱逐了问题节点上的 Pod，该节点资源将未得到充分利用，集群自动缩放器将有机会把问题节点拿出集群，从而达到自动终止问题节点的目的。

2. Descheduler

调度器对新的 Pod 进行调度时，会根据一组策略选择一个最优节点。这个决定受到其当时对集群的看法的影响。由于 Kubernetes 集群是动态的，并且其状态会随着时间而变化，因此，后期可能希望将已经运行的 Pod 迁移到其他节点上，具体可能出现以下几种情况：

（1）一些节点利用率不足或过度使用。

（2）最初的调度决策不再成立，添加或者删除节点 taints 或者 labels 时，节点亲和力要求不再满足。

（3）一些节点发生故障。

（4）新节点添加到集群。

如果启用了 TaintNodesByCondition 功能，那么当 Node Problem Detector 发现问题时，问题节点会被添加 Effect 为 NoSchedule 的 taints。Descheduler 将会驱逐问题节点上不满足此 taints 的 Pod。与 Draino 类似，它亦可与集群自动缩放器一起使用，来终止问题节点。

自动修复系统的完整方案除了能够将节点移出集群，还能将集群进行修复并重新加入节点，具体的修复流程需根据每个平台的自身情况进行深度定制。通用的方法就是 5R：

Reconfigure、Restart、Reboot、Reimage 和 Repair。

- Reconfigure：系统内核参数及守护进程（kubelet、Docker 等）参数重新配置。

- Restart：系统守护进程重启。

- Reboot：重启节点。

- Reimage：重装节点系统。

- Repair：如果发生硬件问题，送与厂商修复。

11.5　事件监控系统

事件（Events）也是 Kubernetes 中的一种资源，常常被我们忽略。每个事件会关联到某个资源对象，用以记录这个资源对象在集群中的各个组件处所遇到的各种大事件，有正常的（Normal）有报错的（Warning）的。这些事件并不是永久存储的，默认集群中 etcd 只保留最近一个小时的事件。我们通常在定位问题时使用 kubectl describe 命令，就是帮我们将这个资源对象相关的事件进行梳理，有助于排错。它包含了集群中各种资源对象的状态变化，所以我们可以通过收集分析事件来了解整个集群内部的变化。基于事件的监控系统如图 11-10 所示。

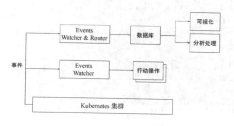

图 11-10　基于事件的监控系统

事件监控系统的主要功能有两个：触发工作流，数据挖掘。

1. 基于事件触发工作流

当发生单个特定事件时，触发一系列的操作。前面提到的 Node Problem Detector 是典型的基于事件进行监控的例子。Node Problem Detector 利用事件向 API Server 汇报节点的问题。修复系统则可监测这些事件而触发相应的修复流程。

2. 基于事件的数据挖掘

最简单的应用就是过程挖掘。从 Kubernetes 事件中提取知识，来发现、检测和改进实际过程。对 Pod 来说，从被创建到运行起来的整个流程，将先后收到来自调度器、kubelet、网络插件等相关组件的事件消息，类似于流水线作业。Pod 的删除流程与创建流程类似，将会收到相关组件的事件消息。因此，可以根据 Pod 的所有事件，推断出 Pod 当前的状态。如图 11-11 所示，根据事件应该出现的先后顺序，监控了所有 Pod 不能成功运行即不能变成 Running 的原因。如果大量的 Pod 都没有收到来自某个组件的事件消息，我们就有理由怀疑这个组件出现了问题。如果再结合平台上的负载数据，就可以发现更多关系模型。如果有新的控制器参与到 Pod 的创建和删除流程中，发出特定的事件消息，那么过程挖掘程序也能主动学习和自适应。

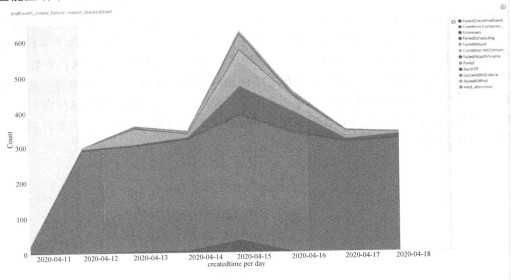

图 11-11 基于事件的 Pod 状态监测

EventRouter（GitHub 地址为 heptiolabs/eventrouter）是 GitHub 开源的一个事件转发器。其核心功能是以相对较低的开销监听集群中的事件资源对象，并将这些事件推送到用户指定的数据仓库持久化保留。利用这些事件进行系统调试或者对集群上运行的工作负载的长期行为进行分析。默认情况下，EventRouter 通过输出已包装的 Json 对象来利用现有的 ELK 堆栈，便于在弹性搜索中索引这些对象。

11.6　状态监控系统

针对状态的监控，这里有两种应用场景。第一种，针对集群中资源对象的状态变化进行监控。第二种，针对集群资源对象的当前状态进行监控。这两类应用都可以称为 kubewatch 的拓展应用。如图 11-12 所示，这是触发事件类 kubewatch（GitHub 地址：bitnami-labs/kubewatch）的工作原理。kubewatch 根据配置文件选择性监听 API Server 处这些资源对象的变化，例如 Pod 新建、更新、重启等状态变化，再通过 handler 将这些变化以通知的形式发布到可用的渠道，例如 Slack、Hipchat 等。也可以在应用程序中通过 Webhook 的方式来收听 kubewatch 发出的状态变化通知。

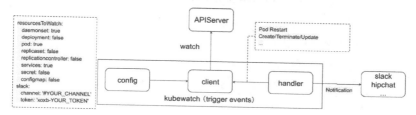

图 11-12　触发事件类 kubewatch 的工作原理

针对第二种应用场景，如图 11-13 所示，kubewatch 根据配置文件对所有集群的资源对象进行监听，并将资源对象的最新的 Spec 和 Status 更新到 Elasticsearch 的集群中。这样我们可以通过 Kibana 可视化工具观测到所有集群中的资源对象信息。如图 11-14 所示，如果对 Node 对象进行监测，就可以得到 Node 上 kubelet、Os Image 及容器运行时的版本信息和节点当前的状态信息等。通过这样的仪表盘，集群的所有节点状态都变得可见。通过分析图 11-14 可以看到，集群中有些节点的 kubelet 版本和其他节点不同，这些都是配置上的偏移。运维人员可据此查到相关节点，并对它们的配置进行修正。

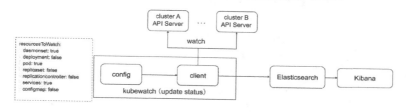

图 11-13　实时状态类 kubewatch 的工作原理

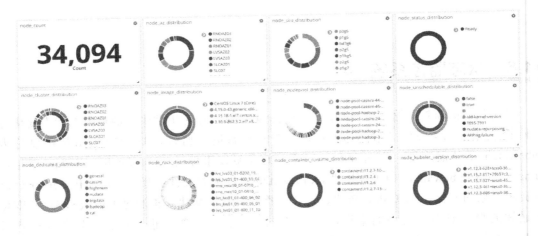

图 11-14　集群中节点实时状态展示

12

第 12 章
DevOps

单体架构时代，一个系统的所有子系统统一打包和统一部署，发布流程臃肿而缓慢。从需求提出到系统上线需要经历多个阶段，包括需求收集、需求分析、系统设计、代码开发、功能测试、压力测试、集成测试、系统验收、生产系统部署和运维，每个环节由不同的团队和角色来完成。通常从需求提出到系统发布要持续数月甚至数年，而在产品开发过程中，需求可能已经发生了变更，这种缓慢的发布流程已经无法适应变化越来越快的现实世界。系统验收过晚，验收时发现的问题很可能导致系统设计变更，这会让系统延迟交付变得更加严重。互联网应用从挖掘需求到功能上线往往需要极短的时间，传统的长周期的发布流程已无法满足需求快速变更的时代。从需求提出到功能上线的时间称为上市时间（Time To Market，即 TTM），也叫前置时间（Lead Time），前置时间已经成为衡量一个团队效率的重要指标。

为满足软件快速迭代的需求，软件开发进行了一系列显著的变革：

- 系统架构

臃肿的单体系统被拆分为多个独立部署和独立发布的微服务子系统。独立发布意味着产品每次变更的风险可控制在部分子系统中，风险降低使得更频繁的变更成为可能。

- 组织架构

从单体架构到微服务架构的演进，不仅仅是系统架构的进化，组织架构的配合不可或缺。微服务架构下的每个子系统相对独立，一种常见的组织结构划分方式是，不同的子系统交由不同的开发团队完全负责。这使得系统的每个子系统职责包干到户，开发团队对子系统的可用性、可靠性、性能和新功能规划等完全负责。小团队对应小系统，使得团队开发人员对自己负责的子系统从设计到代码实现、到生产事故完全清晰，有助于推动快速软件的快速迭代。

- 工具链支持

为支持软件的快速发布，持续集成和持续发布是不可或缺的一环，由此出现了很多自动化工具，包括代码版本管理、代码构建、持续集成和自动部署等诸多环节。容器技术的出现，推动了这一进程的发展。容器镜像的"一次编译、到处运行"的特性使得测试环境编译的版本在生产环境也能运行；容器的封装性决定了所有依赖包都应被预装，配合配置文件，提供了程序的运行沙箱；镜像仓库为程序分发提供了强有力的支持。基于 Kubernetes 容器编排平台，使得研发团队可以以较低的成本打造持续集成和持续部署平台。

- 流程管理

在软件生命完整周期中，不同角色追求的目标不一致，这往往会导致冲突，最典型的冲突发生在开发人员和运维人员之间。开发人员的职责是新功能开发和软件交付，新功能、新版本意味着对系统的变更，变更意味着风险。规避风险是人的本能，开发人员会以软件交付为边界，认为软件只要交付了，就不再承担责任。因此，开发人员在系统设计时，很少考虑运维需求。而运维人员的职责是生产环境不出故障，其天生追求稳定，抵触变更，而因运维人员不了解系统设计和实现细节，很可能会因配置和操作错误引发问题。如何消除开发和运维之间的障碍，以适应软件的快速迭代，是当前软件管理流程中的重要目标，由此 DevOps 应运而生。

"DevOps"一词由 Patrick Debois 于 2009 年创造，该术语由"开发"和"运营"结合而成，寻求改善运营和开发团队之间的协作，通过将与软件开发和部署相关的每个人（业务用户、产品经理、开发人员、测试工程师、安全工程师、系统管理员等）集成到一个高度共享的环境和高度自动化的工作流程中来解决这一难题：快速交付满足所有用户要求的高质量软件，同时保持整个系统的完整性和稳定性。DevOps 在大型企业和云原生组织中应用越来越广泛。

　　DevOps 与其说是一种技术，不如说是一种以技术为依托的方法论，其中包含一系列基本原则和最佳实践。DevOps 要求团队内部和团队之间就解决问题进行协作，能够具备多种技能和专业知识；要求自动执行常见和重复的流程，以腾出时间进行更高级别的工作；要求所有人员共享数据，将反馈整合到工作中，衡量投入生产的所有内容。DevOps 的转变旅程并不艰难，它要求持续地推动团队组织架构的演进，优化测试、部署、配置管理和系统监控等自动化工具链，完善项目开发、测试、部署和运维的流程。

　　DevOps 的目标是：

- 破除部门壁垒，使开发和运维合力交付高质量产品。

- 通过高度自动化持续发布，满足频繁发布的需求。

- 通过构建自动化工具集，提升开发、测试和运维自动化程度，降低重复性工作的比例。

- 通过构建智能化运维工具，确保生产系统故障及时反馈和修复，提升系统可用性和可靠性。

12.1　拥抱 DevOps

　　对于有自己的开发团队和维护团队的企业来说，由于职责的不同，开发和运维相互分离的预算、工作流程和考核方式都沿用了下来。对开发人员的考核方式是新功能的交付质量和时间，而对运维人员的考核则是基于应用系统的稳定性（即最大化缩短宕机时间以降低对业务的影响）而定的。在众多企业中，应用系统的变更和升级都是一项压力很大、耗时耗力、风险很高的活动。开发人员希望自己的功能模块的新特性尽快推出，常常忽略了验证和测试的重要性。运维人员则担忧新特性是否存在问题缺陷，不确定是否会影响线上已有服务的可用性、安全性和可靠性，而故意拖延应用的发布。而对于用户来说，他们一方面希望尽快使用新特性，另一方面又想要线上环境稳定无中断。在这种模式下，迫于用户的压力，开发人员和运维人员的矛盾激化，问题很多，使得产品的生存状态非常脆弱，主要体现在以下几方面：

- 从需求到版本上线，开发是一个黑箱子，运维的风险不可控。

- 开发设计时未过多考虑运维，导致后续部署难及维护成本高。

- 烟囱式开发，未考虑共享重用和联调，导致交付延期。

- 测试和信息安全验证总是在项目后期才进行，即使发现了问题也来不及修复。

- 产品从开发到运维的交付过程消耗了大量的时间。

- 运维人员对产品原理不了解，始终使用 3R 法宝（Reinstall、Restart、Reboot）修复线上问题，从而可能掩盖产品真正存在的问题。

- 存在大量的手工运维工作，使得运维人员陷入重复性劳动进入恶性循环而技能无法提升。

"开发甩锅运维，运维抱怨开发"，不同角色之间在目标上的差异就叫作"混乱之墙"。开发人员和运维人员之间的知识壁垒、立场鸿沟和利益冲突，会导致发布速度缓慢、线上问题得不到重视、产品可用性降低。如今，一方面市场环境瞬息万变、难以预测，互联网软件必须通过频繁增加、修改功能来提升自身对市场的适应程度；另一方面，互联网软件的频繁变更带来的风险和损失需要量化和控制。因此，互联网软件需要有更加严格的交付标准，需要做更多的质量保证。而传统的系统开发运维实践无法应对这种挑战。此时，DevOps 逐步萌芽并在谷歌、亚马逊等公司先行推广。DevOps 涵盖"一个中心，两个基本点"——以业务敏捷为中心，构造适应快速发布软件的工具和文化。透过自动化透明的"软件交付"和"系统变更"的流程，构建、测试、发布系统应用能够更加快捷、可靠。

DevOps 的概念，早在容器和 Kubernetes 普及之前就存在了，其推崇的是以工具层面落地为主、以流程咨询为辅的理念。容器技术的出现和发展，使得容器云平台为企业项目开发提供了一个稳定灵活的基础平台。应用程序通过容器得以轻量级、高性能地运行在隔离环境中。同时，该隔离环境提供了打包机制，能够让软件的开发、测试和部署流程更便捷，能够保持测试环境和生产环境的一致性。可以说，容器成就了 DevOps 的高速发展。DevOps 倡导运维一体化，本着谁开发、谁运维的原则，开发人员不仅要负责功能开发，还要负责生产系统中与之相关的运维工作。

DevOps 的核心是去除开发和运维之间的边界，那么是不是简单地把开发和运维团队整合为一个团队就能达到目标呢？当然不是，团队整合仅仅是人员组织的变化，而 DevOps

是重新定义开发和运维人员的合作方式。如图 12-1 所示，传统模式下不同组织人员之间的"隔阂"被拆除，取而代之的是透明的开发、运维闭环。一方面部门之间的"混乱之墙"被打通，另一方面采用更先进的自动化和流程工具来提升软件质量和加速交付流程。

图 12-1　传统模式到 DevOps 的演进

　　实施了 DevOps 的团队，虽然开发和运维的侧重职责仍不同，开发人员仍以功能交付为中心，运维人员仍然侧重维护和监控。但是发布环节将开发和运维联系在一起，开发人员的职责后移，除完成基本的功能开发外，功能上线后运维所需的指标收集、监控、性能优化、故障排查等也均由开发负责。事实上 DevOps 扩展了研发的职责边界，使其在系统开发的全程都需要考虑后续运维成本。在确保新开发的功能生产化就绪以后，开发与运维一起完成产品发布。生产化就绪的工作包括：

- 压力与性能测试通过，定义性能指标，能满足用户的性能需求。

- 完成产品的健康检查和性能指标的暴露，提出或者实现监控系统构建的建议或设计。

- 完成设计文档归档，后期问题追溯有据可查。

- 完成自动化部署工具，可以傻瓜式部署软件。

- 完成运维手册，运维人员依照管理手册升级产品并解决现有问题。

- 完成用户手册，用户可以按照用户手册使用既定功能。

　　除处理线上问题外，运维的职责前移。运维人员需要及时反馈产品的运行情况，汇总系统关键故障和客户反馈，协同开发人员定制开发计划。运维人员与开发人员协同开发自动化部署工具，定义系统指标 Service Level Indicator（SLI）和 Service Level Objective（SLO），此两项指标定义了每个功能的可靠性和性能指标，当面对海量的系统指标时，运维人员只需关注未达到 SLI 和 SLO 的指标；构建监控平台后，基于持续监控，SLI 和 SLO 可随时间变化而调整。DevOps 同时鼓励运维人员参与线上问题的定位和软件修复，第一时间减少线上服务宕机时间。DevOps 打破了不同角色的舒适区，开发和运维之间曾经明确的界限正在慢慢变得模糊，这也意味着与传统运维模式相比，对工程师个人的要求更高了。

一千个观众眼中有一千个哈姆雷特，一套方法论在实施时要按企业的实际情况量身定做，DevOps 在每个公司或者行业内都加入了许多变体，但是有些主题是恒定不变的：DevOps 文化所共有的相互协作、敏捷开发、协调发布、自动化工具链、持续集成、持续测试、持续交付、持续监控和快速修复。

- 相互协作：站在用户的角度去考虑问题是开发人员和运维人员的共同立场。开发人员需充分尊重运维人员的意见，将产品的可维护性纳入设计与实现的重要考量，协助运维人员构建部署和升级的工具、监控系统等。运维人员需贡献深厚的专业知识来帮助开发人员提高系统应用开发的质量。

- 敏捷开发：迭代开发，快速增量交付，根据需求的优先级安排团队的任务。在每个开发周期按计划交付，不做多余工作，尽量减少每次变更的内容。快速增量交付也意味着频繁的发布部署，但是由于变更内容少，所以每次部署不会对线上环境造成巨大影响，产品稳健地逐步生长。即使最新的部署引发了线上环境的问题，也能快速回滚到次新版本，并能快速定位到嫌疑的变更内容。

- 协调发布：采用电子数据表、电话会议、聊天工具和企业门户（Wiki、Sharepoint）等协作工具来确保所有相关人员理解变更的内容并全力合作。任何发布的流程需透明、公开。开发人员应遵守发布流程，不应私自将变更上线。一旦线上发生问题，"莫名"的变更会导致运维人员提升定位和恢复的难度。

- 自动化工具链：自动执行常见和重复的流程，同时还能减少人为出错的可能性。如今社区开源的工具有很多，多到完全能够依靠工具链来自动化端到端软件开发、测试、发布、部署、监控甚至维护的过程。在升级生产系统时，人为的操作步骤越多，升级成功的概率越低，有统计数据显示，需要执行 200 条命令的升级成功率为 0。这对自动化部署提出了很高的要求，DevOps 鼓励用自动化工具取代手工部署。

- 持续集成：迫使开发人员与其他开发人员的源代码更新合并到共享的主线中。这种持续合并能够更早地暴露集成的问题，防止出现每个开发人员辛苦耕耘数周甚至数月，在产品限定的交付时间前才发现本地开发的源代码和他人添加的新代码偏离太远，引发灾难性的合并冲突，从而影响按时交付。

- 持续测试：测试是最容易被忽略的部分，但它却是 DevOps 的关键。在 DevOps 模式中，开发人员将功能代码提交后就丢给测试人员的日子已经不复存在了，人人都是测试人员。开发人员除了提供代码，还需提供测试数据集和自动化测试用例，运维人员可以参与功能、负载、压力、灾难和泄漏测试，并根据对生产中运行的类似应用程序的经验提供分析。新功能的上线破坏现有用户体验或引入新的风险的行为对用户和业务会造成很大的负面影响。

- 持续交付：通过自动构建和标准化测试过程的所有代码更改部署到测试环境和生产环境，实际的发布频率可能会因公司的传统和目标而有很大差异。使用 DevOps 的高性能组织，每天甚至可以实现多次或者上百次部署。快速持续交付给质量保证的流程带来了挑战。

- 持续监控：自动化测试用例总有一些犄角旮旯未被覆盖。再密的质量保证也可能会有漏网之鱼。实时发现可用性和性能的问题就依赖于持续监控，有助于快速找出问题的根本原因，从而主动预防中断并减少用户问题。我们主张将可监控纳入产品可生产化的交付内容之一。

- 快速修复：建立和逐步完善修复的标准流程和自动化工具。依赖于监控系统，发现平台的潜在风险问题，触发自动修复流程，让隐患在最短的时间内发现并解除，避免因平台故障而导致业务无法开展。

想要衡量 DevOps 的开发和交付的有效性，当然离不开关键指标。如图 12-2 所示，衡量 DevOps 的关键结果指标有前置时间、部署频率、变更失败率、恢复时间和可用性。我们称这五项指标为衡量软件交付和运维（Software Delivery and Operational，SDO）绩效。前四个指标可以概括为开发和交付的吞吐量和稳定性。前置时间即从代码被合入发布分支（Release Branch）到上线使用的时间，和部署频率一起来衡量交付过程的吞吐量。恢复时间即从检测到影响用户的事件到成功修复事件所花费的时间，用来衡量交付的稳定性。变更失败率用来衡量发布过程的质量。曾经我们都认为交付的吞吐量越大，越会影响交付过程的可靠性和服务可用性。其实不然，过去的研究表明，吞吐量和稳定性是相辅相成、相互支持的。关于指标的可用性，对运维绩效而言至关重要。从高层次上讲，可用性代表着技术团队或组织的技术能力，以及遵守对用户的承诺的能力。跟踪可用性并从影响用户的事件中学习，确保反馈闭环到开发人员，对构建精英 DevOps 团队来讲，是需具备的必不可少的能力。

图 12-2　DevOps 的关键结果指标

从 2019 年 DevOps 研究与评估（DevOps Research and Assessment）状况报告发现，DevOps 高绩效团队的发布频率可以是每天几次甚至上千次，交付时间少于一小时。与其相反，低绩效团队的发布频率几乎是每月一次，交付时间在 1 个月到 6 个月之间不等。DevOps 高绩效团队的变更失败率也比低绩效团队低很多，这对系统稳定性的最终影响是高度积极的。当平台出现故障时，DevOps 高绩效团队的恢复能力比低绩效团队的恢复能力高很多，花在修复问题的时间比低绩效团队少很多。这就是 DevOps 能引起 IT 从业人员的狂热的原因。DevOps 不管是对开发人员、运维人员、质量人员、项目管理者及产品经理等来说，还是对整个公司的长远利益来说，都是一个巨大的胜利，大大提高了员工的工作满意度和生活质量。

对工程师来说，自助且迅速搭建开发环境，不需要烦琐且漫长的流程和审批周期。采用自动化的发布部署、监控和修复工具，消除手工操作中常见的人为错误。以联合解决问题的方式参与开发与运维，解决问题的速度更快，减少日常任务所花费的时间，可以有更多时间去做更多有意义的工作。他们可以更具创造力和创新性。这对个人学习新技能和拓展职业机会都大有裨益。最值得一提的是，再也无须在深夜接到线上平台告警电话，牺牲睡眠时间紧急上线定位问题。

对项目管理者来说，将新产品或功能交付给客户后，能获得更快的反馈。持续交付可以使开发人员快速修复问题并快速部署新功能，极大地缩短了新功能的上市时间，实现了快速响应客户需求、减少开发资源的浪费及降低风险的目标。

对企业来说，软件可以更快地推向市场。一方面，使他们具有竞争优势，并率先树立品牌价值，提高系统的稳定性，减少用户的停机次数，使客户更加忠诚。这是高流失率的完美解决方案。另一方面，能够吸引和留住顶尖人才：高素质的开发人员、运维人员和测试人员希望以最现代、最高效的方式工作。当开发人员、运维人员和测试人员一起工作时，高层管理人员很少陷入部门间纠纷，从而给他们更多的时间来制定重点业务目标。

12.2　自治跨职能团队

DevOps 强调人员和组织架构。传统的单体架构的系统，所有代码在同一个代码仓库，不同功能模块高度耦合，代码规模会随时间增长，新功能开发所引发的变更风险变得越来越难以控制。臃肿的代码结构使得个体开发人员很难了解整个系统的全貌，很容易在修复一个缺陷的时候引发更大的缺陷。微服务架构将系统划分成有独立生命周期的子系统后，每个子系统由不同团队全权负责，这使得高度自治的团队成为可能，团队只需关注自己负责的业务和与周边系统的交互，职责清晰。自组织的团队能够自主决定如何最好地完成他们的工作，而将与团队外部沟通成本降至最低，这有助于团队的高效交付。跨职能的团队拥有完成工作所需要的全部技能，不需要依赖团队外部的人员来完成部分工作。即使在整个项目团队内部，也可以按需"划分"自治区，利用自治区的知识、经验和技能来持续地解决用户的问题。

企业在推进 Kubernetes 项目生产化时，如开发团队规模较大，可参考社区兴趣小组的划分方式，设置多个职能小组，每个小组为特定领域完全负责。如 Kubernetes 等大型开源项目将代码贡献者划分为多个特殊兴趣小组（Special Interest Group，SIG），每个 SIG 独立运作，这是分而治之的很好的例子。在事先规划好项目需交付的增量产品的前提下，每个 SIG 的运作取决于他们决定支持的用例。如图 12-3 所示，Kubernetes 社区有多个 SIG，除项目管理和发布两个小组外，其他每个 SIG 都有独立的工作范围。每个 SIG 设置数名主席，是团队内的技术领导者，明确团队的目标，负责必要的与其他 SIG 的沟通，而其他成员则可专注于完成自己承诺的项目交付内容。

图 12-3 Kubernetes 社区兴趣小组

自治跨职能的收益显著：

- 保持敏捷：减少甚至消除对其他团队和共享资源的依赖，不必担心其他团队的优先级。因此，团队的交付产品能够在短时间内不停地进行迭代升级。

- 头脑风暴：让团队内的每个人都参与进来，利用他们的专业来应对团队面临的所有挑战。如果开发人员只负责编码，那么他的价值只是开发了一半；如果仅按照产品经理整理的需求进行开发，那么产品的价值只有一半。全情投入的头脑风暴，会让整个团队负责的产品及自身的技术在行业领域内达到出乎意料的高度。

- 正反馈激励：团队人员有更多时间和激情投入有意义的工作中，不断地在领域内提高技能和扩展视野。当技能提高和视野扩展后，团队成员能以更高格局来思考和解决问题。最好的架构、需求和设计都来自高度自治的团队。

自治并不是说每个人都可以随心所欲地做他们想做的任何事情，建立他们想要的任何东西。自治也需要执行团队为各个 SIG 设定执行的愿景、任务和目标，并与公司目标联系在一起。如图 12-4 所示，一个完整的团队，包含多种角色，有人负责产品规划，有人负责系统架构，有人偏重功能实现，有人负责确保系统正常运行。

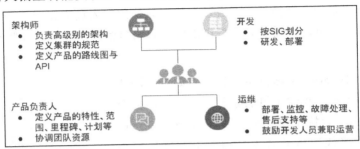

图 12-4　自治产品团队的组织结构

下面，给大家详细介绍一下团队中的几个主要角色。

- 产品负责人（Product Owner，即 PO）

负责需求管理、产品规划和定义产品路线图。产品负责人是整个产品成功的关键，他应该熟知客户需求和竞品细节，为自己负责的产品规划未来。定制了产品层面的愿景以后，该愿景会被细化到不同的职能小组，成为小组的执行目标。

- 架构师

对于 Kubernetes 这种迅速进化的产品，架构师的一个主要价值是了解业界解决问题的不同选择，判断技术走向。从系统整体架构把握项目的技术路线，在需求、设计、实现和运维各个方面都能对团队成员进行指导。

- 开发与运维

开发团队负责需求设计、特性开发和部署；运维团队负责故障恢复、异常清理、处理用户请求。开发运维应走向一体化，即开发人员和运维人员在一起工作，亦或是开发人员即运维人员，可以让开发人员更直接地了解线上环境的痛点。这对用户需求的功能设计和优先级定义有极大帮助，解决了在设计时开发人员未过多考虑运维问题，导致后续部署及维护困难。具有凝聚力、领导力和竞争力的自治产品团队，能够把所有相关人员团结起来，真正解决用户的问题，能够先用户之忧而忧，将产品打造成最成功的产品。

如何从传统的运维模式转向 DevOps 是一个难点，企业可以基于自身的现状探索出最佳路径。互联网公司在推行的一个最佳实践是：取消测试角色，将测试行为转为开发人员开发自动化测试框架和测试用例；精简运维团队，将运维人员转成开发人员，从自动化运维工具开发开始，直至系统功能开发；留一部分运维人员面对重复性运维工作，最终目标是尽可能减少重复性工作。

12.3　敏捷开发

　　天下武功，唯快不破，速度意味着商机、转机和先机。市场机会稍纵即逝，容不得半点拖拉。尤其是互联网行业，实力背景相当的企业竞争尤其激烈，拼的就是速度。谁先发布产品，谁先拥有客户，谁先占有市场，谁就获得了先机。敏锐观察市场动态，确保产品优势、始终领先竞争对手一步，才能让企业立于不败之地。为了应对快速变化的软件开发需求，敏捷开发应运而生。它是一种以人为核心、迭代、循序渐进的软件开发方法。在项目开始初期，需求范围不明确，需求变更还会持续一段时间。但是敏捷可以使用户很快就能看到一个基础架构版的产品。根据市场风向和用户反馈，及时响应新增和变更的需求。在这个过程中，软件一直处于可使用的状态，保持产品的高客户粘度。

　　DevOps 可以解释为敏捷的产物——敏捷软件开发规定了客户、管理人员和开发人员（包括测试人员）的紧密协作，以填补空白并迅速迭代以开发出更好的产品。DevOps 缘起于敏捷开发，是敏捷开发的补充，其中的一些概念例如持续集成、持续交付，都源自敏捷开发。它的出现不是来代替敏捷开发的。如图 12-5 所示，敏捷是关于软件开发的，是帮助 DevOps 团队实现客户需求快速落地的第一步，协助解决业务人员和开发人员之间关于频繁变更的用户需求和开发测试按时、按质量交付项目的矛盾。DevOps 是关于软件部署、管理和运维的，帮助开发人员和运维人员实现快速无差错交付项目产品。敏捷开发模型是在传统开发模型的基础上进行了改进，它的核心思想如下：

- 响应变化：欣然面对需求和变化，即使是在开发后期，利用变化维持竞争优势。

- 高效沟通：团队内部工作透明化，及时沟通。定期反思并调整团队工作的优先级。

- 主张简单：尽最大可能减少不必要的工作。迅速构建满足用户需求的最小化产品。

- 频繁交付：交付周期从数周到数月，越短越好。软件生产化就绪是衡量进度的首要标准。

- 可持续化：持续地交付有价值的软件，维持张弛有度的步调，稳步向前。

- 充分信任：充分信任团队或个人，为他们提供环境和支持。

图 12-5　敏捷开发和 DevOps 的关系

传统开发模型的代表有瀑布模型、增量模型等。1970 年 WinSTon Royce 提出了著名的"瀑布模型"，将软件生命周期划分为制定计划、需求分析、软件设计、程序编写、软件测试和运行维护六个基本活动阶段，并且规定了它们自上而下、相互衔接的固定次序，如同瀑布流水，逐级下落，如图 12-6 所示。瀑布模型是最容易管理的模型之一，直到 80 年代都还是一直被广泛采用的模型。严格遵循预先计划的步骤顺序进行，一切按部就班、比较严谨。

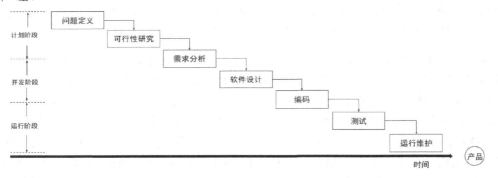

图 12-6　瀑布模型

瀑布式的主要问题是严格分级导致的自由度降低。由于开发模型是线性的，用户只有等到整个过程的末期才能见到开发成果。如果需求在中途发生变更，很难返回到先前阶段进行更改。越进行到后面阶段，需求变化所需的修改代价越大。如果一开始对需求不明确，则该模型效果较差。项目早期就需要对交付时间做出承诺，通常工作量预估不准确，与实际工作量相差较大，导致员工后期可能超负荷工作。因此，它适用于易于理解的小型项目。

增量模型（Incremental Model）是在项目的开发过程中以增量方式开发系统。在软件产品设计之初，它将被分成一系列的增量构件，分别进行设计、实现、集成和测试。每个构件可以是由多种相互作用的模块所形成的完成特定功能的代码片段。如图 12-7 所示，增量模型融合了线性顺序和迭代两大特征。每次增量开发是线性序列，随着日程时间的进展而交错。增量开发最后都会产生一个可发布的"增量包"。

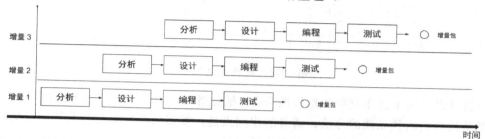

图 12-7　增量模型

当使用增量模型时，第一个增量往往是核心的产品，也就是说第一个增量实现了基本的需求，但很多补充的特征还没有发布。在每个增量开发后不断重复，直到产生了最终的完善产品。增量模型强调每一个增量均发布一个可操作的产品。增量模型无须等到所有需求都出来，只要某个需求形成后即可进行开发。虽然最终增量包可能需要进一步适应客户的需求并且更改，但只要这个增量包足够小，其影响对整个项目来说是可以承受的。

与瀑布模型相比，增量模型能够在较短的时间内向用户提交可用的软件产品。交付给用户部分功能后，从用户使用体验过程中得到反馈，形成新的需求增量包，更能快速响应用户的需求变化。但是，增量模型也有它的缺点。由于各个构件是逐渐并入已有的软件体系结构中的，所以加入构件必须不破坏已构造好的系统部分，这需要软件具备开放式的体系结构。在开发模型的初期，必须做全盘系统分析，如果增量包之间存在相交的情况，则需要将这些功能单独进行开发。

如图 12-8 所示，敏捷开发也属于增量式开发，它更强调沟通和变化。需要确保用户在每个阶段都持续参与，通过迭代和增量交付产品功能的方法最大化用户反馈的机会。在项目初期，用户不可能全知道他们所需要的所有功能的每个细节。不可避免地在开发过程中会产生新的想法，当前看似必需的一些功能，可能后期也不觉得那么重要了。对需求范围不明确、需求变更较多的项目而言，可以很大程度上响应和拥抱变化。在敏捷开发中，将用户的需求切分成多个独立的子项目，各个子项目的成果都经过测试，能够集成到产品，并可在生产环境中运行。在计划开发任务时，根据优先级逐步实现各个子项目，产品经过不断迭代，最终形成完善的符合用户需求的稳定的产品。敏捷开发可最大程度体现 80/20 法则的价值，每次都优先交付那些能产生 80%价值效益的 20%的功能，能最大化单位成本收益。对小型开发项目而言，敏捷开发可能不是最高效、有用的方法。

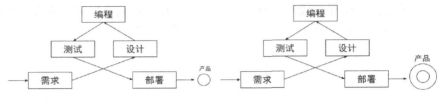

图 12-8　敏捷开发模型

敏捷开发区别于瀑布模型的特征很明显。敏捷开发是以一种迭代的方式推进的，而瀑布模型是最典型的预见性的方法。两者的相同点是，都强调在较短的开发周期提交软件。增量开发一般会在以较长的迭代周期下不断交付，并且在这个迭代周期中不允许有变化的需求。如果有更高优先级的问题出现，就会让项目迭代困难，例如紧急的技术支持、临时增加的高优先级的需求等。而敏捷开发的周期可能更短，更加强调队伍中的高度协作。敏捷开发的原则之一是拥抱变化，人们对于需求的理解时刻在变，项目环境也在不停地变化，因此，你的开发方法必须能够反映这种现实，敏捷开发方法就是属于适应性的开发方法，而非预设性。

敏捷开发只是指导思想，实现敏捷开发的方法有很多，其中 Scrum 与极限编程最为流行。极限编程更侧重于实践，并力求把实践做到极限。这一实践可以是测试先行，也可以是结对编程等，关键要看具体的应用场景。Scrum 则是一种开发流程框架，也可以说是一种套路，包含三个角色、三个工件和四个会议。听起来很复杂，条条框框的规矩甚多。特别是看到四个会议，很多程序员就发怵，会担忧这些会议的有效性。毫无疑问，协作意味着更多的透明的沟通，会议自然也偏多。但是如果规矩运用得恰当，会议的高效性就能得以保证，这将使你的团队能够相当轻松地进行迭代开发。

如图 12-9 所示，用户的业务需求用 User Story 来描述，包含需求的描述、完成的定义和可生产化的条件。所有的 User Story 需添加到产品待办事项列表（Product Backlog）中，并按照商业价值进行优先级排序。每个短的迭代交付周期叫作 Sprint，一般是 2～6 周时间。每个 Sprint 的待办事项列表（Sprint Backlog）都应来源于产品的待办事项列表，通过 Sprint 计划会议讨论、分析和估算得到。开发团队成员每天举行站立会议，同步工作状态。在 Sprint 结束时，整个 Scrum 团队一起进行 Sprint 评审会议和回顾会议，最终形成一个可发布的产品增量。

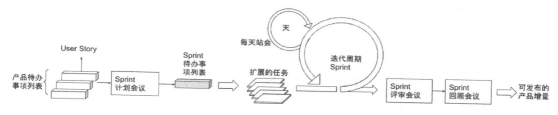

图 12-9　Scrum 的流程图

　　Scrum 团队成员包括三个角色，除了产品负责人和开发团队，还有 Scrum Master。Scrum Master 的工作是确保 Scrum 团队理解和遵循 Scrum 的理论、实践和规则。Scrum Master 属于服务式领导，服务于产品负责人和开发团队，旨在利用 Scrum 实现团队生产力的变革，最大化团队所能创造的价值。产品负责人是管理产品待办事项列表的唯一责任人，清晰地将用户需求添加到产品代办事项条目，并根据优先级进行排序，确保开发团队所执行的工作是有价值的。开发团队需尊重他的决定，不得按照另一套需求开展工作，负责把每个 Sprint 产品代办事项列表变成潜在可发布的功能。

　　Scrum 的开发团队是自组织跨职能的，每个成员可以有特长和专注领域，作为一个整体则拥有创造产品增量所需要的全部技能。最佳规模是大到足以保持敏捷性，小到足以完成重要工作。小的开发团队没有足够的交互，但可能会受到技能限制，导致无法交付可发布的产品增量，因而所获得的生产力增长也不会很大。大的开发团队需要过多的协调沟通工作，具有太多复杂性，不便于过程管理。

　　Scrum 的三个工件除了前面提到的产品待办事项列表和 Sprint 待办事项列表，还包括燃尽图（Burt-down Chart）。燃尽图是对需要完成的工作的一种可视化表示。如图 12-10 所示，燃尽图的横轴显示工作天数，纵轴显示剩余工作，反映了项目启动以来或者迭代周期内的进度情况。曲线的起点位于图表左侧最高点，发生在项目或迭代的第 0 天。曲线的完结点位于最右侧，标志着项目或迭代的最后一天，剩余的工作量应归零。计划曲线是理想情况，是一条连接起点和终点的直线；实际曲线是实际情况，显示项目或迭代中实际剩余的工作量。在起点，计划剩余工作量和实际剩余工作量是相同的，但随着项目或迭代的进行，实际剩余工作曲线将在计划工作线的上下方波动。如果实际工作线高于计划曲线，则意味着剩下的工作量比预期多，换句话说，意味着项目进度落后于计划。但如果实际曲线低于计划曲线，则意味着剩余工作量少于预计，项目进度快于既定计划。团队成员都应从燃尽图中看到当前的进度，并定期更新燃尽图以保持其准确性。

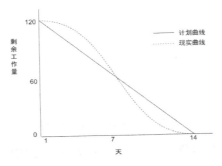

图 12-10　迭代周期（14 天）的燃尽图

关于 Scrum 的四个会议，如图 12-9 所示，一个迭代周期总是以 Sprint 计划会议开始，以 Sprint 评审会议及 Sprint 回顾会议结束。在迭代周期内通过每日站会来同步 Sprint 执行情况。

- Sprint 计划会议（Sprint Plan）

Sprint 计划会议的核心议程是梳理和决定在接下来的 Sprint 中完成哪些工作及这些工作由谁完成，对下一个 Sprint 需要完成的工作量和复杂度达成共识，最终生成 Sprint 待办事项列表。对于用户需求的"完成的定义"，开发团队需要进行足够的调研、设计和计划，确保有信心可以在下一个 Sprint 中完成所有挑选的工作。

- 每日站会（Daily Scrum）

通过每日站会来确认团队成员仍然可以实现本 Sprint 的目标。每个开发成员只需要简明扼要地提供以下三点信息：从昨天的每日站会到现在，我完成了什么；从现在到明天的每日站会，我计划完成什么；有什么阻碍了我的进展。这个会议不宜占用开发人员过长的时间，通常不超过 15 分钟。每日站会是开发团队内部的沟通会议，用以保证所有人对当前开发进度有一致的了解。当遇到阻碍时，能够及时让其他人协调解决。

- Sprint 评审会议（Sprint Review）

每个 Sprint 结束时，Scrum 团队和相关人员一起评审 Sprint 的产出，并向每个人展示当前产品增量的概况。所有 Scrum 会议都是限定时长的，Sprint 评审会议的时长推荐原则是 Sprint 每多一周，会议时长对应多一个小时。比如，一个 Sprint 是 2 周，则 Sprint 评审会议时长为 2 个小时最佳。每个人都可以在 Sprint 评审会议上发表意见。产品负责人会对产品的未来走向做出最终的决定，并适当地调整产品待办事项列表。如果产品负责人不清楚产品最终想要什么结果，那么该项目很容易偏离轨道。可能是预先对计划以外的工作做规划，导致了软件迭代的投资比不能最大化。

- Sprint 回顾会议（Sprint Retrospective）

每个 Sprint 结束后，Scrum 团队会聚在一起开 Sprint 回顾会议，目的是回顾一下团队在流程、人际关系及工具方面做得如何。团队识别出哪些做得好，哪些做得不好，并找出潜在的改进事项，为将来的改进制定计划。与 Sprint 评审会一样，Sprint 回顾会议的时长推荐原则是 Sprint 每多一周，时长对应多一个小时。

在 Scrum 的框架内，Scrum 团队可以改进自身的执行流程，可以自行减少或者增加会议议程，不必循规蹈矩和拘泥于形式。会议和流程都是为了保障团队有效地完成每个 Sprint 的迭代工作。目前市面上有众多产品开发跟踪工具，例如 Jira 等，都实现了敏捷所需的各种看板和视图，还有分配工作并跟踪各种动态和活动的功能。这些工具都能够帮助解决团队管理问题，推动团队向敏捷开发转型。

12.4　GitOps

"持续交付"这个词的出现至今已有 10 年时间了，Jez Humble 和 David Farley 在他们的书《持续交付：通过构建、测试和自动化部署实现可靠的软件发布》中谈到了持续交付。在过去的十年中，持续交付改变了我们软件发布的方式。现在随着容器和容器编排特别是 Kubernetes 的生态系统的推广，围绕它们发展的新工具集，给企业界持续交付带来的敏捷性是空前绝后的，甚至允许运维人员可以在几秒内推出大量服务的变更部署。

在企业产品开发的实际过程中，我们发现即使是标准的容器化发布流程也无法满足业务不断增长的需求，无法改善开发周期，在生产环境中的变更失败率也较高。这个问题的原因主要有两个：

第一个原因是，配置文件处于无管理的状态。配置参数因为某些人为或非人为的因素在各个生产环境中出现了不该有的差异，在某些环境中，服务变更后能正常工作，但是在另外某些环境中，服务变更后可能工作异常。

第二个原因是，对于具有依赖关系的功能模块的部署，沟通协调需要耗费大量时间和精力。每个功能模块由多个自治团队独立开发和部署。当功能模块提供的接口有改变时，需要协调依赖该接口的其他功能模块一同部署。如果某个功能模块未一起变更部署，则都有可能导致服务的不可用。

为了解决这些问题，提高交付速度和成功率，GitOps 诞生了，致力于通过零手动更改来实现 Kubernetes 集群端到端的应用部署。GitOps 到底是什么？整个交付系统以声明式方式进行描述，使用版本控制系统（例如 Git）作为唯一的部署来源，其内文件容纳应用部署于 Kubernetes 的所有信息，然后使用 Operator 将更改部署到集群。这些文件包括应用程序（Pod、Service、ConfigMap、PersistentVolumeClaim 和 Secret 等）相关的、权限管理策略（Role、RoleBinding 和 PodSecurityPolicy）的、网络安全策略（NetworkPolicy 等）的及其他配置所需的任意 YAML。

如图 12-11 所示，GitOps 的声明式方式部署，和我们前面提到的 Kubernetes 集群声明式管理方式类似。声明式意味着配置是由一组事实而不是一组指令来保证的。通过 Git 来声明集群中基础架构服务和应用程序的预期状态，当 Operator 观测到集群的实际状态和预期状态有差异时，将主动进行变更部署行动，最终使集群中的实际状态和预期状态一致。GitOps 是 DevOps 的重要手段，提供以开发人员为中心的部署方式。应用开发团队可以接管一些运维工作，而运维团队可以更专注于平台的可用性和稳定性。

图 12-11　GitOps 的声明式方式部署

GitOps 对于开发人员来说很有吸引力，采用了开发人员熟悉的 Git 工具来实现部署，增强了开发人员的部署体验，改变了团队之间协同和共享的方式。Git 是持续交付的中心，是系统所有描述包括程序和配置信息的唯一真实来源，解决了前面提到的影响交付的第一个问题。集群上每个功能模块现有预期状态的描述，以及随着时间变化的演变历史，皆在 Git 上可查询，并对团队的所有人可见。因此，所依赖的功能模块是否是预期版本，可以在这里得到保证，解决了前面提到的影响交付的第二个原因。除了这些，GitOps 还有哪些其他突出优势呢？

- 更好的开发

开发人员可以使用熟悉的 Git 工具，便捷地将应用程序和对应的配置文件集持续部署到 Kubernetes 等云原生环境。所有的部署事项都在合并请求之后即时发生，每个团队每天都能多次发送部署请求，提高业务的敏捷度，快速地响应用户的需求。

- 更好的运维

GitOps 为基础服务和应用程序的部署变更提供了统一的模型，可以实现一个完整的、一致的、端到端的交付流水线，包括持续集成和持续部署两条流水线。系统的运维操作也可以通过 Git 来完成。

- 更稳定的部署

当部署请求审核时，借助集群内其他功能模块的信息，可以有效检查和预估此次部署的正确性和风险，提高了部署的稳定性。单一且真实的部署来源和端到端的标准化工作流，保证了集群上所有基础架构服务和应用程序最终都收敛回正确的期望状态。

- 更快速的错误恢复

通过 Git 内置的版本管理功能，使用 GitOps 能轻松获得集群随时间变化的完整历史记录，这为了解系统变更失败的真相提供了极大的便利。当变更失败时，错误恢复就像发出 git revert 命令一样，可以很容易地还原集群环境。

- 更轻松的凭证管理

GitOps 只运行 Operator 就可以对集群环境进行完全的管理和部署。为此，仅需要允许 Operator 访问集群上应用程序的 Deployment、ConfigMap 及 Secret 等相关信息。限制与开发和运维无关的人员访问 Git 仓库和合并请求的权限，限制他们在集群环境中直接访问这些资源对象。禁止私自变更部署的发生，在保证环境一致性的同时，也降低了手工部署引入错误的概率。

- 更强的安全保证

得益于 Git 内置的安全特性，保障了存放在 Git 中的集群目标状态声明的安全性。使用 Git 工作流管理集群，能够轻松获得集群所有变更的审计日志，满足合规性需求，提升系统的安全与稳定性。

具体如何使用 GitOps 呢？这里我们提供一个在 Kubernetes 运行的最佳实践。如图 12-12 所示，GitOps 围绕应用源代码仓库和环境配置仓库而发生持续部署。应用源代码仓库包含了应用程序的源代码、配置参数及构建容器镜像所需的脚本等。环境配置仓库包括了部署不同环境所需的基础服务和应用程序的清单，以及它们运行的配置参数、容器镜像版本等信息。每当更新应用程序代码时，都会触发持续构建管道，编译出模块的最新容器镜像。在构建管道时使用新的容器镜像和配置参数更新环境配置仓库，并触发 Operator 将环境配置仓库的变化部署到集群环境中。

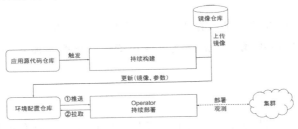

图 12-12　GitOps 的最佳实践

触发策略有两种：基于推送的部署和基于拉取的部署。基于推送的部署，即当环境配置仓库的请求合并后，主动推送部署请求到 Operator，触发持续部署动作。基于拉取的部署，是指 Operator 能够主动发现环境配置仓库有新的请求合并，主动发起部署动作。环境配置仓库不能主动注意到集群环境和预期状态的偏差，Operator 就承担了环境监察的工作，以便在集群环境与环境配置仓库中描述的环境不匹配时进行干预。

GitOps 不局限于一个应用程序和一个集群环境。对于微服务架构，每个子系统代码都独立管理。如图 12-13 所示，将各个应用程序源代码放在不同的仓库，配置文件信息放在同一个环境配置仓库。使用不同的构建管道来更新环境配置仓库，从环境配置仓库启动 GitOps 并部署所有应用程序的工作流程。针对不同的生产环境，环境配置仓库可用不同的分支来区别。当观测到某个分支被更新时，Operator 就会启动部署流程将分支的变化应用到对应的集群环境中。

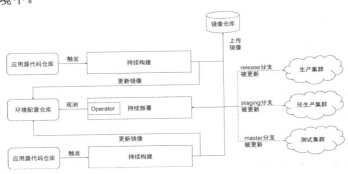

图 12-13　GitOps 对于不同环境的实践方法

12.5　质　量　保　证

质量被视为软件的生命,而质量保证(Quality Assurance)是软件生命的重要支撑。完善的、成熟的、高效的质量保证方法、规则和流程,能够前瞻性地预见产品的潜在性风险,保障软件产品的质量,赢得客户更多的信任。质量保证的好坏对 DevOps 团队影响特别明显。只有质量保证做得好,交付延时、部署频率、变更失败率、恢复时间和可用性这五项指标才会有明显的改善。如图 12-14 所示,质量保证贯穿了项目的整个生命周期,从架构设计、持续集成、持续部署到运维监控的所有阶段都应该将它放在首位进行考虑。在各个流程中利用质量保证的手段,保障产品在快节奏的持续交付下保持很高的质量。

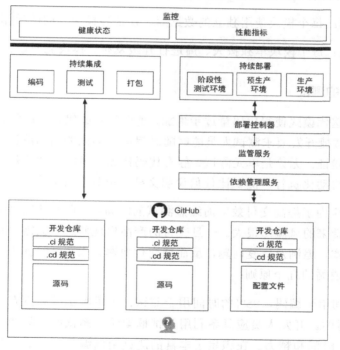

图 12-14　涉及质量保证的项目开发流程

接下来,我们从设计、测试、监控、版本控制、部署流程方面给出一些建议。

1. 尽可能解耦的设计

解耦的目的是将强关联变成弱关联，将复杂的体系拆解成可以更加独立工作的模式，从而使复杂度不会随功能的增加而增加。微服务是高可用分布式架构解耦的利器，在应对系统软件快速交付和频繁升级上脱颖而出。每个功能模块独立开发、独立部署、独立发布，去中心化管理，更好地支持高并发高可用。

- 模块解耦：遵循"一个模块，一个功能"的原则，尽可能使模块达到功能内聚。高内聚、低耦合的系统具有更好的重用性、维护性和扩展性。

- 配置解耦：配置文件是更改最为频繁的，将模块的源代码和配置文件解耦，将不同环境的配置文件解耦。避免生产环境因为某个配置文件的改动，就牵一发而动全身。

- 数据解耦：每个模块使用独立的数据库，保证各模块之间的数据不相互影响。

- 发布解耦：每个模块单独按天、周进行升级发布。模块之间迭代升级、互不干扰。

2. 严防死守的测试

敏捷开发的迭代模式使得代码量逐步累加，越靠后的迭代我们所面临的整合测试压力和任务就越大。敏捷开发要求测试人员能够随时启动自动化的回归测试，对马上发布的迭代代码进行快速验证。无论是单元测试、静态代码检测、集成测试还是系统级别的整合测试，都应该能够自动化执行。测试比任何说明文档都更具有说服力。

开发团队不应为了提高交付效率而缩短测试的时间。仓促的开发可能会为团队节省片刻的时间，但是带来的风险却很大。一旦交付的产品出现问题，就需要花更多的时间去定位问题、回滚版本、追溯及修复问题，反而使交付效率大大降低，损失更大。这里给出生产实践过程中要遵循的几个原则：

- 5%的时间用于编码，95%的时间用于测试：不可测试的和没有经过测试的代码是不能交付的。开发人员应具备利用测试框架编写测试用例的能力，并在测试上投入更多的时间和精力。在积累了丰富的测试用例编写经验后，开发人员就能持续提升代码的质量，编写出具有良好可测试性的代码。

- 从实际出发去做测试：测试人员应站在用户的角度上与开发人员和用户进行充分交流和讨论，根据具体的应用场景进行测试。随着版本不停地迭代、不停地校正开发和测试的目标，并根据缺陷和问题反馈，持续增加相应的自动化测试用例。

- 测试人员是问题的提出者，而不是看门人：测试应贯穿整个开发流程。缺陷在需求和开发前期就已经存在了，关键是用什么手段去挖掘出来。开发人员在做架构设计时，就应该结合用户需求和开发设计的方案开始设计测试用例。测试人员应审核架构设计是否满足可测试性，并及时反馈给开发人员，帮助开发人员持续改进设计。测试人员参与代码评审，并提供更全面的质量反馈，保证质量在项目开发的整个过程中受到足够的关注。

- 构建统一的自动化测试平台：充分利用容器和自动化工具的优势，简化了虚拟化测试环境的创建，降低了配置和维护测试环境的成本，而且还要做到测试环境和生产环境几乎一致。整个测试过程中的测试环境是不变的。所有测试用例是可重复的，每次测试环境都是一致的。自动化测试平台允许测试从开发人员提交任一代码后就开始介入，大大缩短了整个测试周期。构建统一的灵活的测试框架和平台，团队所有成员都能方便地增加、执行和调试测试用例。而且还能根据个人的经验不断进化测试用例，扩大能检测到的问题的范围，消除测试的死角。

3. 100%可监控的数据指标

用数据说话，有理亦有据。对于质量的概念，不仅仅停留在好与坏的感性认识，还需要将服务质量进行量化和可视化。用监控和告警实现服务质量 100%的可视化，当然这很难做到，但这应该是目标。将线上监控的服务健康状态和性能指标、用户反馈等信息汇集到平台上进行统一的分析告警，不仅能帮助团队快速发现问题，而且能通过数据分析帮助我们快速定位和解决问题。监控数据驱动流程的优化、测试用例的补充、新的测试工具的催生等，可以使开发和监控形成闭环，使质量保证工作更加高效。数据监控应遵循以下几个指导方针。

- 制定清晰的 SLI 和 SLO：对于任何服务，都需要为它制定合理的 SLI 和 SLO。服务 100%可靠是不存在的。不管是系统服务还是用户服务，暴露的监控指标数据都五花八门，并且呈爆炸式增长。有了清晰的 SLI 和 SLO 的定义，才能帮助开发和运维人员找到工作的重点，围绕如何让服务满足 SLO 的要求展开工作。

- 线上环境的监控数据更应重视：无论线下测试环境如何逼真地模拟线上环境，做到毫无差异也是不可能的。线上环境的监控数据更能真实地反应线上的服务情况。很多情况是，用户反应服务偶尔不可用或者性能差，这些情况在测试环境中我们很难复现客户问题。但这不表明服务真的没有问题。需要注意的是，整体的高成功率并不代表其中某一个用户的成功率很高。线上环境才是真正的"练兵场"。利用好线上环境的监控数据进行定位和调优，才能真正解决客户的"痛点"。

- 对所有服务负责：从某种意义上说，云服务的本质即集成了大量的计算、存储、网络等资源，形成规模效应，可随时根据用户的需求提供相应的服务。因此，云平台上所依赖的下游服务也是相当多的。举个例子，云平台向客户提供负载均衡器的服务，服务的稳定性和性能向下依赖于负载均衡器供应商的服务。那么负载均衡器供应商的服务的可用性和性能也应纳入平台的监控范畴。因为供应商的服务不可用会导致云平台的负载均衡功能失效，也会影响客户对云平台本身可靠性和可用性的信心。

- 能反映问题的数据就是有效的：引入各种异常检测，例如写一个 Cron Job 脚本不停地调用某个服务，定期巡检节点的配置参数等，一旦发现成功率不达标或者配置参数异常，就立刻发出告警或者直接触发修复流程。这些检测的方法可能看起来比较笨拙，却是最为有效的。

4. 透明的版本控制

版本控制工具是高效开发必备的工具之一，提供可并行、注解和可逆的功能。可以让开发团队进行协作开发、详细记录代码的变更情况，可以回到任意的历史版本。版本控制需要注意以下几方面：

- 版本命名需规范化：版本命令主要由三个部分组成——主版本号、子版本号和阶段版本号，例如 2.56.7434。也可以在末尾加上希腊字母版本号，例如 alpha、beta 和 release，用于标注当前版本的软件处于哪个开发阶段。当软件进入另一个阶段时需要修改此版本号。当软件有较大的变动（比如增加多个模块、特性或者整体架构发生变化）时，由项目总负责人决定是否修改主版本号。当功能模块增加一些小特性或者发生某些小变化时，由产品经理决定是否修改子版本号。当功能模块有问题修复或者微小的变动需发布修订版时，由小组项目负责人决定是否修改阶段性版本号。

- 尽可能将所有输出版本化：不要仅仅将项目的源代码和测试用例代码纳入版本控制，还应该将配置文件、部署脚本、运维脚本，以及网页、说明文档等与版本有关的文字内容都纳入版本管理中。

- 明确所有服务的依赖性：为了适应快速迭代，每个功能模块需独立开发和部署。不可避免地，模块间存在一定的依赖关系，特别是公共模块。任何代码的修改都可能会导致正在使用的模块无法使用。这就要求各个模块在做好版本管理的同时，还要做好版本依赖关系的控制。当功能模块及其他所依赖的公共模块需要升级时，需要确保其他依赖此公共模块的功能模块能够兼容此升级。

5. 自动化且受监管的部署流程

　　规则和流程不是点缀，更不是累赘，而是变更高成功率和系统高可用性的基本保障。团队提供了 CI/CD 管道的快速发布功能，但是需要限定它的使用。遵循发布流程是团队成员的"红线"。任何团队成员都不应擅自手工变更平台的任何服务。一方面避免手动变更被后续更新覆盖掉，另一方面避免线上出现故障时增加定位的难度。为实现高效零事故的产品部署，应做到以下几点：

- 透明公布任何变更内容：每个版本的变更内容都需要通过某种公开的方式通知运维人员和项目负责人，并附带本次的更新说明、变更步骤说明、验证方案、回滚步骤、变更执行人、变更时间和变更的范围。任何变更都应由相关团队的负责人进行授权。主版本的发布和更新需要项目总负责人的确认才能进行。

- 自动化执行部署、验证和回退：在 DevOps 支撑平台，整个版本发布包括验证和回退流程都应自动化进行，而不需要人工干预。在变更升级过程中，如果发现线上服务受到了本次变更的影响或者变更完成后验证不通过，则可自动触发版本回退，恢复前一个版本。在一个大的集群环境下，所有过程全部自动化操作，这不仅能减少团队成员的时间投入，而且能极大地减少人工操作中出现的错误。这些版本变更的历史记录可以让我们很容易地根据时间线浏览每次变更的时间和内容。

- 高风险变更需有兜底原则：对任何变更（特别是一些高风险的变更）都要设置一个变更限额，超过限额数目的变更就应该停下来，发出告警。提供灰度发布功能，仅仅进行小面积发布和使用，在没有问题的时候再扩展到所有用户范围或所有组织，以减少关键功能发布出现问题时对所有用户的影响。

- 因地制宜的部署策略：不同服务在不同的生产环境部署的拓扑结构不同，它们能容忍的故障域（Fault Domain）亦不同。更新域（Update Domain）的划分需小于每个故障域，不能跨两个或者多个故障域。因此，不同环境的更新域亦是不同。当一个更新域的变更完成以后，再继续另一个更新域的变更。特别是当直接影响用户流量的平台服务发生变更时，如果我们同时变更用户服务的两个故障域的 kubelet 组件，就可能会造成客户服务的宕机。

- 万物皆可能失效：对于任何小的变更，都不应存在侥幸心理。任何意外都是有可能的。所有变更都应该完成所有的测试用例。对于复杂度特别高的变更，需在测试环境上多次演练。